Bernard PY

Maître de conférences à l'Université de Droit,
d'Economie et des Sciences d'Aix-Marseille

STATISTIQUE DESCRIPTIVE

Nouvelle méthode
pour bien comprendre
et réussir

4e ÉDITION

ECONOMICA
49, rue Héricart, 75015 Paris

Du même auteur, chez le même éditeur :

EXERCICES CORRIGES DE STATISTIQUE DESCRIPTIVE, Problèmes, Exercices et QCM (**septembre 1990, et juillet 1994 pour la deuxième édition)**

SOMMAIRE

Je remercie tout particulièrement Catherine Mas, Christine Cayol, Didier Poulos et Philippe Grill, pour les suggestions et corrections qu'ils ont bien voulu me faire, lors de la (pénible) relecture du manuscrit... Je conserve évidemment l'entière responsabilité des erreurs, omissions, ou insuffisances diverses, qui pourraient éventuellement subsister dans le présent ouvrage.

B. PY

INTRODUCTION

La « Statistique » a envahi notre quotidien.

Nous sommes tous, dans le monde moderne où domine le quantitatif, concernés par son approche :

Largement véhiculée par les médias, elle nous effraie, nous rassure, nous agresse, ou nous fait espérer. Sévère, mystérieuse, désavouée, parfois, elle a mis 300 ans pour finir par s'imposer dans notre vie, et faire partie de notre vocabulaire de tous les jours.

Or, comme pour bien des mots qui sont passés dans le langage courant, essayer d'en donner une définition concise représente un exercice périlleux : nous allons néanmoins nous y risquer rapidement, non sans oublier que l'on dénombrait déjà en 1935 plus de 100 définitions du terme «Statistique» et que depuis cette date, les techniques ont considérablement évolué et n'ont cessé de s'enrichir.

1. DÉFINITION

La statistique est un ensemble de méthodes permettant de décrire et d'analyser, de façon quantifiée, des phénomènes repérés par des éléments nombreux, de même nature, susceptibles d'être dénombrés et classés.

* *Ensemble de méthodes plutôt* que *théorie* ou *modèle idéal,* en ce sens que le rôle d'explication ou de prévision appartient à l'utilisateur, et non à la statistique : c'est lui qui porte un *jugement* sur le phénomène ; la statistique n'est que *l'outil* préalable d'investigation.

* Repérer *quantitativement* un phénomène, c'est-à-dire autrement que par des mots et des phrases peut parfois faire *«illusion»* (1) et nous faire oublier que le caractère *abstrait* et *rigide* des chiffres cache le fait que les variables sont mesurées avec *plus ou moins de précision* selon les domaines d'application (et en particulier dans les sciences humaines comme l'économie). De plus, ce que l'on *sait mesurer* (grâce aux outils de mesure courante) ne correspond que rarement aux définitions exactes de la plupart des concepts théoriques souhaités.

* La statistique ne s'intéresse que rarement aux ensembles de petite dimension : elle saisit des phénomènes contenant des *éléments nombreux,* permettant par là-même de décrire, *le plus fidèlement possible,* des réalités non appréhendables directement.

* Ces nombreux éléments sont *dénombrés* et *classés,* pour permettre à la statistique de *synthétiser efficacement* les phénomènes. Mais cela revient souvent à *gommer les nuances* d'une réalité infiniment complexe : contrainte de ne retenir que des éléments *«homogènes»* ou de *même nature,* elle risque de faire perdre à chacun l'individualité qui aurait pu en faire sa richesse.

Cette définition ne saurait suffire ; elle appelle un certain nombre de remarques complémentaires :

---

(1) O. Morgenstern, «L'illusion statistique», Dunod, Paris, 1972, pour la traduction française.

2. REMARQUES COMPLÉMENTAIRES

2.1. Les statistiques sont «fausses et truquées» :

Combien de fois avons-nous entendu cette phrase ? Que faut-il répondre à cette affirmation? Tout d'abord (au risque de choquer), qu'elle contient une part de vérité... mais surtout qu'elle est bâtie sur un *traditionnel malentendu,* une *confusion* entre deux termes qui se ressemblent : en effet, le mot «statistique» n'a pas le même sens selon qu'on l'emploie *au singulier* ou *au pluriel :*

— **La statistique**, c'est l'ensemble des *méthodes scientifiques* qui permettent d'analyser quantitativement l'information. Loin d'être fausse ou truquée, elle est parfaitement *rigoureuse.*

— **Les statistiques**, par contre, ne sont que les *résultats numériques* auxquels conduit l'application de ces méthodes, ou les *données chiffrées* ou autres *renseignements en grand nombre* sur lesquels on va appliquer ces méthodes. Ainsi, évidemment les chiffres peuvent être *faux,* ou *mal recueillis*, ou *mal interprétés* (volontairement ou non) ; les méthodes et processus techniques, non ! Tout au plus pourront-ils être *mal choisis* face à un objectif donné, mais ni *faux,* ni *truqués* en eux-mêmes.

2.2. «Les statistiques sont inutiles» :

Là encore, on pourrait dire qu'il y a une part de vérité dans cette affirmation ; parfois, l'application de **la** *statistique* aboutit à **des** *statistiques* dont on aurait pu aisément se passer, soit parce qu'elles n'ont *aucun intérêt* scientifique ou pratique, soit parce qu'elles demeurent oubliées dans l'obscurité de quelque archive administrative ou de quelque recherche universitaire, jamais utilisée. Néanmoins, le monde moderne est particulièrement avide d'informations, rendues possibles par le progrès de l'informatique et presque exclusivement dépendant de leur traitement pour les *prises de décision* à tous les niveaux.

2.3. La «neutralité» de la statistique et l'interprétation des résultats

La statistique est un ensemble de *méthodes,* de *calculs systématiques,* qui aboutissent à des chiffres, à des graphes ou à d'autres types de résultats formalisés. Nous avons déjà dit que seul l'utilisateur commente les résultats. Il porte un jugement, ou influence le lecteur par la manière dont il présente les conclusions. La statistique en elle-même est donc *neutre, objective,* mais *le choix de la méthode* la plus appropriée ainsi que *l'interprétation des résultats,* selon les domaines d'application, sont parfois délicats.

Si l'on remarque, par exemple, une augmentation de 200 % du nombre de postes de télévision-couleur vendus dans telle ville dont la population reste constante, il ne faut pas forcément conclure à une formidable expansion de l'équipement des ménages : encore faut-il *vérifier la situation de départ.* Si 3 ménages sur 100, seulement, étaient possesseurs de tels appareils, l'augmentation de 200 % implique qu'il n'y a que 9 ménages sur 100 équipés de la sorte... ce qui, en volume, ne représente pas un progrès économique fabuleux.

Un autre exemple d'interprétation abusive est à prendre au niveau des *concepts.* Ainsi, la *moyenne* représente dans nos esprits une référence bien précise, aisément calculable. Calculons la taille moyenne des appelés du contingent de telle année : on trouve 1,758 m. Si nous rencontrons cette année-là un appelé mesurant exactement 1,758 m, c'est *l'exception...* C'est aussi *la moyenne !* En règle générale, il faut toujours bien remettre à leur juste place les *notions* censées résumer les informations, ainsi que la *nature des variables* (il est évident que nous pouvons rencontrer beaucoup d'individus mesurant entre 1,70 m et 1,80 m).

2.4. La statistique et l'économie

Tout comme l'économie, la statistique est *«récente»* (moins de 300 ans dans les deux cas) et connaît une évolution rapide à partir de la fin du dix-neuvième siècle. Instrument indispensable de l'analyse économique, elle permet d'en vérifier les «lois» et les différentes théories de comportement des agents ; en effet, la méthode purement déductive a dû, de plus en plus, s'accompagner de la méthode inductive, en sciences économiques.

La statistique joue un rôle primordial tout autant au *niveau de l'Etat,* où elle renseigne sur la *conjoncture* (indicateurs, tableaux de bord, calculs de tendances), où elle informe sur les *données* (recensements, enquêtes, banques de données spatialisées), où elle rend possible les *prévisions* (comptabilité nationale, budget de l'Etat, modèles divers), *qu'au niveau des agents,* où elle représente un véritable outil *d'information* et *de prise de décision* des agents (entreprises, consommateurs).

2.5. Les statistiques et la société

La production d'informations statistiques et leur diffusion soulèvent quelques problèmes :

– L'information statistique nécessite la mobilisation de moyens financiers importants. Le coût est d'autant plus élevé que l'on désire des résultats précis et rapides. Pour les «producteurs» d'information, (essentiellement le secteur public en France) (1), il y a donc une recherche d'optimum entre le coût de la collecte et la qualité des résultats. A titre d'exemple, l'exploitation du recensement général de la population de 1975 a coûté 340 millions de francs.

– La diffusion des résultats de certaines enquêtes peut se heurter à des problèmes de secret. Les dispositions de la loi du 7 juin 1951 sur l'obligation, la coordination et le secret en matière statistique assurent le respect de certaines règles justifiées notamment par la crainte que peut susciter chez certains l'usage d'informations. En général, les enquêtés restent assez méfiants sur des sujets «tabou» comme le revenu, ce qui explique le manque relatif de données brutes en ce domaine. La loi du 6 janvier 1978 relative à l'informatique et aux libertés fixe des règles de contrôle de la circulation des informations au sein des administrations. Elle s'applique aussi bien sur les données individuelles concernant les personnes physiques, que sur les données concernant des personnes morales (sociétés par exemple).

– Le choix des données à prospecter dépend en quelque sorte de la volonté de la société toute entière de «mieux se connaître» dans tel ou tel domaine. La mise en place du CNIS (Conseil national de l'information statistique) et des CRIES (Comités régionaux pour l'information économique et sociale) a été opérée pour *favoriser le dialogue* entre les producteurs d'informations et les utilisateurs de statistiques. Le CNIS, analysant les besoins de «la société», définit des grandes orientations en matière de travaux statistiques élaborés par le système public .

Sur ce «marché offre-demande» d'informations, il faut bien remarquer que la demande fluctue bien plus vite que l'offre. Elle évolue au gré des modes, et il n'est pas simple de déterminer exactement ses tendances profondes, ni de la satisfaire.

3. LA COLLECTE DE L'INFORMATION

La statistique transforme un certain aspect d'une réalité en chiffres, et résume l'information. Cependant, encore faut-il *collecter,* recueillir cette information du mieux possible.

Selon les besoins, les objectifs de cette collecte changent et l'on arrive vite à ne plus se satisfaire des données existantes. On crée alors de nouvelles sources (de nouvelles statistiques) ou bien on mobilise des sources statistiques préexistantes conçues dans un autre objet... Lorsque ces nouvelles données sont présentées

---

(1) Bien que de plus en plus d'agents privés, grâce aux outils informatique et télématique, produisent et commercialisent des informations statistiques (Banques de données financières, commerciales, etc...).

(soit sur papier, soit sur microfilms, soit sur support magnétique) dans la même forme que les précédentes, cela permet des comparaisons dans le temps : mais, généralement, les nouvelles sources sont difficilement comparables aux anciennes dans la mesure où il est constamment nécessaire d'adapter et d'améliorer les rubriques des nomenclatures.

L'opération technique qui consiste à élaborer les statistiques porte le nom général d'**enquête**. Selon la manière dont on mène l'enquête, celle-ci prendra des noms différents.

– Le **recensement, ou enquête exhaustive**, est une opération coûteuse et demandant une organisation très structurée. Le mot est connu par le grand public notamment à travers le *Recensement Général de la Population* (RGP) exploité régulièrement par l'INSEE en France (1). On trouve cependant des recensements depuis des temps très reculés, où ils ont été établis à des fins fiscales ou militaires. Ces premières statistiques n'en sont que l'expression la plus simple : le *«dénombrement»*. On a tendance à confondre dans le langage courant *recensement* et *dénombrement.* Ce dernier n'est que le «comptage» des individus de la population (ces individus pouvant être des hommes, des entreprises, ou tout autre élément d'un ensemble homogène appelé «population»). Le recensement, par contre, consiste à chiffrer, ou du moins à coder les données pour chaque individu de la population enquêtée, sur tel ou tel aspect de sa constitution (âge, chiffre d'affaires, état matrimonial, etc...).

En simplifiant à l'extrême, par exemple, le nombre d'étudiants inscrits en première année de telle université résulterait d'un *dénombrement :* la liste de leurs notes à l'examen, en fonction de leur âge, sexe, et «état» (redoublant ou non) résulterait d'un travail de *recensement.*

On conçoit évidemment que : dénombrer les inscrits à un examen est plus facile que de recenser la population de telle région française, et que, par voie de conséquence, le recensement est en général une opération très «lourde» et de grande ampleur. En fait, pratiquement seul le RGP est un véritable recensement pour la population humaine, assurant pleinement la fonction d'exhaustivité (2). D'autres enquêtes exhaustives et systématiques concernent des entités plus facilement repérables que la population humaine sur un champ donné : l'INSEE et les ministères spécialisés effectuent par exemple une enquête annuelle exhaustive des entreprises de plus de 10 salariés.

– Les **sondages ou enquêtes partielles** permettent d'obtenir des renseignements sur une population (ou sur un quelconque ensemble d'éléments homogènes), sans avoir besoin d'en interroger tous ses membres. On ne prend en compte *qu'un sous-ensemble aussi «représentatif»* que possible de cette population, appelé **échantillon** (3).

La qualité de l'enquête sera dépendante dans une large mesure du *choix* de cet échantillon.

Deux grands types de méthodes viennent au secours du statisticien dans ce choix :

* La méthode empirique **des quotas** présuppose que l'on connaisse les principaux caractères de cette «population mère» que l'on va étudier (par recours à des statistiques antérieures par exemple) et se base sur le fait que ses principaux caractères sont dépendants les uns des autres. Ainsi, l'enquêteur, sur le terrain, est contraint de respecter dans l'échantillon les mêmes proportions (ou quotas) que les caractéristiques détiennent dans la population mère.

* La méthode du **sondage probabiliste** est fondée sur la notion *d'estimation.* L'échantillon est choisi de façon aléatoire («au hasard»). Ce hasard a une dimension rigoureuse ici, qui n'apparaît pas dans le langage courant : il signifie que chaque élément de l'ensemble possède une probabilité connue (non nulle) de faire partie de l'échantillon. Ainsi, par exemple, une association privée de consommateurs qui interrogerait 100

---

(1) Le RGP en France est effectué conjointement par l'INSEE et par les mairies, et *exploité* seulement par l'INSEE.

(2) Dont l'exploitation n'est faite souvent que au quart ou au cinquième.

(3) Contenant l'hypothèse d'un comportement homogène de chaque catégorie élémentaire par rapport au problème visé. (Les enquêtes sont la plupart du temps «ciblées» en fonction d'un objectif précis).

personnes à la sortie d'un grand magasin ne ferait pas un choix «au hasard» ; en effet, selon l'emplacement du magasin, son image de marque, selon le jour et l'heure de l'enquête, il n'est pas dit qu'elle obtienne un échantillon réellement représentatif de l'ensemble des catégories de consommateurs... bien au contraire ! La méthode suppose donc que l'on possède à l'avance la liste complète de la population à étudier (fichier ou base de sondage), dans laquelle on va *tirer* l'échantillon, selon divers procédés, et contrôler à tout moment les risques d'erreur (mesure d'intervalles de confiance, en calcul des probabilités). Ces procédés de détermination sont : l'utilisation des tables de nombres au hasard, les tirages systématiques, la stratification, les tirages par grappes, les tirages à plusieurs degrés, etc... et sont étudiés en deuxième ou troisième année des filières économiques et statistiques.

Quand l'échantillon n'est pas représentatif, on dit qu'il est **biaisé**. De manière générale, on introduit un «biais» dans une statistique quand on fait une erreur systématique à la base de la collecte de l'information. Cette notion est différente d'un autre type d'erreur que l'on peut appeler «aléa», qui provient du fait que le nombre absolu de données statistiques (d'observations) est trop faible pour être généralisé. Ainsi par exemple : choisir comme base de sondage le bottin mondain pour une enquête sur les fonctions de l'habitat, introduit un biais indiscutable ! Utiliser les sondages exploités au quart ou au cinquième des RGP de l'INSEE, sur une commune d'à peine 1.000 habitants, crée un aléa particulièrement gênant si l'on veut, par exemple, en tirer des prévisions démographiques ou d'emplois.

La statistique mathématique est de plus en plus performante pour remédier à ce genre de difficultés.

L'**information statistique** ainsi collectée se divise en deux grands groupes : *les statistiques publiques* de l'INSEE, des grandes directions ministérielles, et des autres organismes officiels nationaux et internationaux d'une part, *les statistiques privées* ou *ponctuelles,* d'autre part, élaborées par des instituts ou associations spécialisés, des entreprises, des bureaux d'études... et des étudiants, quelquefois, quand ils mènent leurs recherches de troisième cycle. La masse d'informations collectées est sans aucune mesure avec la quantité de données réellement utilisées, ce qui nous ramène à ce que nous disions plus haut sur l'utilité des statistiques.

4. LES ÉTAPES DE L'ENSEIGNEMENT DE LA STATISTIQUE

On distingue habituellement trois étapes dans l'enseignement de la statistique (1) :

– La première se fait généralement en première année de premier cycle de l'enseignement supérieur et est consacrée à la **statistique descriptive**, dont le but est de décrire et de résumer de façon formalisée des informations collectées de façon exhaustive. Tout le programme concernant ces méthodes est contenu dans le présent ouvrage.

– La deuxième, que l'on enseigne en général en deuxième année de premier cycle des universités concerne le **calcul des probabilités** et l'**étude des lois probabilistes.** Son objet est l'analyse des événements aléatoires. Elle est, par nature plus abstraite que la statistique descriptive, mais en utilise largement les concepts élémentaires qu'elle associe à une formalisation mathématique plus poussée.

– La troisième étape est celle de la **statistique mathématique.** Elle est enseignée soit dans des filières spécialisées, soit en fin de premier cycle, soit encore en deuxième cycle de l'enseignement universitaire. Elle prend appui sur les deux premières pour formuler des lois de comportement à partir d'observations incomplètes. Son rôle est explicatif et prévisionnel (estimations, tests, échantillonnages, sondages).

---

(1) Non compris ici l'enseignement secondaire des collèges et lycées.

Les frontières entre ces trois étapes restent néanmoins *très floues* : l'étude des lois de probabilité déborde sur la statistique mathématique, et cette dernière prend ses bases dans certains domaines de la statistique descriptive.

*

* *

Nous présenterons ici la statistique descriptive en cinq parties :

1. **L'appréhension statistique,**
2. **Les distributions à un caractère,**
3. **Les distributions à deux caractères,**
4. **Les séries chronologiques,**
5. **Les indices.**

PREMIÈRE PARTIE : L'APPRÉHENSION STATISTIQUE

CHAPITRE 1 – PRÉSENTATION DES DONNÉES

SECTION 1 – LES UNITÉS STATISTIQUES ET LES CARACTERES

On a vu dans l'introduction comment l'information peut être observée et transformée en *chiffres*. Ces données quantifiées relèvent d'une **terminologie précise** :

§1. LA POPULATION ET LES UNITES STATISTIQUES

La statistique étudie de façon quantitative des *ensembles nombreux :* Ils portent le nom général de **population.**

La «population statistique» dépasse largement le cadre strict de la démographie, qui fut le premier domaine d'application de la statistique et dont elle a hérité la terminologie de base. Ainsi, par exemple, sont considérés comme population, les ensembles suivants :

– *Ensembles d'êtres humains :* La population de la France à la date du recensement de 1982, ou le personnel de l'entreprise *X* au 31 décembre 1986.
– *Stocks d'objets concrets :* Le parc automobile français au 1er janvier 1986.
– *Flux :* Les demandes d'emplois déposées à l'ANPE au cours du mois de février 1986.
– *Ensembles de biens immatériels :* Les consultations annuelles de tel médecin généraliste.
– *Ensembles non concrets :* Les accidents de la route dûs à l'excès de boisson alcoolisée, ou les années d'une période d'observation, ou encore les intentions de vote à telle élection, recueillies lors d'une enquête.

Chaque *population* contient des *éléments* que l'on peut dénombrer (habitants, salariés, automobiles, accidents...). Les éléments de la population portent le nom d'**unités statistiques** ou d'**individus.** Les «individus» sont donc, par exemple, tout aussi bien des êtres humains que des objets ou des événements.

Rappel :

Toutes les pages de droite sont systématiquement réservées : soit à l'approfondissement de certaines notions, soit aux démonstrations, soit à des exercices «types» résolus, correspondant aux textes de «lecture simple» développés dans les pages de gauche.

La «lecture simple» suffit pour comprendre la statistique descriptive et pour l'utiliser à des fins pratiques. *Cependant, l'étudiant préparant son examen de première année ou ses travaux dirigés, ne pourra pas se passer de la compréhension d'un certain nombre (au moins) de démonstrations exposées dans les pages de droite.*

Les thèmes développés dans les pages de droite sont présentés sous forme «d'encadrés» spécifiques.

ENCADRÉ 1

PRINCIPALES LETTRES DE L'ALPHABET GREC UTILISÉES COMME SYMBOLES EN STATISTIQUE

Majuscule	*Minuscule*	*Prononciation*	*Correspondance*	*Signification la plus courante (en France)*
	α	Alpha	*a*	Paramètre
	β	Bêta	*b*	Coefficient de forme ou paramètre
Γ	γ	Gamma	*g*	Loi de probabilité (Γ_ν) ou coeff. de forme (γ)
Δ	δ	Delta	*d*	Variation absolue (Δ) ou paramètre (δ)
	ε	Epsilon	*e'*	Résidu
	η	Eta	*è*	Rapport de corrélation
Θ	θ	Thêta	*t* (aspiré)	Fonction ou paramètre
Λ	λ	Lambda	*l*	Fonction ou paramètre
	μ	Mu	*m*	Moment centré
	ν	Nu	*n*	Paramètre
	ξ	Xi	*ks*	Fonction
Π	π	Pi	*p*	Produit (en majuscule)
	ρ	Rhô	*r*	Coefficient
Σ	σ	Sigma	*s*	Somme (Σ) ; Ecart-type (σ)
	τ	Tau	*t*	Taux de croissance ou paramètre
Φ	φ	Phi	*p* (aspiré)	Fonction
	χ	Khi	*h* (aspiré)	Fonction ou loi (χ^2)
	ψ	Psi	*ps*	Fonction
Ω	ω	Oméga	*o*	Fonction ou paramètre

Il faut toujours *bien définir* la population que l'on étudie, afin de ne pas créer de confusion dans l'interprétation : la population d'une ville, par exemple, mesurée en *nombre d'habitants* (unités statistiques, ou individus), peut apparaître a priori comme parfaitement définie. Or, selon que l'on y compte ou non les militaires du contingent, le chiffre résultat va être différent, et la notion même «d'habitant» va être de nature différente. En règle générale, pour étudier correctement une population statistique, il est nécessaire d'en bien connaître ses *frontières de définition.* Voir à ce sujet 2 : champ de l'enquête.

§2 LES CARACTERES STATISTIQUES

Pour décrire une population, on *repère* et on *classe* les individus en sous-ensembles appelés **caractères.**

La population de la France, ou les salariés d'une entreprise, pourront être décrits par des *caractères* tels que : sexe, âge, nationalité, nombre d'enfants... etc.

La production automobile de telle firme pourra être repérée par les *caractères :* couleur, type, puissance du moteur, nombre de places assises, etc ..

Il est absolument indispensable de ne retenir que les caractères *les plus pertinents* pour pouvoir décrire une population correctement, en «agrégeant» ainsi les informations en sous-ensembles cohérents. Dans certains cas, le choix d'un trop grand nombre de caractères revient à présenter la population dans sa «réalité brute», c'est-à-dire, à la limite, presque individu par individu, sans aucun effet de synthétisation pratique.

§3. LES MODALITES

Chaque caractère étudié peut présenter deux ou plusieurs situations différentes que l'on appelle **modalités.**

– Un individu peut être *masculin* ou *féminin*, c'est-à-dire remplir l'une des *deux* modalités du caractère *«sexe».*

– Il peut également satisfaire à l'une des *quatre* modalités du caractère *«état matrimonial» :* Marié, Célibataire, Veuf ou Divorcé

– Une automobile peut être : Rouge, Bleue, Verte, Blanche, ou «Autre couleur», et correspondre ainsi à l'une des *cinq* modalités retenues ici pour le caractère *«couleur».*

ENCADRÉ 2

LE CHAMP DE L'ENQUETE

Tout comme pour le titre d'un tableau statistique ou d'un graphe, la définition stricte de la population concernée par l'enquête doit être rigoureusement établie. On dira par exemple : «enquête sur la fréquentation estivale hôtelière de la région PACA durant l'été 1986», ou «dénombrement des accidents de la route survenus pendant le week-end de Pâques 1985 sur l'autoroute A6».

Le *champ de l'enquête* est donc le repérage exact de la population prise en compte : Ainsi, une enquête sur les taux de fécondité dans un pays ou dans une région ferait apparaître des résultats bien surprenants si l'on acceptait comme champ la *population totale recensée...* comprenant bien sûr les hommes et les enfants.

ENCADRÉ 3

Les modalités «divers» et «non déclarés»

La plupart du temps, l'enquête ne permet pas de classer exhaustivement tous les individus d'une population : il y a fréquemment des «non-réponses» ou des cas ambigüs. On ajoute donc une modalité «divers» ou «non déclarés» aux modalités fixées par la logique.

La valeur des statistiques obtenues dépend à cet égard de l'effectif de cette dernière rubrique : Avant tout calcul il faut vérifier la part que représente cette modalité en effectifs par rapport à l'ensemble, afin de ne pas fausser l'interprétation des résultats.

La statistique mathématique nous permet de «redresser» les non-réponses dans les enquêtes (hors programme).

ENCADRÉ 4

Pour bien comprendre :

Population → d'une ville à une date → P

Unités statistiques → les habitants

Caractère → Etat matrimonial → x.

Modalités (2) → Marié ou non marié → x_1 ou x_2

Effectifs → Nombre d'habitants mariés → n_1
→ Nombre d'habitants non mariés → n_2

Tableau statistique ou «distribution» de P selon x

Modalités (x_i)	*Effectif* (n_i)
x_1	n_1
x_2	n_2
	$\Sigma = n$

Il est particulièrement important de comprendre que :

1 – Les différentes *modalités* d'un caractère doivent être **incompatibles, exhaustives** et **sans ambiguïté** :

- *incompatibles*, de manière à ce qu'un individu ne puisse appartenir à plus d'une modalité à la fois (un individu ne peut pas être marié *et* célibataire) ;
- *exhaustives*, afin de prévoir *toutes* les situations possibles, sans exception ;
- *sans ambiguïté*, pour ne pas faire d'erreur de classement. (A laquelle des 5 modalités ci-dessus du caractère «couleur» appartiendrait une automobile blanche aux portières bleues ?). Voir également **3** *: le* problème de la modalité des «divers» et des «non-déclarés».

2 – Les modalités d'un caractère sont **hiérarchisées** selon le degré de finesse de l'information disponible ou recherchée.

Selon la précision recherchée lors d'une enquête démographique, on peut, par exemple, étudier la population en 4 modalités : Marié, Célibataire, Veuf, Divorcé, ou seulement en deux : Marié, ou Non marié.

De même, il peut être intéressant d'étudier la population française en 16 ou 17 modalités du caractère «âge» (de 0 à 5 ans ; de 5 à 10 ans ; etc...), alors que la même étude sur une petite commune nous conduirait à choisir un nombre de classes d'âges beaucoup plus réduit.

§4. LES EFFECTIFS ET LES TABLEAUX

Le nombre d'individus présentant chaque modalité a pour nom: **effectif** de cette modalité (ou Fréquence absolue).

exemple :	Effectif du personnel salarié masculin de l'entreprise	E =	15
	Effectif du personnel salarié féminin de l'entreprise	E =	20
	Effectif total	=	35

On synthétise les modalités et les effectifs sous forme de **tableaux statistiques**. Ils sont dits *«à une dimension»*, si l'on ne retient qu'un caractère ; à *deux dimensions* (ou *«croisés»*), si l'on retient 2 caractères. Voir **5** . Chaque case du tableau croisé correspond à une modalité «ligne» et une modalité «colonne». Les individus dénombrés dans chaque case sont considérés comme équivalents, ou de *«même nature»*, face au phénomène étudié.

ENCADRÉ 5

LA DIMENSION DES TABLEAUX

Considérons la population d'une commune de **1 000** habitants, étudiée selon trois caractères : EM = Etat matrimonial ; Age ; S = Sexe.

1. Tableaux à une dimension

Caractère (EM)	*Effectif*
Mariés	500
Célibataires	300
Veufs	100
Divorcés	100
	Σ = 1 000

Caractère (Age)	*Effectif*
Moins de 20 ans	300
De 20 ans à – de 60 a.	500
60 ans et plus	200
	Σ = 1 000

Caractère (S)	*Effectif*
Hommes	480
Femmes	520
	Σ = 1 000

2. Tableau à deux dimensions

Sexe \ *E.M.*	*Mariés*	*Célibataires*	*Veufs*	*Divorcés*	*Total*
Hommes	240	155	45	40	480
Femmes	260	145	55	60	520
Total	500	300	100	100	1 000

3. Tableau à trois dimensions

E.M.	*Mariés*		*Célibataires*		*Veufs*		*Divorcés*		**TOTAL**		Σ
Age \ *Sexe*	*H*	*F*	*H*	*F*	*H*	*F*	*H*	*F*	*H*	*F*	
Moins de 20 ans	8	10	141	139	0	0	1	1	150	150	300
de 20 ans à – de 60 ans	198	220	9	3	5	5	28	32	240	260	500
60 ans et plus	34	30	5	3	40	50	11	27	90	110	200
TOTAL	240	260	155	145	45	55	40	60	480	520	1 000
Σ	500		300		100		100		1 000		

SECTION 2 – LES DIFFÉRENTS TYPES DE CARACTERES ET DE VARIABLES

§ 1. LES CARACTERES QUALITATIFS

Un caractère est dit **qualitatif** lorsque son observation ne peut pas être traduite par une *mesure ;* ses diverses modalités sont simplement *constatées*, repérées par *un mot* traduisant un *«état»*.

Ainsi, les caractères : Sexe, Profession, Nationalité, Couleur... ne présentant pas de modalités mesurables, sont donc *qualitatifs.* Les modalités ne sont donc ordonnées que par simple convention, à l'intérieur de tableaux appelés **nomenclatures.**

Chaque modalité porte le nom de **rubrique**. Au plus le nombre de rubriques est grand, au plus la nomenclature est *détaillée.* Chaque rubrique doit être définie sans ambiguïté et satisfaire au triple principe d'incompatibilité, d'exhaustivité, et de hiérarchisation. Voir **6** .

La nomenclature INSEE des catégories socio-professionnelles est un bon exemple d'effort de classification. Un autre exemple bien connu est celui de la classification territoriale en Régions, Départements, Cantons, Communes.

A chaque nomenclature est associé un *code numéralogique,* permettant de repérer par un ou plusieurs chiffres les rubriques et sous-rubriques.

§ 2. LES CARACTERES QUANTITATIFS

Un caractère est dit **quantitatif** si ses modalités sont *mesurables,* c'est-à-dire traduites par des nombres qui en mesurent leurs valeurs.

Le caractère quantitatif prend alors le nom de **variable statistique** et ses différentes modalités sont les *valeurs possibles* de la variable.

L'âge, la taille, le poids, le nombre d'enfants sont des caractères, ou *variables statistiques,* dont les modalités sont mesurables dans diverses unités spécifiques. Chaque individu de la population est repéré par un nombre.

Ainsi la variable statistique «nombre d'enfants par ménage» peut prendre les valeurs 0, 1, 2, 3, 4, 5, 6 ou plus ; ces valeurs de la variable, ne sont autre que les modalités du caractère.

Les variables statistiques sont de deux types différents : *discrètes* ou *continues.*

ENCADRÉ 6

Exemple de nomenclature : *Nomenclature des catégories socio-professionnelles :*

1 Agriculteurs exploitants	10 Agriculteurs exploitants	11 Agriculteurs sur petite exploitation 12 Agriculteurs sur moyenne exploitation 13 Agriculteurs sur grande exploitation
2 Artisans, commerc. et chefs d'entrepr.	21 Artisans	21 Artisans
	22 Commerçants et assimilés	22 Commerçants et assimilés
	23 Chefs d'entreprise de 10 salariés ou plus	23 Chefs d'entreprise de 10 salariés ou plus
3 Cadres et professions intellectuelles supérieures	31 Professions libérales	31 Professions libérales
	32 Cadres de la fonction publique, professions intellectuelles et artistiques	33 Cadres de la fonction publique 34 Professeurs, professions scientifiques 35 Professions de l'information des arts et des spectacles
	36 Cadres d'entreprise	37 Cadres administratifs et commerciaux d'entreprise 38 Ingénieurs et cadres techniques d'entreprise
4 Professions intermédiaires	41 Professions intermédiaires de l'enseignement, de la santé, de la fonction publique et assimilés	42 Instituteurs et assimilés 43 Professions intermédiaires de la santé et du travail social. 44 Clergé, religieux 45 Professions intermédiaires administratives de la fonction publique
	46 Professions intermédiaires administratives et commerciales des entreprises	46 Professions intermédiaires administratives et commerciales des entreprises
	47 Techniciens	47 Techniciens
	48 Contremaîtres, agents de maîtrise	48 Contremaîtres, agents de maîtrise
5 Employés	51 Employés de la fonction publique	52 Employés civils et agents de service de la fonction publique 53 Policiers et militaires
	54 Employés administratifs d'entreprise	54 Employés administratifs d'entreprise
	55 Employés de commerce	55 Employés de commerce
	56 Personnels des services directs aux particuliers	56 Personnels des services directs aux particuliers
6 Ouvriers	61 Ouvriers qualifiés	62 Ouvriers qualifiés de type industriel 63 Ouvriers qualifiés de type artisanal 64 Chauffeurs 65 Ouvriers qualifiés de la manutention du magasinage et du transport
	66 Ouvriers non qualifiés	67 Ouvriers non qualifiés de type industriel 68 Ouvriers non qualifiés de type artisanal
	69 Ouvriers agricoles	69 Ouvriers agricoles
7 Retraités	71 Anciens agriculteurs exploitants	71 Anciens agriculteurs exploitants
	72 Anciens artisans, commerçants, chefs d'entreprise	72 Anciens artisans, commerçants, chefs d'entreprise
	73 Anciens cadres et professions interméd.	74 Anciens cadres 75 Anciennes professions intermédiaires
	76 Anciens employés et ouvriers	77 Anciens employés 78 Anciens ouvriers
8 Autres personnes sans activité professionnelle	81 Chômeurs n'ayant jamais travaillé	81 Chômeurs n'ayant jamais travaillé
	82 Inactifs divers (autres que retraités)	83 Militaires du contingent 84 Elèves étudiants de 15 ans ou plus 85 Personnes diverses sans activité professionnelle de moins de 60 ans (sauf retraités) 86 Personnes diverses sans activité professionnelle de 60 ans et plus (sauf retraités)

Source : INSEE.
réf. : Collections de l'INSEE, série D, n° 114, «Enquête sur l'emploi de 1986 - Résultats détaillés».

A. Les variables statistiques discrètes

Une variable statistique est **discrète** lorsqu'elle est mesurée par des *nombres isolés* (la plupart du temps des nombres entiers : 0, 1, 2, 3, 4, etc...).

Ainsi, le nombre d'enfants par ménage, le nombre de pièces d'un appartement, ou le nombre de salariés d'une entreprise, sont des variables statistiques discrètes.

Les modalités du caractère (ou, ce qui revient au même : les valeurs de la variable) seront, soit des *valeurs exactes* (0 ; 1 ; 2 ; 3...), soit des *regroupements* de valeurs en classes (moins de 5 salariés, de 5 à 9 salariés ; de 10 à 14 salariés ; etc...).

B. Les variables statistiques continues

Une variable statistique est **continue** lorsqu'il est a priori possible de «pousser» sa mesure à des décimales. C'est-à-dire lorsque ses valeurs sont en nombre infini.

Le poids d'un individu, par exemple, n'est jamais exactement de 75 ou 76 kg ; il peut être de 75,5 kg, ou même (selon la précision de la mesure) de 75,544 kg.

En général les grandeurs liées à l'*espace* (longueur, surface), au *temps* (âge, vitesse), à la *masse* (poids, teneur), à la *monnaie* (salaire, chiffre d'affaires), sont considérées comme des variables continues.

Bien évidemment, la frontière exacte entre le «discret» et le «continu» est illusoire ou artificielle, étant donné la précision des techniques de mesure. Un individu qui pèse 75,544 kg sera repéré dans une *classe* de poids «de 75 à 76 kg». Dès lors, en pratique, on peut considérer que : Est «continue», une variable qui peut prendre un si grand nombre de valeurs, qu'on est obligé de les regrouper en classes.

– **L'amplitude de la classe** est la longueur de l'intervalle choisi :

exemple : salaires mensuels en francs :
- de 6 000 F à moins de 7 000 : amplitude = 1 000 F
- de 7 000 F à moins de 9 000 : amplitude = 2 000 F
- plus de 9 000 F : amplitude indéterminée.

Les amplitudes de classes peuvent être *constantes* ou *variables* sur l'intervalle de variation.

– Les **extrémités de classe** peuvent poser un problème si on ne les définit pas correctement :

Reprenons l'exemple précédent :

La classe : «de 6 000 F à moins de 7 000 F» est définie : «borne comprise à gauche – non comprise à droite» : elle comprendrait donc un hypothétique individu salarié à 6 999 F, mais pas d'individu gagnant exactement 7 000 F par mois.

Dans une autre notation (couramment utilisée) elle serait définie par :

[6 000 F ; 7 000 F[(intervalle ouvert à droite ; convention française)

– Pour faciliter la lecture des tableaux statistiques, on retient généralement comme extrémité de classe, des valeurs «rondes»..., ce qui évite, par exemple, de pénibles lectures du type :

[6 541 F ; 7 999 F]

ou : de 5 ans à 9 ans 11 mois 30 jours.

ou encore : [27 m^2 ; 37 m^2[

ENCADRÉ 7

Caractères quantitatifs ou qualitatifs

Caractères	*Nature*
Etat matrimonial	qualitatif
Sexe	qualitatif
Taille	quantitatif
Surface d'une pièce	quantitatif
Age	quantitatif
Département de naissance	qualitatif
Nationalité	qualitatif

ENCADRÉ 8

Caractères discrets ou continus

Caractères	*Nature*
Nombre d'enfants du couple	discret
Chiffre d'affaires	continu
Avoirs à la Banque de France	continu
Nombre de pièces d'un appartement	discret
Age	continu
Taille	continu
Nombre de salariés d'une entreprise	discret

ENCADRÉ 9

Exercices sur les classes

Le tableau suivant donne les résultats d'une enquête sur le poids en kg des individus d'une population recensée. Classez les données en classes d'amplitude 5 et calculez les effectifs.

Données

48	72	54	80	58	70	69	58	57	60
85	94	78	81	64	49	54	57	57	62
63	69	72	71	82	87	64	65	73	58
61	67	49	52	60	66	69	89	84	82
73	70	72	58	64	51	65	77	79	80
59	57	81	78	76	79	68	67	53	59

Le centre de classe est la valeur :

$$x_i = \text{borne gauche} + \frac{\text{amplitude}}{2}$$

ou :

$$x_i = \frac{\text{borne gauche} + \text{borne droite}}{2}$$

Résultats

Classes	*«Centre» de classe*	*Effectifs*
[45 ; 50[	47,5	3
[50;55 [	52,5	5
[55 ; 60[	57,5	10
[60 ; 65[	62,5	8
[65 ; 70[	67,5	9
[70 ; 75[	72,5	8
[75 ; 80[	77,5	6
[80 ; 85[	82,5	7
[85 ; 90[	87,5	3
[90 ; 95[	92,5	1
		$\Sigma = 60$

SECTION 3 – RAPPELS DE NOTIONS MATHÉMATIQUES SIMPLES, UTILES EN STATISTIQUE DESCRIPTIVE

A chaque stade de l'analyse statistique, on est amené à procéder à des simplifications qui relèvent de l'application de quelques opérations mathématiques. En statistique descriptive, les notions mathématiques requises sont particulièrement simples : nous nous permettons de les rappeler au lecteur qui aurait «oublié» les procédés élémentaires de calcul (1).

§1. PROPRIETES DES LOGARITHMES

Rappel d'analyse : Le logarithme **népérien** (ou naturel) est une fonction continue d'une variable positive x, telle que sa dérivée est égale à $\frac{1}{x}$. (La fonction $\text{Log}\, x$ est donc la primitive de $\frac{1}{x}$).

$\boxed{\text{Log}\, 1 = 0}$ et $\boxed{\text{Log}\, e = 1}$ («e» étant un nombre irrationnel, appelé «**base**» des logarithmes népériens $\approx$ 2,71828...)

On appelle fonction logarithme **décimal** la fonction logarithme de **base 10**.

ainsi :

$\boxed{\log 10 = 1}$ ➡ $\boxed{\log 10^n = n}$

Le calcul des logarithmes népériens et décimaux se fait de moins en moins par les tables de calcul numérique traditionnelles, mais de plus en plus en utilisant les machines à calculer de type «scientifique».

Propriété fondamentale : Le logarithme d'un produit est égal à la somme des logarithmes

$$\boxed{\text{Log}\,(a \bullet b) = \text{Log}\, a + \text{Log}\, b} \qquad (\text{avec } a > 0 \text{ et } b > 0)$$

Corrollaires :

$$\boxed{\text{Log}\,\frac{a}{b} = \text{Log}\, a - \text{Log}\, b} \quad \text{et} \quad \text{Log}\,\frac{1}{a} = \text{Log}\, 1 - \text{Log}\, a = -\,\text{Log}\, a$$

De même : $\text{Log}\, a^n = \text{Log}\,\underbrace{(a.\, a. \ldots a)}_{n \text{ fois}} = n.\text{Log}\, a$ et $\text{Log}\,\sqrt[n]{a} = \frac{1}{n}\,\text{Log}\, a$

Fonction réciproque : La fonction $\mathbf{y = e^x}$ (exponentielle de x) est telle que $\mathbf{x = Log\, y}$ (népérien)

de même : la fonction $\mathbf{y = a^x}$ (exponentielle base a de x) est telle que $\mathbf{x = log_a\, y}$

Conséquences : $\boxed{a^x = e^{x \text{Log}\, a}}$ et $\boxed{\text{Log}\, a^x = x\, \text{Log}\, a}$

Dérivées : La dérivée de $\mathbf{e^x}$ est égale à $\mathbf{e^x}$

La dérivée de $\mathbf{a^x}$ est égale à $\mathbf{a^x}$ **Log a**

La dérivée de **Log x** est égale à $\frac{1}{\mathbf{x}}$

---

(1) Le lecteur possédant quelques bases mathématiques peut évidemment négliger cette section. Néanmoins il est bon qu'il vérifie ses connaissances en résolvant quelques exercices parmi ceux proposés.

ENCADRÉ 10

Exercices sur les logarithmes et exponentielles

– **Calculs** : • Calculez les logarithmes décimaux suivants :

log 13,5 → Par les tables de calcul numérique : caractéristique = 1 ; mantisse = 13033

→ Par la machine à calculer : (13,5) (lg)

il vient : **log 13,5 = 1,13033**

log 0,06767 → Par les tables de calcul numérique : caractéristique = $\bar{1}$; mantisse 82040 avec 0 40* = 83040 ⇒ 1 – 0,83040 = 0,1696

→ Par la machine à calculer : (.06767) (lg)

il vient : **log 0,06767 = – 1,1696**

• On donne le logarithme décimal d'un nombre : trouvez ce nombre :

$\log x = 2{,}88258$ → Par les tables de calcul numérique : mantisse exacte; caractéristique = 2

→ Par la machine à calculer : (2.88258) (10^x)

il vient : **x = 763,097**

– **Opérations** : Résoudre l'équation : $a^{(b^x)} = b^{(a^x)}$ (avec $b > 0$ et $a > 0$)

Il vient : $b^x \log a = a^x \log b$ et donc : $x = \dfrac{\log\left(\dfrac{\log a}{\log b}\right)}{\log\left(\dfrac{a}{b}\right)}$

– **Analyse** : On considère l'équation suivante où y est la fonction et $\dfrac{dy}{dx}$ sa dérivée :

$$\frac{dy}{dx} + y = e^{-x} \quad (1)$$

On demande de déterminer y :

Réponse : On pose $y = ze^{-x}$ (z est une nouvelle fonction de x)

Dès lors la dérivée de y est :

$$\frac{dy}{dx} = \frac{dz}{dx}e^{-x} - ze^{-x} \; ; \qquad (u'v + uv')$$

Il vient :

$$ze^{-x} + \frac{dz}{dx}e^{-x} - ze^{-x} = e^{-x} \text{ en remplaçant dans (1)}$$

Donc : $\dfrac{dz}{dx}e^{-x} = e^{-x} \Rightarrow \dfrac{dz}{dx} = 1 \Rightarrow z = x + k$

En définitive : $y = (x + k)\,e^{-x}$ c.q.f.d.

§ 2. LES OPERATIONS SUR EXPOSANTS

Le produit d'un nombre «a», m fois par lui-même s'écrit «a^m» (a «puissance» m).

$$a^m = \underbrace{a.a.a.\dots a.}_{m \text{ fois}} \qquad (a^4 = a.a.a.a\,).$$

L'exposant (m) peut être un entier positif ou négatif, ou un nombre fractionnaire :

$$\begin{cases} (a)^{1/2} = \sqrt{a} \\ (a)^{1/3} = \sqrt[3]{a} \\ \boxed{(a)^{1/m} = \sqrt[m]{a}} \end{cases} \quad \text{et :} \quad \begin{cases} \boxed{(a)^{-m} = \dfrac{1}{a^m}} \\ a^{-12} = \dfrac{1}{a^{12}} \end{cases}$$

Règles de calcul :

$$(a.b.c\,)^m = a^m \,.\, b^m \,.\, c^m$$

$$\left(\frac{a}{b}\right)^m = \frac{a^m}{b^m}$$

et :

$$\begin{cases} (a+b)^2 = a^2 + b^2 + 2ab \\ (a-b)^2 = a^2 + b^2 - 2ab \\ a^2 - b^2 = (a+b)(a-b) \end{cases}$$

Puissance d'un même nombre :

$$\boxed{a^m \,.\, a^n \,.\, a^p = a^{m+n+p}}$$

$$\frac{a^m}{a^n} = a^{m-n}$$

$a^o = 1$ (Convention)

$$\boxed{(a^m)^n = a^{m.n}}$$

Attention aux erreurs :

$a^m + a^n \neq a^{m+n}$ ($\neq$: «différent de»).

$a^2 + a^3 = a^2\,(1 + a\,)$

§ 3. CALCULS DES DERIVEES ET DES PRIMITIVES

On appelle dérivée d'une fonction f en un point $x = x_0$, la limite, si elle existe, du rapport $\dfrac{f(x) - f(x_0)}{x - x_0}$ quand $x \to x_0$.

La dérivée de la fonction **y = f(x)** se note **y'** ou **f'(x)** ou $\boxed{\dfrac{dy}{dx}}$ (Voir **11**)

Les dérivées partielles d'une fonction à deux variables **z = f(x,y)** se notent : $\dfrac{\partial z}{\partial x}$ (dérivée par rapport à x) ; $\dfrac{\partial z}{\partial y}$ (dérivée par rapport à y)

et l'on a la relation de la différentielle totale : $\boxed{df = \dfrac{\partial z}{\partial x}\, dx + \dfrac{\partial z}{\partial y}\, dy}$

Les dérivées secondes se notent : y'' ou $f''(x)$ ou $\boxed{\dfrac{d^2y}{dx^2}}$ (conventions)

La dérivée partielle seconde de x se note : $\dfrac{\partial^2 z}{\partial x^2}$; celle de y se note : $\dfrac{\partial^2 z}{\partial y^2}$

ENCADRÉ 11

Pour calculer les dérivées des fonctions usuelles

Fonctions simples		*Dérivées*
$y=k$ (constante)		$y'=0$
$y=x$		$y'=1$
$y=x^n$		$y'=nx^{n-1}$
$y=\frac{1}{x}$	$[=x^{-1}]$	$y'=-\frac{1}{x^2}$
$y=\frac{1}{x^n}$	$[=x^{-n}]$	$y'=-nx^{-n-1}=-\frac{n}{x^{n+1}}$
$y=\sqrt{x}$	$[=x^{1/2}]$	$y'=\frac{1}{2\sqrt{x}}$
$y=\sqrt[n]{x}$	$[=x^{1/n}]$	$y'=\frac{1}{n}\sqrt[n]{x^{1-n}}=\frac{1}{n}x^{(\frac{1}{n}-1)}$
$y=\mathrm{Log}\,x$		$y'=\frac{1}{x}$
$y=e^x$		$y'=e^x$
$y=a^x$		$y'=a^x\,\mathrm{Log}\,a$

Fonctions composées	*Dérivées*
$y=u\,.\,v$	$y'=u'v+uv'$
$y=\frac{u}{v}$	$y'=\frac{u'v-uv'}{v^2}$
$y=k\cdot u$	$y'=ku'$
$y=u+v$	$y'=u'+v'$
$y=u^n$	$y'=nu^{n-1}u'$
$y=u^{-n}$	$y'=-nu^{-n-1}.u'$
$y=\sqrt{u}$	$y'=\frac{u'}{2\sqrt{u}}$
$y=\frac{1}{u}$	$y'=-\frac{u'}{u^2}$
$y=\sqrt[n]{u}$	$y'=\frac{1}{n}u^{(\frac{1}{n}-1)}\cdot u'$
$y=u^2$	$y'=2\,u.u'$
En règle générale :	
$y=f(u)$	$y'=f'(u)\,.\,u'$

Pour calculer les primitives des fonctions usuelles :

Fonctions simples		*Primitives*
k		$kx+K$
x		$\frac{x^2}{2}+K$
x^m	$(m\neq-1)$	$\frac{x^{m+1}}{m+1}+K$
$\frac{1}{x^2}$	$[=x^{-2}]$	$-\frac{1}{x}+K$
$\sqrt{x}$	$[=x^{1/2}]$	$\frac{2}{3}x^{3/2}+K$
$\frac{1}{\sqrt{x}}$	$[=x^{-1/2}]$	$2\sqrt{x}+K$
e^x		e^x+K
$\frac{1}{x}$		$\mathrm{Log}\,\lvert x\rvert+K$
a^x		$\frac{a^x}{\mathrm{Log}\,a}+K$
e^{ax}	$(a\neq0)$	$\frac{1}{a}e^{a.x}+K$
$\frac{1}{x^2+1}$		Arc tg x + K

Fonctions composées	*Primitives*
$u.u'$	$\frac{u^2}{2}+K$
$u^m\,.\,u'$	$\frac{u^{m+1}}{m+1}+K$
$\frac{u'}{u^2}$	$-\frac{1}{u}+K$
$\frac{u'}{\sqrt{u}}$	$2\sqrt{u}+K$
$\frac{u'}{u}$	$\mathrm{Log}\,\lvert u\rvert+K$
$e^u\cdot u'$	e^u+K

Nota : Intégrale double sur un «pavé» $P=[a,b]\times[c,d]$

si $f(x,y)=g(x).h(y)$

alors :

$$\iint_P f(x,y)\,dx\,dy=\int_a^b g(x)dx\,.\int_c^d h(y)\,dy$$

On appelle **primitive** de $f(x)$ définie sur un segment $[a,b]$, toute fonction $F(x)$ dérivable sur $[a,b]$ dont la dérivée [en tout point] de x est égale à $f(x)$:

$$F'(x) = f(x)$$

Notation : $\int f(x)\,dx = F(x) + K$ (K est une constante)

Calcul : $\int_{x_0}^{x} f(x)\,dx = F(x) - F(x_0)$

Propriétés : $\int_a^a f(x)\,dx = 0$ et $\int_a^b f(x)\,dx = -\int_b^a f(x)\,dx$

$$\int_a^b f(x)\,dx + \int_b^c f(x)\,dx = \int_a^c f(x)\,dx$$

$\int_a^b kf(x)\,dx = k\int_a^b f(x)\,dx$ Voir **11** Tableaux de calculs

Procédés traditionnels d'intégration :

* *Par changement de variable :* si $f(x)$ est une fonction intégrable dans $[a,b]$, supposons que l'on connaisse une fonction $\varphi(t) = x$ monotone et dérivable avec $a = \varphi(\alpha)$ et $b = \varphi(\beta)$

On démontre que :

$$\int_a^b f(x)\,dx = \int_\alpha^\beta \varphi\,[x(t)]\,\varphi'(t)\,dt$$

* *Par parties :* On repère u et v, fonction de x (continues sur $[a, b]$).

On utilise la formule :

$$\int_a^b u.dv = [u.v]_a^b - \int_a^b v.du$$

(voir exemple en **13**)

§ 4. LES POURCENTAGES ET LEURS APPLICATIONS

La notion de pourcentage apparait a priori simple... et pourtant, elle comporte une série de *pièges* dans lesquels il faut éviter de tomber (Michel Louis Lévy (1) les qualifie de «faux amis»).

A. Définition

Le signe «%» (pourcentage) revient à diviser par 100.(8 % : c'est $\frac{8}{100}$; c'est 0,08).

Les pourcentages ont **deux utilités**.

1. Décrire quelle *proportion* d'un ensemble possède un caractère particulier (par exemple : il existe 18 % de cadres supérieurs dans l'entreprise E au 31 décembre 1987).

2. Décrire une *évolution* dans le temps (par exemple : le nombre de cadres supérieurs de l'entreprise E a augmenté de 20 % entre 1984 et 1987). Il s'agit alors d'une *variation relative* en pourcentage.

(1) M.L. Levy, «Comprendre les statistiques», Edition du Seuil, Collection Points, Paris, 1979.

ENCADRÉ 12

Exercices simples sur les dérivées de polynômes

1. *Calculez la dérivée de y et donnez sa valeur pour x = 2 :*

$$y = \frac{x}{(x^2+1)^2}$$

On remarque que $(x^2+1)^2$ ne peut s'annuler, donc y est définie pour tout x.

On pose : $\begin{cases} u = x \Rightarrow u' = 1 \\ v = (x^2+1)^2 \Rightarrow v' = 2(x^2+1).2x = 4x(x^2+1) \end{cases}$

Il vient :

$$\frac{dy}{dx} = y' = \frac{u'v - uv'}{v^2} = \frac{(x^2+1)^2 - x.4x(x^2+1)}{(x^2+1)^4} = \frac{(x^2+1)(x^2+1-4x^2)}{(x^2+1)^4}$$

En définitive : $\boxed{\dfrac{dy}{dx} = y' = \dfrac{1-3x^2}{(x^2+1)^3}}$

Cette dérivée prend la valeur : $-\dfrac{11}{125}$ pour $x = 2$

2. *Calculez la dérivée de : $y = (x-1)^3.(x+2)^4$*

On pose : $\begin{cases} u = (x-1)^3 \Rightarrow u' = 3(x-1)^2 \\ v = (x+2)^4 \Rightarrow v' = 4(x+2)^3 \end{cases}$

Il vient : $\dfrac{dy}{dx} = y' = u'v + uv' = (x-1)^3 . 4(x+2)^3 + (x+2)^4 . 3(x-1)^2$

$$\boxed{\frac{dy}{dx} = y' = (x-1)^2.(x+2)^3.(7x+2)}$$

ENCADRÉ 13

Calcul de primitive

* Par changement de variable *(exemple)* : $I = \displaystyle\int \frac{x\,.\,dx}{\sqrt{1+x^2}} = \boxed{\sqrt{1+x^2} + K}$; en posant $1 + x^2 = u$

* Par intégration par parties *(exemple)* : $I = \displaystyle\int x\,.\,e^{ax}\,.\,dx$; On pose : $\begin{cases} u = x \Rightarrow du = dx \\ dv = e^{ax} \Rightarrow v = \dfrac{1}{a}e^{a.x} \end{cases}$

Il vient : $I = \dfrac{1}{a}\,x\,.\,e^{ax} - \dfrac{1}{a}\displaystyle\int e^{a.x}\,.\,dx = \dfrac{1}{a}\,x.e^{ax} - \dfrac{1}{a^2}e^{ax} = \boxed{\dfrac{e^{ax}}{a^2}\left[ax - 1\right]}$

Lorsqu'une grandeur passe par exemple de 1000 à 1200, la variation absolue est de **200** ; la variation relative est de :

$$\frac{1200 - 1000}{1000} = \frac{200}{1000} = \frac{20}{100} = 20\,\% = \mathbf{0{,}2}$$

La **règle générale de calcul** est la suivante : Soit $\mathbf{V_t}$, la valeur d'arrivée (1200) et $\mathbf{V_0}$ la valeur de départ (1000):

$$\text{L'évolution sera : } \frac{V_t - V_0}{V_0} = \boxed{\frac{V_t}{V_0} - 1} = \boxed{\frac{\text{Valeur d'arrivée}}{\text{Valeur de départ}} - 1} = \boxed{\text{taux de croissance}}$$

Il suffit de taper deux nombres sur la machine à calculer et d'enlever 1 à leur rapport. Si le résultat est positif, il s'agit d'une hausse. Si le résultat est négatif, il s'agit d'une baisse.

B. Le taux de croissance et le multiplicateur :

Le rapport $\left[\frac{V_t}{V_0}\right]$ s'appelle **multiplicateur.** Il est égal au **taux de croissance + 1**

Donc si l'on veut calculer la valeur d'arrivée, connaissant le taux de croissance positif, il suffit de poser :

$$\boxed{V_t = \text{multiplicateur} \times V_0}$$

multiplicateur →
- = 1 + taux de croissance pour une **hausse**
- = 1 – taux de croissance pour une **baisse**

Dans l'exemple ci-dessus : $V_t = (1 + 0{,}2) \,.\, V_0$

Dès lors, une augmentation de 100 % revient à multiplier par $(1 + 1) = 2$ (Doublement)
De même, une augmentation de 400 % revient à multiplier par 5 la grandeur de départ $(1 + 4 = 5)$.

Une baisse de 50 % s'écrira : $V_t = V_0\,(1 - 0{,}5) = V_0 \times 0{,}5 = \frac{V_0}{2}$, et reviendra à diviser par 2.

Il n'y a donc pas de *symétrie* entre les hausses et les baisses en pourcentage. On voit qu'une augmentation de 100 % est annulée par une baisse de 50 %. Une baisse de 100 % (= 1 – 1) annule toute grandeur positive.

C. Les évolutions successives :

Le principe de base est le suivant : Lorsqu'une grandeur subit deux ou plusieurs évolutions successives, il faut **multiplier les multiplicateurs et enlever 1 au résultat,** pour obtenir le taux d'évolution.

Ainsi,
- une **hausse de 10 %**, suivie d'une **hausse de 20 %**, revient à une hausse de :

  $(1{,}10) \times (1{,}20) = 1{,}32 \Rightarrow$ hausse de **32 %** (et pas de 30 %).

- une **hausse de 80 %**, suivie d'une **baisse de 50 %**, revient à une évolution de :

  $(1{,}8) \times (1 - 0{,}5) = 0{,}9 \Rightarrow$ baisse de $(0{,}9 - 1) = -0{,}1$

L'évolution est une **baisse de 10 %**.

ENCADRÉ 14

Exercices sur les taux de croissance

1. Une grandeur économique Y prend la valeur connue y_0 à l'époque 0 ($t = 0$)

a) Quel est le taux de croissance si Y prend la valeur : $3\,y_0$ au temps $t = 1$?

b) Quelle est la valeur du taux si Y prend la valeur $\frac{y_0}{8}$ au temps $t = 1$?

Réponses :

a) Le multiplicateur est : $\frac{V_t}{V_0} = \frac{V_1}{V_0} = \frac{3y_0}{y_0} = \boxed{3}$

et donc le taux de croissance est égal à $3 - 1 = 2 = \boxed{200\ \%}$

b) Le multiplicateur est $\frac{V_1}{V_0} = \frac{y_0/8}{y_0} = \frac{y_0}{8} \times \frac{1}{y_0} = \boxed{\frac{1}{8}}$

et donc le taux de croissance est égal à : $\frac{1}{8} - 1 = \boxed{-0{,}875}$

La grandeur subit donc une **baisse** de $\boxed{87{,}5\ \%}$

2. Un nénuphar double de taille tous les 3 ans.
Quel est son taux de croissance global ? Quel est son taux de croissance moyen annuel ?

Réponses :

Tous les 3 ans : { il est multiplié par 2
ou
il augmente de (2 – 1) = 100 % tous les 3 ans.

Son taux de croissance global (sur les 3 ans) est donc de :

$$\frac{V_3}{V_1} - 1 = \frac{2\,V_1}{V_1} - 1 = 1 = \boxed{100\ \%}$$

Son taux de croissance annuel moyen est de :

$$\sqrt[3]{2} - 1 = 1{,}26 - 1 = 0{,}26 = \boxed{26\ \%}$$

3. Une somme «S» de 10 F est placée à un taux d'intérêt de 3 % pendant 2 ans, puis de 5 % pendant 3 ans, puis de 6 % pendant 4 ans. Calculez la valeur au bout des 9 années.

Il faut encore multiplier les multiplicateurs :

Soit $S_0 = 10$ F

Il vient :

$$S_9 = 10 \times (1{,}03)^2\,(1{,}05)^3\,(1{,}06)^4$$
$$S_9 = 10 \times 1{,}55 = 15{,}5$$

La valeur d'arrivée sera donc de $\boxed{15{,}5\ \text{F}}$

L'approximation par les additions ou les soustractions de pourcentages ne convient à peu près que pour des taux très faibles. C'est pourtant ce genre d'opérations que l'on est tenté de faire, ce qui conduit souvent à des erreurs de jugement : Ainsi si les ventes d'un magasin augmentent la première année de 35 % pour baisser ensuite de 26 %, la deuxième année, elles ont *pratiquement stagné* sur les 2 années :

$$(1{,}35)\,(1-0{,}26) = (1{,}35)\,(0{,}74) = 0{,}999$$

L'évolution est de $0{,}999 - 1 \approx 0\ \%$

D. Les évolutions des grandeurs liées

Il s'agit d'une application du principe de base précédent : Lorsqu'une grandeur représente le **produit** de deux autres grandeurs qui varient, son taux de croissance est égal au **produit des multiplicateurs des deux grandeurs liées, moins 1**.

si $c = a \times b$

et si $\begin{cases} a \text{ connait un taux de croissance de } «i» \\ b \text{ connait un taux de croissance de } «j» \end{cases}$

alors c subit un taux de croissance de $\boxed{[\,(1+i)(1+j)-1\,]}$

Par exemple : La vente augmente de 50 % ; le prix de vente augmente de 10 %. Dès lors la recette totale augmentera de $[(1{,}5)\,(1{,}1) - 1] = 65\ \%$.

Si la vente augmente toujours de 50 % mais si le prix de vente baisse (lui aussi) de 50 %, alors la recette totale, loin de rester la même, va diminuer de 25 %.

Le cas inverse concerne une grandeur égale au **rapport** de deux autres grandeurs : son taux de croissance sera égal au **rapport des multiplicateurs des deux grandeurs liées, moins 1** :

si $c = a/b$

et si $\begin{cases} a \text{ connait un taux de croissance de } «i» \\ b \text{ connait un taux de croissance de } «j» \end{cases}$

alors c subit un taux de croissance de : $\boxed{\left[\dfrac{1+i}{1+j} - 1\right]}$

Par exemple, un consommateur décide d'augmenter de 60 % son budget consacré à l'achat de vêtements, mais en même temps, le prix des vêtements augmente de 20 %. De combien aura augmenté la quantité de vêtements achetée ? :

D'un tiers : $((1{,}6/1{,}2) - 1 = 0{,}333)$ et surtout pas de 40 % : (60 % – 20 %)

Pour une grandeur représentant la somme ou la différence de deux autres grandeurs qui varient, il n'est possible de calculer son taux de croissance que si l'on connait les pondérations des grandeurs liées.

E. Taux de croissance global et annuel moyen

Prenons un exemple : Sur cinq ans, les ventes d'un produit ont augmenté de 25 % ; il s'agit d'un taux de croissance «**global sur la période**». Mais est-ce à dire que les ventes ont augmenté de 5 % chaque année ?

ENCADRÉ 15

Exercices sur les taux de croissance

1. Quelle sera, au bout de 15 ans, une population de 1000 unités qui croit chaque année d'un taux de 2 %. Il faut multiplier les multiplicateurs ; la logique est la suivante :

$$P_1 = P_0\,(1 + 0{,}02) = 1\,000\,(1{,}02)$$
$$P_2 = P_1\,(1 + 0{,}02) = 1\,000\,(1{,}02)^2$$
$$\vdots$$
$$P_{15} = P_{14}\,(1 + 0{,}02) = 1\,000(1{,}02)^{15}$$

La résolution par machine à calculer est : (1.02) (x^y) (15) (=) (x) (1000) (=)

$$\boxed{P_{15} = 1345{,}9}$$

La résolution par la table financière est : $1\,000\,(1{,}02)^{15} = 1\,000\,(1{,}3459)$

$$\boxed{P_{15} = 1345{,}9}$$

La résolution par les logarithmes est :

$$\log P_{15} = \log(1000) + 15 \log(1 + 0{,}02)$$
$$\log P_{15} = 3 + 15\,(0{,}0086)$$
$$\log P_{15} = 3 + 0{,}129 = 3{,}129$$
$$P_{15} = 10^{3,129}$$

$$\boxed{P_{15} = 1345{,}9}$$

2. Dans son excellent ouvrage «Comprendre les statistiques» (1) Michel Louis Lévy donne l'exemple suivant :

«Si au cours d'une période déterminée, les salaires augmentent de 60 % et les prix augmentent de 20 %, de combien s'est accru le pouvoir d'achat ?»

Réponse : Il s'agit de «grandeurs liées» par un rapport.

Donc le taux de croissance est égal au rapport des multiplicateurs, moins 1 :

$$\boxed{\tau = \frac{1 + i}{1 + j} - 1}$$

ici : $\tau = \dfrac{1{,}60}{1{,}20} - 1 = 0{,}3333$ soit $\boxed{33{,}33\ \%}$

3. Reprenons le même exemple, mais en faisant baisser les prix de 20 %.

Le taux de croissance est toujours égal au rapport des multiplicateurs des grandeurs liées, moins 1 :

$$\tau = \frac{1 + 0{,}6}{1 - 0{,}2} - 1 = \frac{1{,}6}{0{,}8} - 1 = \boxed{1}$$

Dans ce dernier cas, le pouvoir d'achat aurait **doublé** (augmentation de 1 = 100 %).

(1) M.L. Lévy, «Comprendre les statistiques», Editions du Seuil, Collections Points, 1979

Certainement pas ! Un **taux d'accroissement annuel moyen** de 5 % chaque année, donnerait au bout de 5 ans : (Multiplication des multiplicateurs) :

$$\begin{array}{llll}
\text{1re année} & \longrightarrow & V_1 = V_0 \,.\, (1 + 0{,}05) & \\
\text{2e année} & \longrightarrow & V_2 = V_1 \,.\, (1 + 0{,}05) & = V_0\,(1{,}05)^2 \\
\text{3e année} & \longrightarrow & V_3 = V_2 \,.\, (1 + 0{,}05) & = V_0\,(1{,}05)^3 \\
\text{4e année} & \longrightarrow & V_4 = V_3 \,.\, (1 + 0{,}05) & = V_0\,(1{,}05)^4 \\
\text{5e année} & \longrightarrow & V_5 = V_4 \,.\, (1 + 0{,}05) & = V_0\,(1{,}05)^5 = \mathbf{1{,}276}
\end{array}$$

Les ventes auraient donc augmenté dans ce cas de 1,276 – 1 = 0,276 = 27,6 % et pas de 25 % (5 x 5).
Dès lors, si les ventes ont augmenté réellement de 25 % en 5 ans, le taux d'accroissement *annuel moyen* est de :

(inverse du calcul précédent) $\sqrt[5]{(1{,}25)} - 1 = 0{,}0456 = \mathbf{4{,}56\ \%}$

Les règles générales de calcul sont donc les suivantes :

1) Soit une grandeur qui passe de la valeur V_0 à la valeur V_t en «n» années :

* *Le taux d'accroissement global sur la période* est égal à :

$$\boxed{\frac{V_t}{V_0} - 1}$$

* *Le taux d'accroissement annuel moyen* est :

$$\boxed{\sqrt[n]{\frac{V_t}{V_0}} - 1}$$

Voir **17** pour le calcul pratique sur machine à calculer

2) A l'inverse, si une grandeur V_0 connait en «n» années un accroissement annuel de i, *sa valeur à l'année «n»* sera :

$$\boxed{V_t = V_0\,(1 + i)^n}$$

De même, si elle connait en «n» années des accroissements annuels de : $i\,;\,i\,;\,i\,;\,j\,;\,j\,;\,k\,;\,\ldots\,;\,p\,;\,p\,;\,p$, *sa valeur à l'année «n»* sera la suivante:(la somme des exposants étant égale à n).

$$\boxed{V_t = V_0\,(1 + i)^3\,(1 + j)^2\,(1 + k)\ldots(1 + p)^3}$$

§ 5. LES OPERATEURS « SOMME » ET « PRODUIT » ,Σ et Π

Il ne s'agit ici que de *symboles de notation,* avec lesquels il faut se familiariser, car ils sont très fréquemment utilisés en statistique descriptive .

A. L'opérateur Σ (« sigma »)

1. *Définition :* Quand une variable statistique prend les valeurs x_1, x_2, x_3, au lieu d'écrire la somme sous la forme $x_1 + x_2 + x_3$, on écrit simplement : $\sum_{i=1}^{3} x_i$.

Ce qui se lit : *«Somme (ou «sigma») des x_i avec «i» variant de un à trois»*

De façon plus générale :

$$\boxed{\sum_{i=1}^{n} x_i = x_1 + x_2 + \ldots + x_n}$$

ENCADRÉ 16

Calcul d'un taux de croissance annuel moyen

Exemple : Soit une grandeur qui a crû successivement, en 3 ans de : 5 %, 10 %, 6 %.

Son taux d'accroissement global sur la période n'est pas de 21 % :

$$(5 + 10 + 6 = 21)$$

Il faut appliquer la formule ; il vient :

$$V_3 = V_0\,(1{,}05)\,(1{,}10)\,(1{,}06) = V_0\,(1{,}2243).$$

Donc

$$\boxed{\frac{V_3}{V_0} - 1} = \textbf{taux d'accroissement global} = 0{,}2243 = \boxed{22{,}43\ \%}$$

Le taux de croissance annuel moyen n'est pas de 7 % :

$$\left(\frac{5 + 10 + 6}{3} = \frac{21}{3} = 7\right)$$

Cette approximation par les sommes algébriques ou les moyennes arithmétiques n'est valable que pour les petits pourcentages.

Il faut appliquer la formule, il vient :

$$\boxed{\sqrt[n]{\frac{V_t}{V_0}} - 1} = \sqrt[3]{1{,}2243} - 1 = 0{,}0698 = \boxed{6{,}98\ \%} = \textbf{taux d'accroissement moyen annuel}$$

ENCADRÉ 17

Calcul pratique à la machine à calculer d'un taux de croissance annuel moyen

Exemple : En 15 ans une grandeur passe de la valeur 2064 à la valeur 2580. Quel est son taux de croissance annuel moyen ?

Le calcul est : $\frac{V_{15}}{V_0} = \frac{2580}{2064} = 1{,}25$ (Multiplicateur global sur la période)

Et donc : $\sqrt[15]{1{,}25} - 1 = 0{,}015 = \boxed{1{,}5\ \%}$

Sur la machine à calculer, on tape :

(2580) (÷) (2064) (=) ($x^{1/y}$) (15) (−) (1) (=) (×) (100) (=) (1,499)

≈ **1,5 %**

Selon les modèles de machine, les touches seront parfois différentes, mais la logique reste la même.

ENCADRÉ 18

Dernier exemple sur les pourcentages

Quelle est l'évolution totale qui correspond à une hausse de 25 % suivie d'une baisse de 20 % ?

Réponse : c'est une stagnation. En effet :

$$(1{,}25)(1 - 0{,}20) - 1 = (1{,}25)\,(0{,}8) - 1 = \boxed{0\ \%}$$

2. *Propriétés du symbole* Σ :

– Si chaque terme est multiplié par une constante «*a*», on peut la mettre en facteur commun :

$$ax_1 + ax_2 + \ldots + ax_i + \ldots + ax_n = a(x_1 + x_2 + \ldots + x_i + \ldots + x_n)$$

Donc $$\sum_{i=1}^{n} ax_i = a \sum_{i=1}^{n} x_i$$

– Décomposition des sommes. Si, pour tout $i, x_i = y_i + z_i + w_i$, alors :

$$\sum_{i=1}^{n} x_i = \sum_{i=1}^{n} (y_i + z_i + w_i) = \sum_{i=1}^{n} y_i + \sum_{i=1}^{n} z_i + \sum_{i=1}^{n} w_i$$

Si $\exists b$ tel que $1 < b < n$, alors :

$$\sum_{i=1}^{b} x_i + \sum_{i=b+1}^{n} x_i = \sum_{i=1}^{n} x_i$$

3. *Applications :*

– Sommation d'une constante «*a*» : $\sum_{i=1}^{n} a = \underbrace{a + a + a + \ldots + a}_{n \text{ fois}} = n.a$

Donc $$\sum_{i=1}^{n} (x_i + a) = \sum_{i=1}^{n} x_i + n.a$$ et $$\sum_{i=1}^{n} ax_i = a \sum_{i=1}^{n} x_i$$

– Application des «identités remarquables» :

$$\sum_{i=1}^{n} (x_i + a)^2 \equiv \sum_{i=1}^{n} x_i^2 + n.a^2 + 2a \sum_{i=1}^{n} x_i$$

et $$\sum_{i=1}^{n} (x_i + y_i)^2 = \sum_{i=1}^{n} x_i^2 + \sum_{i=1}^{n} y_i^2 + 2 \sum_{i=1}^{n} x_i y_i$$

Voir également 19 : exercices.

B. L'opérateur Π (« pi »)

1. *Définition :* Quand une variable statistique prend les valeurs $x_1, x_2, x_3, \ldots, x_n$, on symbolise leur produit par :

$$x_1 . x_2 . x_3 \ldots\ldots x_n = \prod_{i=1}^{n} x_i$$

2. *Propriétés :*

$$\prod_{i=1}^{n} a.x_i = a^n \prod_{i=1}^{n} x_i$$: la constante «sortie» du symbole est élevée à la puissance «*n*».

$$\prod_{i=1}^{b} x_i . \prod_{i=b+1}^{n} x_i = \prod_{i=1}^{n} x_i$$ si $b < n$; et : $$\prod_{i=1}^{n} a = a^n$$

de même : $$\prod_{i=1}^{n} x_i y_i = \prod_{i=1}^{n} x_i \times \prod_{i=1}^{n} y_i$$

3. *Applications :* Les calculs peuvent se faire en passant par les logarithmes :

$$\log \prod_{i=1}^{n} x_i = \sum_{i=1}^{n} \log x_i$$

ENCADRÉ 19

Quelques exercices sur l'opérateur «somme» (Σ)

1. *Faire les sommes suivantes en détaillant chaque terme :*

ⓐ $\sum_{i=1}^{6} x_i$ ⓑ $\sum_{i=1}^{4} (x_i - 3)^2$ ⓒ $\sum_{i=1}^{n} k$ (k = constante)

Réponses : ⓐ $\sum_{i=1}^{6} x_i = x_1 + x_2 + x_3 + x_4 + x_5 + x_6$

ⓑ $\sum_{i=1}^{4} (x_i - 3)^2 = (x_1 - 3)^2 + (x_2 - 3)^2 + (x_3 - 3)^2 + (x_4 - 3)^2$

ou : $= \sum_{i=1}^{4} x_i^2 + \sum_{i=1}^{4} 3^2 - 2 \sum_{i=1}^{4} x_i . 3 = \sum_{i=1}^{4} x_i^2 + (4 \times 9) - 6 \sum_{i=1}^{4} x_i$

$= x_1^2 + x_2^2 + x_3^2 + x_4^2 - 6(x_1 + x_2 + x_3 + x_4) + 36$

ⓒ $\sum_{i=1}^{n} k = k + k + k + \ldots\ldots + k = n.k$

2. *Ecrire les expressions suivantes à l'aide de l'opérateur* Σ :

ⓐ $a_1 b_1 + a_2 b_2 + \ldots\ldots + a_n b_n$; ⓑ $x_1 + y_1 + x_2 + y_2 + \ldots\ldots + x_n + y_n$

Réponses :

ⓐ $a_1 b_1 + a_2 b_2 + \ldots\ldots + a_n b_n = \sum_{i=1}^{n} a_i b_i$

ⓑ $x_1 + y_1 + x_2 + y_2 + \ldots\ldots + x_n + y_n = \sum_{i=1}^{n} x_i + \sum_{i=1}^{n} y_i = \sum_{i=1}^{n} (x_i + y_i)$

3. *On simplifie souvent le signe* $\sum_{i=1}^{n}$ *par le signe* $\sum_i$ *ou même par* Σ lorsque les sommations sont évidentes et qu'il n'y a aucune ambiguïté sur les indices.

Ainsi : soit le tableau suivant :

x_i	y_i
2	– 3
– 5	– 8
4	10
– 8	6

Les calculs de sommes seront notés Σx_i ou Σy_i, pour simplifier la notation évidente $\sum_{i=1}^{n} x_i$ ou $\sum_{i=1}^{n} y_i$

Ainsi : $\Sigma x_i = 2 + (-5) + 4 + (-8) = -7$

$\Sigma y_i = (-3) + (-8) + (10) + 6 = 5$

Calculez les valeurs de :

ⓐ $\Sigma x_i y_i$ / ⓑ Σx_i^2 / ⓒ Σy_i^2 / ⓓ $\Sigma x_i \, \Sigma y_i$ / ⓔ $\Sigma x_i y_i^2$ / ⓕ $\Sigma (x_i + y_i)(x_i - y_i)$

Résultats :

ⓐ $\Sigma x_i y_i = 26$
ⓑ $\Sigma x_i^2 = 109$
ⓒ $\Sigma y_i^2 = 209$
ⓓ $\Sigma x_i \Sigma y_i = (-7)(5) = -35$ [ce qui est différent de $\Sigma x_i y_i = 26$]
ⓔ $\Sigma x_i y_i^2 = -190$ [seuls les y_i sont élevés au carré !]
ⓕ $\Sigma (x_i + y_i)(x_i - y_i) = \Sigma (x_i^2 - y_i^2) = \Sigma x_i^2 - \Sigma y_i^2 = 109 - 209 = -100$

CHAPITRE DEUX : TABLEAUX ET GRAPHES DES DISTRIBUTIONS A UN CARACTERE

Le chapitre un traitait de la collecte des informations quantitatives. Cette information est regroupée et traitée dans des tableaux et des graphes. L'objet de ce chapitre est de déterminer comment on présente l'information pour qu'elle soit «lisible» et compréhensible : les tableaux et les graphes relèvent d'un certain nombre de normes :

Les données statistiques *brutes* (c'est-à-dire à peine recueillies) sont le plus souvent inutilisables, et non interprétables immédiatement. Il faut les «mettre en ordre». Ainsi, par exemple, si une enquête sur le nombre d'enfants par ménage donne les résultats suivants : 5, 0, 2, 1, 3, 0, 1, 5, il faudra les ranger (par exemple sous forme de tableau) pour pouvoir les interpréter :

Nombre d'enfants par ménage (x_i)	0	1	2	3	4	5
Effectif (n_i)	2	2	1	1	0	2

Une fois mises en ordre, les observations forment une **distribution statistique** ou **série statistique** (1), qui est donc : *l'ensemble des modalités et des effectifs d'un caractère* :

$$\text{Distribution statistique} = \{x_i ; n_i\}$$

SECTION 1 : LES TABLEAUX STATISTIQUES

§ 1. LA NOTION DE FREQUENCE

Un tableau à une dimension, on le sait (chapitre 1) se présente généralement sous la forme suivante, où les n_i individus sont considérés comme équivalents du point de vue du caractère x.

Modalités (x_i)	Effectifs (n_i)
x_1	n_1
x_2	n_2
x_3	n_3
⋮	⋮
x_k	n_k
	n

A chaque modalité correspond un nombre d'individus «n_i» appelé **effectif** ou **fréquence absolue** de la modalité x_i.

La somme des effectifs est l'**effectif total** de la population.

$$\sum_{i=1}^{k} n_i = n$$

(1) Le terme de « série » est employé surtout quand une des variables est le temps (exemple : séries chronologiques).

ENCADRÉ 1

NOTION DE FRÉQUENCE

(a) Fréquences absolues ou effectifs en deux tableaux à une dimension

Recensements	*Effectifs femmes*
1946	21 007
1954	22 236
1962	23 899
1975	26 855
1982	27 808

Recensements	*Effectifs hommes*
1946	19 128
1954	20 664
1962	22 560
1975	25 744
1982	26 488

unités : Milliers

Source : INSEE - RGP - *Annuaire Statistique RP 82 (1/4)*

(b) Fréquences relatives

Remarque fondamentale : A chaque modalité du caractère du tableau ci-dessous, correspond six fréquences relatives. Le tableau n'est donc plus «à un caractère», mais à trois (CSP, sexe, date). Il est cependant équivalent à six tableaux différents à un caractère, juxtaposés, dont les modalités seraient : CSP des femmes en 1968 ; CSP des hommes en 1968, etc...

	Répartition des personnes ayant un emploi					
	1968		*1975*		*1981*	
Catégorie socioprofessionnelle	*Femmes (%)*	*Hommes (%)*	*Femmes (%)*	*Hommes (%)*	*Femmes (%)*	*Hommes (%)*
Agriculteurs exploitants	*12,7*	*10,8*	*7,9*	*8,0*	*6,5*	*7,0*
Salariés agricoles	*0,9*	*3,8*	*0,6*	*2,5*	*0,5*	*1,7*
Patrons de l'industrie et du commerce	*11,4*	*10,3*	*9,0*	*8,8*	*7,6*	*8,5*
dont : Industriels	0,1	0,6	0,2	0,6	0,2	0,5
Artisans, patrons pêcheurs	2,0	4,3	1,1	3,6	1,1	3,7
Gros commerçants	0,6	1,1	1,0	1,1	0,9	1,1
Petits commerçants	8,6	4,3	6,7	3,5	5,4	3,2
Professions libérales et cadres supérieurs	*2,5*	*6,6*	*4,1*	*8,8*	*5,7*	*10,6*
dont : Professions libérales	0,2	0,9	0,5	1,0	0,6	1,2
Profess., prof. littéraires et scientif.	1,4	0,9	2,1	1,5	2,9	2,0
Ingénieurs	0,1	1,6	0,1	1,9	0,2	2,2
Cadres administratifs supérieurs	0,8	3,1	1,4	4,4	2,0	5,2
Cadres moyens	*11,4*	*9,8*	*15,8*	*12,8*	*17,9*	*12,7*
dont : Instit. prof. intellectuelles diverses	4,5	1,6	5,5	1,8	5,3	2,1
Services médicaux et sociaux	1,9	0,2	2,6	0,4	3,9	0,6
Techniciens	0,9	4,0	1,3	5,2	1,4	5,6
Cadres administratifs moyens	4,0	4,0	6,2	5,4	7,3	4,4
Employés	*25,1*	*9,2*	*28,0*	*9,5*	*29,4*	*9,8*
dont : Employés de bureau	19,9	7,0	22,9	7,4	24.1	7,3
Employés de commerce	5,2	2,2	5,1	2,1	5,3	2,5
Ouvriers	*21,9*	*44,9*	*22,1*	*45,4*	*19,1*	*44,7*
dont : Contremaîtres	0,4	2,8	0,3	3,5	0,3	3,7
Ouvriers qualifiés	4,3	15,5	4,3	19,2	3,9	20,3
Ouvriers spécialisés	9,3	16,3	10,0	15,3	8,1	14,6
Mineurs	0,0	1,0	0,0	0,5	0,0	0,3
Marins et pêcheurs	0,0	0,3	0,0	0,2	0,0	0,2
Apprentis ouvriers	0,3	1,7	0,1	0,9	0,0	0,9
Manœuvres	7,6	7,4	7,4	5,8	6,8	4,7
Personnels de service	*13,6*	*2,0*	*12,4*	*2,2*	*12,9*	*2,1*
dont : Gens de maison	3,7	0,1	2,9	0,1	2,4	0,0
Femmes de ménage	3,7	0,0	2,3	0,0	1,8	0,0
Autres personnels de service	6,2	1,9	7,2	2,1	8,7	2,1
Autres catégories (armée, clergé, police)	*0,5*	*2,6*	*0,3*	*2,0*	*0,4*	*2,9*
Total	100,0	100,0	100,0	100,0	100,0	100,0
Effectifs (en milliers)	7 207,9	12 708,8	7 993,4	12 948,3	8 414,4	12 901,2

Source : INSEE - Enquête sur l'emploi, mars 1985.

La **fréquence relative** (ou «fréquence» pour simplifier) «f_i» est la proportion d'individus présentant la même modalité dans la population totale. Donc :

$$\boxed{f_i = \frac{n_i}{n}} \quad \text{ou} \quad \boxed{f_i\,\% = \frac{n_i}{n} \times 100}$$

On la calcule dans le tableau en divisant chaque effectif par l'effectif total :

Exemple : *Echantillon de 10 ménages (n_i) selon le nombre d'enfants (x_i)*

x_i	n_i	f_i
0	2	2/10 = 0,2
1	5	5/10 = 0,5
2	1	1/10 = 0,1
3	0	0/10 = 0
4	2	2/10 = 0,2
	$n = 10$	1

Il y a donc 50 % des ménages de l'échantillon qui possèdent un enfant

Il est clair que **la somme des fréquences est égale à l'unité** (le total des pourcentages est égal à 100 % si l'on exprime f_i en pourcentages)

$$\sum_{i=1}^{k} f_i = \sum_{i=1}^{k} \frac{n_i}{n} = \frac{1}{n} \sum_{i=1}^{k} n_i = \frac{n}{n} = 1 \qquad \text{Donc :} \quad \boxed{\sum_{i=1}^{k} f_i = 1}$$

§2. LES TABLEAUX DES CARACTERES QUALITATIFS

Lorsqu'on est en présence de caractères *non mesurables* (qualitatifs) on les range dans le tableau selon la logique qui permet au mieux l'interprétation.

Exemple : *Répartition des salariés de l'entreprise X* au 31 décembre 1987 selon la CSP

Modalités	*Effectifs*
01 - Cadres supérieurs	10
02 - Contremaîtres	5
03 - Employés	30
04 - Ouvriers spécialisés	90
05 - Autres catégories	5
	$n = 140$

On peut, comme dans une nomenclature détaillée, *coder* les diverses rubriques (ici, de 01 à 05).

§3. LES TABLEAUX DES CARACTERES QUANTITATIFS

A. Variable statistique discrète et fréquence cumulée

Le tableau est du type de celui présenté plus haut : «Nombre d'enfants par ménage» ; les valeurs sont discrètes : 0, 1, 2, 3, 4.

La notion de **fréquence cumulée** permet de répondre à la question : «Combien de ménages ont «plus de 2 enfants» ou «moins de 4 enfants», par exemple.

ENCADRÉ 2

Exemple de tableau à 4 caractères qualitatifs

Comme son titre l'indique ce tableau contient quatre caractères (Activité, Sexe, Statut, Nationalité). Il est rare, dans la pratique, de voir des tableaux à un seul caractère qualitatif (une dimension).

La partie à gauche du trait vertical gras (colonne : Activité et Total) est un tableau statistique à une dimension (activité économique).

POPULATION ACTIVE AYANT UN EMPLOI PAR SEXE, STATUT ET NATIONALITÉ SELON L'ACTIVITÉ ÉCONOMIQUE — **FRANCE ENTIÈRE**

Activité économique	LES DEUX SEXES			SEXE MASCULIN			SEXE FEMININ		
	Total	dont étrangers	dont salariés	Total	dont étrangers	dont salariés	Total	dont étrangeres	dont salariees
Activité économique – Niveaux 16 A et 40.									
Total	21465960	1338120	17822460	13006280	1043360	10633900	8459680	294760	7188560
U01-T01 **Agriculture, sylviculture, pêche**	1759220	59300	294960	1162120	51600	243500	597100	7700	51460
U02 **Industries agricoles et alimentaires**	626420	30320	537080	406200	22200	353960	220220	8120	183120
T02 Industries de la vianoe et du lait	189040	10120	183740	130240	6940	125840	58800	3180	57900
T03 Autres industries agricoles et alimentaires	437380	20200	353340	275960	15260	228120	161420	4940	125220
U03 **Production et distribution d'énergie**	301440	16240	300860	253680	15520	253180	47760	720	47680
T04 Prod. combustibles minéraux solides, cokéfaction	58920	9640	58840	56880	9520	56820	2040	120	2020
T05 Production de pétrole et de gaz naturel	41300	1560	41040	33260	1420	33040	8040	140	8000
T06 Prod. et distr. électricité, distr. gaz, eau	201220	5040	200980	163540	4580	163320	37680	460	37660
U04 **Industries des biens intermédiaires**	1452440	144540	1406960	1165280	129400	1126840	287160	15140	280120
T07 Prod. minerais, métaux ferreux, prem. transf. acier	163520	20080	163200	150040	19580	149760	13480	500	13440
T08 Prod. minerais, métaux, demi-produits non ferreux	77580	7220	77280	66400	6760	66100	11180	460	11180
T09 Prod. matériaux de constr. et minéraux divers	184780	20800	174720	154500	19080	146320	30280	1720	28400
T10 Industrie du verre	67560	3720	65940	54720	3300	53340	12840	420	12600
T11 Chimie de base, prod. fils, fibres artif. et synth.	150520	8220	149560	123380	7440	122540	27140	760	27020
T13 Fonderie et travail des métaux	474760	52260	447680	383800	46920	360580	90960	5340	87100
T21 Industrie du papier et du carton	114100	7880	112420	78300	6340	76960	35800	1540	35460
T23 Ind. caoutchouc, transf. matières plastiques	219620	24360	216160	154140	19980	151240	65480	4380	64920
U05 **Industries des biens d'équipement**	1797420	146960	1756560	1385520	129140	1350860	411900	17820	405700
T14 Construction mécanique	532100	37720	502480	438680	33600	413620	93420	4120	88860
T15 A Constr. matériels électrique et électron. profess.	484200	28920	477400	317120	23000	311320	167080	5920	166080
T15 B Fabrication d'équipement ménager	80940	5460	80220	44800	3920	44180	36140	1540	36040
T16 Constr. véh. autom. et autres matériels transp. terr.	472920	68320	470440	387040	62680	384980	85880	5640	85460
T17 Construction navale et aéronautique, armement	227260	6540	226020	197880	5940	196760	29380	600	29260
U06 **Industries des biens de consommation**	1403580	112120	1292540	727280	72900	647240	676300	39220	645300
T12 Parachimie et industrie pharmaceutique	177400	8640	175360	98920	6300	97160	78480	2340	78200
T18 Industries du textile et de l'habillement	513080	53460	483580	167020	28320	151820	346060	25140	331760
T19 Industries du cuir et de la chaussure	102960	6740	97760	41700	3840	37840	61260	2900	59920
T20 Ind. bois et ameublement; ind. diverses	381540	31440	327580	271160	25100	227260	110380	6340	100320
T22 Imprimerie, presse, édition	228600	11840	208260	148480	9340	133160	80120	2500	75100
U07-T24 **Bâtiment et génie civil et agricole**	1763380	299380	1401800	1639580	295820	1313680	123800	3560	88120
U08 **Commerce**	2542660	111760	1935380	1340680	78840	1008580	1201980	32920	926800
T25 Commerce de gros alimentaire	294180	15700	257460	208080	12300	180020	86100	3400	77440
T26 Commerce de gros non alimentaire	663580	35800	608120	446460	28920	402100	217120	6880	206020
T27 Commerce de détail alimentaire	652360	26080	459780	307700	17220	203760	344660	8860	256020
T28 Commerce de détail non alimentaire	932540	34180	610020	378440	20400	222700	554100	13780	387320
U09 **Transports et télécommunications**	1358160	48400	1289180	1032920	43800	975080	325240	4600	314100
T31 Transports	890440	46500	821780	747560	42520	690000	142880	3980	131780
T32 Télécommunications et postes	467720	1900	467400	285360	1280	285080	182360	620	182320
U10 **Services marchands**	4032100	234560	3198520	1863980	144720	1345480	2168120	89840	1853040
T29 Réparation et commerce de l'automobile	411240	26400	325380	334300	24720	269900	76940	1680	55480
T30 Hôtels, cafés, restaurants	620280	58600	400660	299000	39340	197520	321280	19260	203140
T33 Services marchands rendus aux entreprises	1062340	70560	876660	585360	43160	441280	476980	27400	435380
T34 Services marchands rendus aux particuliers	1938240	79000	1595820	645320	37500	436780	1292920	41500	1159040
U11-T35 **Location et crédit bail immobiliers**	68800	4140	65080	35300	2260	33160	33500	1880	31920
U12-T36 **Assurances**	147920	2620	142520	65960	1300	61820	81960	1320	80700
U13-T37 **Organismes financiers**	429540	6260	428300	218600	3620	217520	210940	2640	210780
U14-T38 **Services non marchands**	3782880	121520	3772720	1709180	52240	1703000	2073700	69280	2069720

Source : Collection de l'INSEE - série D, 97, Pierre Alain Audirac, «RGP de 82», principaux résultats, sondage au 1/20.

Remarque : La première colonne est une **NOMENCLATURE** des activités économiques à deux niveaux.

Ce résultat «plus de ...» ou «moins de ...» peut s'exprimer en nombres (fréquences absolues) ou en proportion (fréquences relatives).

Le calcul se fait comme suit : On somme (ou «cumule») les fréquences relatives ou absolues (les effectifs) dans une colonne du tableau :

Si l'on somme de haut en bas ↓ les valeurs *croissent de haut en bas* à la lecture ↓ Les fréquences cumulées sont dites : *ASCENDANTES* ↓ Elles correspondent à la notion : *«MOINS DE»*	Si l'on somme de bas en haut ↓ les valeurs *croissent de bas en haut* à la lecture ↓ Les fréquences cumulées sont dites : *DESCENDANTES* ↓ Elles correspondent à la notion : *«PLUS DE»*

Exemple : (Sur les données précédentes)

			EN PROPORTION		*EN EFFECTIFS*	
x_i	n_i	f_i	$\sum_{h=1}^{i} f_h$	$\sum_{h=n}^{i} f_h$	$\sum_{h=1}^{i} n_h$	$\sum_{h=n}^{i} n_h$
0	2	0,2	0,2 ↓	1 ↑	2 ↓	10 ↑
1	5	0,5	0,7	0,8	7	8
2	1	0,1	0,8	0,3	8	3
3	0	0	0,8	0,2	8	2
4	2	0,2	1	0,2	10	2
	$n = 10$	$\Sigma = 1$	«moins de»	«plus de»	«moins de»	«plus de»

Il y a 7 ménages de l'échantillon qui ont moins de 2 enfants (ou «au plus» 1 enfant)
3 ménages ont plus de 1 enfant (ou «au moins» 2 enfants).
80 % des ménages ont des enfants (ou «plus de» 0 enfant).
20 % des ménages sont sans enfant (ou «moins de» 1 enfant).

Notation : On pourra également noter la colonne fréquence cumulée ascendante **F(x)** ou $\mathbf{F_i}$, pour les cumuls en proportion et **N(x)** ou $\mathbf{N_i}$ pour les cumuls en effectifs.

Cette notation est issue de la notion de *fonction de répartition* (voir section 2, § 2, A, 2).

B. Variable statistique continue

Ici, les individus (ou observations) sont nécessairement *regroupés en classes,* définies par leurs *bornes* ou *extrémités*. (voir page 20 les caractères quantitatifs.

ENCADRÉ 3

Exemples de tableaux de caractères quantitatifs

Répartition suivant l'âge des nouveaux époux mariés en 1972 anciennement divorcés

Age	*Epoux divorcés*
Moins de 20 ans	ε
20 à 24 ans	2,8
25 à 29 ans	18,1
30 à 34 ans	18,2
35 à 39 ans	16,1
40 à 44 ans	14,6
45 à 49 ans	11,9
50 à 54 ans	7,9
55 à 59 ans	4,4
60 ans ou plus	6,0
Tous âges	100,0

Source : coll. de l'INSEE, série D, n° 36, *La situation démographique en 1972*

Répartition des 48 secteurs industriels selon la valeur des ratios de concentration en 1961 et 1969

Valeur des ratios de concentration	*Répartition du chiffre d'affaires*	
	1961	*1969*
	%	%
0 à 9,9	27,5	31,4
10 à 19,9	44,8	36,7
20 à 29,9	5,7	8,6
30 à 39,9	2,1	0,1
40 à 49,9	10,1	13,5
50 à 59,9	6,7	2,0
60 à 69,9	2,7	2,5
70 à 79,9	0,0	3,3
80 à 89,9	0,3	0,8
90 à 100	ε	1,0
Total	99,9	99,9

Source : Economie et Statistique n° 60, octobre 1974.

Exemple : Une classe de salaire mensuel :

De 8000 F à moins de 9000 F.

ou : [8000 F ; 9000 F [

ou : $[e_{i-1} ; e_i[$ (e_i = valeur d'une borne)

Le *centre de classe* sera :

$$x_i = \frac{e_{i-1} + e_i}{2} = \frac{8000 + 9000}{2} = 8500 \text{ F}$$

L'*amplitude* de la classe est :

$$\mathbf{a}_i = \mathbf{e}_i - \mathbf{e}_{i-1} = 9000 - 8000 = 1000 \text{ F.}$$

Les amplitudes peuvent parfois être *inégales*, comme dans l'exemple ci-dessous :

Répartition des salaires mensuels du personnel de l'entreprise X

	Classes de salaires	*Amplitude*	*Centre de classe*	*Effectifs*
I /	De 4000 F à moins de 5000 F	1000	4500	10
II /	De 5000 F à moins de 7000 F	2000	6000	90
III /	De 7000 F à moins de 8000 F	1000	7500	220
IV /	De 8000 F à moins de 10.000 F	2000	9000	60
V /	De 10.000 F à moins de 13.000 F	3000	11.500	40
VI /	De 13.000 F à moins de 18.000 F	5000	15.500	10
VII /	18.000 F et plus	indéfinie	21.500	5

Dans l'exemple, la dernière classe n'est pas bornée à droite. On choisit donc une extrémité dictée par la logique ou par la connaissance du domaine, pour pouvoir calculer un centre de classe (Ici nous avons choisi 25.000 F comme borne supérieure, ce qui donne un centre de classe de 21 500 F). Ce choix dépend de l'utilisateur ; il est subjectif ; cependant, il ne porte dans la plupart des cas que sur des effectifs faibles, ce qui minimise les risques d'erreurs.

Toujours dans cet exemple, on peut voir que la classe III est «mal choisie» : vu l'effectif correspondant, on aurait pu, lors du traitement des données saisies, la diviser en 2 classes d'amplitude 500 F, pour faire apparaître plus d'informations.

Le choix d'un centre de classe par cette méthode suppose que les données sont uniformément réparties dans la classe, ce qui est une hypothèse simplificatrice (Les effectifs peuvent, en effet, à la limite, se concentrer aux bornes).

§4. REMARQUES TERMINALES SUR LES TABLEAUX STATISTIQUES

Un tableau doit fournir des renseignements clairs, précis, facilement compréhensibles, sans avoir recours au texte qui l'accompagne généralement.

Retenons ici **quatre règles** primordiales de présentation :

1. Le titre : il doit nécessairement figurer de façon complète, en indiquant le phénomène étudié, la façon dont il est étudié, le lieu, la date, le champ de l'enquête, le critère du classement.

Exemple : «Répartition des ménages par catégorie socio-professionnelle (CSP) selon la CSP du chef de ménage, par commune de la région Rhône Alpes au recensement de 1982».

ENCADRÉ 4

Exercice sur les fréquences cumulées

On a relevé le poids de 47 personnes. Les données brutes sont les suivantes :

Poids	61	62	63	64	65	66	67	68	69	70	71	72	73	74	75	76	77	78	79	80
Effectif	1	0	0	0	1	0	1	0	0	3	1	3	3	3	4	2	3	4	0	4
Poids	81	82	83	84	85	86	87	88	89	90	91	92	93	94	95	96	97	98	99	100
Effectif	3	0	2	3	0	1	1	1	0	0	1	0	0	0	0	0	0	1	1	0

Regroupez les données en classes d'amplitudes inégales et calculez les fréquences cumulées.

Poids (x_i)	*Effectif* (n_i)	f_i (%)	$\sum_{h=1}^{i} f_h$	$\sum_{h=n}^{i} f_h$	$N(x)$ ↗	$N(x)$ ↘
[60, 70[	3	6,38	6,38 %	100 %	3	47
[70, 75[	13	27,66	34,04 %	93,62 %	16	44
[75, 80[	13	27,66	61,70 %	65,96 %	29	31
[80, 85[	12	25,53	87,23 %	38,30 %	41	18
[85, 100[	6	12,77	100 %	12,77 %	47	6
	47	100 %	↑ « MOINS DE »	↑ « PLUS DE »	↑ « MOINS DE »	↑ « PLUS DE »

On voit que : 61,7 % des individus enquêtés (soit 29 personnes) pèsent moins de 80 kg.

Remarque : Le calcul des fréquences cumulatives n'est pas affecté par des classes d'amplitudes inégales.

2. **Les intitulés des lignes et des colonnes** : il faut comprendre aisément s' il s'agit de nombres ou de pourcentages, de fréquences ou de taux, etc... Là encore, les valeurs doivent correspondre sans ambiguïté aux variables définies.

3. **L'unité utilisée** : Elle doit être précisée de façon claire... afin qu'on ne puisse confondre des milliards de francs avec des millions, des mètres avec des mètres carrés, des taux de chômage avec des pourcentages de chômeurs rapportés au total.

4. **La source** : Quand on cite une statistique, il faut en connaître la «source», c'est-à-dire le nom de l'organisme ou de la personne qui a élaboré cette statistique. On dira par exemple : «source INSEE, comptes de la nation, 1975».

SECTION 2 : REPRÉSENTATIONS GRAPHIQUES (1)

Les graphiques sont souvent utiles pour synthétiser de façon visuelle l'information contenue dans les tableaux statistiques. Ils permettent de «faire passer» une information de manière moins rebutante à la lecture que les tableaux – Cependant cette lecture est *moins directe* et *moins précise.*

§1. LES CARACTERES QUALITATIFS

Deux modes de représentation graphique prédominent dans ce cas : Les diagrammes à «secteurs circulaires» et les graphiques en «tuyaux d'orgue», mais bien d'autres représentations sont possibles.

1. **Les diagrammes à secteurs circulaires** permettent de visualiser des parts relatives, dans des surfaces ou secteurs de cercle, que l'on peut différencier par des couleurs ou des nuances différentes.

Soit par exemple
- 50 % d'ouvriers
- 25 % d'employés
- 20 % de cadres
- 5 % de cadres supérieurs

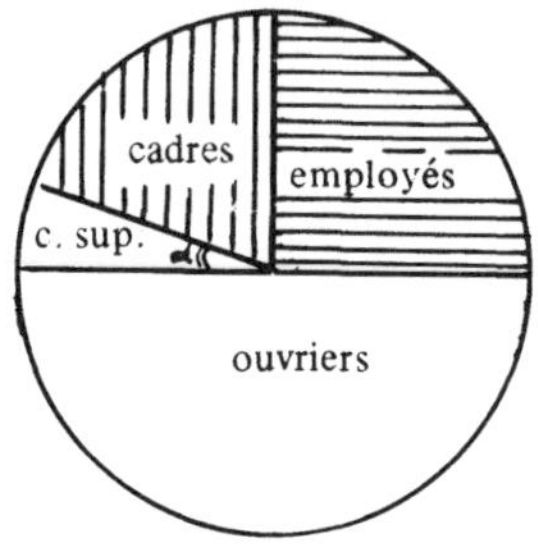

Chaque secteur correspond à une modalité (une CSP)

L'angle au centre : $\alpha = f_i \times 360^{\circ}$

(1) Les méthodes de représentation graphique les plus utilisées sont analysées dans les pages de gauche. Les divers encadrés des pages de droite présentent les résultats de ces méthodes et les graphes tels qu'on les trouve dans la pratique (données réelles).

ENCADRÉ 5

Exemple de diagramme à secteurs.(semi-circulaire)

L'emploi industriel : répartition selon la taille des entreprises (effectif) en 1981

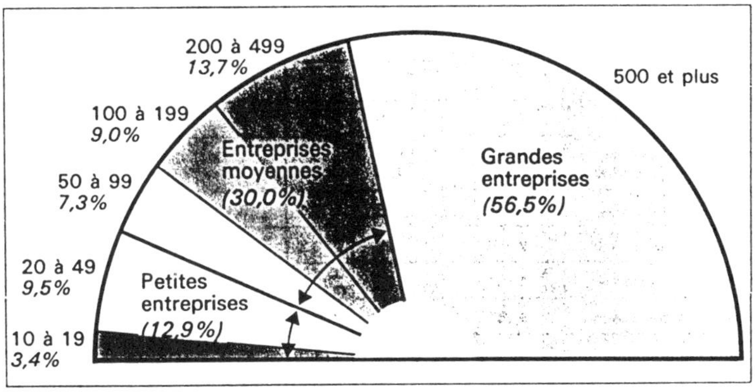

Source : Enquête annuelle d'entreprise. S.E.S.S.I., ministère de l'industrie et de la Recherche.
Référence : *Les Cahiers français*, n° 211 - Mai - juin, 1983.

ENCADRÉ 6

Autre exemple de diagramme à secteurs.(circulaire)

Les recettes du budget général 1986 et les comptes d'affectation spéciale

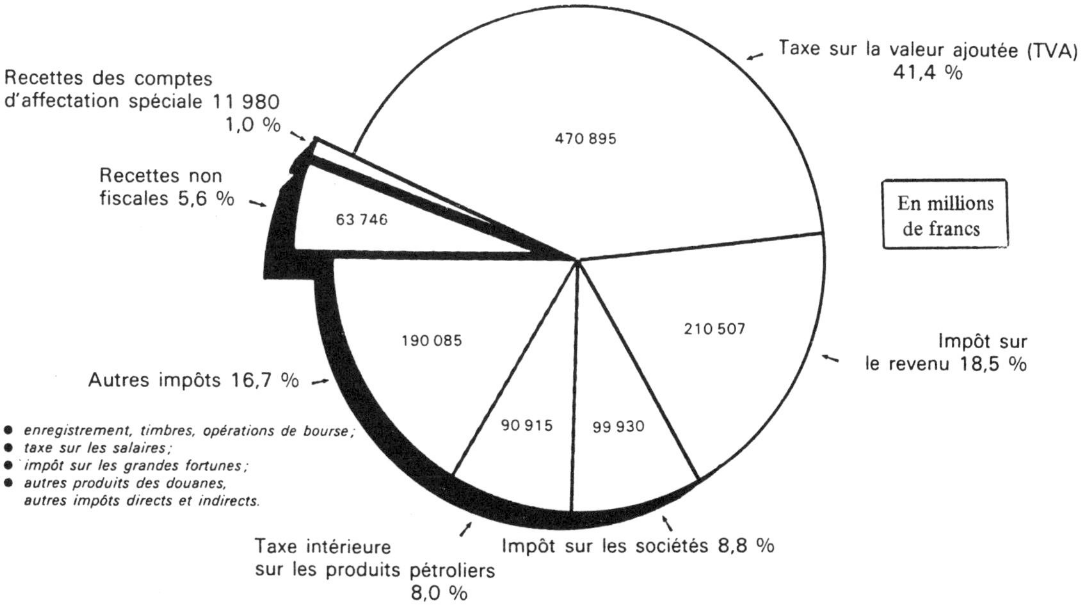

Source : Ministère de l'économie, des finances et du budget, «Notes bleues», 271, du 17 au 23 mars 1986 (numéro spécial).

2. **Les graphiques en tuyaux d'orgue** font apparaître des rectangles de base constante, dont les hauteurs sont proportionnelles aux effectifs ou aux fréquences.

On ordonne généralement les valeurs des effectifs de la plus grande à la plus faible en partant de l'origine des axes :

Exemple :
100 ouvriers
50 employés
40 cadres
10 cadres supérieurs

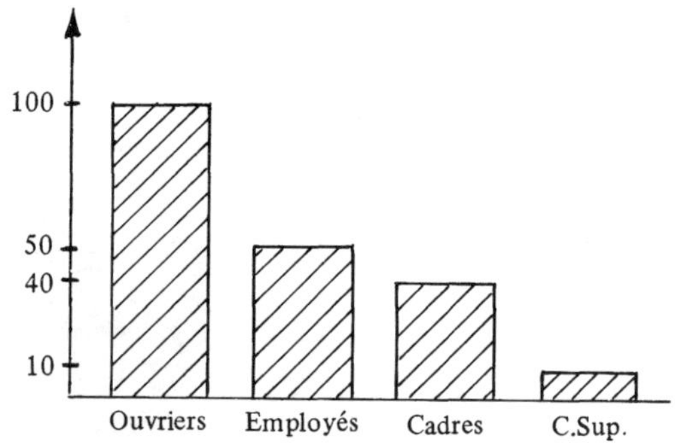

Ce graphique représente la même réalité que le diagramme à secteurs circulaires précédent (p. 44).

§ 2. LES CARACTERES QUANTITATIFS

A. Variables statistiques discrètes

1. Le «diagramme en bâtons»

A chaque valeur x_i de la variable, on fait correspondre un segment vertical de longueur proportionnelle à n_i ou à f_i selon que l'on veut faire apparaître respectivement des effectifs ou des fréquences relatives :

Nombre d'enfants x_i	*Ménages* n_i	f_i
0	50	0,28
1	60	0,33
2	40	0,22
3	20	0,11
4	5	0,03
5	5	0,03
	180	$\Sigma = 1$

Soient les données ci-contre du nombre d'enfants par ménage d'un échantillon de 180 ménages interrogés : le diagramme en bâtons est le suivant :

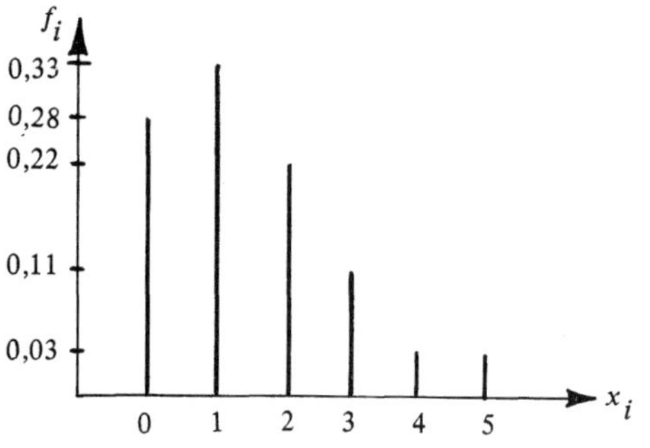

Le diagramme aurait le même profil si l'on avait choisi de porter en ordonnées non plus les fréquences relatives mais les effectifs.

ENCADRÉ 7

Exemples de représentations en tuyaux d'orgue

a) *Exemple de tuyaux d'orgue simples*

Endettement net estimé de la RDA en devises fortes
(milliards de dollars : en fin d'année)

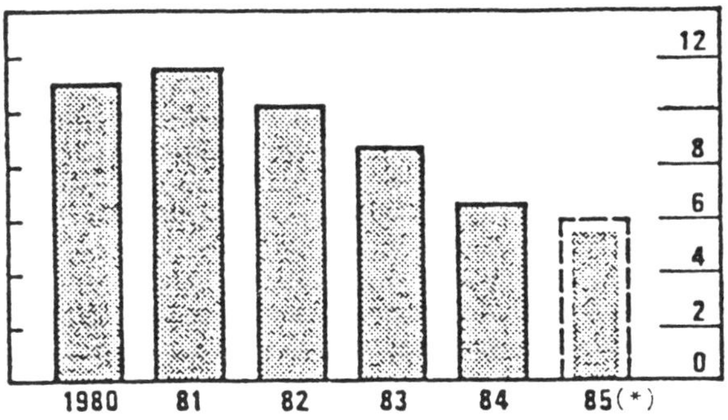

(*) Provisoire.
Source : DIW, ECE ; statistiques CAEM et nationales ; The Economist.

Références «Problèmes économiques», n° 1975 du 22 mai 1986.
Source : «Economist» du 22 février 1986.

b) *Tuyaux d'orgue décomposés*

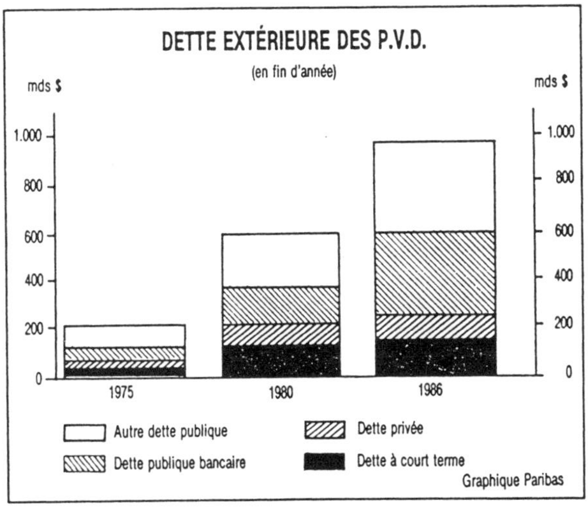

Référence «Problèmes économiques», n° 2017 du 25 mars 1987.
Source : «Conjoncture» Paribas, janvier 1987.

On voit que l'on peut subdiviser chaque tuyau d'orgue en plusieurs sous-catégories, pour compléter l'information.

2. La «courbe cumulative»

Il s'agit de représenter les fréquences cumulées ou les effectifs cumulés. La courbe obtenue à partir des valeurs du tableau est une courbe «en escaliers» dont les paliers sont horizontaux.

Dans le cas des fréquences cumulées ascendantes, elle représente la proportion des individus pour lesquels la valeur de la variable est strictement inférieure à x_i.

La fonction étant définie pour toute valeur de x, on emploiera indifféremment les termes de *«fonction cumulative»* ou *«fonction de répartition»* (notation : F_i ou $F(x)$ pour les fréquences relatives et N_i ou $N(x)$ pour les effectifs).

Reprenons l'exemple précédent : Il vient :

x_i	n_i	f_i	$N(x)$	$F(x)$
0	50	0,28	50	0,28
1	60	0,33	110	0,61
2	40	0,22	150	0,83
3	20	0,11	170	0,94
4	5	0,03	175	0,97
5	5	0,03	180	1

On voit que :

$$F(x) = \sum_{h=1}^{i} f_h \ , \ \forall x \in \,]x_i ; x_{i+1}]$$

et

$$F(+\infty) = 1 \ ; \ F(-\infty) = 0$$

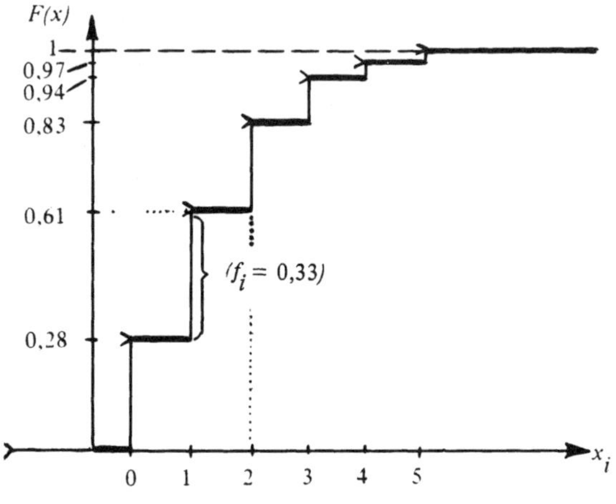

Chaque palier de la courbe est ouvert à gauche et fermé à droite (sauf le dernier)

61 % des ménages ont «**moins de**» deux enfants.

$$F(x) = \sum_{h=1}^{i} f_h \ , \text{pour } x$$

tel que $x_i < x \leqslant x_{i+1}$

Il est bien sûr également possible de tracer sur le même diagramme la courbe cumulative des effectifs ou des fréquences relatives correspondant aux fréquences cumulées *descendantes,* faisant apparaître la relation «plus de».

ENCADRÉ 8

Un exemple de courbe cumulative

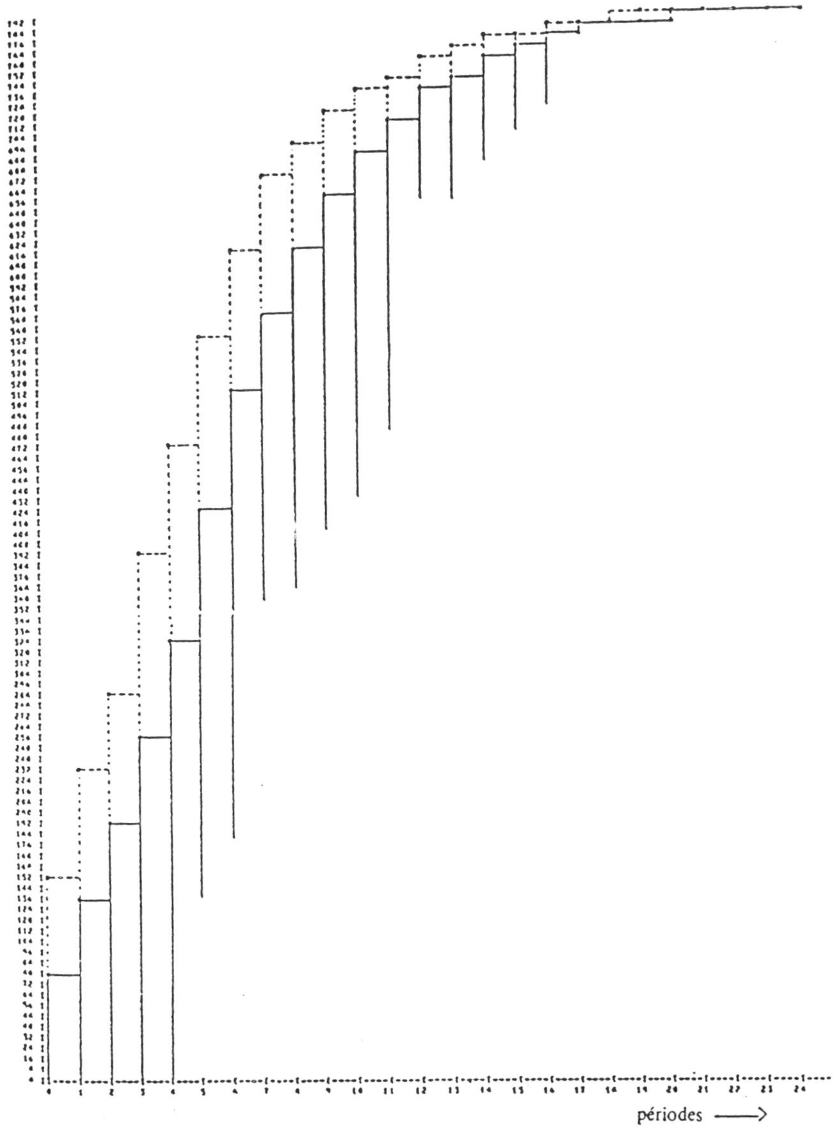

Source : Notes de Recherche du Centre d'économie régionale n° 44, Université d'Aix-Marseille III - Bernard Py, «Mesure des incidences d'une opération de suppression d'emplois sur l'économie locale. Propositions pour un modèle de simulation dynamique spatialisé».

B. Variables statistiques continues

1. Les Histogrammes

Dans le cas continu (où les observations sont regroupées en classes) le diagramme de référence s'appelle : *histogramme.* Le diagramme en bâtons ne peut pas s'appliquer ici, dans la mesure où il existe une infinité de valeurs intermédiaires.

A chaque classe de la variable, on fait correspondre **la surface** d'un rectangle ayant pour base l'amplitude de classe.

Deux cas se présentent:

a) Les amplitudes sont égales

Prenons l'exemple suivant : Une compagnie de taxis s'intéresse au kilométrage effectué par ses véhicules. A cet effet, elle a relevé la statistique ci-dessous pour une matinée de travail.

Trajets en kilomètres	[10; 20 [	[20 ; 30 [	[30 ; 40 [	[40 ; 50 [	[50 ; 60 [	[60 ; 70 [
Nombre de taxis	9	13	22	10	7	4

Les amplitudes de classe sont égales (10 km). Les classes sont bien définies : bornes non comprises à droite, comprises à gauche. Le tableau est donc :

x_i	n_i	f_i (%)
[10 ; 20 [	9	13,85 %
[20 ; 30 [	13	20,00 %
[30 ; 40 [	22	33,85 %
[40 ; 50 [	10	15,38 %
[50 ; 60 [	7	10,77 %
[60 ; 70 [	4	6,15 %
	65	Σ = 100 %

L'histogramme peut se construire soit à partir des n_i soit à partir des f_i. La hauteur des rectangles est proportionnelle à n_i ou à f_i.

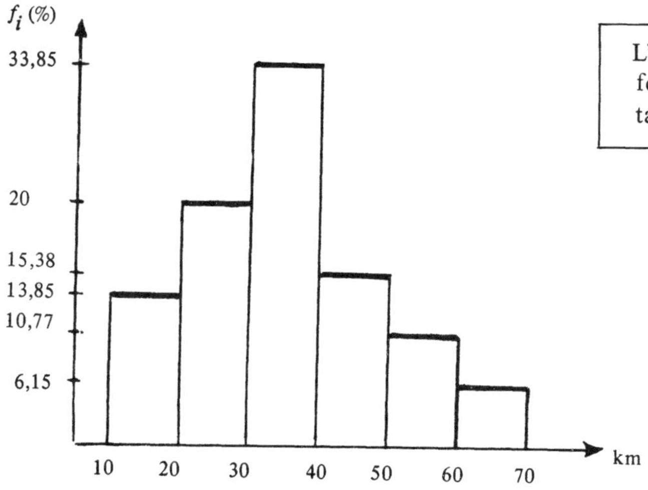

L'histogramme est la **SURFACE** formée par l'ensemble des rectangles

Echelle du diagramme

▩ représente 5 %

En fréquences relatives, la surface totale = 1.

$S = \Sigma f_i = 100\ \%$

ENCADRÉ 9

Exemple de diagramme figuratif

Allègement de la facture pétrolière
et détérioration des échanges industriels

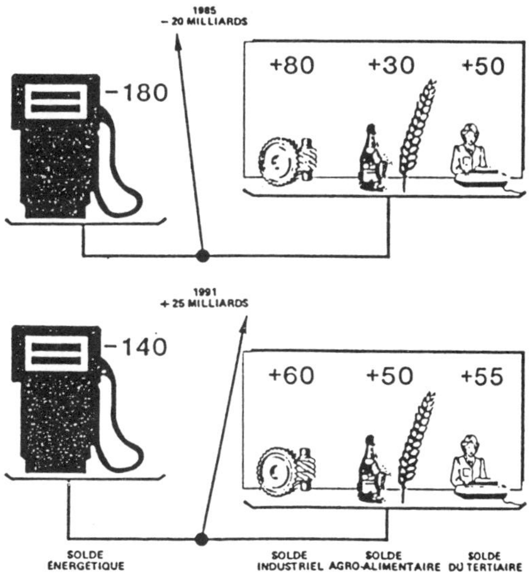

Évolution de la balance des biens et services, en milliards de francs courants

Source : Economie et Statistique (INSEE), n° 195 janvier 1987.

ENCADRÉ 10

Exemple d'histogramme

La mobilité spatiale des chefs de ménages selon l'âge en 1978.

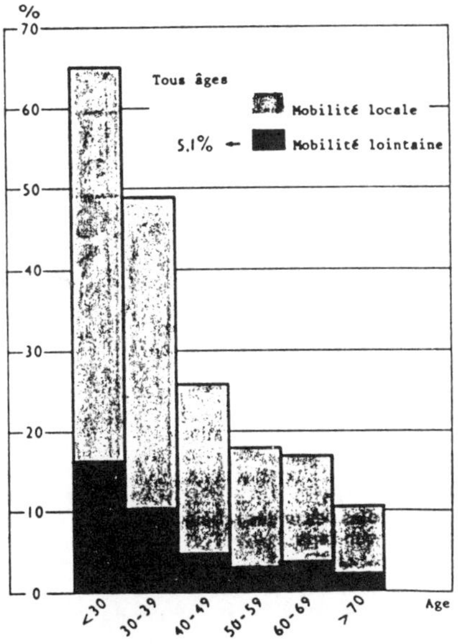

Source : d'après Cl. Tafin : INSEE, «La Mobilité résidentielle Données sociales 84.

Référence : Cahiers Français, n° 219, 1/2/85.

b) Les amplitudes sont inégales

Reprenons le même exemple que précédemment, mais en modifiant les données de façon à regrouper les deux dernières classes en une seule : on obtient :

x_i	n_i	f_i %	a_i	h_i
[10 ; 20 [	9	13,85 %	10	13,85
[20 ; 30 [	13	20,00 %	10	20,00
[30 ; 40 [	22	33,85 %	10	33,85
[40 ; 50 [	10	15,38 %	10	15,38
[50 ; 70 [	11	16,92 %	20	8,46
	65	Σ = 100 %		

On ajoute une colonne «a_i» = amplitude et une colonne «h_i» = hauteur corrigée du rectangle.

La colonne «a_i» permet de visualiser les différences d'amplitudes et de repérer *«l'amplitude unité»* qui est généralement la plus petite amplitude de la colonne. Ici, l'amplitude unité est égale à **10** (parfois on repère le PGCD des amplitudes).

La colonne «h_i» est construite de la manière suivante : On *reporte* les valeurs de f_i ou de n_i correspondant aux amplitudes unités (Ici, on a reporté les valeurs de f_i pour obtenir un histogramme en fréquences relatives) ; et l'on *divise* f_i ou n_i par le *rapport des amplitudes* quand elles ne sont pas égales à l'amplitude unité.

Ici l'amplitude de la dernière classe est 20, donc on a divisé f_i par $\frac{20}{10}$ = **2**.

$$16{,}92 \div \frac{20}{10} = \frac{16{,}92}{2} = 8{,}46.$$

Cette colonne «h_i» nous donne les *hauteurs des rectangles* à tracer sur l'histogramme :

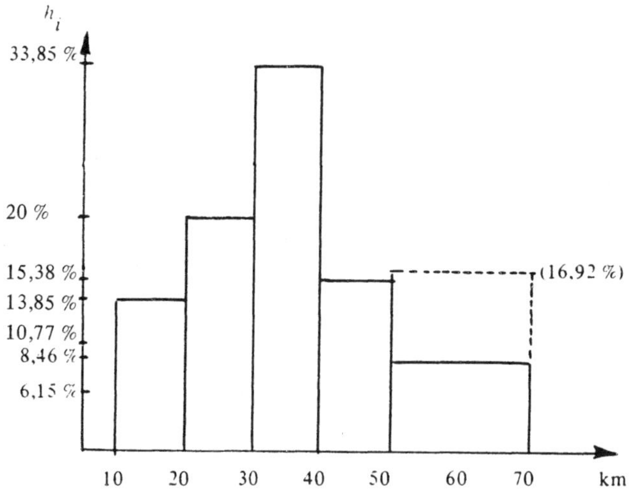

La ligne en pointillés représente ce qu'aurait donné l'histogramme si l'on n'avait pas repéré les différences d'amplitude. L'histogramme aurait été alors faux!... (c'est l'aire et non la hauteur qui est proportionnelle à f_i ou à n_i).

La surface totale de l'histogramme *n'est pas modifiée* par le regroupement des classes, il y a «compensation des aires», comme le montre le schéma ci-après :

ENCADRÉ 11

Une pyramide des âges est un double histogramme renversé

Pyramide des âges à divers horizons

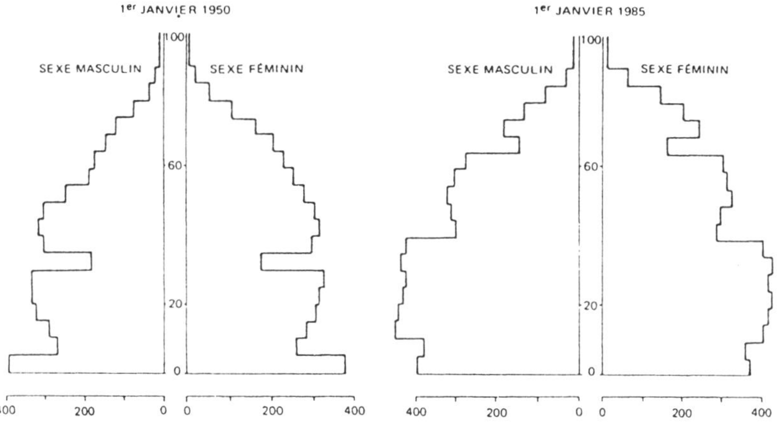

Source : Collections de l'INSEE série D, n° 113. Dinh Quang-Chi et Jean-Claude Labet : «projection de la population totale pour la France 1985-2040».

ENCADRÉ 12

Exemple de diagrammes figuratifs

Répartition des emplois par sexe

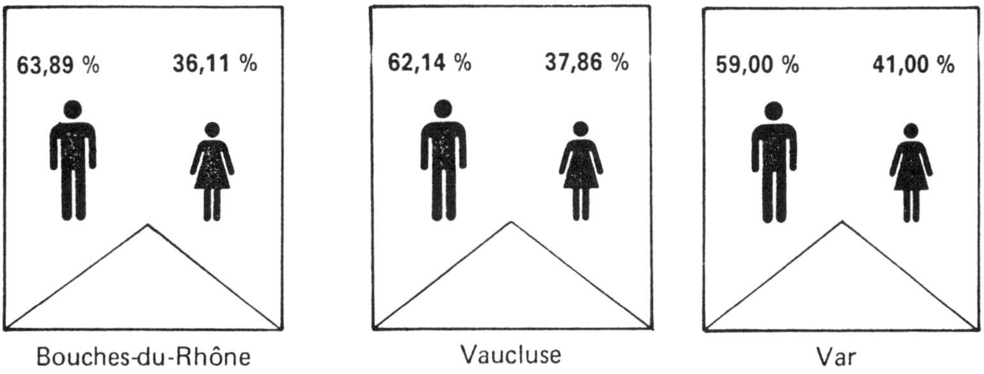

Source : ASSEDIC 1985 - Référence : «Evolution de l'emploi PACA», ASSEDIC - GIA Méditerranée.

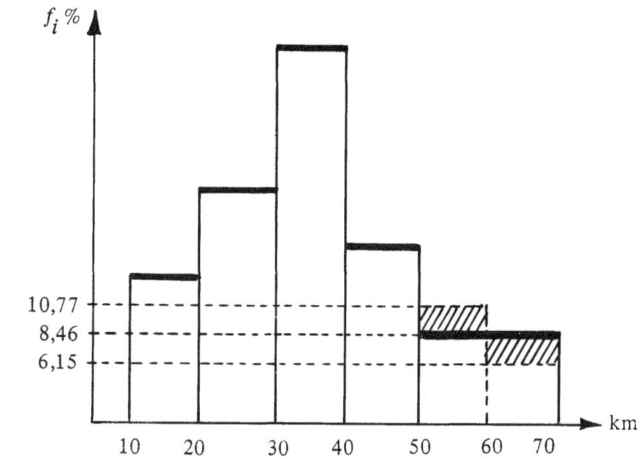

Les pointillés correspondent à l'histogramme à classes égales ; les traits pleins à l'histogramme à classes inégales.
Les deux surfaces hachurées sont égales.

2. Polygone de fréquences et courbe de fréquences

Parfois l'histogramme ne donne pas une image «directe» du phénomène à étudier. Pour obtenir une représentation moins «lourde» à visualiser, on peut tracer :

a) le polygone des fréquences qui **joint les milieux des sommets des rectangles des classes d'amplitude égales.**

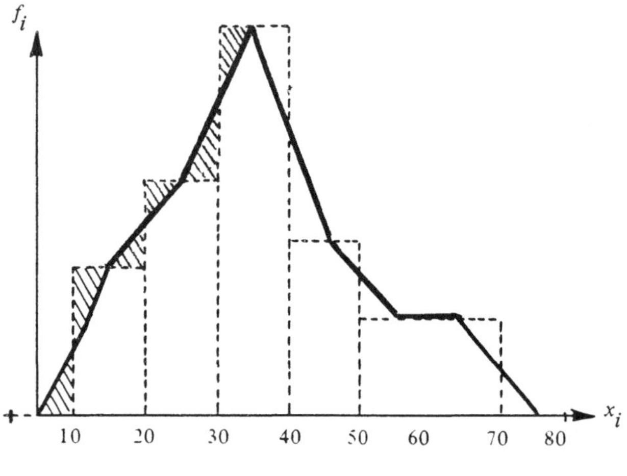

Pour tracer : on ajoute deux *«fausses classes»* aux extrémités.

Il y a toujours conservation des aires : En fréquences relatives, la surface sous le polygône est toujours égale à 1.

b) La courbe des fréquences est un **ajustement graphique** du polygone des fréquences. On conçoit que si l'amplitude de classe devient de plus en plus petite jusqu'à tendre vers zéro, le polygone des fréquences peut tendre vers une courbe continue. Ceci est particulièrement important en calcul des probabilités et en statistique mathématique, où l'on cherche à *ajuster* la distribution observée à une «loi de probabilité» connue. Ainsi, la courbe des fréquences représente une *estimation* de la loi de probabilité qu'est censée suivre le phénomène (Voir page 56).

ENCADRÉ 13

Les cartogrammes

Part des élèves reçus au BAC en 1982 sur l'effectif des 15 à 19 ans en 1982

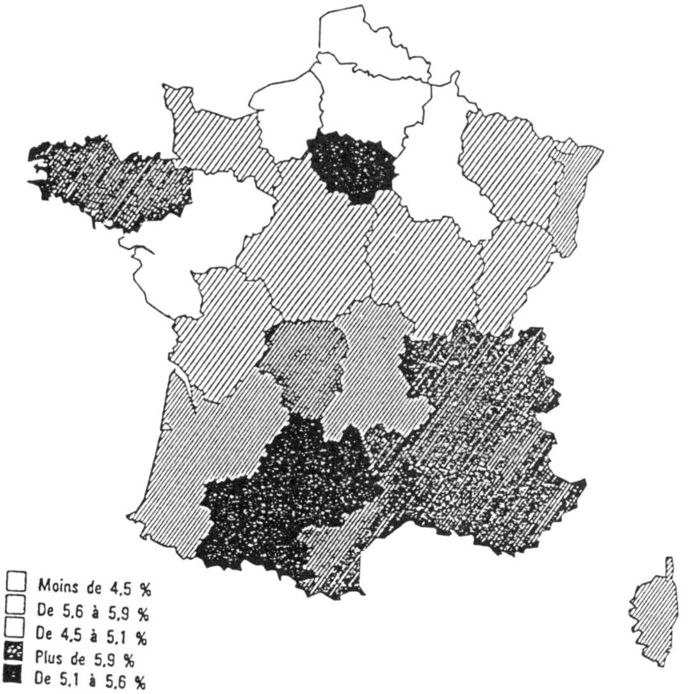

Population des communes de plus de 10 000 habitants

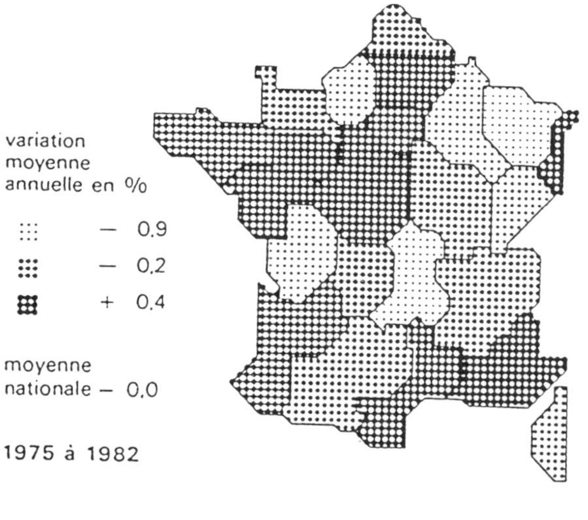

Source : *Collections de l'INSEE*, série R 61/62 - «Statistiques et indicateurs de régions françaises», Annexe au projet de loi des Finances pour 1987.

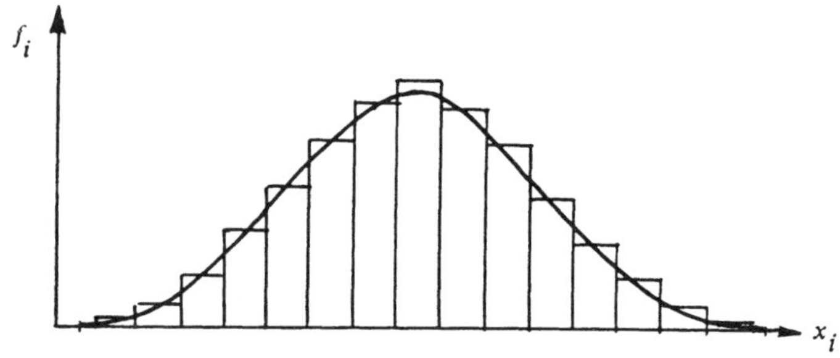

On peut dire, par exemple, que la forme de l'histogramme représenté ci-dessus **suggère** une *«loi normale»* ou *«loi de Gauss-Laplace»* (parfois appelée vulgairement *«courbe en cloche»*).

L'ajustement à une loi se fait généralement par des calculs dont les méthodes sortent du cadre de l'enseignement de la statistique en première année.

L'ajustement purement «visuel» (1) qui nous intéresse ici, reste donc très subjectif : En effet, il est toujours difficile d'optimiser de façon uniquement graphique les deux conditions de *continuité* et *de compensation des aires* que doit remplir la courbe des fréquences vis-à-vis de l'histogramme donné.

3. Courbes cumulatives et fonction de répartition

Il est souvent intéressant de connaître le nombre d'observations inférieures ou supérieures à une valeur donnée ; c'est-à-dire : représenter les fréquences relatives ou les effectifs *cumulés*. Il faut pour cela utiliser la colonne du tableau «Fréquences cumulées» $F(x)$ ou $N(x)$.

Dans le cas discret on a vu que l'on obtenait une «courbe en escaliers». Dans le cas continu, qui nous intéresse ici, on obtiendra une courbe monotone non décroissante (fréquences cumulées ascendantes).

Sur les données de l'exercice précédent, la courbe cumulative est la suivante :

x_i	f_i (%)	$F(x)$ %
[10 ; 20 [	13,85	13,85
[20 ; 30 [	20,00	33,85
[30 ; 40 [	33,85	67,70
[40 ; 50 [	15,38	83,08
[50 ; 70 [	16,92	**100**

67,70 % des taxis font **moins de** 40 km par jour.

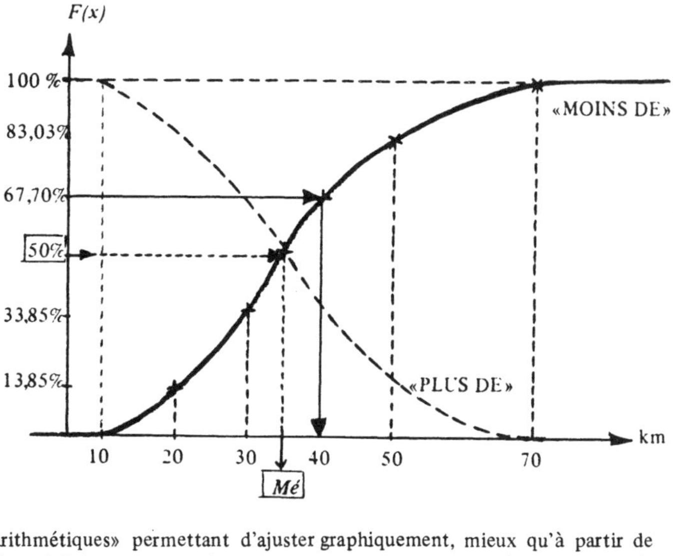

(1) Il existe des papiers fonctionnels «gausso-arithmétiques» permettant d'ajuster graphiquement, mieux qu'à partir de l'histogramme, la distribution observée à une loi normale : si l'ajustement est bon, les points obtenus sont parfaitement alignés («Droite de Henri»).

ENCADRÉ 14

Cartogramme éclaté

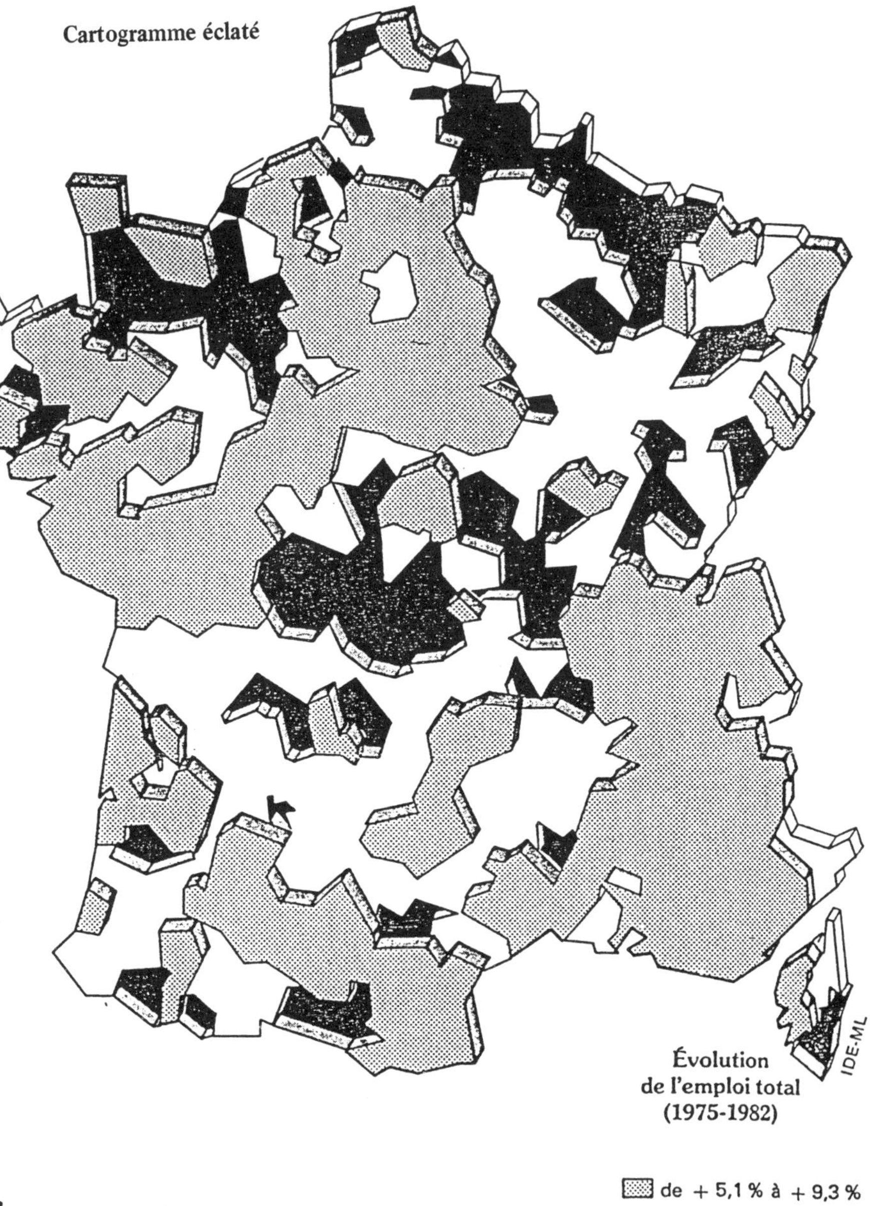

VOICI une carte de France un peu particulière... qui représente la topographie réelle de l'emploi. La France, on le voit, est nettement divisée. Quatre régions ont créé, entre 1975 et 1982, plus d'emplois qu'elles n'en perdaient : le Midi (surtout en Provence et dans les Alpes), la Région parisienne (sauf la proche banlieue), une partie de l'Ouest, l'Alsace enfin. Ces taches rouges confirment l'expansion parisienne, un certain rééquilibrage à l'Ouest, l'élan nouveau du Midi et la rénovation qui commence à l'Est. En contrepoint, on repère aisément les zones sensibles qui perdent des emplois. L'axe Nord-Ardennes-Lorraine-Vosges et Loire frappé par les restructurations industrielles. Des zones rurales aussi : le Périgord, le Limousin, le Morvan, le Bocage normand, les Pyrénées centrales, la Corse orientale... Enfin, telle une peau de léopard, quelques tâches correspondant à des bassins d'emploi très localisés sont visibles.

Source : Mensuel *Liaisons sociales,* n° 7, avril 1986.

Comme dans le cas discret, la courbe cumulative est la représentation graphique de la **Fonction de répartition,** qui traduit la proportion des individus de la population dont la variable statistique est inférieure à x (fréquences cumulées ascendantes).

$$F(-\infty) = 0 \quad ; \quad F(+\infty) = 1$$

et : **F(x) représente la surface située à gauche de la valeur «x» dans l'histogramme :**

$$F(x) = \int_0^x f(x)\,dx \qquad \text{(primitive de la courbe des fréquences).}$$

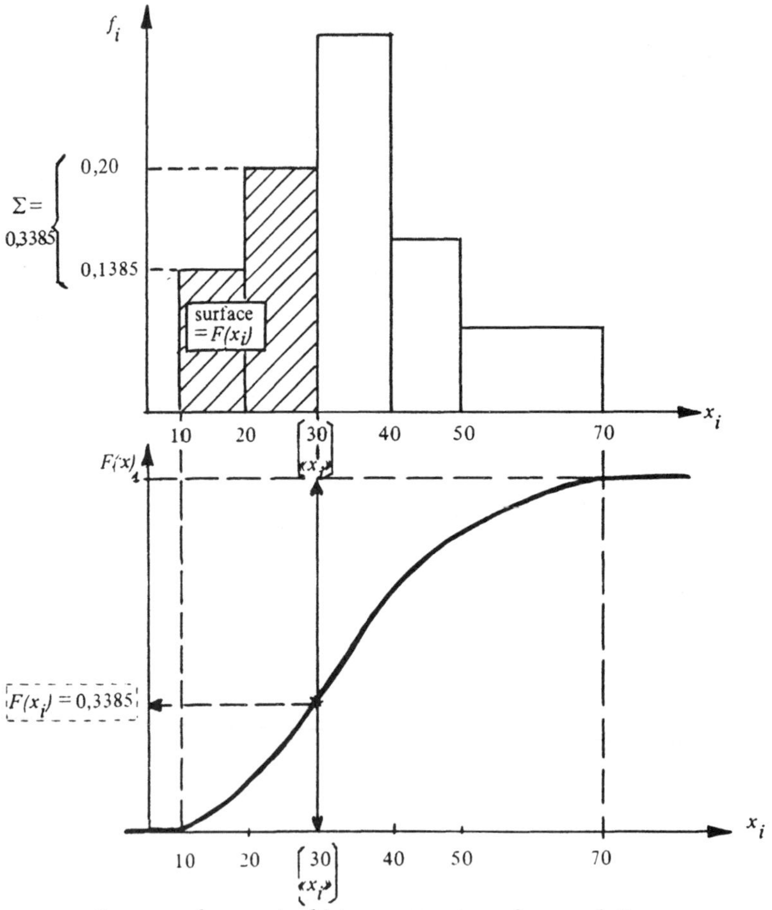

Correspondance entre histogramme et courbe cumulative

§ 3. L'UTILISATION DES DIAGRAMMES SEMI-LOGARITHMIQUES

Très utilisé en statistique descriptive, ce mode de représentation graphique mérite une attention particulière.

ENCADRÉ 15

Autre exemple de cartogramme (représentation par surface)

Aéroports européens
Trafic des passagers – 1984

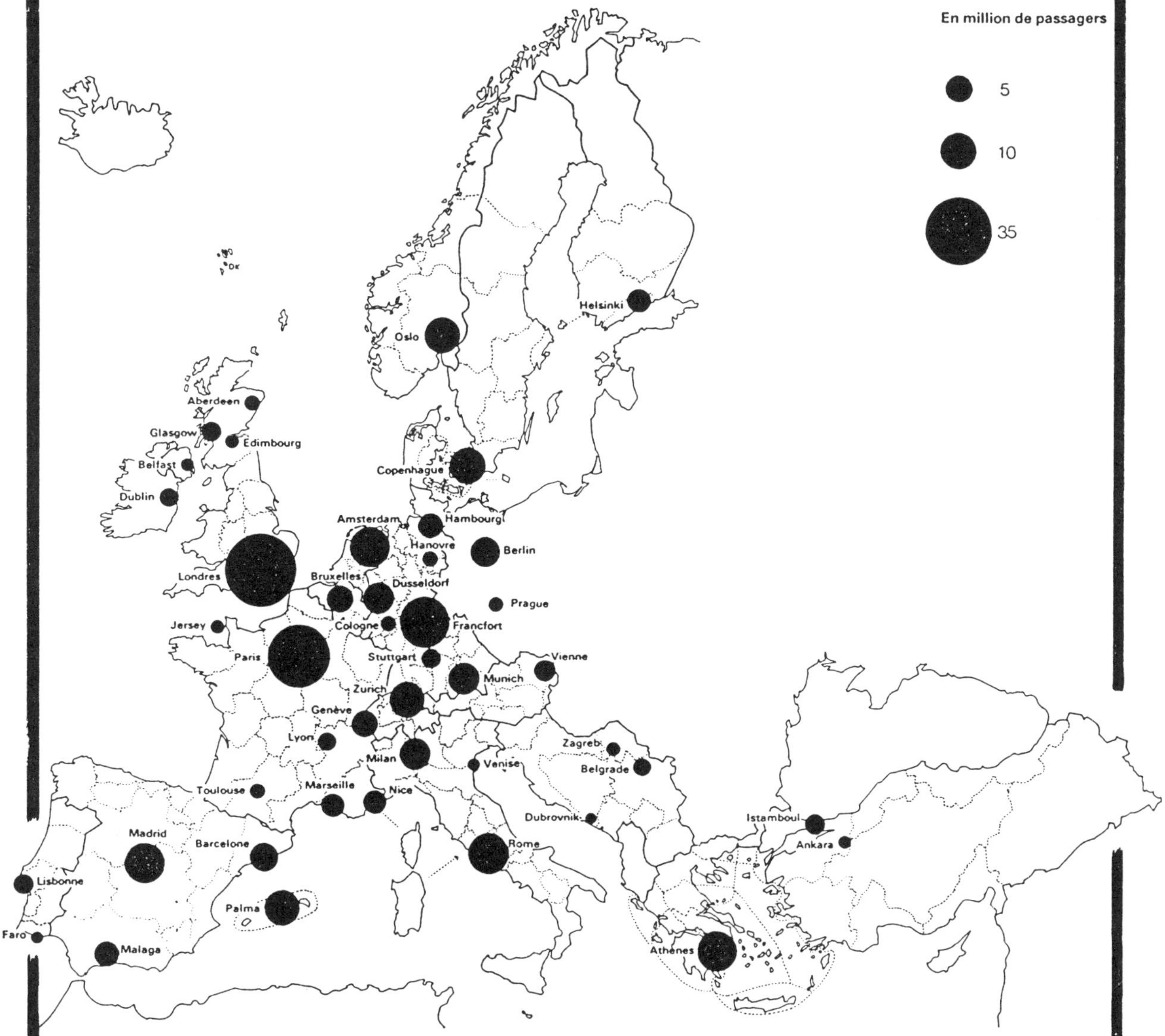

Ces résultats sont collectés par l'*Association des aéroports de l'Europe de l'Ouest* et diffusés dans le document : Statistiques de trafic des grands aéroports de l'Europe de l'Ouest.

Seuls les aéroports (qui peuvent comporter plusieurs aérodromes) ayant eu en 1984 un trafic d'ensemble (arrivées et départs de passagers) supérieur à un million de passagers ont été retenus.

Les résultats correspondent à l'ensemble du trafic (vols réguliers et non réguliers, transit direct).

Références : Collection de l'INSEE, série R61-62.

1. **Les repères à échelles arithmétiques** sont bien connus ... depuis l'école primaire. Ce sont ceux que l'on a l'habitude d'utiliser de façon courante : exemple :

Ventes de l'entreprise E	*Années*
500	1985
600	1986
900	1987
700	1988

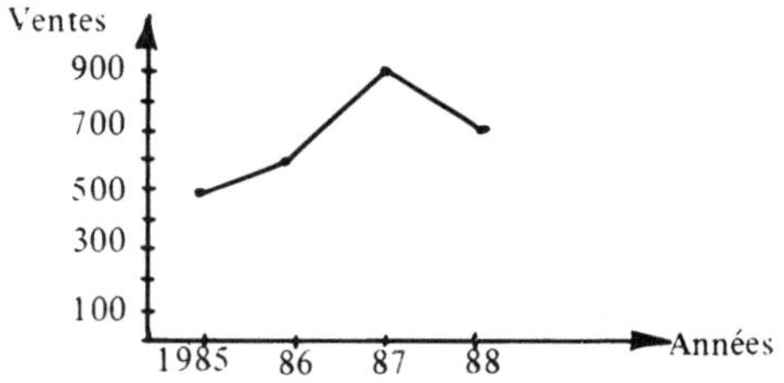

L'évolution de la variable «vente» sur les quatre années est ici représentée par un diagramme à échelle arithmétique.

> Les graduations sont proportionnelles aux valeurs de la variable

Mais, *parfois,* ce type de repère présente des **inconvénients.**

a) Si l'on veut, par exemple, comparer les productions de blé française et mondiale, ou la production d'une petite entreprise et la production de l'ensemble de la branche, il ne sera *pas possible* de choisir une échelle arithmétique *convenable :*

> L'une des deux courbes «sort» de la feuille

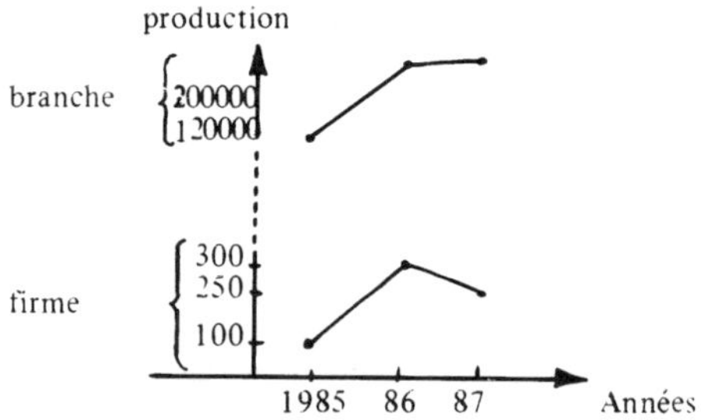

b) Les échelles arithmétiques **traduisent mal les variations relatives.** Exemple :

- L'entreprise A produit 200 puis 400,
- L'entreprise B produit 300 puis 500.

> Les évolutions apparaissent parallèles alors que les productions ont augmenté dans des proportions bien différentes.

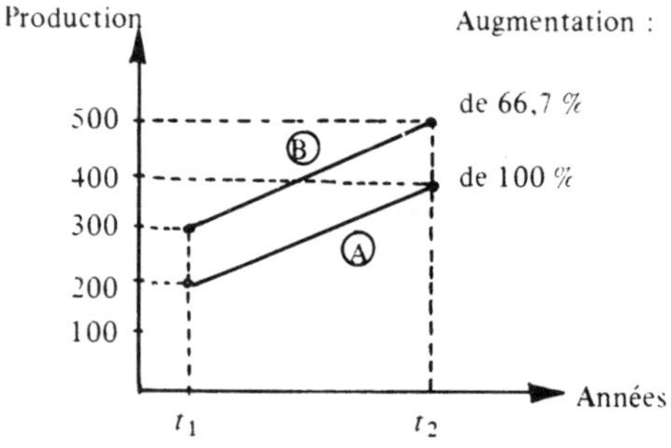

Ces inconvénients sont annulés quand on passe en *échelle «semi-logarithmique».*

2. Les **«papiers semi-logarithmiques»** sont en vente dans le commerce : ils comprennent une échelle logarithmique décimale (en vertical) et une échelle arithmétique en horizontal.

ENCADRÉ 16 : PAPIER SEMI-LOGARITHMIQUE

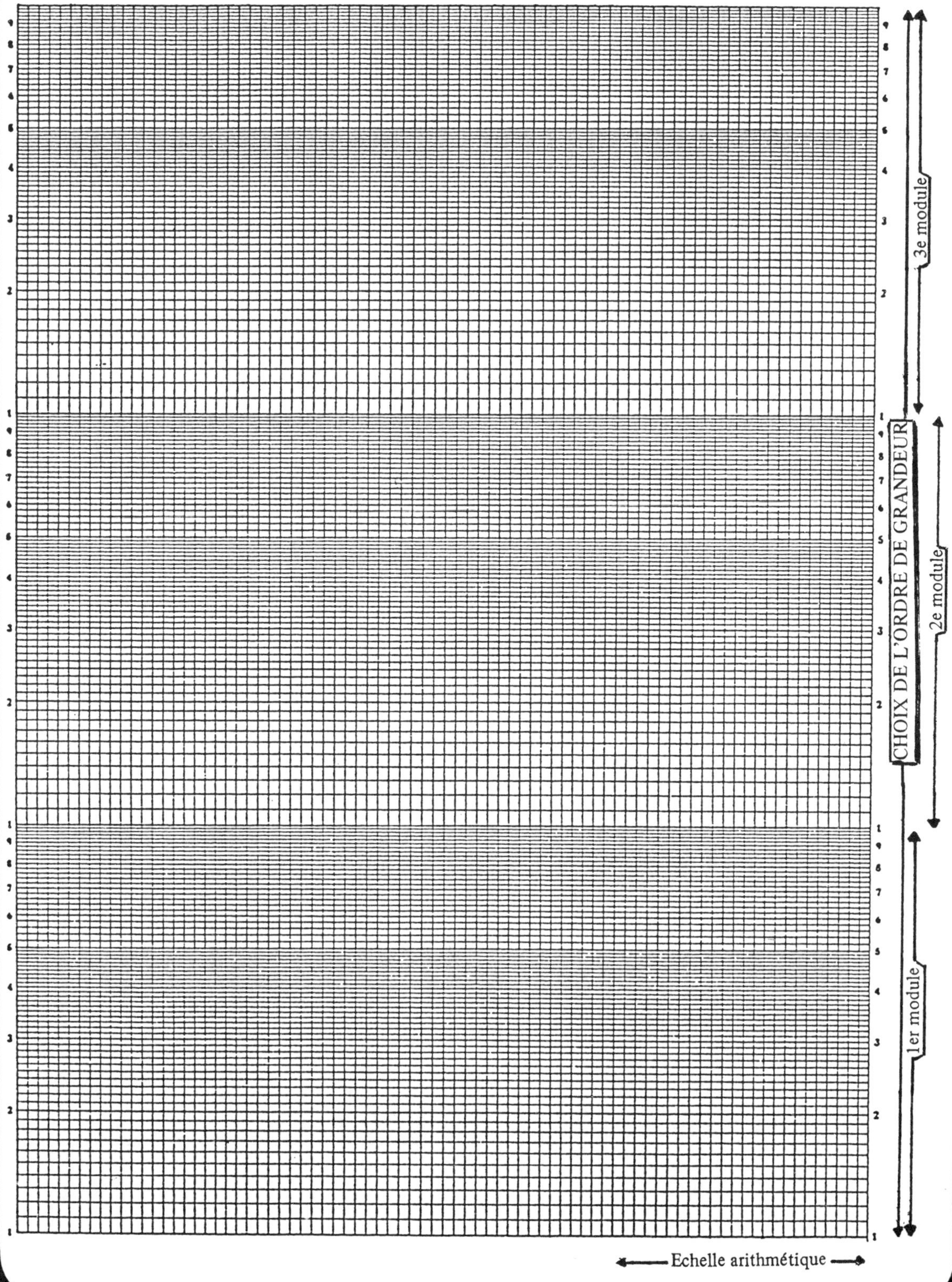

L'axe logarithmique est construit de la manière suivante :

On sait que : $\log 1 = 0$
$\log 10 = 1$ (log 0 n'existe pas !)
$\log 100 = 2$
$\vdots$
$\log (10)^n = n$

Donc : Au lieu de reporter *une même distance :*

On reporte une *distance proportionnelle aux logarithmes décimaux*

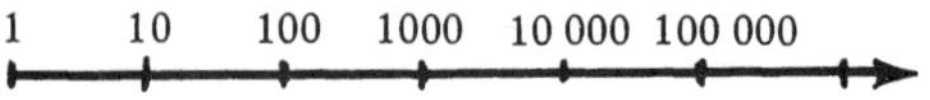

a) Dans les deux cas les **distances successives ci-dessus sont identiques** : la distance entre 2 et 3 est **égale à celle** entre 3 et 4 sur l'axe arithmétique ; la distance entre 10 et 100 est égale à celle entre 100 et 1000 sur l'axe logarithmique (1).

On voit déjà que l'on peut dès lors représenter sur une même feuille des phénomènes variant de façon considérable.

L'intervalle entre deux graduations puissances de 10 s'appelle un «**module**». Les papiers semi-logarithmiques du commerce sont généralement fournis en 3 modules ou 4 modules, **dont l'ordre de grandeur n'est pas repéré** par le fabriquant. Ainsi le premier module (le plus bas) est gradué de 1 à 1 ; le deuxième module (au dessus) est lui aussi gradué de 1 à 1, etc... Voir 16 , page 61.

Cela permet à l'utilisateur de : Choisir 1 ordre de grandeur désiré

Ainsi :

Si le «**1**» du premier module représente la valeur **10** ⇒ le «**1**» du 2e module = **100**
" «**1**" " " " " " **100** ⇒ «**1**» " " = **1000**
" etc " " " " " etc " etc " " etc

Si le «**1**» du premier module représente la valeur **0,001** ⇒ le «**1**» du 2e module = **0,01**
" «**1**» " " " " " **0,01** ⇒ " " " = **0.1**
" etc " " " " " etc " " " etc

Par exemple un phénomène variant de 134 à 99542 demandera, pour sa représentation, l'utilisation de 3 modules (100 à 1000 ; 1000 à 10 000 ; 10.000 à 100.000).

(1) En effet, les logarithmes décimaux de **a** et de 10^n.**a** ont les mêmes décimales :
Ainsi :
log 13 = 1,1139 ; log 130 = 2,1139 ; log 1300 = 3,1139

ENCADRÉ 17

Exemples de séries sur diagramme semi-logarithmique

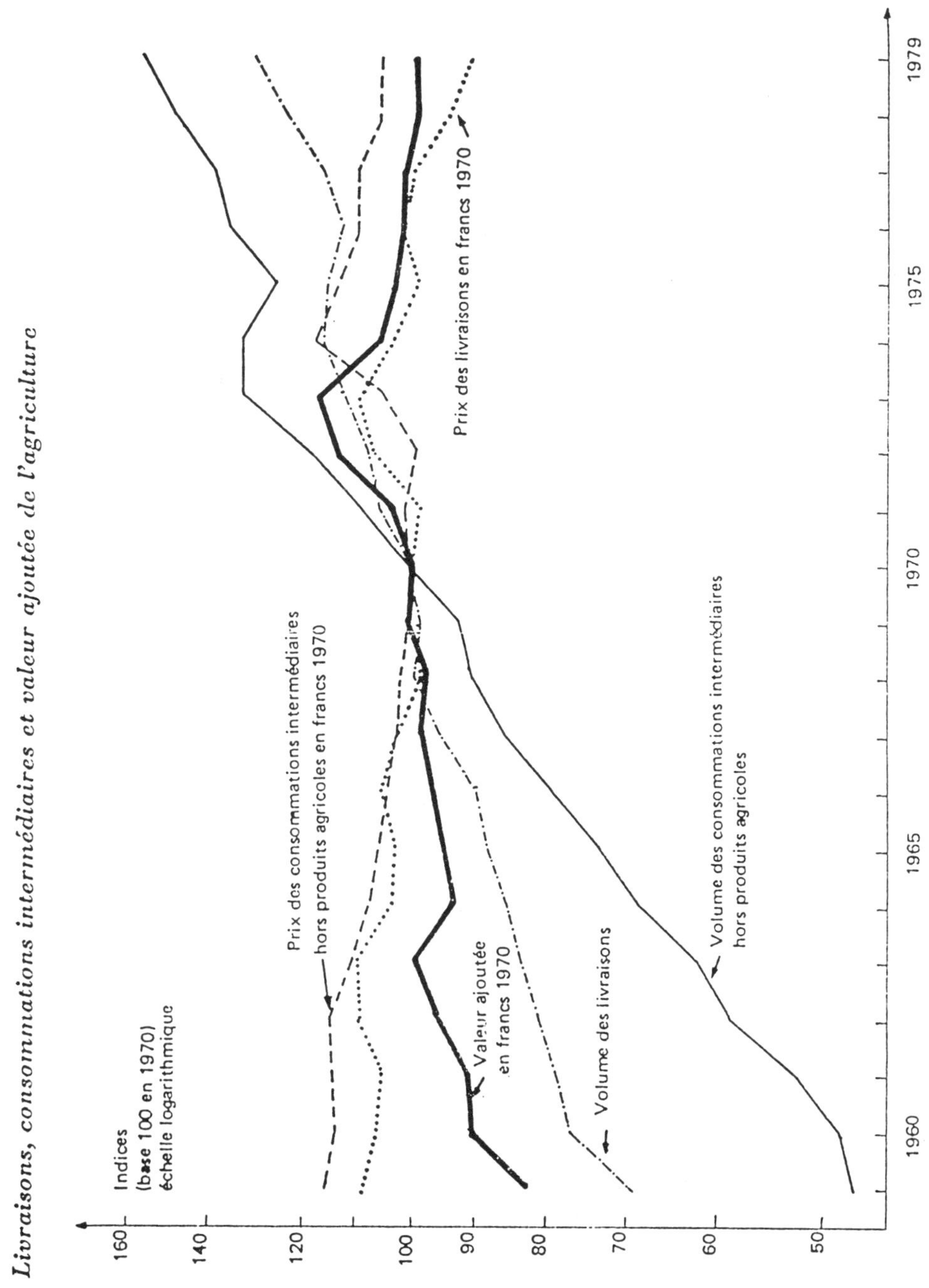

Source : INSEE, *Econ omie et Statistiques*, n° 122 — juin 1980, «Comptes de l'agriculture en 1979».

b) **Chaque module est divisé en graduations,** selon le même principe : les distances entre deux graduations sont toujours proportionnelles aux logarithmes décimaux.

Mais, à l'intérieur de chaque module la **distance** entre deux graduations successives **n'est pas identique.**

Entre log 1 et log 2	la distance est proportionnelle à		0,3010 (log 2 – log 1)
" log 2 et log 3	"	"	0,1761 (log 3 – log 2)
" log 3 et log 4	"	"	0,1249 (log 4 – log 3)
⋮			⋮
" log 10 et log 9	"	"	0,0457 (1 – log 9)

Ainsi les graduations de chaque module sont *de plus en plus resserrées* de bas en haut sur l'axe vertical.

Là encore le constructeur du papier ne choisit pas l'ordre de grandeur :

Le «2» du 1er module peut représenter : **«2»** ou **«20»** ou **«200»** ou **«0,02»** etc...

Si il représente «2» on trouvera **«20»** à la graduation «2» du 2e module et **«200»** à la graduation «2» du 3e module.

c) Une fois l'ordre de grandeur choisi, on reporte les valeurs du phénomène étudié, dans le diagramme (et non pas le logarithme de ces valeurs, comme certains débutants ont tendance à le faire !).

> L'utilisation du papier semi-logarithmique évite tout calcul de logarithme

3. **Remarques fondamentales** : Dans un diagramme semi-logarithmique, des longueurs égales représentent **des rapports égaux, donc des variations relatives égales.**

$$\frac{1}{10} = \frac{10}{100} = \frac{100}{1000} = 10\,\%$$

Alors que dans un diagramme arithmétique elles représentent des *variations absolues égales*

$$1\text{ cm} = 10\text{ F} \Rightarrow 2\text{ cm} = 20\text{ F} \Rightarrow 3\text{ cm} = 30\text{ F.}$$

Donc :

> Un phénomène dont le taux de croissance annuel est constant sera représenté en semi-logarithmique par une **droite.**

En effet :

Les rapports sont égaux, donc les points sont alignés (exemple : 10 % par an).

Il aurait été représenté par une exponentielle en coordonnées arithmétiques.

ENCADRÉ 18

Série chronologique en échelle semi-logarithmique

Évolution de la masse salariale brute en francs constants de 1959 à 1980 et taux tendanciels moyens

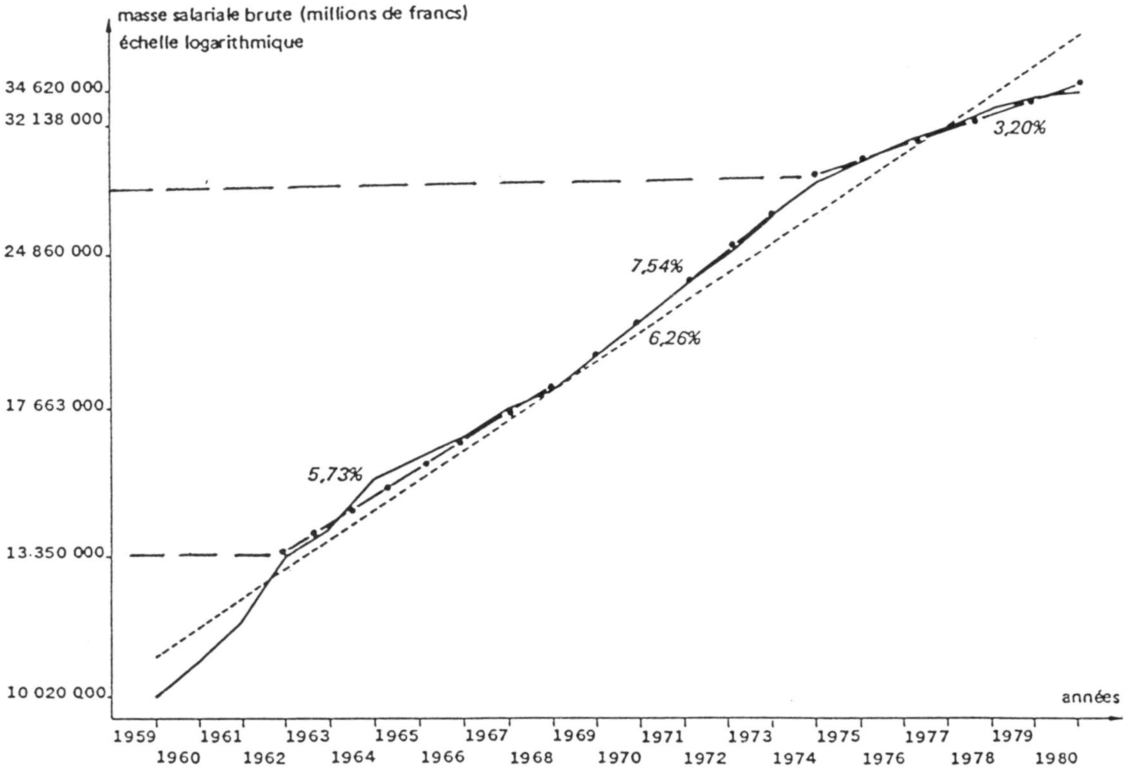

Source : Collections de l'INSEE, série M, n° 113, «Les salaires dans l'industrie, le commerce et les services en 1980».

Remarque : De 1963 à 1974 la tendance générale apparait quasi-linéaire dans le diagramme semi-logarithmique. Le phénomène est donc à tendance générale exponentielle dans la réalité des faits.

Ainsi, **si l'on obtient deux droites parallèles, ou courbes parallèles, sur un diagramme semi-logarithmique, c'est donc que les variations relatives sont identiques** (exemple : 10 % d'augmentation dans les deux cas).

papier arithmétique (millimétré par exemple) | papier semi-logarithmique

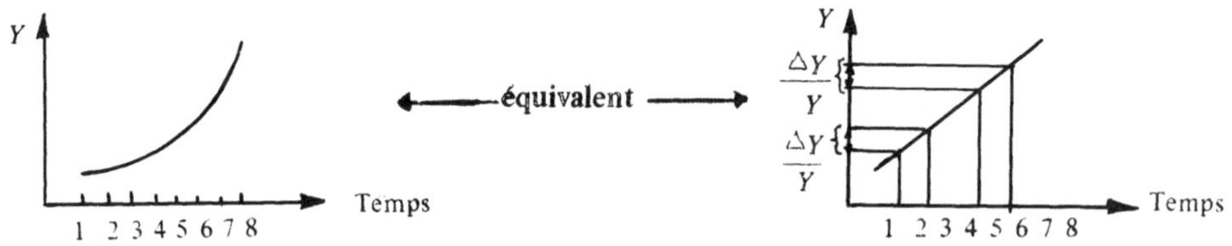

Phénomène *Y* présentant un taux de croissance annuel constant.

papier arithmétique | papier semi-logarithmique

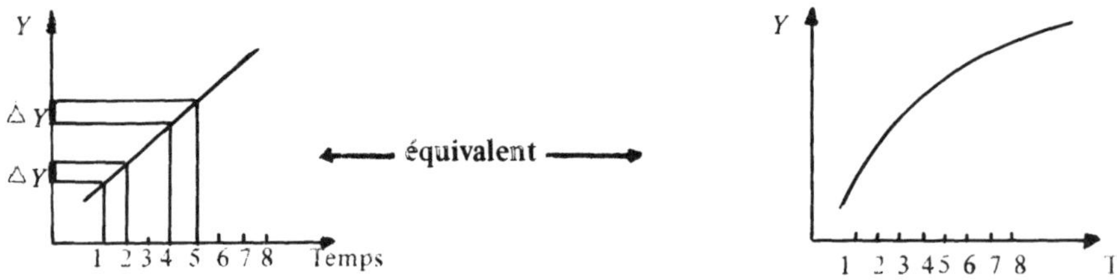

Phénomène *Y* s'accroissant d'un même montant d'année en année.

Application : Détermination graphique du taux de croissance d'un phénomène exponentiel dans le temps :

Si $y = y_0\,(1 + i)^t$

$\log y = t \log(1 + i) + \log y_0$

$\log y$ est une droite de la forme

$$\log y = at + b$$

– **La pente** *«a»* se détermine en mesurant **d** et **D**

$$a = tg\ \alpha = \frac{d}{D}$$

– Le taux de croissance par unité de temps est : *«i»*

$$a = \log(1 + i)$$

$$\Rightarrow \boxed{i = 10^a - 1}$$

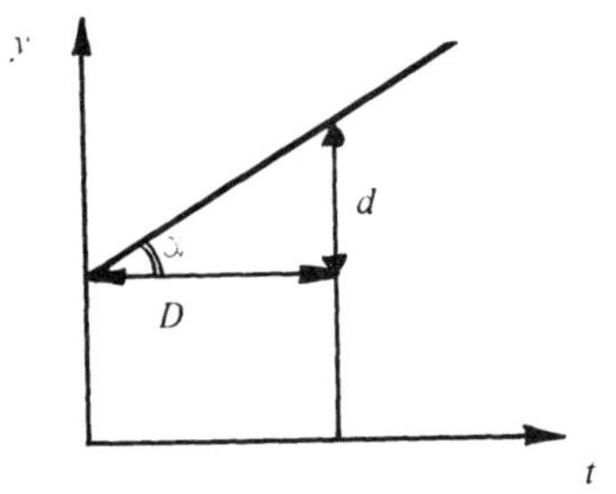

Diagramme semi-logarithmique

ENCADRÉ 19

Graphique semi-logarithmique décomposant des comparaisons d'évolution : Des segments de droite sensiblement parallèles indiquent des variations relatives sensiblement égales

Evolution des taux de départ en vacances en hiver selon la catégorie socioprofessionnelle du chef de ménage

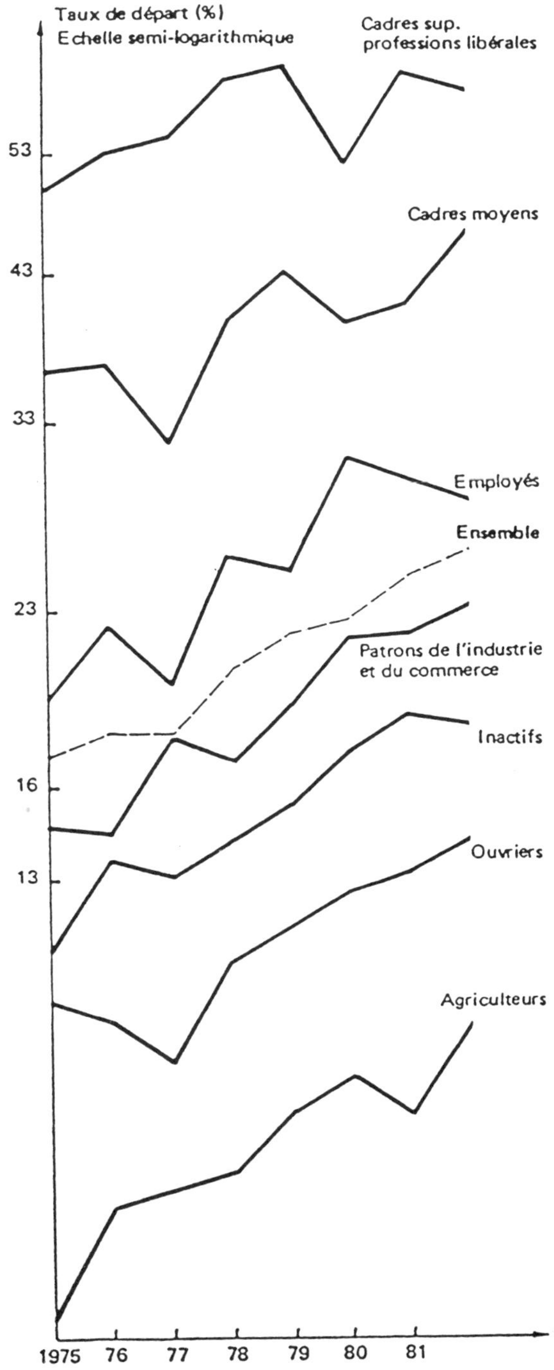

Source : Collection de l'INSEE, Série M, n° 109, octobre 1984. Michèle Bertrand, «Les vacances des Français en 1981 et 1982».

DEUXIÈME PARTIE :

LES CARACTÉRISTIQUES DES DISTRIBUTIONS À UN CARACTÈRE

La première partie nous a permis de comprendre comment on *«repérait»* les données, comment on les *«rangeait»* et comment on pouvait les *«présenter»*.

Grâce aux tableaux et aux graphes, on obtient une première *«image»* de la distribution des données. Cependant cette image dépend dans une certaine mesure de l'interprétation faite par l'utilisateur : Pour apprécier les phénomènes réels, les chiffres du tableau (ou l'allure du graphe) se commentent à l'aide de mots et de phrases, dont les conclusions peuvent être entâchées de subjectivité.

Pour limiter cette part de subjectivité, et surtout pour rendre plus commode l'interprétation des nombreux renseignements numériques classés dans les tableaux statistiques, on va les *synthétiser,* les *résumer* par des *valeurs* bien précises : Ces valeurs, qui doivent être acceptées sans ambiguïté, et comprises de la même manière par n'importe quel utilisateur, portent le nom de **caractéristiques** (voir 3 , page 71).

Ces *caractéristiques* ou *valeurs typiques,* sont donc des nombres qui résument les données des tableaux et des graphes. Elles sont indispensables si l'on veut comparer plusieurs séries entre elles. (Voir 1).

Nous analyserons successivement les caractéristiques de :

– Valeur centrale, ou de position (Chapitre 1).

– Dispersion (Chapitre 2).

– Forme et concentration (Chapitre 3).

Notons que le fait de résumer un tableau statistique ou une distribution par une ou plusieurs caractéristiques, fait perdre de l'information, mais procure un gain de «clarté» et de «commodité de manipulation», et facilite les comparaisons.

ENCADRÉ 1

Pour bien comprendre

Prenons un exemple simpliste :

On s'intéresse à la répartition des notes des étudiants d'une promotion : Le calcul de la moyenne de leurs notes à l'examen permettra par un seul chiffre de résumer toute la série.

La **moyenne arithmétique** est *une caractéristique* de tendance centrale, parmi d'autres. Si dans l'exemple, on trouve une moyenne de 12/20, on pourra dire que les étudiants de la promotion ont, en moyenne, un bon niveau dans la matière.

Admettons que le même calcul, sur les résultats de la promotion précédente ait donné la même moyenne (12/20), peut-on en conclure que les deux promotions sont identiques ? Pas forcément, il se peut par exemple que dans la première promotion, beaucoup d'étudiants aient eu de très mauvaises notes (proches de 0/20), beaucoup d'autres, des notes excellentes (proches de 20/20), et aucun des notes proches de 12/20. La moyenne sera bien de 12/20, mais la *fluctuation* autour de cette moyenne sera très forte.

Cette *fluctuation* est mesurée par des **caractéristiques de dispersion** (dont les plus connues sont la *variance* et *l'écart-type).*

Pour continuer cet exemple excessif : si les étudiants de la deuxième promotion ont tous eu des notes proches de 12/20, il est bien évident que la dispersion est faible. Dès lors les deux promotions, de même moyenne, sont *différentes :*

La première est constituée d'éléments brillants ou très faibles ; dans la deuxième, les étudiants apparaissent tous de même niveau.

ENCADRÉ 2

Les caractéristiques synthétisent les constatations visuelles :

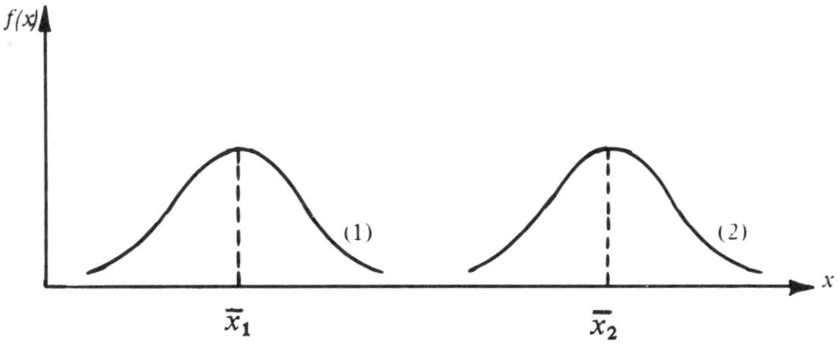

(1) et (2) ont la même dispersion, mais pas la même moyenne.

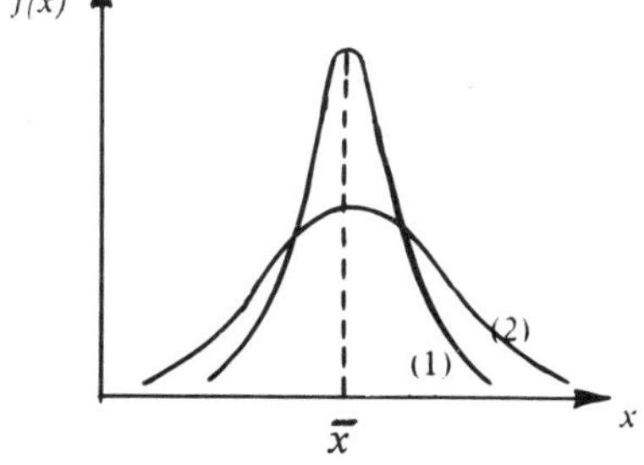

(1) et (2) ont la même moyenne, mais des dispersions différentes.

CHAPITRE 1 : LES CARACTÉRISTIQUES DE TENDANCE CENTRALE

SECTION 1 : LE MODE

§1. DEFINITION

Notation : M_o

Le Mode d'une distribution statistique est la valeur de la variable qui correspond au plus grand effectif ou à la plus grande fréquence relative.

C'est donc la valeur qui se rencontre le plus fréquemment : on l'appelle aussi «valeur dominante».

Ainsi, par exemple dans la série {5, 6, 7, 7, 8, 8, 8, 9, 10}; la valeur «8» apparait le plus fréquemment ; le mode est donc : 8.

§2. CAS DES VARIABLES DISCRETES

Lorsque la variable est discrète, le mode est facilement repérable :

Sur le tableau statistique $\{x_i ; f_i\}$, c'est le x_i pour lequel la fréquence est la plus élevée.

Sur le diagramme en bâtons, c'est la valeur x_i correspondant au bâton le plus haut :

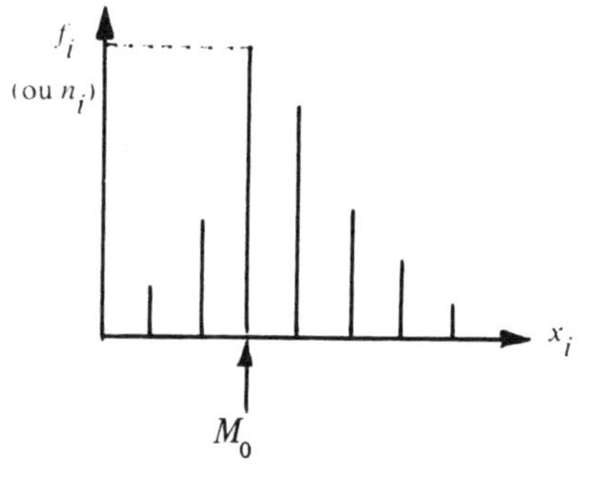

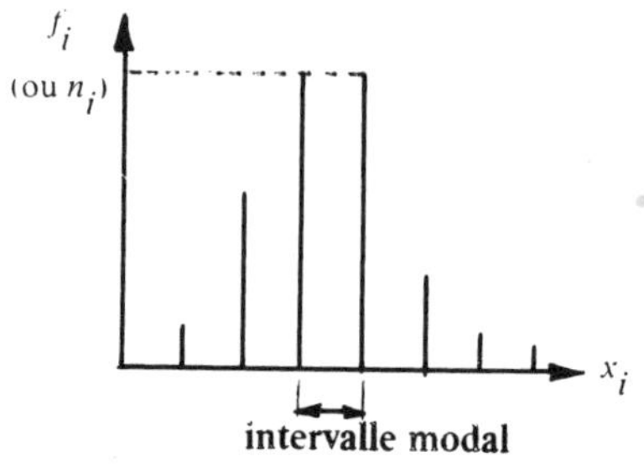

Si la série présente deux fréquences maximales identiques, on définit un «intervalle modal» à défaut de pouvoir donner une valeur exacte du mode.

ENCADRÉ 3

Les conditions de Yule

Nous avons dit que les caractéristiques doivent être «acceptées sans ambiguïté et comprises de la même manière» par tout le monde. En effet, il ne faut pas que ces valeurs typiques puissent prêter à une interprétation subjective ou arbitraire.

Le statisticien anglais Yule (1945) a précisé les *conditions* que doivent remplir les caractéristiques statistiques pour être correctement utilisées :

Une caractéristique «correcte» doit :

1/ *être définie de façon objective :* c'est-à-dire sans que l'utilisateur puisse y adjoindre un jugement personnel, ou que deux personnes différentes la calculant sur la même série parviennent à des résultats différents.

2/ *dépendre de toutes les observations de la série :* Elle ne doit, en ce sens, pas résumer une partie de la série. Néanmoins, on écarte parfois dans le calcul les valeurs «aberrantes» (exceptionnelles) pour ne pas fausser la réalité du phénomène.

3/ *avoir une signification concrète facile à concevoir :* pour être comprise par n'importe quel utilisateur, même non spécialiste.

4/ *être simple à calculer.*

5/ *être peu sensible aux fluctuations d'échantillonnage :* de façon par exemple à ne pas obtenir des valeurs différentes si on l'applique sur plusieurs échantillons de la même population. Ce problème est étudié en statistique mathématique (sondages).

6/ *se prêter aisément aux calculs algébriques :* de façon à pouvoir comparer plusieurs séries par exemple, ou désagréger la caractéristique en plusieurs autres de nature connue.

*

En général, les caractéristiques de tendance centrale ou de dispersion que l'on utilise ne satisfont pas réellement toutes ces conditions – à la fois – Pour chaque caractéristique choisie, l'intérêt est de connaître les conditions non satisfaites.

§ 3. CAS DES VARIABLES CONTINUES

Les données sont donc groupées en classes, et le graphe est généralement un histogramme. Deux situations se présentent : les amplitudes sont, ou non, égales :

1. Les amplitudes de classe sont égales :

On définit la «**classe modale**» comme la classe du tableau ou de l'histogramme correspondant à la fréquence maximum :

Exemple :

	x_i	n_i
	[10 ; 20 [	5
	[20 ; 30 [	10
[Classe modale] →	[30 ; 40 [	(15)
	[40 ; 50 [	5

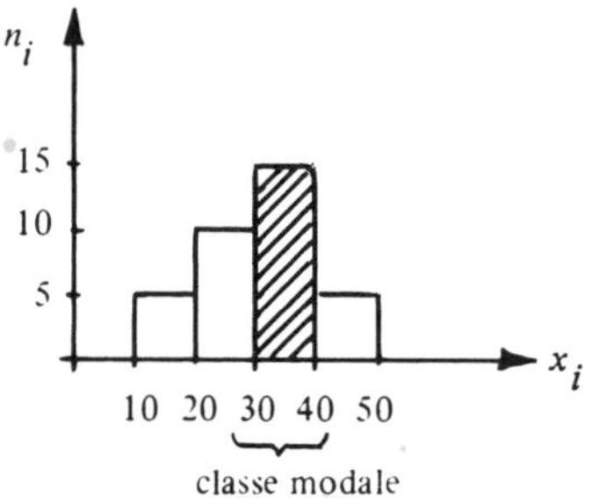

— En faisant l'hypothèse du centre de classe, on peut admettre, que le mode est égal à 35.

— On peut déterminer *graphiquement* la valeur du mode (à l'intérieur de la classe modale) par la méthode des diagonales comme on le voit sur le schéma ci-dessous (1) :

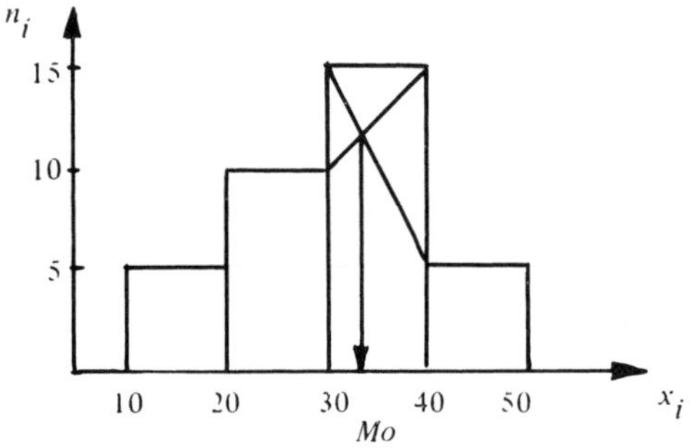

graphiquement $M_o \approx 33$

2. Les amplitudes de classe sont inégales

Il faut donc «corriger» les effectifs ou les fréquences relatives, de la même manière que l'on avait fait pour construire l'histogramme sur classes inégales (voir chapitre précédent, page 52), et la détermination du mode se ramène à la détermination précédente : classe modale et graphe.

(1) Sans faire le graphique, et en utilisant simplement l'hypothèse du centre de classe, on peut accepter le résultat : $M_o = 35$.

ENCADRÉ 4

Les distributions plurimodales

On peut rencontrer des séries possédant plusieurs modes comme le montre l'exemple ci-dessous (Distribution bimodale).

Soit le diagramme des ventes mensuelles d'un magasin de chaussures selon la pointure des chaussures vendues (variable discrète) :

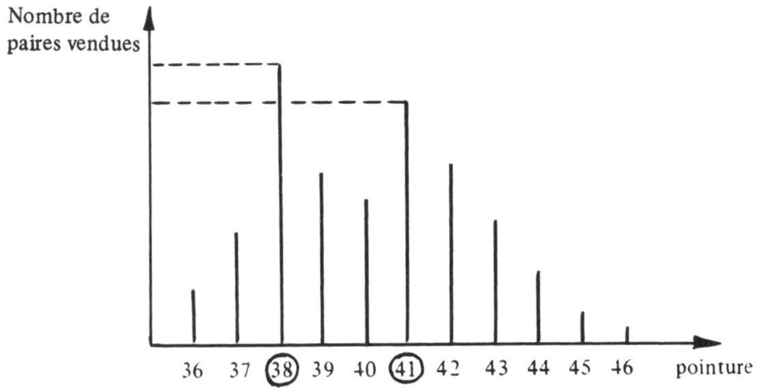

Les chaussures le plus fréquemment vendues sont de pointure 38 pour les femmes et 41 pour les hommes : deux modes sont apparents.

ENCADRÉ 5

Variables continues

Graphiquement le mode se détermine par la courbe des fréquences ajustée sur l'histogramme :

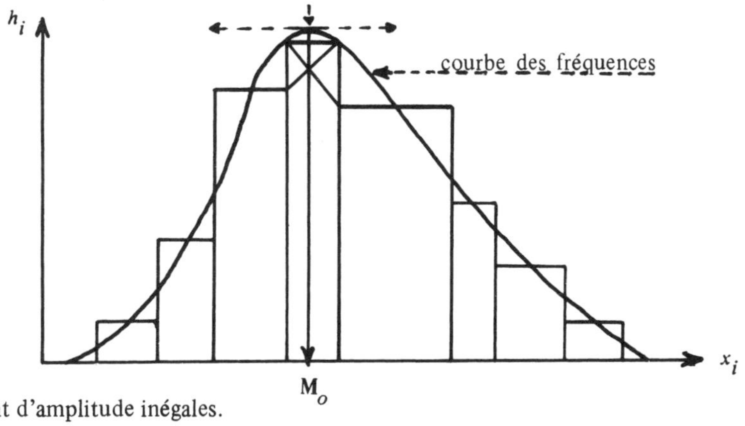

Ici les classes sont d'amplitude inégales.

Remarque : Le mode correspond également à l'abscisse du point d'inflexion de la courbe des fréquences relatives cumulées *(F(x))*, (non tracée ici).

Le calcul de la détermination de la classe modale se fait très facilement en 3 étapes :

Exemple :

1/ Calcul des amplitudes et choix d'une amplitude de base *«a»* :

$a = 10$

2/ Rapport des amplitudes (a_i/a)

3/ Correction de l'effectif en divisant chaque n_i par le rapport d'amplitude correspondant.

Données

x_i	n_i	a_i	a_i/a	h_i
[10 ; 20 [	10	10	1	10
[20 ; 30 [	40	10	1	40
[30 ; 50 [	220	20	2	(110) → Valeur dominante
[50 ; 90 [	240	40	4	60
[90 ; 100 [	10	10	1	10

La **classe modale est donc** [**30** ; **50** [correspondant à un effectif corrigé «h_i» de 110 (et non pas [50 ; 90 [, comme on aurait pu, à tort, l'imaginer en n'effectuant pas les corrections des effectifs) (1).

SECTION 2 : LA MÉDIANE

§ 1. DEFINITION

– **Notation Mé**

La médiane est la valeur du caractère qui partage la série en deux sous-ensembles égaux.
Elle suppose, pour sa détermination, que les individus de la population soient rangés **dans un certain ordre** (croissant ou décroissant).

Exemple : Série · {12, 28, 6, 3, 32, 15, 21 }
Série ordonnée : {3, 6, 12, 15 , 21, 28, 32 }

«avant» (3, 6, 12) — **Mé** (15) — «après» (21, 28, 32)

La médiane est donc 15 :
Il y a autant d'observations supérieures à la médiane que d'observations inférieures à la médiane.

(1) On aboutit au même résultat en calculant f_i/a_i (fréquence par unité d'amplitude), que l'on multiplie ensuite par l'amplitude de base : $(f_i/a_i) \times a$.

ENCADRÉ 6

Utilité du mode

Le mode satisfait aux conditions 1, 3 et 4 de Yule, mais pas aux autres. Son principal avantage est d'être déterminé très rapidement. Sa signification est simple.

On l'utilise surtout dans le cas des variables discrètes et pour faire apparaître facilement une première estimation de valeur centrale de la série, mais on lui préfère la moyenne.

ENCADRÉ 7

Médiane et fréquences cumulées

La logique de définition de la médiane part de l'idée suivante : il s'agit de décomposer la distribution statistique de façon à faire apparaître autant d'observations «avant» la médiane «qu'après» la médiane (soit : 50 % de l'effectif «avant» et 50 % de l'effectif «après»).

Par exemple : si la taille médiane des individus d'un échantillon est de 1,70 m, cela signifie qu'il y a autant d'individus mesurant *«moins de»* 1,70 m que d'individus mesurant *«plus de»* 1,70 m.

Ces notions *«moins de»* et *«plus de»* renvoient aux définitions des fréquences cumulées: On sait que les fréquences cumulées relatives (ou fonction de répartition $F(x)$) varient de 0 à 1 et que les fréquences cumulées absolues $(N(x))$ varient de 0 à n (n étant la valeur de l'effectif total).

C'est pourquoi le calcul de la médiane passe par la construction, dans le tableau statistique, d'une des colonnes : $F(x)$ ou $N(x)$, de façon à déterminer la médiane telle que :

$$F(Mé) = 0,5 = 50\ \% \quad \text{ou} \quad N(Mé) = \frac{n}{2}$$

Une façon d'ordonner une série est de calculer les **fréquences cumulées F(x)** ou **N(x)**.

Et l'on peut écrire :

$$F(Mé) = \frac{1}{2} \quad \text{ou} \quad N(Mé) = \frac{n}{2}$$

Voir également : 7 .

§ 2. CALCUL DE LA MEDIANE

A. Cas d'une variable discrète

* Si le nombre d'observations est **impair**, la médiane est toujours parfaitement déterminée : Reprenons l'exemple précédent :

{ 3, 6, 12, 15, 21, 28, 32 }

15 → **Mé**

Si le nombre d'observations est **pair**, on ne peut définir qu'un *intervalle médian* à l'intérieur duquel la médiane n'est pas déterminée.

{ 3, 6, 12, 15, 21, 28, 32, 38 }

15, 21 → **Intervalle médian**

* Lorsque les données ne sont pas individualisées, on a donc un tableau $\{x_i ; n_i\}$. La médiane se calcule par les fréquences cumulées $F(x)$ ou $N(x)$ (relatives ou absolues) :

Règle : On repère la valeur **0,5** ou la valeur $\frac{n}{2}$, et l'on suit le sens des flèches comme le montre l'exemple suivant :

Répartition du nombre d'enfants par ménage :

Nbre d'enfants x_i	*Nbre de ménages* n_i	f_i	$F(x)$	$N(x)$
0	20	0,1	0,1	20
1	65	0,325	0,425	85
2 ←	70 ←	0,35 ←	0,775 ← (0,5)	155 ← ($\frac{n}{2}$ = 100)
3	30	0,15	0,925	185
4	10	0,05	0,975	195
5	5	0,025	1	200
	n = 200	1		

2 = Mé

Nota : Les valeurs 0,5 ou $n/2$ apparaissent «entre deux lignes» du tableau. La médiane est la valeur de x_i qui correspond à la ligne la plus basse des deux.

On peut voir que l'effectif n'est pas *exactement* partagé en deux sous-ensembles égaux. Cela tient au fait que l'on raisonne sur variables discrètes (voir 8).

ENCADRÉ 8

Variable discrète – Détermination de la médiane par le graphique

Dans l'exemple de la page ci-contre (nombre d'enfants par ménage), la médiane est donc égale à 2 ; c'est à dire qu'il y a autant de ménages possédant moins de 2 enfants, que de ménages possédant plus de deux enfants.

Cependant, *pour des variables discrètes,* cette affirmation n'est *«qu'approchée» ;* en effet, il n'y a que 42,5 % et non pas exactement 50 % des ménages qui ont moins de deux enfants. Cet inconvénient disparaîtra dans le calcul de la médiane sur variables continues.

La médiane se détermine également par le graphe des fréquences cumulées :

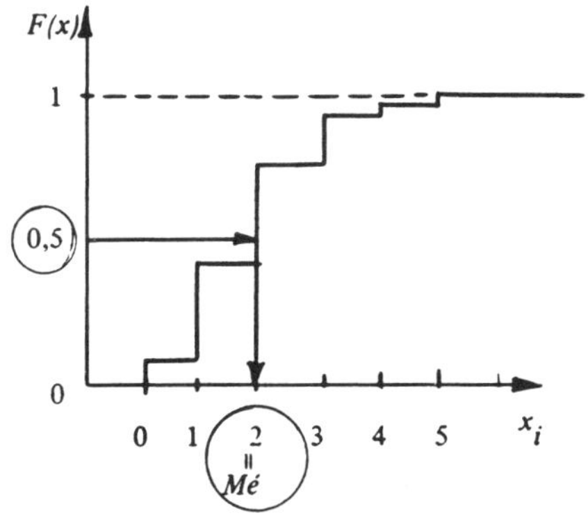

Fréquences cumulées relatives

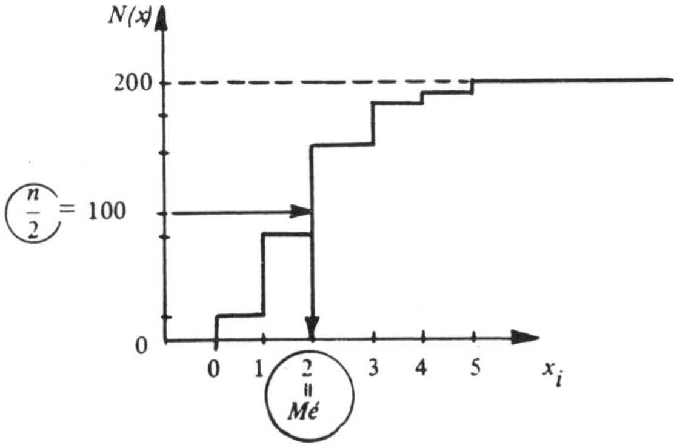

Fréquences cumulées absolues

B. Cas d'une variable continue

Dans ce cas, on trouve toujours une valeur de la médiane qui partage *exactement* la série en deux sous ensembles égaux.

Le calcul se fait en deux étapes :

1. Détermination de la classe médiane

Elle se détermine, comme précédemment, à partir des colonnes des fréquences cumulées ($F(x)$ ou $N(x)$).

La règle est la même. On repère 0,5 (= 50 %) dans la colonne $F(x)$ ou $\frac{n}{2}$ dans la colonne $N(x)$, et on suit le sens des flèches.

Exemple :

Répartition des ouvriers de l'entreprise E
selon le salaire mensuel x_i en francs

Modalités x_i	*Effectifs* n_i	f_i	$F(x)$	$N(x)$
[3000 ; 4000 [	26	0,186	0,186	26
[4000 ; 5000 [	33	0,235	0,421	59
[5000 ; 6000 [	64	0,458	0,879	123
[6000 ; 7000 [	7	0,050	0,929	130
[7000 ; 8000 [	10	0,071	1	140
	$n = 140$	1		

classe médiane ← [5000 ; 6000 [; 0,5 (entre 0,421 et 0,879) ; 70 = $\frac{n}{2}$ (entre 59 et 123)

La classe médiane (qui contient la médiane) est donc la classe :

[5 000 F ; 6 000 F [

Nota : Les valeurs 0,5 ou $n/2$ apparaissent «entre deux lignes» du tableau : La classe médiane est celle qui correspond à la ligne la plus basse des deux.

On peut voir le graphe de cette série, sous la forme de sa courbe des fréquences cumulées ascendantes (fonction de répartition $F(x)$) en 9 .

ENCADRÉ 9

Variable continue :
Détermination de la médiane par le graphique

Cette méthode est plus précise que les précédentes sous l'**impérieuse condition** d'avoir un graphe très soigné, construit point par point à partir de données nombreuses, sur du papier millimétré : en effet, dans ce cas, on évite l'interpolation linéaire qui consiste à estimer une portion de courbe en droite (et donc on annule l'hypothèse restrictive de la répartition uniforme des individus à l'intérieur de la classe médiane).

Le graphique ci-dessous correspond aux données de l'exercice, page ci contre.

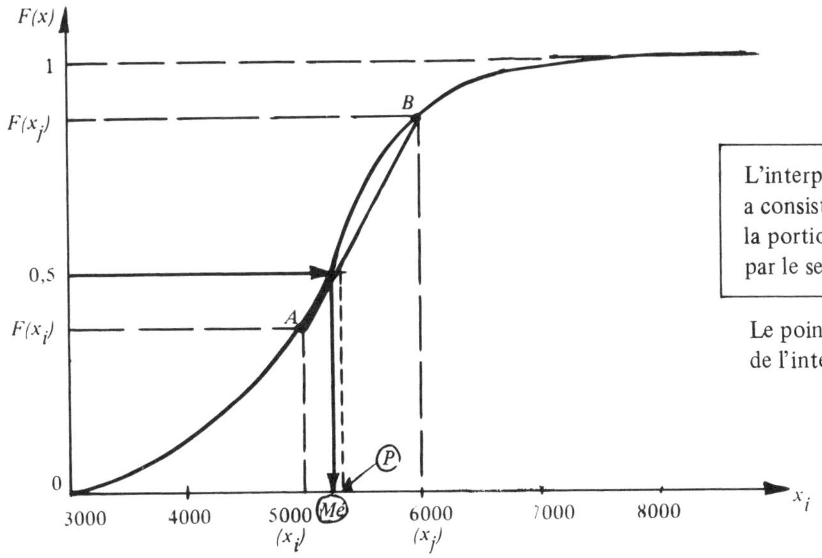

L'interpolation linéaire a consisté à remplacer la portion de courbe $\widehat{AB}$ par le segment de droite AB

Le point P est le résultat de l'interpolation linéaire

ENCADRÉ 10

Remarque pratique

Contrairement aux calculs sur histogrammes et à la détermination du mode, il n'est pas nécessaire, pour le calcul de la médiane, de corriger les effectifs. En effet, on ne se sert ici que des fréquences cumulées.

donc :

La détermination de la médiane n'est pas affectée par des classes d'amplitudes inégales

2. Détermination de la médiane par interpolation linéaire

On suppose une répartition uniforme des individus dans la classe médiane et on applique l'une des deux méthodes ci-après : **Voir également** 11 .

2.1. Méthode fondée sur le théorème de Thalès :

— On pose $\begin{cases} [5000 \; ; \; 6000[\\ \;\; \shortparallel \qquad \shortparallel \\ \;\; x_i \qquad x_j \end{cases}$, et on dessine

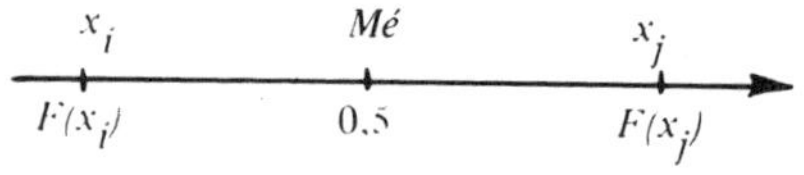

x_i et x_j sont donc les extrémités de la classe médiane ;
$F(x_i)$ et $F(x_j)$ sont donc les valeurs correspondantes dans $F(x)$.

classe : $[x_i \, , x_j \, [$

— Dans l'exemple, on obtient le schéma

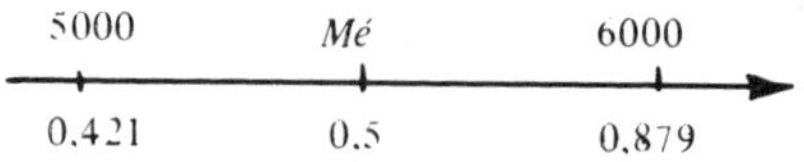

— On fait les rapports des segments représentés par les flèches dans le schéma ci-contre. Il vient :

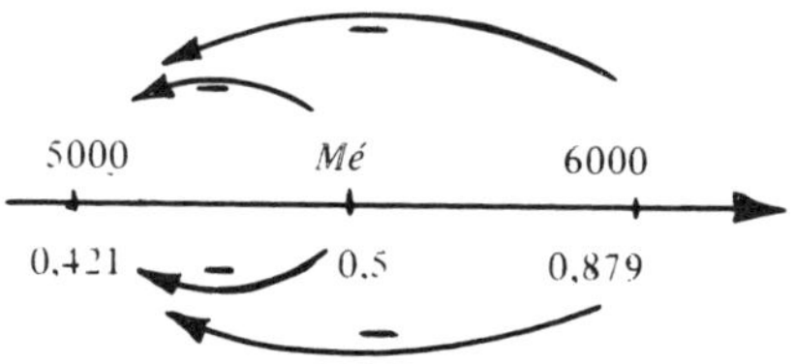

$$\frac{Mé - 5000}{0{,}5 - 0{,}421} = \frac{6000 - 5000}{0{,}879 - 0{,}421}$$

Sans trop pousser les décimales du résultat, puisqu'il s'agit d'une interpolation linéaire, donc toujours approximative, on trouve :

$$Mé - 5000 = \frac{1000\,(0{,}079)}{0{,}458} = 172{,}489$$

$$\Rightarrow \quad \boxed{Mé = 5172{,}5 \text{ F}}$$

2.2. Méthode d'utilisation de la formule

Ce n'est qu'un développement de la méthode précédente : **Voir** 11 .

Si «a_i» est l'amplitude de la classe médiane, «f_i» la fréquence relative correspondante, $F(x_i)$ la valeur de la fréquence cumulée correspondante, et x_i la borne gauche de la classe médiane, il vient : (voir tableau) :

$$\boxed{Mé = x_i + a_i \left[\frac{0{,}5 - F(x_i)}{f_i} \right]}$$

Dans l'exemple : $Mé = 5000 + 1000 \left[\frac{0{,}5 - 0{,}421}{0{,}458} \right] =$ **5172,5 F**

ENCADRÉ 11

Explication de la méthode d'interpolation linéaire dans le calcul de la médiane

Le principe consiste à *assimiler une portion de courbe à une droite.*

La portion de la courbe cumulative qui se situe dans la classe médiane est généralement peu incurvée (séries unimodales, non exagérément asymétriques), et on peut généralement calculer la médiane par ce principe :

On applique le théorème de Thalès (Triangles semblables) :

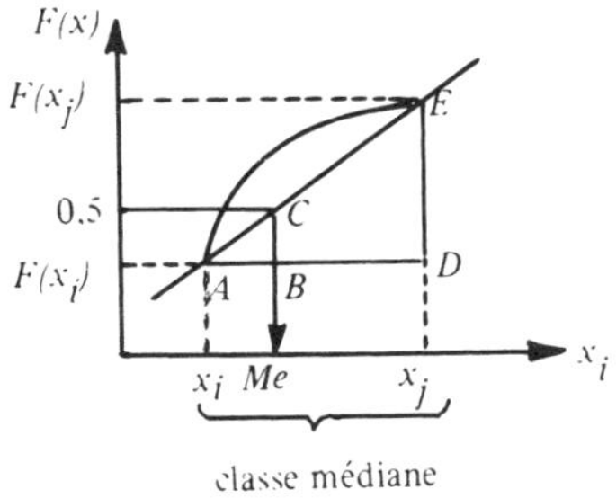

Soient x_i et x_j les bornes de la classe médiane. $F(x_i)$ et $F(x_j)$ sont les valeurs de la fonction de répartition correspondant à x_i et x_j. Elles apparaissent sur l'axe des ordonnées.

Les triangles *ABC* et *ADE* sont semblables, donc :

$$\frac{\overline{AB}}{\overline{BC}} = \frac{\overline{AD}}{\overline{DE}}$$

(en valeurs algébriques)

- $\overline{AB}$ représente $(Mé - x_i)$
- $\overline{AD}$ représente $(x_j - x_i)$ qui n'est autre que l'amplitude de la classe médiane : a_i
- $\overline{BC}$ représente $(0{,}5 - F(x_i))$
- $\overline{DE}$ représente $(F(x_j) - F(x_i))$, soit la fréquence relative : f_i

Ainsi, l'égalité devient :

$$\frac{Mé - x_i}{0{,}5 - F(x_i)} = \frac{x_j - x_i}{F(x_j) - F(x_i)}$$

Elle se visualise par le schéma : →

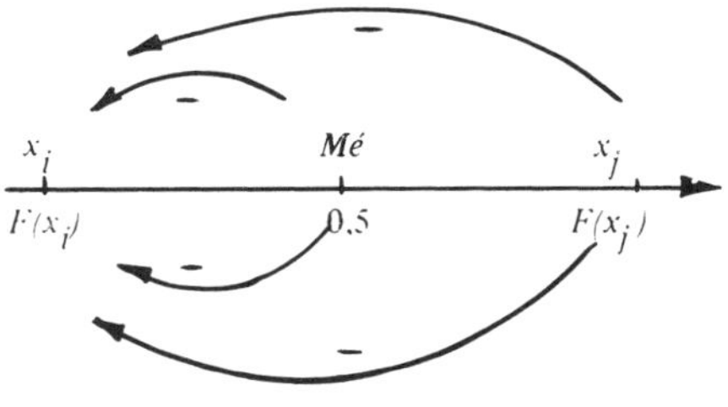

On peut développer :

$$\frac{Mé - x_i}{0{,}5 - F(x_i)} = \frac{a_i}{f_i}$$

$$\Downarrow$$

$$Mé = x_i + a_i \cdot \left[\frac{0{,}5 - F(x_i)}{f_i} \right]$$

On obtient donc la formule de calcul.

§ 3. GENERALISATION DE LA MEDIANE : LES QUANTILES

A. Logique de définition

Les **quantiles** sont *des caractéristiques de position,* tout comme la médiane. Cependant, on les utilise, en statistique descriptive, surtout, en prenant en compte les **intervalles** qu'ils définissent sur la série. Un **intervalle entre deux quantiles** devient alors une *caractéristique de dispersion* (voir chapitre deux, page 114).

La «logique de définition» est la même que celle de la médiane : on cherche une valeur de la variable, partageant la série non plus en *deux* sous-ensembles égaux (50 % et 50 %), mais en quatre sous-ensembles égaux, ou en *dix* sous-ensembles égaux, ou en *cent* sous ensembles égaux... On peut pousser cette logique très loin et définir autant de quantiles que l'on veut.

Les calculs de détermination des quantiles sont analogues à ceux de la médiane. Voir **13** .

B. Les quartiles

Ce sont les valeurs du caractère (x_i) qui partagent la série en quatre sous-ensembles égaux.

Ils sont donc au nombre de trois :

Notation : $Q_1, \ Q_2, \ Q_3$

Les intervalles qu'ils définissent contiennent chacun 25 % des observations, soit un quart de l'effectif $(n/4)$, comme le montre le schéma ci-dessous. L'intervalle $Q_3 - Q_1$ s'appelle : **Intervalle interquartile** : Il contient 50 % des observations.

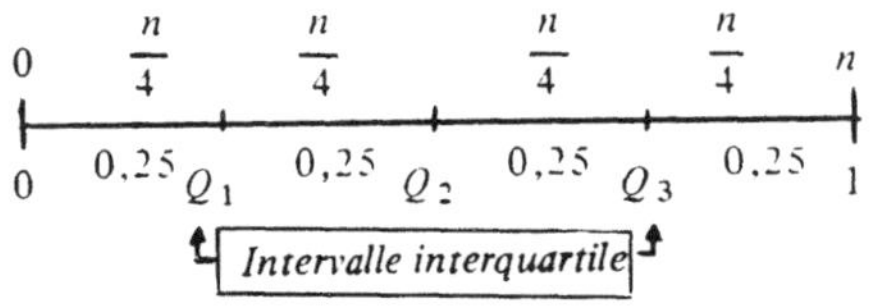

Le calcul se fait, comme pour la médiane, en construisant la colonne des effectifs cumulés $N(x)$ ou celle des fréquences relatives cumulées $F(x)$, mais ici en repérant les valeurs 25 %, 50 %, 75 % dans la colonne $F(x)$; en effet :

$$F(Q_1) = 0{,}25 \qquad F(Q_2) = 0{,}50 \qquad F(Q_3) = 0{,}75$$

ou

$$N(Q_1) = \frac{1}{4} \cdot n \qquad N(Q_2) = \frac{1}{2} \cdot n \qquad N(Q_3) = \frac{3}{4} \cdot n$$

ENCADRÉ 12

Utilité de la médiane

— La médiane satisfait assez bien les conditions de Yule, à l'exception de la sixième : elle ne se prête pas aux calculs algébriques. C'est pourquoi, dans le cas où la série est formée de divers sous-ensembles homogènes, on lui préfère la moyenne arithmétique.

— La médiane n'est pas affectée par des observations extrêmes de nature aberrantes

exemple : 2 ; 4 ; 6 ; 8 ; 140
↓
Mé

Par contre, elle n'a que peu d'intérêt dans le cas de séries à variables discrètes présentant des écarts importants entre leurs valeurs : On ne peut, dans ce cas, déterminer exactement la médiane (pas de classe médiane) et les deux sous-ensembles obtenus ne sont pas égaux.

— La médiane **partage l'histogramme en deux surfaces égales**, comme le montre le schéma ci-dessous :

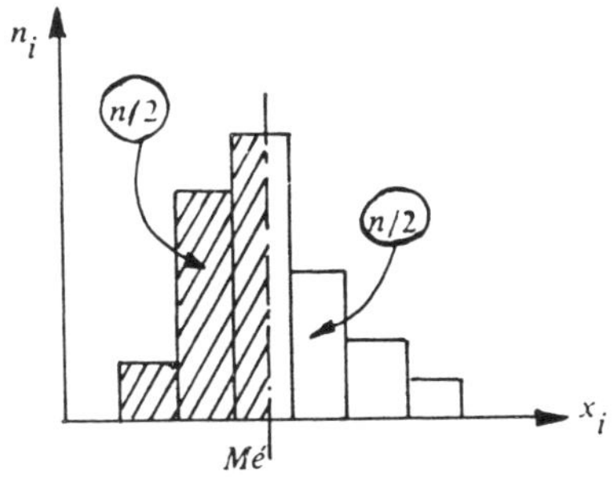

Les deux surfaces (hachurée et non hachurée) sont égales:
En effet si $a_i = 1$,
Chaque rectangle a pour surface :

$$1 \times n_i = n_i$$

La surface totale $= n$
Donc : $n/2$ est déterminé «avant» la médiane, et $n/2$ «après».

Ceci n'est qu'une application de la correspondance entre histogrammes et courbes cumulatives, vue à la page 58 (chap. 2, 1re partie).

On voit que :

– Q_1 «laisse» 25 % des observations «avant» et 75 % «après» :

– Q_2 n'est autre que la médiane.

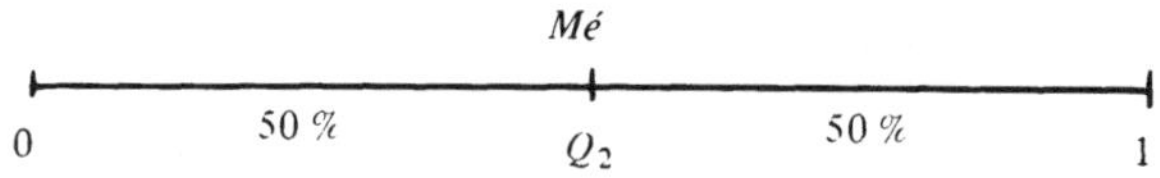

– Q_3 «laisse» 75 % des observations «avant» et 25 % «après».

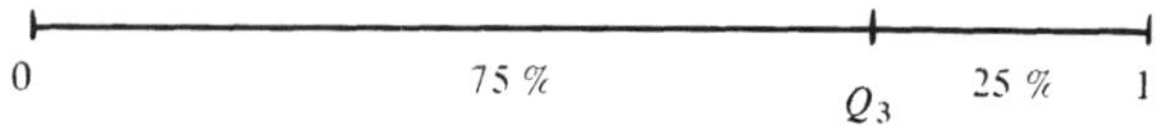

C. Les déciles

Ce sont les valeurs du caractère (x_i) qui partagent la série en dix sous-ensembles égaux. Ils sont donc au nombre de 9 :

Notation : $D_1, D_2, \ldots, D_9$

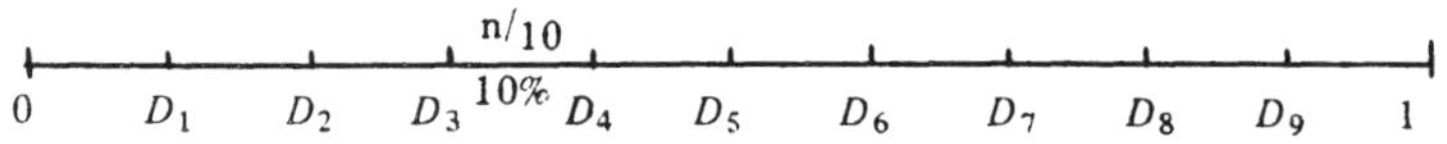

Les intervalles qu'ils définissent contiennent chacun 10 % des observations.
L'intervalle $D_9 - D_1$ s'appelle *intervalle interdécile ;* il contient 80 % des observations.

$$F(D_1) = 0{,}1 \qquad F(D_2) = 0{,}2 \qquad \vdots \qquad F(D_9) = 0{,}9$$

ou

$$N(D_1) = \frac{1}{10} \cdot n \qquad N(D_2) = \frac{2}{10} \cdot n \qquad \vdots \qquad N(D_9) = \frac{9}{10} \cdot n$$

– D_1 «laisse» 10 % des observations «avant» et 90 % «après».

– D_5 n'est autre que la médiane.

ENCADRÉ 13

Exercices sur les quantiles

Soit la répartition des salaires suivante. On demande de calculer le salaire médian et le premier quartile. Interprétez les résultats.

Salaire en 10^3 francs	[3 ; 4 [	[4 ; 6 [	[6 ; 8 [	[8 ; 9 [	[9 ; 10 [	[10 ; 12 [
Effectifs	12	30	120	210	90	25

On construit le tableau :

x_i	n_i	f_i	$F(x)$
[3, 4 [	12	0,024	0,024
[4,6 [	30	0,061	0,085
[6, 8 [	120	0,246	0,331
[8, 9 [	210	0,431	0,762
[9, 10 [	90	0,184	0,946
[10, 12 [	25	0,051	≈ 1

(0,25 entre 0,085 et 0,331 ; 0,50 entre 0,331 et 0,762)

$$Mé = 8 + 1 \cdot \left[\frac{0{,}5 - 0{,}331}{0{,}431}\right] = \boxed{8{,}39} \Longrightarrow \text{Salaire médian : } \boxed{8390 \text{ F}}$$

$$Q_1 = 6 + 2 \cdot \left[\frac{0{,}25 - 0{,}085}{0{,}246}\right] = \boxed{7{,}34}$$

Donc 50 % de l'effectif reçoit moins de 8390 F de salaire.
25 % de l'effectif reçoit moins de 7340 F de salaire.
75 % de l'effectif reçoit plus de 7340 F de salaire.

ENCADRÉ 14

Relation empirique

Pour les séries peu dissymétriques, on a la relation

$$\boxed{\bar{x} - M_o = 3(\bar{x} - Mé)}$$

Ce qui permet de calculer une valeur typique connaissant les 2 autres, ou de vérifier les résultats.

D. Les centiles

Ce sont les valeurs du caractère (x_i) qui partagent la série en cent sous-ensembles égaux. Ils sont donc au nombre de 99.

Notation : $P_1, P_2, ..., P_{99}$

L'intervalle intercentile est $P_{99} - P_1$: il contient 98 % des observations.

$$F(P_1) = 0{,}01 \qquad N(P_1) = \frac{1}{100} \cdot n$$

$$F(P_2) = 0{,}02 \quad \text{ou} \quad N(P_2) = \frac{2}{100} \cdot n$$

$$\vdots \qquad\qquad \vdots$$

$$F(P_{99}) = 0{,}99 \qquad N(P_{99}) = \frac{99}{100} \cdot n$$

P_{50} n'est autre que la médiane.

SECTION 3 : LA MOYENNE ARITHMÉTIQUE

§1. DEFINITION

La moyenne arithmétique d'une série statistique (x_i) est égale au rapport de la somme des valeurs observées par le nombre d'observations (n).

Notation : «$\bar{x}$» (on lit : «x barre»).

On dit qu'une moyenne arithmétique est «**simple**» ou «**non pondérée**», lorsqu'à chaque valeur de x_i ne correspond qu'une seule observation.

$$\bar{x} = \frac{1}{n} \sum_{i=1}^{n} x_i$$

Exemple : 8 étudiants ont obtenu les notes (sur 20) suivantes :

3 ; 5 ; 7 ; 9 ; 10 ; 11 ; 12 ; 18

La note moyenne des étudiants de ce petit échantillon est :

$$\bar{x} = \frac{1}{8} \left[3 + 5 + 7 + 9 + 10 + 11 + 12 + 18\right] = 9{,}375$$

ENCADRÉ 15

Pour bien comprendre :
Moyenne arithmétique, mode ou médiane : Que choisir ?

1er cas

Soient 6 valeurs : { 2, 4, 4, 7, 8, 1000 }

Il est clair que la médiane est *plus significative* de la valeur centrale de cette série, que la moyenne arithmétique, vu la valeur extrême : 1000.

2e cas

On classe les candidats en ordonnant leurs notes à un concours : le candidat qui caractérise le mieux le centre de la série n'est pas forcément celui qui a obtenu la note moyenne de 10/20. Il vaut mieux rechercher *le rang de l'étudiant médian* qui partage la série ordonnée des notes en deux sous-ensembles égaux.

3e cas

Les syndicats estiment que l'entreprise E paye mal son personnel. Ils calculent le salaire le plus fréquemment obtenu et déclarent qu'il est bien plus faible que dans les autres entreprises de la branche. Le patronat réplique en calculant le salaire moyen (intégrant les hauts revenus) et le trouve supérieur aux salaires moyens des autres entreprises de la branche. Les deux calculs sont justes, mais la comparaison est mal interprétée : on compare ici un *salaire modal* et un *salaire moyen* (tout au plus peut-on en tirer une conséquence sur «l'étalement» de la série (Chap. 3)).

4e cas

En démographie, «l'espérance de vie» est la durée moyenne de la vie humaine. Elle comptabilise la mort à tout âge et en particulier la mortalité infantile. Elle est très utile dans des comparaisons de pays en voie de développement. Cependant, pour un individu vivant dans un pays, plus significatif sera la *durée médiane* (nombre d'années de vie que la moitié de la population peut dépasser) ou le *mode de la série* (âge le plus fréquent à la mort).

En définitive :

La moyenne arithmétique est peu significative quand l'influence des valeurs extrêmes est trop forte ou quand on ne connait pas les limites de classe. On lui préfèrera la médiane ou le mode.

Elle donne des résultats faux, dans le calcul des durées ou vitesses moyennes; dans celui des moyennes de pourcentages ou de taux de croissance. Voir encadré 28 , (page 105).

On dit qu'une moyenne arithmétique est *«pondérée»* lorsqu'à chaque valeur de x_i peut correspondre plusieurs observations :

$$\bar{x} = \frac{1}{n} \sum_{i=1}^{k} n_i x_i \qquad \text{avec } n = \sum_{i=1}^{k} n_i$$

Exemple : 8 étudiants ont obtenu les notes (sur 20) suivantes :
3 ; 3 ; 3 ; 5 ; 9 ; 9 ; 11 ; 11

La note moyenne des étudiants de ce petit échantillon est :

$$\bar{x} = \frac{1}{8} [(3 \times 3) + (5 \times 1) + (9 \times 2) + (11 \times 2)] = 6{,}75.$$

Par ailleurs, on se souvient que la fréquence relative est :

$$f_i = \frac{n_i}{n} \qquad (\text{avec } n = \text{effectif total} = \Sigma\, n_i)$$

donc : $n_i = f_i \, . \, n$

et la formule de la moyenne arithmétique peut s'écrire également :

$$\bar{x} = \sum_{i=1}^{k} f_i \, x_i$$

La moyenne arithmétique est égale **à la somme du produit des valeurs de la variable par leurs fréquences relatives.**

§ 2. PROCEDES DE CALCULS

A. Variable statistique discrète

Il faut généralement ajouter au tableau statistique des données $\{ x_i \, ; n_i \}$, soit la colonne «produit par les effectifs» $(x_i \times n_i)$, soit la colonne «produit par les fréquences» $(x_i \times f_i)$.

ENCADRÉ 16

Pour bien comprendre :
Moyennes arithmétiques simples et pondérées

— La moyenne simple ne s'emploie que lorsque les données sont *individualisées*, c'est-à-dire lorsque les *observations ne se répètent pas*. Les valeurs de la variable sont au nombre de n :

$x_1 \; ; x_2 \; ; x_3 \; ; \ldots \; ; x_k$ avec : $n = k$

Dans ce cas le tableau statistique serait :

x_i	n_i
x_1	1
x_2	1
x_3	1
$\vdots$	$\vdots$
x_k	1
	n

Chaque effectif est égal à 1 ($n_i = 1$)

$$\bar{x} = \frac{1}{n} \sum_{i=1}^{k} x_i$$

— La moyenne pondérée s'emploie quand les données sont regroupées *en classes* et quand les données discrètes *se répètent*. Il est nécessaire à ce niveau de construire le tableau statistique, et d'y adjoindre une colonne $(x_i \, . \, n_i)$ dont on calcule la somme :

Les valeurs de la variable sont :

$x_1 \; ; x_2 \; ; x_3 \; ; \ldots \; ; x_k$

Les effectifs correspondants sont :

$n_1 \; ; n_2 \; ; n_3 \; ; \ldots \; ; n_k$

Le tableau statistique devient :

x_i	n_i
x_1	n_1
x_2	n_2
x_3	n_3
$\vdots$	$\vdots$
x_k	n_k
	n

⇒

$x_i \, n_i$
$x_1 \, n_1$
$x_2 \, n_2$
$x_3 \, n_3$
$\vdots$
$x_k \, n_k$
$\Sigma \, n_i x_i$

Chaque effectif est égal à n_i

$$\bar{x} = \frac{1}{n} \sum_{i=1}^{k} n_i \, x_i$$

avec : $\sum_{i=1}^{k} n_i = n.$

Donc :

Seule la formule de la moyenne arithmétique pondérée est à retenir

Lorsque les observations ne sont pas groupées :

$\boxed{n_i = 1}$, et $\boxed{n} = \sum_{1}^{k} n_i = \sum_{1}^{k} 1 = \boxed{k}$

Exemple : L'entreprise E compte 30 ouvriers salariés à 6 000 F, 15 employés salariés à 7 000 F et 5 cadres salariés à 10.000 F. Quel est le salaire moyen ? (1).

Salaire x_i	*Effectif* n_i	$n_i\ x_i$
6 000	30	180 000
7 000	15	105 000
10 000	5	50 000
	$n = 50$	335.000

ou :

f_i	$f_i x_i$
0,6	3 600
0,3	2 100
0,1	1 000
$\Sigma = 1$	6 700

$$\bar{x} = \frac{\Sigma\, n_i x_i}{n} = \frac{335\,000}{50} = \mathbf{6\,700\ F}\ (2)$$

ou :

$\bar{x} = \Sigma f_i x_i =$ **6 700 F** (résultat du total de la dernière colonne).

B. Variable statistique continue :

Les modalités sont regroupées en classes et on ne pourrait jamais connaître la valeur exacte de la moyenne à l'intérieur de la classe moyenne si l'on n'adoptait pas la convention suivante :

Par convention on choisit, pour les calculs, comme valeur de la variable (x_i) les centres de chaque classe :

$$x_i = \frac{\text{borne gauche} + \text{borne droite}}{2}$$

Cette convention induit l'une des deux hypothèses suivantes : toutes les valeurs sont regroupées au centre des classes ; toutes les observations sont uniformément réparties (ce qui n'est, selon les cas, pas toujours exact).

(1) Ces salaires peuvent eux-mêmes être des moyennes, en vertu de la 6e condition de Yule à laquelle satisfait la moyenne arithmétique.

(2) Lorsque les indices de sommation sont évidents, on prend l'habitude d'écrire simplement : Σx_i au lieu de $\sum_{i=1}^{k} x_i$

ENCADRÉ 17

Exercice type sur les moyennes arithmétiques

– Le salaire moyen dans l'entreprise E est de 7 000 F.
– Le salaire moyen des hommes est de 8 000 F.
– Le salaire moyen des femmes est de 6 500 F.

– Quelle est la répartition Hommes - Femmes du personnel ?

Dans les exercices de ce type, il s'agit d'aboutir à un système d'équations :

Posons : $\bar{x}$ = salaire moyen global

$\bar{x}_1$ = salaire moyen des hommes

$\bar{x}_2$ = salaire moyen des femmes

H = fréquence relative des hommes

F = fréquence relative des femmes

Il vient le système d'équations à 2 inconnues suivant :

$$\begin{cases} H + F = 1 & \text{(somme des fréquences = 1)} \\ \bar{x} = \bar{x}_1 \cdot H + \bar{x}_2 \cdot F \end{cases}$$

donc : $7000 = (8000\,H) + (6500\,F)$

ou : $7000 = [8000\,(1 - F)] + (6500\,\mathrm{F})$

$1500\,F = 1000$

et : $F = \dfrac{1000}{1500} = 0{,}667$

Donc $H = 0{,}333$ et on peut dire qu'il y a un tiers d'hommes et deux tiers de femmes recevant un salaire dans cette entreprise.

*

Cet exercice n'est qu'une application simple de la notion de *moyennes inter et intra-populations* que nous analyserons dans le chapitre 3, pages 128 et suivantes.

ENCADRÉ 18

Attention à l'interprétation des moyennes !

Une enquête conclut que le prix moyen d'achat des voitures (neuves et occasion) par les français est de 50.000 F. Il ne faut surtout pas dire qu'en moyenne les français possèdent une voiture de 50.000 F... Les français sans voiture n'ont pas fait partie du champ de l'enquête.

Exemple : Répartition des ouvriers de l'entreprise E selon le salaire mensuel en francs :

Modalités (classes)	*Effectifs* n_i	*Centre de classe* x_i	$n_i x_i$
[3000 ; 4000 [	26	3 500	91 000
[4000 ; 5000 [	33	4 500	148 500
[5000 ; 6000 [	64	5 500	352 000
[6000 ; 7000 [	7	6 500	45 500
[7000 ; 8000 [	10	7 500	75 000
	$n = 140$		712 000

Le salaire moyen est : $\bar{x} = \dfrac{712\,000}{140} = \mathbf{5085{,}7\ F}$

On avait trouvé (sur le même exemple, page 80) un salaire médian de 5172,5 F.

Remarque pratique →
- Voir 19 pour le cas où les bornes ne sont pas définies.
- Voir 6 et 7 chap. 2 pour les calculs par changement d'origine et de variable.

§3. DEUX PROPRIETES DE LA MOYENNE ARITHMETIQUE

Plus que la médiane ou le mode, la moyenne arithmétique satisfait bien les conditions de Yule. Entre autres, elle satisfait la sixième condition : elle se prête aisément au calcul algébrique (1). Ainsi, deux propriétés fondamentales sont à connaître :

Ces deux propriétés (qui nous serviront plus tard ; (chapitre 2 entre autres)) concernent les **«écarts» à la moyenne arithmétique**, qu'il nous faut avant tout définir :

- On appelle *«écart à $\bar{x}$»* la valeur $(\mathbf{x}_i - \bar{\mathbf{x}})$
- Il y a autant d'écarts que d'observations (n_i), par modalité ; donc l'ensemble des écarts (ou «tous les écarts») est la valeur :

$$\mathbf{n_i (x_i - \bar{x})}$$

- La somme de tous les écarts est donc :

$$\sum_{i=1}^{k} \mathbf{n}_i (\mathbf{x}_i - \bar{\mathbf{x}})$$

(1) Les propriétés concernant les moyennes inter et intra-population apparaissent en 11, chap. 2, page 129.

ENCADRÉ 19

Les bornes non définies et les centres de classes dans le calcul de la moyenne

Rappelons que dans le cas où l'une des bornes n'est pas définie, il faut l'estimer (en l'absence de la connaissance des données brutes individualisées) par le «bon sens» ou la connaissance du phénomène pour pouvoir calculer la moyenne.

La classe d'âge «Plus de 60 ans», par exemple, pourra être estimée par la classe [60 ans - 90 ans [, et correspondre ainsi à un centre de classe de 75 ans. Cependant, rien ne prouve qu'il y a une répartition homogène des individus dans cette classe. Les risques d'erreur sont minimisés par le fait que généralement les classes extrêmes contiennent moins d'effectifs que les autres.

ENCADRÉ 20

Démonstration de la première propriété :
La somme des écarts à $\overline{x}$ est nulle

Un écart = $(x_i - \overline{x})$

Tous les écarts = $n_i (x_i - \overline{x})$ ... ou : «écart pondéré»

Leur somme = $\sum_{i=1}^{k} n_i (x_i - \overline{x})$

Développons l'expression de la somme :

$$\sum_{i=1}^{k} n_i (x_i - \overline{x}) = \sum_{i=1}^{k} n_i x_i - \sum_{i=1}^{k} n_i \overline{x}$$

Le terme constant $\overline{x}$ peut sortir de la somme :

$$\sum_{i=1}^{k} n_i (x_i - \overline{x}) = \sum_{i=1}^{k} n_i x_i - \overline{x} \sum_{i=1}^{k} n_i$$

Par définition : $\sum_{i=1}^{k} n_i = n$

De plus, $\overline{x} = \frac{1}{n} \sum_{i=1}^{k} n_i x_i \Leftrightarrow n \,.\, \overline{x} = \sum_{i=1}^{k} n_i x_i$

Il vient donc :

$$\sum_{i=1}^{k} n_i (x_i - \overline{x}) = n\,\overline{x} - n\overline{x} = \mathbf{0}\,,\ \forall\, x_i\,,\ \text{c.q.f.d.}$$

Les deux propriétés suivantes sont démontrées en **20** et **21**, pages 93 et 95.

Première propriété : La somme des écarts à la moyenne arithmétique est nulle :

$$\sum_{i=1}^{k} n_i (x_i - \bar{x}) = 0$$

Il est évident que si l'on divise par n les deux membres, l'égalité est respectée :
On écrit ainsi :

$$\frac{1}{n} \sum_{i=1}^{k} n_i (x_i - \bar{x}) = 0$$

Ce qui signifie que la *moyenne pondérée des écarts à la moyenne* est nulle.

La deuxième propriété concerne *les carrés des écarts* : c'est-à-dire les $(x_i - \bar{x})^2$. On démontre que la somme de l'ensemble de ces carrés est la plus petite somme des carrés des écarts que l'on peut faire :

Deuxième propriété : La somme des carrés des écarts à $\bar{x}$ est minimale :

$$\sum_{i=1}^{k} n_i (x_i - a)^2 \text{ est minimale pour } a = \bar{x}$$

(*a* étant une valeur quelconque)

§4. L'ANALYSE «SHIFT AND SHARE» ET L'EFFET DE STRUCTURE : UNE «LECTURE» DE LA MOYENNE

A. Le principe(1)

L'analyse «shift and share» est une *application* de la moyenne arithmétique, utilisée pour comparer plusieurs moyennes pondérées quand les coefficients de pondération sont très différents les uns des autres.

En effet : pour comparer deux phénomènes on est parfois tenté de *comparer leurs moyennes*... or, il faut prendre garde, car les pondérations peuvent introduire une erreur de jugement.

Cette erreur de jugement viendrait du fait que l'on aurait omis de faire ressortir un éventuel *effet de structure* tenant aux pondérations.

(1) Voir également, page 277 du présent ouvrage, *Correspondance Shift-Share et théorie des indices* et pages 38 et suivantes de l'ouvrage d'exercices corrigés (deuxième édition).

ENCADRÉ 21

Démonstration de la deuxième propriété :

$\sum_i n_i (x_i - a)^2$ **est minimale pour** $a = \bar{x}$

a/ Démonstration par les dérivées

L'expression $\Sigma\, n_i\, (x_i - a)^2$ dépend de la valeur de a. C'est une fonction de a, qui prend donc son minimum au point d'annulation de la dérivée première, si la dérivée seconde est positive. Appelons S cette expression :

$$S = \Sigma n_i (x_i - a)^2 = \Sigma n_i x_i^2 + \Sigma n_i \,.\, a^2 - 2\, \Sigma n_i x_i a$$

ou $$S = \Sigma n_i x_i^2 + a^2 . n - 2a\, \Sigma n_i x_i$$

Dérivons par rapport à «a», et annulons :

$$\frac{dS}{da} = 2an - 2\, \underbrace{\Sigma n_i x_i}_{n\,.\,\bar{x}} = 0.$$

Le deuxième terme du premier membre n'est autre que : 2 n fois la moyenne arithmétique puisque $\bar{x} = \frac{1}{n}\, \Sigma n_i x_i$ (ou : $n\bar{x} = \Sigma n_i x_i$)

$$\frac{dS}{da} = 2an - 2n.\bar{x} = 0$$

et en définitive : $2an = 2n\bar{x}$ et $\boxed{a = \bar{x}}$

[La dérivée seconde est bien positive : $\frac{d^2 S}{da^2} = 2n$
Il s'agit bien d'un minimum]

b/ Démonstration par le calcul algébrique

On fait apparaître les écarts à la moyenne en introduisant $+\bar{x}$ et $-\bar{x}$ dans le crochet

$$\Sigma n_i (x_i - a)^2 = \Sigma n_i\, [x_i - \bar{x} + \bar{x} - a\,]^2$$

que l'on développe comme le carré de deux termes :

$$\Sigma n_i (x_i - a)^2 = \Sigma n_i\, [(x_i - \bar{x}) + (\bar{x} - a)]^2$$

$$= \Sigma n_i (x_i - \bar{x})^2 + \underbrace{\Sigma n_i (\bar{x} - a)^2}_{= (\bar{x} - a)^2 . n} + 2\, \underbrace{\Sigma n_i (x_i - \bar{x})}_{= 0} (\bar{x} - a)$$

Il reste : $\Sigma n_i (x_i - a)^2 = \Sigma n_i (x_i - \bar{x})^2 + (\bar{x} - a)^2 . n$

Pour rendre minimale cette expression, il suffit d'annuler le deuxième terme : $(\bar{x} - a)^2 = 0$ si $\boxed{\bar{x} = a}$

Soit un phénomène quelconque X. Si au temps $t = 0$, on calcule la moyenne de ce phénomène on aura :

$$\bar{x}_0 = \frac{1}{n_0} \Sigma n_{io} x_{io}$$

Si trois ans plus tard, on recalcule cette moyenne, on aura :

$$\bar{x}_3 = \frac{1}{n_3} \Sigma n_{i3} x_{i3}$$

et si on s'aperçoit que cette dernière moyenne est deux fois supérieure à la première :

$$\bar{x}_3 = 2 . \bar{x}_o$$

faut-il conclure que le phénomène étudié par les x_i a connu une formidable croissance ?

Pas forcément, ce ne sont peut-être que les pondérations (n_i/n) qui ont changé, faisant ainsi doubler la valeur de la moyenne.

Il y aurait eu alors un **effet de structure** cachant l'effet réel d'évolution du phénomène, lui-même repéré par les x_{it}.

La méthode consiste à *repérer*, dans l'analyse du phénomène, l'*effet de structure* (tenant aux pondérations) d'une part, et *l'effet résiduel* (dû aux variations du phénomène) d'autre part.

Ce repérage s'effectue en faisant varier séparément les pondérations (n_i/n) et les valeurs observées (x_i).

B. Exemple type (1)

Soient :
* Deux régions R_1 et R_2
* Trois secteurs économiques **S_1** (par exemple : Agriculture).
  S_2 (par exemple : Industrie + BTP)
  S_3 (par exemple : Services et commerces).
* Un phénomène : La productivité du travail mesurée par le rapport : Valeur ajoutée (VA) sur nombre d'emplois (E).

admettons que .... **productivité du travail** $= \frac{\text{VA}}{\text{E}}$

Ce ratio (VA/E) va être différent d'un secteur à un autre, **par nature** (en effet, les combinaisons capital-travail sont différentes).

---

(1) P.Y. LEO et B. PY, Centre d'économie régionale - Université d'Aix-Marseille III.

ENCADRÉ 22

La logique du shift and share

Un effet de structure provient du fait que l'on compare des moyennes possédant des pondérations différentes pour des phénomènes appréhendés par des caractères pouvant prendre des modalités très différentes.

Par exemple : Un effet de structure apparaît fréquemment quand on compare les salaires par sexe : Traditionnellement, les hommes sont parfois à qualification égale mieux payés que les femmes.

Dès lors, une entreprise employant beaucoup plus d'hommes que de femmes pourra dégager un salaire moyen plus élevé qu'une entreprise employant beaucoup plus de femmes que d'hommes. Mais, peut-on, à la simple lecture des salaires moyens, dire que la première entreprise donne de meilleurs salaires aux employés que la deuxième ? Pas forcément : il faudra séparer l'effet de structure de l'effet résiduel : Pour cela, on pourra :

- Soit calculer ce que seraient les salaires moyens si les deux entreprises rémunéraient les hommes et les femmes de la même manière.
- Soit calculer ce que seraient les salaires moyens si les deux entreprises employaient le même nombre d'hommes et de femmes.

Selon que l'on voudra faire ressortir un effet de structure de salaires ou d'effectifs, on emploiera l'une ou l'autre des deux solutions.

On comparera donc un salaire «fictif», calculé en fixant l'une des composantes et en faisant varier l'autre, que l'on comparera au salaire réel donné par l'observation. La différence ou le rapport entre les deux, mesurera l'effet de structure, c'est-à-dire la part dans laquelle le fait d'employer plus d'hommes que de femmes, revient à gonfler le salaire moyen.

ENCADRÉ 23

Quelques domaines d'application du shift and share

La méthode est largement utilisée en économie spatiale où les espaces (régions, villes, etc...) présentent des structures différentes. Elle est souvent appliquée également en démographie et dans les analyses économiques de l'emploi par sexe et par qualification.

Dans les analyses dynamiques de moyennes, le shift est appelé «Tendance» et le Share conserve son appellation d'effet de structure.

Supposons que l'on observe (d'après des statistiques officielles), *qu'en moyenne :*

$$(VA/E) \text{ dans } R_1 > (VA/E) \text{ dans } R_2$$

Peut-on dire, sans chercher plus loin, que la productivité dans R_1 est supérieure à la productivité dans R_2 ? Oui en première analyse.

Mais :

La réalité peut être exactement le contraire, si on est en présence de spécialisations sectorielles (c'est-à-dire : beaucoup d'emplois dans le même secteur d'une région), **et d'écarts de productivités très différents d'un secteur à un autre** (VA très différentes par exemple).

Les données chiffrées (très simplifiées ici) sont :

Secteurs / *Régions*	S_1		S_2		S_3		*TOTAL*	
	E	*VA*	*E*	*VA*	*E*	*VA*	ΣE	ΣVA
R_1	500	40	6000	1 300	500	45	7000	1385
R_2	1500	170	1000	380	1000	120	3 500	670
$R_1 + R_2$	2000	210	7000	1680	1500	165	10500	2055

(VA : en millions de francs)

On voit une forte spécialisation de R_1 dans S_2 (6000 emplois)

Les productivités du travail (*VA* en millions de francs et *E* en milliers), en général, dans R_1 et R_2 sont de **105**, pour S_1) de **240** pour S_2 et de **110** pour S_3. Elles sont *par nature* très différentes (l'agriculture et le tertiaire sont moins productives que l'industrie).

On tire du tableau des données celui des **productivités régionales (VA/E)** :

$(\frac{VA}{E} \times 1000)$	*Productivité de S_1*	*Productivité de S_2*	*Productivité de S_3*	*Productivité globale*
R_1	80	217	90	198
R_2	113	380	120	191
Ensemble	**105**	**240**	**110**	**196**

ENCADRÉ 24

Pour bien comprendre les résultats numériques du shift and share

Il y a plusieurs manières de «fixer» une composante et de faire varier l'autre pour faire apparaître un effet de structure :

Reprenons l'exemple des salaires et des effectifs par sexe de deux entreprises (encadré 22) :

On peut calculer un effet de structure, par l'une des méthodes suivantes :

– Calculer un salaire moyen fictif en considérant que les hommes et les femmes sont payés au même salaire : c'est-à-dire soit au salaire moyen entre les deux entreprises, soit au salaire de la première entreprise, soit au salaire de la deuxième entreprise.

– Calculer un salaire moyen fictif en considérant qu'il y a autant d'hommes que de femmes dans les deux entreprises : c'est-à-dire soit en fixant la répartition hommes-femmes de la première entreprise, soit en fixant la répartition hommes-femmes de la deuxième, soit en calculant une répartition moyenne.

Les résultats numériques seront donc **tous différents**, mais l'interprétation sera toujours la même : l'effet de structure jouera toujours dans le même sens.

ENCADRÉ 25

Forces et faiblesses du shift and share

Intérêt économique :

Relativiser les phénomènes. Expliquer une réalité masquée. Décomposer l'évolution d'une variable suivant plusieurs composantes.

Intérêt statistique :

C'est une réinterprétation de la moyenne. C'est une critique des résultats moyens.

Cependant : la réalité «brute» reste ce qu'elle est : les moyennes sur les données ne sont *pas fausses ;* seule l'interprétation demande l'utilisation de la méthode.

Critiques :

L'évaluation du share dépend de la pertinence et du nombre de rubriques utilisées dans le tableau statistique. Le découpage en rubriques doit être pertinent et homogène (il ne faut pas, par exemple, qu'il y ait à l'intérieur de chaque rubrique... des effets de structure).

On voit bien sur le tableau des productivités ce qu'on annonçait au début :

> **La productivité globale dans R_1 (198) est supérieure à celle dans R_2 (191)**
> **or :**
> **Dans chaque secteur c'est l'inverse ! Les productivités dans R_1 sont toutes inférieures à celles dans R_2**

On en est donc à affirmer une chose et son contraire ! Où est la vérité ?
Les deux affirmations contradictoires sont vraies, mais il faut préciser :

> c'est l'effet de structure qui a joué

Il y a en effet une *très forte spécialisation de R_1 dans S_2* (6000 emplois). Ceci relève peut être de l'historique de la région : c'est un *phénomène régional, spatial.*

De plus, ce secteur S_2, connait en général de très forts taux de productivité et dégage une *très forte valeur ajoutée.* Ceci relève d'un *phénomène économique général* (mondial peut être... «naturel» du moins).

Pour interpréter correctement le phénomène résultant, il faut calculer une productivité moyenne qui tienne compte de cet effet de structure, c'est à dire :

> **Règle du shift and share :**
> On calcule les VA qu'auraient dû réaliser chaque région dans chaque secteur,
> si les productivités moyennes des secteurs avaient été **les mêmes** dans chaque région

Dès lors, à la place des *VA* observées (*VA* précédentes), on va raisonner sur des *VA calculées,* ou *«fictives»,* ou *«potentielles» :* Elles seront calculées en multipliant les emplois par des productivités *(VA/E) «homogènes»* ou *«identiques»* pour les deux régions.

On a le choix ici, et l'on peut prendre soit les valeurs des productivités de R_1, soit celles de R_2, soit la moyenne des deux, ce que nous ferons dans la suite de cet exemple.

ENCADRÉ 26

Exercice sur le shift and share

Décomposer les salaires moyens $(\overline{S})$ par sexe (toutes catégories confondues) pour faire apparaître *un* effet de structure :

	HOMMES		*FEMMES*		*ENSEMBLE*	
Catégories	*Salaire*	*Effectif*	*Salaire*	*Effectif*	*Salaire*	*Effectif*
Cadres	10 000	100	8 000	30	9 538	130
Employés	7 000	50	5 000	60	5 909	110
Ouvriers	4 000	50	3 500	40	3 778	90
Ensemble	7 750	200	5 231	130	6 757	330

L'écart de salaire est donc de 7750 – 5231 F = 2519 F entre les hommes et les femmes.

Choisissons une méthode (parmi toutes les possibilités) : quel serait le salaire moyen (fictif) des hommes (toutes catégories) si il y avait autant d'hommes que de femmes par catégorie.

Il vient : $\overline{S}_{\text{fictif}\,(H)} = \dfrac{1}{n_{(H+F)}} \sum_i \overline{S}_{iH} \times n_{i\,(H+F)}$

Catégories	$n_{i\,(H+F)}$	$\overline{S}_{iH}$ *(observé)*	$\frac{n_i}{n}(H+F) \times \overline{S}_{iH}$		*Effet de structure sur l'ensemble*
Cadres	130	10 000	3 940		
Employés	110	7 000	2 333	⇒	↓
Ouvriers	90	4 000	1 091		
Ensemble	330	7 750	7 364		386

On obtient donc un salaire fictif de 7364 F inférieur de 386 F au salaire observé de 7750 F.

Et l'on peut dire : L'écart de salaire moyen (Hommes - Femmes) de 2519 F s'explique donc par : un effet de structure (il y a plus d'hommes que de femmes) correspondant à un écart de salaire de 386 F et un effet résiduel de 2133 F (les hommes sont mieux payés que les femmes).

*

On aurait pu arriver aux mêmes conclusions (par des chiffres différents) en choisissant comme structure non plus la ventilation des effectifs, mais la ventilation des salaires : on aurait répondu à la question : Quel serait le salaire fictif moyen des hommes si les hommes et les femmes étaient payés de façon identique par catégorie.

On choisit : **VA/E** = **105** pour S_1 dans R_1 **et** R_2
" = **240** pour S_2 " "
" = **110** pour S_3 " "

Le nouveau tableau des valeurs ajoutées «fictives» devient :

	S_1		S_2		S_3		*TOTAL*	
	E	*VA(f)*	*E*	*VA(f)*	*E*	*VA(f)*	*E*	*VA(f)*
R_1	–	52,5	–	1 440	–	55	–	1 547,5
R_2	–	157,5	–	240	–	110	–	507,5
Ensemble	–	210	–	1 680	–	165	–	2 055

Les emplois sont les mêmes (on ne les réécrit pas ici)
La dernière ligne du tableau est inchangée par rapport au tableau des données.
Mais on voit nettement les différences de valeur ajoutée entre les régions. Ces valeurs ajoutées fictives sont dûes **au seul fait de la structure**, c'est-à-dire indépendamment des spécialisations et des différences de productivité : c'est le «**share effect**» ou **effet de structure.** Il faut comparer aux valeurs observées dans les données :

	VA (fictives)	*VA (observées)*	*Différence*	*Ecart en %*
R_1	1 547,5	1 385	– 162,5	– 10,5 %
R_2	507,5	670	+ 162,5	+ 32 %
Ensemble	2 055	2 055	0	0

Les différences ou les écarts sont imputés aux différences inter-régionales de productivités : c'est *«l'effet résiduel»* (appelé *«shift effect»* surtout pour des comparaisons en dynamique), et, en définitive :

R_1 présente un niveau de productivité inférieur de 10,5 % à la moyenne

R_2 présente un niveau de productivité supérieur de 32 % à la moyenne

Ces différences sont expliquées en partie par l'effet de structure, et en partie par l'effet résiduel.

ENCADRÉ 27

Compléments sur le shift and share

Exemple d'application pratique de mesure des effets de structure, en matière de catégories socioprofessionnelles (C.S.P.), par spécificité régionale : L'INSEE a mesuré ici, en statique, l'effet des spécialisations sectorielles des régions.

Tableau tiré de «Panorama économique des régions françaises»
S. Mary et E. Turpin, Collections de l'INSEE/R n° 42-43, 1/81, p. 341.

Décomposition de la répartition des actifs ayant un emploi par statut en 1975 en effets structurels (pourcentage fictif d'après la structure régionale des activités par branche) et en effets résiduels

Région	Indépendants			Aides familiaux			Salariés			Somme des valeurs absolues des écarts
	Réel	Fictif	Résid.	Réel	Fictif	Résid.	Réel	Fictif	Résid.	
11. Ile-de-France	7,9	10,7	— 2,8	0,9	1,4	— 0,5	91,2	87,9	+ 3,3	6,6
21. Champagne	13,4	15,5	— 2,1	3,6	4,1	— 0,5	83,0	80,3	+ 2,7	5,3
22. Picardie	12,0	14,2	— 2,2	3,3	3,5	— 0,2	84,7	82,3	+ 2,4	4,8
23. Haute-Normandie	11,8	13,1	— 1,3	2,9	3,0	— 0,1	85,3	83,9	+ 1,4	2,8
24. Centre	15,5	16,1	— 0,6	4,2	4,3	— 0,1	80,3	79,7	+ 0,6	1,3
25. Basse-Normandie	21,2	20,7	+ 0,5	7,8	6,5	+ 1,3	70,9	72,8	— 1,9	3,7
26. Bourgogne	16,6	16,2	+ 0,4	4,4	4,3	+ 0,1	79,0	79,5	— 0,5	1,0
31. Nord	11,0	11,9	— 0,9	2,7	2,4	+ 0,3	86,3	85,7	+ 0,6	1,8
41. Lorraine	9,6	11,7	— 2,1	2,2	2,3	— 0,1	88,2	86,0	+ 2,2	4,4
42. Alsace	8,6	12,1	— 3,5	2,4	2,3	+ 0,1	89,0	85,5	+ 3,5	7,1
43. Franche-Comté	13,6	12,8	+ 0,8	3,8	3,1	+ 0,7	82,6	84,1	— 1,5	3,0
52. Pays de la Loire	19,6	19,4	+ 0,2	6,9	5,6	+ 1,3	74,1	75,0	— 0,9	2,4
53. Bretagne	22,4	21,5	+ 0,9	8,7	6,5	+ 2,2	68,9	72,0	— 3,1	6,2
54. Poitou - Charentes	21,4	19,4	+ 2,0	5,6	5,7	— 0,1	72,9	74,9	— 2,0	4,1
72. Aquitaine	20,0	18,7	+ 1,3	5,6	5,2	+ 0,4	74,4	76,1	— 1,7	3,4
73. Midi - Pyrénées	23,8	19,2	+ 4,6	5,7	5,6	+ 0,1	71,0	75,2	— 4,2	8,9
74. Limousin	23,2	20,8	+ 2,4	8,4	6,5	+ 1,9	68,4	72,7	— 4,3	8,6
82. Rhône - Alpes	14,4	13,5	+ 0,9	2,6	2,9	— 0,3	83,0	83,6	— 0,6	1,8
83. Auvergne	21,2	18,2	+ 3,0	6,5	5,3	+ 1,2	72,4	76,4	— 4,0	7,2
91. Languedoc - Roussillon	20,9	16,8	+ 2,1	2,9	5,1	— 2,2	76,3	76,2	+ 0,1	4,4
93. Provence - Alpes - Côte d'Azur	15,5	14,6	+ 0,9	2,4	2,9	— 0,5	82,1	82,5	— 0,4	1,8
94. Corse	20,5	21,5	— 1,0	2,5	6,5	— 4,0	77,0	72,0	+ 5,0	10,0
France entière	**14,5**	**14,5**	**0**	**3,5**	**3,5**	**0**	**81,9**	**81,9**	**0**	

La dernière colonne nous permet de repérer les régions où les spécificités en matière de C.S.P. sont largement explicables par les spécialisations sectorielles (Bourgogne, Centre, Nord et PACA), et celles où, au contraire, la structure C.S.P. est très différente de la structure fictive (Corse, Midi Pyrénnées, Limousin, Auvergne, Alsace, Ile-de-France, Bretagne).

Lisons aussi dans ce tableau le cas de la région Champagne Ardennes : celle-ci possède une proportion de salariés (85 %) supérieure à la moyenne (81,9 %) tandis que les travailleurs indépendants y sont moins nombreux (13,4 %) qu'en moyenne (14,5 %). Le tableau nous montre que cette image ne peut être expliquée par les spécialisations sectorielles de la région : celles-ci auraient conduit au résultat inverse.

SECTION 4 : GÉNÉRALISATION DE LA NOTION DE MOYENNE

La moyenne arithmétique ($\overline{x}$) n'est qu'un cas particulier de la notion de moyenne (voir page ci-contre). En utilisant la même « logique de construction », on peut définir d'autres moyennes, dont nous analyserons ici les plus traditionnelles. Cette logique de construction est celle des « *moments simples* » que nous verrons dans le chap. 2, page 132.

§ 1. LA MOYENNE GEOMETRIQUE

Notation : G

Définition :

C'est la racine $n^{\text{ième}}$ du **produit** des n valeurs positives du caractère x.

On l'emploie dans le calcul de taux d'accroissement moyens, ou de moyennes de coefficients multiplicateurs.

Formules :

(Notons qu'on sait déjà la calculer si l'on a lu le chapitre 1, pages 28 et suivantes).

— La moyenne géométrique simple est donnée par :

$$G = \sqrt[n]{x_1 \, . \, x_2 \ldots x_n}$$

ou :

$$G = \left[\prod_{i=1}^{n} x_i \right]^{\frac{1}{n}} = \sqrt[n]{\Pi \, x_i}$$

Le calcul peut également se faire par les logarithmes : (log G est une moyenne arithmétique simple des logarithmes de la variable x_i).

$$\log G = \frac{1}{n} \sum_{i=1}^{n} \log x_i$$

Exemple : La moyenne géométrique de $\begin{cases} x_1 = 8 \\ x_2 = 12 \end{cases}$ est :

$$G = \sqrt[2]{8 \times 12} = \mathbf{9{,}8}$$

— La moyenne géométrique pondérée

Ici, à chaque valeur de la variable, correspondent plusieurs observations.
On a donc un tableau statistique $\{ x_i \, ; n_i \}$.

ENCADRÉ 28

Pour bien comprendre :

Quelques cas où la moyenne arithmétique donne des résultats non valables

1er cas :

On veut calculer combien il y a, dans une région, de médecins par habitant , sachant que l'on connait déjà ce résultat pour les 4 sous-régions également peuplées, formant la région, soit : 1 médecin pour 100, 200, 250 et 500 habitants.

On cherche donc la moyenne :

La moyenne arithmétique de ces quatre chiffres nous donne : $\frac{1}{4}$ (100 + 200 + 250 + 500) = 262,5.

Si l'on dit qu'il y a 262,5 habitants pour un médecin dans la région, on donne un résultat faux.

Il faut, bien sûr, faire la moyenne des pourcentages : $\frac{1}{4}$ (1 % + 0,5 % + 0,4 % + 0,2 %). Il y a donc 0,525 % de médecins dans la population et 1/0,00525 = **190.**

Il y a donc 1 médecin pour 190 habitants dans la région . On a fait ici une **moyenne harmonique**.

2e cas :

Le salaire augmente d'abord de 10 % puis de 15 % puis de 30 %. De combien a-t-il augmenté en moyenne sur les 3 périodes.

La moyenne arithmétique donne un résultat faux (ou approché pour de petites valeurs). On sait calculer la véritable augmentation moyenne (chapitre 1, page 28) .

Elle est de :

$$\sqrt[3]{(1{,}1)(1{,}15)(1{,}3)} - 1 = 0{,}1804$$

soit 18,04 % d'augmentation moyenne.

On a calculé ici une **moyenne géométrique**.

3e cas :

Les étudiants ont obtenu une note moyenne de 12/20 à un examen. Il y a de très bonnes notes, mais aussi de très mauvaises. On veut apprécier la moyenne des écarts des notes à cette valeur moyenne 12/20.

Le calcul de la moyenne arithmétique des écarts nous donnera un résultat nul (1re propriété de $\bar{x}$). On peut donc faire la moyenne arithmétique des carrés des écarts, pour éviter que les écarts positifs ne compensent les écarts négatifs. La racine carrée du résultat obtenu nous donnera **«l'écart quadratique moyen»** (ou *écart type,* chapitre 2).

On aura effectué dans ce cas une **moyenne quadratique**.

La moyenne géométrique pondérée est : (avec : $n = \sum_{i=1}^{k} n_i$)

$$G = \sqrt[n]{x_1^{n_1} \, . \, x_2^{n_2} \, ... \, x_k^{n_k}} \quad \textbf{ou} \quad G = \left[\prod_{i=1}^{k} (x_i^{n_i})\right]^{\frac{1}{n}}$$

Si l'on passe en fréquences relatives f_i (i de 1 à k)

$$G = x_1^{f_1} \, . \, x_2^{f_2} \, ... \, x_k^{f_k} \quad \textbf{ou} \quad G = \prod_{i=1}^{k} [x_i^{f_i}]$$

car : $\sqrt[n]{x_i^{n_i}} = [x_i^{n_i}]^{\frac{1}{n}} = x_i^{\left[\frac{n_i}{n}\right]} = x_i^{f_i}$

Par les logarithmes :

$$\log G = \frac{1}{n} \sum_{i=1}^{k} n_i \log x_i = \sum_{i=1}^{k} f_i \log x_i$$

Exemple : Soit le tableau :

x_i	n_i
8	2
12	2
	4

$$G = \sqrt[4]{8^2 \times 12^2} = \mathbf{9{,}8}$$

§2. LA MOYENNE HARMONIQUE

Notation : H

Définition :

C'est la valeur de la variable pour laquelle son inverse est la moyenne arithmétique de l'inverse des valeurs de la variable.

On l'emploie dans le calcul des moyennes de pourcentages et de rapports, et notamment dans celui des durées moyennes et des vitesses moyennes.

Formules :

On l'exprime le plus souvent par son inverse ($1/H$) pour faire apparaître sa logique de construction semblable à celle de la moyenne arithmétique :

ENCADRÉ 29

Une propriété de la moyenne géométrique :
Séries «liées» par un produit ou par un rapport

Si la variable x_i est telle que : $x_i = \{x_1 ; x_2 ; ... ; x_k\}$

Si la variable y_i est telle que : $y_i = \{y_1 ; y_2 ; ... ; y_k\}$

Alors, la variable $z_i = x_i \times y_i$ a pour moyenne géométrique le produit des moyennes géométriques des variables liées dans le produit :

$$G_z = \sqrt[n]{z_1 . z_2 ... z_k}$$

$$= \sqrt[n]{x_1y_1 . x_2y_2 . x_3y_3 ... x_ky_k}$$

$$= \sqrt[n]{x_1x_2 ... x_k} \cdot \sqrt[n]{y_1y_2 ... y_k}$$

$$\boxed{G_z = G_x \times G_y}$$

Il en va de même pour le rapport : si $z_i = \dfrac{x_i}{y_i}$, on a :

$$\boxed{G_z = \frac{G_x}{G_y}}$$

Cette propriété nous a servi dans le calcul des taux de croissance ; elle nous servira encore dans celui des indices (Dernière partie).

ENCADRÉ 30

Calcul de moyenne géométrique

Le chiffre d'affaires augmente de 5 % les deux premières années, de 9 % les quatre années suivantes et de 12 % la dernière année :

L'augmentation moyenne annuelle est :

$$G = \sqrt[7]{(1{,}05)^2 . (1{,}09)^4 . (1{,}12)} = 1{,}083$$

Soit : 8,3 % par an (ce qui correspond à ce que nous avons vu sur les taux de croissance en première partie).

- Moyenne harmonique simple :

$$\frac{1}{H} = \frac{1}{n}\left[\frac{1}{x_1} + \frac{1}{x_2} + \ldots + \frac{1}{x_i} + \ldots + \frac{1}{x_n}\right]$$

ou :

$$H = \frac{n}{\sum_{i=1}^{n} (\frac{1}{x_i})}$$

- Moyenne harmonique pondérée

$$\frac{1}{H} = \frac{1}{n}\left[\frac{n_1}{x_1} + \frac{n_2}{x_2} + \ldots + \frac{n_i}{x_i} + \ldots + \frac{n_k}{x_k}\right]$$

ou :

$$H = \frac{n}{\sum_{i=1}^{k} (\frac{n_i}{x_i})}$$ avec : $\sum_{i=1}^{k} n_i = n$

Exemple :

Sur un trajet on fait 60 km/h à l'aller et 30 km/h au retour.Quelle est la vitesse moyenne ?

Ce n'est pas $\bar{x} = 90/2 = 45$ (Moyenne arithmétique)

C'est la moyenne des rapports «une heure pour x km».

$$\frac{1}{H} = \frac{1}{2}\left[\frac{1}{30} + \frac{1}{60}\right] = \frac{1}{40} \Rightarrow \mathbf{H = 40\ km/h}$$

Si les distances avaient été inégales, on aurait pondéré et on aurait calculé :

$$\frac{1}{H} = \frac{1}{n}\left[\frac{n_1}{60} + \frac{n_2}{30}\right]$$

§3. LA MOYENNE QUADRATIQUE

Notation : Q

Définition :

C'est la racine carrée de la moyenne arithmétique des carrés des observations de la série.

ENCADRÉ 31

Exercice sur la moyenne harmonique

Un atelier de reproduction a photocopié 1000 documents à la vitesse de 800 documents à l'heure, et un autre atelier a photocopié 2000 documents de même nature à la vitesse de 700 documents à l'heure. Quelle est la vitesse moyenne pour photocopier les 3000 documents :

Réponse :

— Il serait **faux** de calculer la moyenne arithmétique directement :

$$\bar{x} = \frac{\Sigma\, x_i n_i}{n} = \frac{800.000 + 1\,400\,000}{3000} = 733{,}33$$

— Il faut faire :

$$\text{Vitesse moyenne} = \frac{\text{Nombre de documents totaux}}{\text{Nombre d'heures passées}}$$

Donc
- Pour l'atelier 1 : les 1 000 documents sont traités en $\frac{1000}{800}$ heures
- Pour l'atelier 2 : les 2 000 documents sont traités en $\frac{2000}{700}$ heures

La somme des heures est : $\frac{1000}{800} + \frac{2000}{700}$

Et donc la vitesse moyenne est :

$$\frac{3000}{\frac{1000}{800} + \frac{2000}{700}} = \frac{3}{0{,}0041} = \boxed{730{,}44 \text{ documents à l'heure}}$$

On retrouve donc la formule de la moyenne harmonique, par le simple raisonnement.

*

Il est bien sûr beaucoup plus rapide d'appliquer **directement** la formule de H :

$$H = \frac{n}{\sum_{i=1}^{k} \left(\frac{n_i}{x_i}\right)} = \frac{3000}{\frac{1000}{800} + \frac{2000}{700}} = \boxed{730{,}44}$$

On l'emploie surtout pour des moyennes d'écarts à une valeur centrale; l'élévation au carré permettant de ne pas avoir à manipuler des écarts négatifs.

Formules :

On l'exprime souvent par son carré (Q^2)

- **Moyenne quadratique simple**

$$Q^2 = \frac{1}{n} \left[x_1^2 + x_2^2 + \dots + x_i^2 + \dots + x_n^2 \right]$$

ou :

$$Q = \left[\frac{\sum_{i=1}^{n} x_i^2}{n} \right]^{\frac{1}{2}}$$

(l'élévation à la puissance $\frac{1}{2}$ revient à prendre la racine carrée).

- **Moyenne quadratique pondérée**

$$Q^2 = \frac{1}{n} \left[x_1^2 n_1 + x_2^2 n_2 + \dots + x_i^2 n_i + \dots + x_k^2 n_k \right]$$

avec $n = \sum_{i=1}^{k} n_i$

ou :

$$Q = \left[\frac{\sum_{i=1}^{k} n_i x_i^2}{n} \right]^{\frac{1}{2}}$$

§4. MOYENNE D'ORDRE « r », OU MOYENNE GENERALISEE

C'est une généralisation de la formule de la moyenne arithmétique. On a vu que la construction des trois moyennes précédentes, relevait de la même logique. En généralisant, il vient :

Moyenne pondérée d'ordre r :

$$\mathcal{M}_r = \left[\frac{1}{n} \sum_{i=1}^{k} n_i x_i^r \right]^{\frac{1}{r}}$$

avec : $n = \sum_{i=1}^{k} n_i$

On voit bien que, selon la valeur de *r* on retrouve les formules des différentes moyennes connues $(\bar{x}, H, G$ *et* $Q)$ comme le montrent les lignes suivantes (page 112).

ENCADRÉ 32

Calculs de moyennes

Soit la série suivante :

x_i	1	2	3	4	5	6
n_i	20	30	15	10	5	2

Calculez les quatre moyennes : $\bar{x}$, H, G et Q

* $$\bar{x} = \frac{1}{82}[(20 \times 1) + (30 \times 2) + (15 \times 3) + (10 \times 4) + (5 \times 5) + (6 \times 2)]$$

$$\bar{x} \approx 2{,}46$$

* $$H = \frac{82}{\frac{20}{1} + \frac{30}{2} + \frac{15}{3} + \frac{10}{4} + \frac{5}{5} + \frac{2}{6}}$$

$$H \approx 1{,}87$$

* $$G = \sqrt[82]{1^{20} \times 2^{30} \times 3^{15} \times 4^{10} \times 5^{5} \times 6^{2}}$$

ou $$\text{Log}\, G = \frac{1}{82}(20 \text{ Log } 1 + 30 \text{ Log } 2 + 15 \text{ Log } 3 + 10 \text{ Log } 4 + 5 \text{ Log } 5 + 2 \text{ Log } 6)$$

$$G \approx 2{,}15$$

* $$Q^2 = \frac{1}{82}[(20 \times 1^2) + (30 \times 2^2) + (15 \times 3^2) + (10 \times 4^2) + (5 \times 5^2) + (2 \times 6^2)]$$

$$Q^2 = 7{,}71 \Rightarrow Q \approx 2{,}78$$

On vérifie que :

$$\begin{cases} H < G < \bar{x} < Q \\ 1{,}87 < 2{,}15 < 2{,}46 < 2{,}78 \end{cases}$$

$$\begin{cases} \text{Si } r = 1 & \Leftrightarrow \mathcal{M}_r = \bar{x} \text{ (Moyenne arithmétique)} \\ \text{Si } r = 2 & \Leftrightarrow \mathcal{M}_r = Q \text{ (Moyenne quadratique)} \\ \text{Si } r = -1 & \Leftrightarrow \mathcal{M}_r = H \text{ (Moyenne harmonique)} \\ \text{Si } r = \varepsilon & \Leftrightarrow \mathcal{M}_\varepsilon = G \text{ (Moyenne géométrique)} \end{cases}$$

(ε : nombre positif très faible) (1)

On peut donc calculer des moyennes d'ordre 3, 4, 18 ou − 2, si besoin est.

De toutes les moyennes, c'est $\bar{x}$ (Moyenne arithmétique) qui est la plus simple à calculer. C'est elle qui satisfait le mieux les conditions de Yule.

On démontre que :

$$\boxed{H < G < \bar{x} < Q}$$

et plus généralement

$$\boxed{\mathcal{M}_{r_1} < \mathcal{M}_{r_2} < \mathcal{M}_{r_3} \quad \text{Si } r_1 < r_2 < r_3}$$

§ 5. NOTION DE « DEGRES DE LIBERTE »

Soit une distribution statistique ne contenant que deux observations, dont la première est connue ; on comprend que la connaissance d'une moyenne « fixe » automatiquement la valeur de la deuxième observation. Ainsi, par exemple : si la 1ère observation est 10 et si $\bar{x} = 15$, la 2ème observation ne peut être que 20 (il n'y a que 2−1= 1 degré de liberté).

Pour « n » observations d'une distribution à une dimension, on ne peut donc fixer « librement » que $(n-1)$ valeurs, si on connaît, par exemple, la moyenne (la $n^{ième}$ est dès lors : « non libre »).

On appelle $(n-1)$ le nombre de degrés de liberté dans ce cas.

Nota : Cette définition sert essentiellement en statistique mathématique (induction, échantillonnage, tests).

---

(1) $\log\left[\frac{1}{n}\Sigma\, n_i x_i^{\varepsilon}\right]^{\frac{1}{\varepsilon}} \rightarrow \frac{1}{n}\Sigma\, n_i \log x_i$; $[\varepsilon \rightarrow 0]$

ENCADRÉ 33

Exercice sur les relations d'inégalité entre deux moyennes

Démontrer que la moyenne quadratique de deux nombres a et b positifs est supérieure à leur moyenne géométrique :

*

Réponse :

$(a-b)^2 > 0$ (un carré est toujours positif si $a \neq b$)

donc :

$a^2 + b^2 > 2ab$ (puisque $(a-b)^2 = a^2 + b^2 - 2ab$)

Divisons par 2 :

$$\frac{a^2 + b^2}{2} > ab$$

Elevons les deux membres à la puissance $\frac{1}{2}$:

$$\sqrt{\frac{1}{2}(a^2 + b^2)} > \sqrt{ab}$$

ou: $$\underbrace{\left[\frac{1}{2}(a^2 + b^2)\right]^{\frac{1}{2}}}_{\text{Moyenne quadratique}} > \underbrace{(ab)^{\frac{1}{2}}}_{\text{Moyenne géométrique}}$$

CHAPITRE DEUX : LES CARACTÉRISTIQUES DE DISPERSION

En statistique descriptive, on appréhende la notion de *dispersion* (fluctuation autour d'une valeur centrale, ou dans un intervalle) par la notion **d'écart mesurable** (voir 1).

SECTION 1 – LES ÉCARTS SIMPLES

§ 1. L'INTERVALLE DE VARIATION OU « ETENDUE » D'UNE SERIE

C'est la manière la plus simpliste de mesurer la dispersion :

Définition :

L'étendue est la différence entre la plus grande et la plus petite des valeurs observées de la variable.

C'est donc la différence entre les deux valeurs extrêmes. On comprend qu'elle est sujette à des fluctuations considérables d'un échantillon à l'autre, et que par là même elle ne satisfasse pas la 5e condition de Yule. Elle satisfait très mal les autres conditions et on ne l'utilise que pour obtenir très rapidement une première idée de la dispersion de la série.

Exemple : On pourra dire : des notes d'examen varient de 2/20 à 18/20.

§ 2 LES INTERVALLES INTERQUANTILES

Les quantiles (quartiles, déciles et centiles) ont été définis dans le chapitre 1, page 82. On s'intéresse ici aux intervalles qu'ils déterminent sur la série.

Pour éviter d'effectuer des calculs sur des valeurs extrêmes et souvent aberrantes, face au phénomène étudié, comme dans le cas de l'étendue, on choisit souvent de les écarter de la série. On perd de l'information, mais on gagne en homogénéité.

ENCADRÉ 1

Notion de dispersion

Les caractéristiques de tendance centrale vues dans le chapitre précédent, ne nous renseignent que sur l'ordre de grandeur de la série statistique. Elles ne donnent aucune indication sur la façon dont sont groupées ces informations. Elles ne renseignent donc pas sur la *dispersion* que nous avions mise en évidence en 1 de cette première partie par un exemple et en 2 (page 69) par un graphe.

Les deux séries ci-dessous ont la même moyenne et la même médiane, mais ne présentent pas la même dispersion.

x_i : 2 ; 2 ; 2 ; 2 ; 10 ; 18 ; 18 ; 18 ; 18

y_i : 9 ; 9 ; 9 ; 9 ; 10 ; 11 ; 11 ; 11 ; 11.

Il parait légitime de mesurer cette dispersion (ici très apparente) en mettant en relief **des écarts :** Par exemple les écarts à la moyenne (10) ou à la médiane (10), ou encore les écarts entre la plus forte valeur et la plus faible. La notion *d'écart* (de *dispersion)* complète donc l'information sur les séries statistiques.

ENCADRÉ 2

Exemple d'intervalle de variation

Imaginons que l'âge des étudiants de 1re année dans telle discipline varie de 16 ans à 26 ans : L'*étendue* de la série (ou intervalle de variation) sera de 26 – 16 = 10 ans.

Si, la même année, *un seul* retraité de 70 ans décide de s'inscrire pour reprendre ses études, l'étendue de la série passe à 70 – 16 = 54 ans.

L'étendue est donc un indicateur de la dispersion *très imparfait* qui n'a d'intérêt que dans la rapidité de sa détermination, si il n'existe pas de valeurs aberrantes.

L'intervalle interquartile $Q_3 - Q_1$ contient 50 % des observations.

L'intervalle interdécile $D_9 - D_1$ contient 80 % des observations.

Cependant ces caractéristiques de dispersion restent **assez imparfaites** : elles ne se prêtent que très mal au calcul algébrique ; leur détermination (par interpolation linéaire) est d'autant plus imprécise que l'on se rapproche des valeurs extrêmes : elles tiennent compte de l'ordre des observations (de leur rang dans la série) mais pas de leurs valeurs.

§3. L'ECART ABSOLU MOYEN

Il s'agit d'une moyenne arithmétique d'écarts par rapport à une valeur centrale ($\bar{x}$ ou *Mé*), et non plus d'un intervalle entre deux valeurs.

* **Ecart absolu moyen par rapport à la moyenne arithmétique**

$$\bar{e}_{\bar{x}} = \frac{1}{n} \sum_{i=1}^{k} n_i \left| x_i - \bar{x} \right|$$

On est obligé de prendre des valeurs absolues $|x_i - \bar{x}|$ pour éliminer les signes négatifs ; sinon $e_{\bar{x}}$ et $\bar{e}_{\bar{x}}$ seraient nuls (1re propriété de la moyenne arithmétique) (1).

* **Ecart absolu moyen par rapport à la médiane**

$$\bar{e}_{Mé} = \frac{1}{n} \sum_{i=1}^{k} n_i \left| x_i - Mé \right|$$

C'est l'écart absolu moyen minimum par rapport à toute autre valeur centrale ou quelconque d'une série continue. La démonstration, placée en 3 est donnée à titre indicatif ; elle n'est pas indispensable.

(1) Nous appelons $\bar{e}_{\bar{x}}$ « écart absolu **moyen** par rapport à $\bar{x}$ », et $e_{\bar{x}}$ « écart absolu par rapport à $\bar{x}$ »; dès lors, dans le calcul du premier, on multiplie par $\frac{1}{n}$, alors que dans le calcul du second, non.

ENCADRÉ 3

Démonstration :

L'écart absolu moyen par rapport à la médiane est minimum pour une série continue

On sait que : $\overline{e}_{Mé} = \frac{1}{n} \sum_{i=1}^{k} n_i \left| x_i - M_é \right|$ et $e_{Mé} = \sum_{i=1}^{k} n_i \left| x_i - M_é \right|$

Il suffit d'écrire un écart absolu non moyen (c'est-à-dire, non divisé par n, pour simplifier le calcul) à une valeur quelconque « a » et chercher la valeur de a :

$$e_a = \sum_{i=1}^{k} n_i \left| x_i - a \right|$$

«a» fait partie de la série et est telle que, lorsqu'on ordonne la série :

$$x_1 \leqslant x_2 \leqslant \ldots \leqslant x_l \leqslant a \leqslant x_{l+1} \ldots \leqslant x_k$$

Pour la portion de la série ordonnée à gauche de «a», on a :

$$\left| x_i - a \right| = a - x_i$$

Pour la portion de la série ordonnée à droite de «a», on a :

$$\left| x_i - a \right| = x_i - a$$

Donc :

$$e_a = \sum_{i=1}^{l} n_i (a - x_i) + \sum_{i=l+1}^{k} n_i (x_i - a)$$

$$e_a = a \sum_{i=1}^{l} n_i - \sum_{i=1}^{l} n_i x_i + \sum_{i=l+1}^{k} n_i x_i - a \sum_{i=l+1}^{k} n_i$$

$$e_a = a \left[\sum_{i=1}^{l} n_i - \sum_{i=l+1}^{k} n_i \right] - \left[\sum_{i=1}^{l} n_i x_i - \sum_{i=l+1}^{k} n_i x_i \right]$$

On sait que : $\sum_{i=1}^{k} n_i = \sum_{i=1}^{l} n_i + \sum_{i=l+1}^{k} n_i \Leftrightarrow \sum_{i=1}^{l} n_i = \sum_{i=1}^{k} n_i - \sum_{i=l+1}^{k} n_i$

Donc :

$$e_a = a \left[\sum_{i=1}^{k} n_i - 2 \sum_{i=l+1}^{k} n_i \right] - \left[\sum_{i=1}^{k} n_i x_i - \sum_{i=l+1}^{k} n_i x_i \right]$$

$$e_a = a \left(n - 2 \sum_{i=l+1}^{k} n_i\right) - \sum_{i=1}^{k} n_i x_i + \sum_{i=l+1}^{k} n_i x_i$$

Dérivons : $\frac{de_a}{da} = n - 2 \sum_{i=l+1}^{k} n_i$. La dérivée s'annule au minimum ; donc :

e_a est minimum pour $\sum_{i=l+1}^{k} n_i = \frac{n}{2}$ (Moitié de l'effectif)

a étant le terme consécutif de x_{l+1} à gauche, <u>a est donc la médiane</u>.

Les écarts absolus moyens satisfont assez bien aux premières conditions de Yule, mais se prêtent mal aux calculs algébriques (en raison des valeurs absolues). On leur préfère l'écart-type.

SECTION 2 – LA VARIANCE, L'ECART-TYPE ET LE COEFFICIENT DE VARIATION

§1. VARIANCE ET ECART-TYPE

L'écart-type est, comme l'écart absolu moyen, une moyenne d'écarts, mais au lieu de manipuler des valeurs absolues, on élève chaque écart au carré, ce qui permet de ne conserver que des valeurs positives.

Des moyennes de carrés de valeurs sont des moyennes quadratiques : d'où la deuxième appellation de l'écart-type : *écart quadratique moyen.*

A. Définitions

L'écart-type étant défini à partir de **la variance** ; il nous faut commencer par définir la *variance :*

On appelle variance (notée $V(x)$) d'une variable statistique x_i (i variant de 1 à k) à laquelle correspondent des effectifs n_i (n_1 ; n_2 ; ... ; n_k), la moyenne arithmétique des carrés des écarts à la moyenne arithmétique (1).

$$V(x) = \frac{1}{n} \sum_{i=1}^{k} n_i (x_i - \bar{x})^2 \qquad \text{avec } n = \sum_{i=1}^{k} n_i$$

ou :

$$V(x) = \sum_{i=1}^{k} f_i \, (x_i - \bar{x})^2$$

On appelle écart-type (noté σ_x) la racine carrée de la variance :

$$\sigma_x = \sqrt{V(x)} = \sqrt{\frac{1}{n} \sum_{i=1}^{k} n_i (x_i - \bar{x})^2}$$

ou

$$\sigma_x = \sqrt{V(x)} = \sqrt{\sum_{i=1}^{k} f_i \, (x_i - \bar{x})^2}$$

(1) Rappelons que l'on a démontré, en pages 94 et 95, que la somme des carrés des écarts à $\bar{x}$ est minimale.

ENCADRÉ 4

Exercice de synthèse

On demande de classer les caractéristiques suivantes en : caractéristiques de position ou de dispersion.

Etendue	Mode	Ecart-type
Moyenne	1er quartile	Médiane
Minimum	Ecart interdécile	Ecart interquartile

Position	Dispersion
Moyenne	Ecart-type
Minimum	Ecart interquartile
1er quartile	Ecart interdécile
Médiane	Etendue
Mode	

ENCADRÉ 5

Exercice

Calculer l'écart absolu moyen par rapport à la moyenne arithmétique de la série suivante :

$$\{1, 2, 3, 4, 5, 6, 7, 8, 9, 10\}$$

Réponses :

Il faut d'abord calculer la moyenne : On sait que la somme des n premiers nombres entiers est égale à $\frac{n(n+1)}{2}$, donc :

$$\bar{x} = \frac{(n+1)}{2} = \frac{11}{2} = 5{,}5$$

L'écart demandé est :

$$\bar{e}_{\bar{x}} = \frac{1}{10}\left[|1 - 5{,}5| + |2 - 5{,}5| + |3 - 5{,}5| + |4 - 5{,}5| + \ldots + |10 - 5{,}5|\right]$$

donc : $\bar{e}_{\bar{x}} = \frac{1}{10}\,(4{,}5 + 3{,}5 + 2{,}5 + 1{,}5 + 0{,}5 + 0{,}5 + 1{,}5 + 2{,}5 + 3{,}5 + 4{,}5) = \frac{25}{10}$

$$\boxed{\bar{e}_{\bar{x}} = 2{,}5}$$

Ecart-type et *variance* sont donc des indicateurs de dispersion de même «nature», puisque l'un est tout simplement le carré de l'autre (1).

Mais : L'écart type est mesuré dans la même unité que la variable ; la variance est mesurée dans l'unité au carré. Ainsi, si la variable est mesurée en dollars, en kilogrammes ou en mètres cubes, seul l'écart type sera également mesuré en dollars, kilogrammes ou mètres cubes.

B. Calculs

Voir également [6] et [7] : calculs par changement d'origine et changement de variable qui permettent de simplifier grandement les calculs.

Prenons l'exemple d'une *variable continue* (le calcul est encore plus direct sur variable discrète) : Répartition des ouvriers de l'entreprise E selon le salaire mensuel en milliers de francs (10^3 francs).

1re méthode : Par la formule de définition

Classes	*Effectifs* n_i	*Centre de classe* x_i	(a) $n_i\ x_i$	(b) $x_i - \bar{x}$	(c) $(x_i - \bar{x})^2$	(d) $n_i(x_i - \bar{x})^2$
[3 ; 4 [	26	3,5	91	− 1,58	2,496	64,896
[4 ; 5 [	33	4,5	148,5	− 0,58	0,336	11,088
[5 ; 6 [	64	5,5	352	+ 0,41	0,168	10,752
[6 ; 7 [	7	6,5	45,5	+ 1,42	2,016	14,112
[7 ; 8 [	10	7,5	75	+ 2,41	5,808	58,08
	$n = 140$		712			158,928

(a) Colonne des $(x_i\ n_i)$ pour le calcul de $\bar{x}$. On trouve : $\bar{\mathbf{x}} = \mathbf{5{,}0857}$

(b) Colonne des $(x_i - \bar{x})$: On enlève $\bar{x}$ à chaque x_i correspondant

(c) Colonne des $(x_i - \bar{x})^2$: On élève au carré les chiffres précédents.

(d) Colonne des $n_i(x_i - \bar{x})^2$: On multiplie par n_i chaque chiffre précédent.

(1) Dans certains cas (induction, et non pas statistique descriptive), on pourra rencontrer des « écarts types non biaisés » (ou « écarts types d'inférence ») calculés en divisant, non plus par « n » (nombre d'observations) mais par $(n-1)$ (nombre de degrés de liberté), cf. §5, p. 112.

On aura : $\sigma^2 = \dfrac{1}{n-1} \sum n_i (x_i - \bar{x})^2$ au lieu de : $\dfrac{1}{n} \sum n_i (x_i - \bar{x})^2$. Les résultats sont légèrement différents.

ENCADRÉ 6

Méthode de calcul pratique : Calcul de $\bar{x}$ et V(x) par changement d'origine

— *Principe :* Pour éviter de trop volumineux calculs, surtout quand les valeurs (x_i) correspondent à des nombres importants, *on transforme ces valeurs :*

— *Règle :* On choisit **une origine** : x_0

On en déduit une **variable auxiliaire** : x'_i, et, $x'_i = x_i - x_0$

On exécute tous les calculs sur cette variable auxiliaire x'_i.

— *Conséquences :*

– La moyenne ainsi calculée $(\bar{x}')$ suit la même relation que la variable

donc : $\bar{x}' = \bar{x} - x_0$ et $\bar{x} = \bar{x}' + x_0$

– La variance ainsi calculée $V(x')$ est la même que la variance des x_i

donc $V(x') = V(x)$

— *Exemple :* Soit la série statistique $\{x_i ; n_i\}$ suivante :

Classes	x_i	n_i
[50 ; 60 [	55	2
[60 ; 70 [	65	7
[70 ; 80 [	75	5
[80 ; 90 [	85	5
[90 ; 100 [	95	1
		20

– On choisit une origine vers le centre (estimé à première vue) de la série :

$$x_0 = 75$$

– On en déduit le tableau suivant, où : $x'_i = x_i - 75$

x'_i	n_i	$x'_i n_i$	$x'^2_i . n_i$
– 20	2	– 40	800
– 10	7	– 70	700
0	5	0	0
+ 10	5	+ 50	500
+ 20	1	+ 20	400
	20	– 40	2400

$\Rightarrow \bar{x}' = \dfrac{-40}{20} = -2$

$\Rightarrow V(x') = \dfrac{2400}{20} - (-2)^2$ (par la formule développée)

$V(x') = 120 - 4 = $ **116**

On conclut donc que : $\bar{x} = -2 + 75 = \boxed{73}$

$V(x) = \boxed{116}$

et donc $\sigma = \sqrt{116} = 10,77$.

La valeur de la variance est donnée par la division de la somme de la dernière colonne (d) par la somme des effectifs $(n = 140)$.

$$V(x) = \frac{158{,}928}{140} = 1{,}1352$$

Et donc, l'écart-type est égal à :

$$\sigma_x = \sqrt{1{,}1352} = 1{,}066$$

ou : $\boldsymbol{\sigma_x}$ = **1066 francs** (puisque les données sont en 10^3 francs)

Remarque : On aurait tout aussi bien pu calculer les fréquences relatives f_i et remplir les colonnes suivantes :

(a) f_i	(b) $(x_i - \bar{x})$	(c) $(x_i - \bar{x})^2$	(d) $f_i(x_i - \bar{x})^2$
–	–	–	–
–	–	–	–
–	–	–	–

Le résultat $V(x)$ aurait été donné directement en total de la colonne (d)

2e méthode : par la formule développée

Le calcul par la première méthode est généralement assez fastidieux, et toujours plus long que par la présente méthode (1).

Elle utilise la formule dite «**développée de la variance**» qui n'est autre qu'une forme simplifiée de la formule de définition.

On peut voir sa démonstration en [9].

$$V(x) = \frac{1}{n}\sum_{i=1}^{k} n_i x_i^2 - \bar{x}^2 \qquad \text{avec : } n = \sum_{i=1}^{k} n_i$$

ou

$$V(x) = \sum_{i=1}^{k} f_i x_i^2 - \bar{x}^2$$

La présentation des colonnes de calcul est donnée page 124.

(1) On peut encore le simplifier et l'accélérer en le traitant par changement de variable ou d'origine (pages de droite 121 et 123). Notons que, dans le cas du changement de variable, si $x_0 = \bar{x}$, et si $a = \sigma$, la variable x'_i s'appelle «variable centrée réduite» de moyenne nulle ($\bar{x}'_i = 0$) et de variance unité ($V(x') = 1$).

ENCADRÉ 7

Méthode de calcul pratique : Calcul de $\overline{x}$ et V(x) par changement de variable

— *Principe :* Comme pour le changement d'origine, il s'agit d'une **transformation** linéaire des valeurs x_i.

— *Règle :* On choisit **une origine** : x_0
On en déduit une **variable auxiliaire** x'_i

$$x'_i = \frac{x_i - x_0}{a}$$

«a» étant une unité de mesure qui divise chaque centre de classe de façon à obtenir pour x'_i des chiffres ronds (on peut prendre pour a : le P.G.C.D. des différences $x_i - x_0$):

— *Conséquences :*

La moyenne ainsi calculée $(\overline{x}')$ suit la même relation que la variable.

donc : $$\overline{x}' = \frac{\overline{x} - x_0}{a}$$

et $$\overline{x} = a\overline{x}' + x_0$$

La variance ainsi calculée $V(x')$ est la variance de x divisée par le carré de a :

$$V(x') = \frac{1}{a^2} V(x) \quad \text{et donc} \quad V(x) = a^2 V(x')$$

— *Exemple :* Sur les mêmes données que précédemment (6), en prenant la même origine :

$\mathbf{x_0 = 75}$, on peut choisir $\mathbf{a = 10}$; on obtient :

$$x'_i = \frac{x_i - 75}{10}$$

x'_i	n_i	$x'_i \cdot n_i$	$x'^2_i \cdot n_i$
− 2	2	− 4	8
− 1	7	− 7	7
0	5	0	0
+ 1	5	+ 5	5
+ 2	1	+ 2	4
	20	− 4	24

$\Rightarrow \overline{x}' = \dfrac{-4}{20} = -\mathbf{0{,}2}$

$\Rightarrow V(x') = \dfrac{24}{20} - (0{,}2)^2$ (Par la formule développée)

$V(x') = \mathbf{1{,}16}$

On conclut donc que :

$\overline{x} = 10 \times (-0{,}2) + 75 = \boxed{73}$

$V(x) = 10^2 \times 1{,}16 = \boxed{116}$

Classes	*Effectifs* n_i	*Centre de classe* x_i	(a) $n_i x_i$	(b) x_i^2	(c) $n_i x_i^2$
[3 ; 4 [	26	3,5	91	12,25	318,5
[4 ; 5 [	33	4,5	148,5	20,25	668,25
[5 ; 6 [	64	5,5	352	30,25	1936
[6 ; 7 [	7	6,5	45,5	42,25	295,75
[7 ; 8 [	10	7,5	75	56,25	562,5
	$n = 140$		712		3781

(a) Colonne des $(n_i x_i)$. C'est la même que précédemment

(b) Colonne des x_i^2 : on élève au carré chaque centre de classe

(c) Colonne des $n_i x_i^2$. On multiplie par n_i les chiffres précédents

La variance est donnée par le résultat de la division du total de la colonne (c) par n, auquel on enlève le carré de la moyenne arithmétique $(\bar{x}^2)$:

$$V(x) = \frac{3781}{140} - (5{,}0857)^2 = 1{,}142$$

L'écart-type est égal à la racine carrée de la variance :

$$\sigma_x = \sqrt{1{,}142} = 1{,}069$$

ou $\sigma_x = 1069$ francs.

Notons que la différence inévitable (ici, de 0,003) avec le résultat obtenu par l'autre méthode, est due aux arrondissements de calculs. On la considère comme négligeable.

Remarque :

On aurait pu faire la colonne correspondant aux fréquences relatives et calculer la variance par un tableau du type :

(a) f_i	(b) x_i^2	(c) $f_i x_i^2$
–	–	–
–	–	–
1		$\Sigma f_i x_i^2$

et $V(x) = \Sigma f_i x_i^2 - \bar{x}^2$

ENCADRÉ 8

Démonstration du théorème de König (1)

Théorème : **La moyenne des carrés des écarts des x_i à une valeur quelconque «a» est égale à la variance de x augmentée du carré de l'expression $(\bar{x} - a)$.**

c'est-à-dire :

$$\frac{1}{n} \Sigma n_i (x_i - a)^2 = \frac{1}{n} \Sigma n_i (x_i - \bar{x})^2 + (\bar{x} - a)^2 \qquad (2)$$

Démonstration (3) :

Il suffit d'ajouter et de retrancher la même expression $\bar{x}$ sous le carré du premier membre. Il vient :

$$\frac{1}{n} \Sigma n_i (x_i - a)^2 = \frac{1}{n} \Sigma n_i [x_i - \bar{x} + \bar{x} - a]^2$$

$$\text{"} \quad = \frac{1}{n} \Sigma n_i [(x_i - \bar{x}) + (\bar{x} - a)]^2$$

On développe le deuxième membre :

$$\frac{1}{n} \Sigma n_i (x_i - a)^2 = \frac{1}{n} \Sigma n_i (x_i - \bar{x})^2 + \underbrace{\frac{1}{n} \Sigma n_i (\bar{x} - a)^2}_{\parallel} + \underbrace{\frac{2}{n} \Sigma n_i (x_i - \bar{x})(\bar{x} - a)}_{\parallel}$$

$$\text{"} \quad = \quad \text{"} \quad + \underbrace{(\bar{x} - a)^2 \frac{1}{n} \Sigma n_i}_{= (\bar{x} - a)^2} + 2(\bar{x} - a) \frac{1}{n} \underbrace{\Sigma n_i (x_i - \bar{x})}_{= 0 \text{ (1re propriété de la moyenne)}}$$

Il reste en définitive :

$$\frac{1}{n} \Sigma n_i (x_i - a)^2 = \underbrace{\frac{1}{n} \Sigma n_i (x_i - \bar{x})^2}_{= V(x)} + (\bar{x} - a)^2$$

$$\frac{1}{n} \Sigma n_i (x_i - a)^2 = V(x) + (\bar{x} - a)^2 \qquad \text{ou :} \qquad V(x) = \frac{1}{n} \Sigma n_i (x_i - a)^2 - (\bar{x} - a)^2$$

Notons que quand $a = 0$, on obtient la formule développée de σ^2 (voir 9).

---

(1) Tiré de G. Calot «Cours de statistique descriptive», Dunod – décision 1973, (pages 52, 53, 54). Appelé également parfois, «théorème de Huygens».

(2) Rappelons que cette expression est minimale pour $a = \bar{x}$, c'est-à-dire dans le cas de la variance $V(x)$.

(3) Nous simplifions l'écriture de « $\sum_{i=1}^{k}$ » en « Σ », puisqu'il n'y a aucune confusion possible.

En pratique on utilise souvent la formule développée de la variance qui comporte moins de risques d'erreurs que la formule de définition. On peut voir également à ce sujet : «correction de Sheppard» 16 , page 135.

Le choix de l'une ou de l'autre de ces deux méthodes n'exclut pas les possibilités d'effectuer sur les données, soit un changement d'origine, soit un changement de variable (Voir 6 et 7).

C. Propriétés de l'écart-type

L'écart-type satisfait bien à l'ensemble des conditions de Yule, bien que son calcul soit assez long et qu'il soit plus sensible aux fluctuations d'échantillonnage que la moyenne.

C'est la meilleure caractéristique de dispersion et la plus utilisée dans la plupart des cas.

Son principal avantage est de pouvoir se préter, tout comme la moyenne arithmétique, aux calculs algébriques.

Ce dernier avantage induit les deux propriétés algébriques suivantes, qui servent fréquemment en statistique descriptive :

1re propriété algébrique (1)

$$\sigma^2 = \frac{1}{n} \Sigma n_i x_i^2 - \bar{x}^2 = V(x)$$

Elle s'énonce : «**Le carré de l'écart-type est égal à la moyenne des carrés moins le carré de la moyenne**».

Il s'agit en fait de la **formule développée** de la variance qui nous a permis de traiter le calcul de $V(x)$ plus rapidement que par la formule de définition.

La démonstration apparait en 9 .

Cette propriété n'est qu'un cas particulier d'une propriété plus générale (appelée «théorème de König») dont la démonstration apparait en 8 .

2e propriété algébrique :

Les variances intra et interpopulations

La démonstration apparait en 11 .

Dans bien des cas, une population statistique *«P»* est composée de plusieurs sous-populations ($P_1, P_2, ..., P_k$).

(1) Nous simplifions l'écriture de « $\sum_{i=1}^{k}$ » en « Σ », puisqu'il n'y a aucune confusion possible.

ENCADRÉ 9

Démonstration : Formule développée de l'écart-type (1)

«Le carré de l'écart-type [$\sigma^2 = V(x)$] est la moyenne des carrés moins le carré de la moyenne».(C'est une application du théorème de König).

— On a : $\sigma^2 = V(x) = \frac{1}{n} \Sigma n_i (x_i - \bar{x})^2$ par définition.

Développons : $" = \frac{1}{n} \Sigma n_i x_i^2 + \underbrace{\frac{1}{n} \Sigma n_i \bar{x}^2} - \underbrace{2 \frac{1}{n} \Sigma n_i x_i \bar{x}}$

$" = " + \bar{x}^2 \underbrace{\frac{1}{n} \Sigma n_i}_{=1} - 2\bar{x} \underbrace{\frac{1}{n} \Sigma n_i x_i}_{=\bar{x}}$

$" = " + \bar{x}^2 \underbrace{- 2\bar{x} . \bar{x}}_{= -2\bar{x}^2}$

En définitive : $\boxed{\sigma^2 = V(x) = \frac{1}{n} \Sigma n_i x_i^2 - \bar{x}^2}$

— Le même calcul peut se faire avec les *fréquences relatives (f_i) :*

On a : $\sigma^2 = V(x) = \Sigma f_i (x_i - \bar{x})^2$

$\sigma^2 = V(x) = \Sigma f_i x_i^2 + \Sigma f_i \bar{x}^2 - 2 \Sigma f_i x_i \bar{x}$

$\sigma^2 = V(x) = \Sigma f_i x_i^2 + \bar{x}^2 - 2\bar{x} \Sigma f_i x_i$

$$\boxed{\sigma^2 = V(x) = \Sigma f_i x_i^2 - \bar{x}^2}$$

[(1) Nous simplifions ici l'écriture de « $\sum_{i=1}^{k}$ » en « Σ », puisqu'il n'y a aucune confusion possible].

ENCADRÉ 10

Complément : Deux autres paramètres de dispersion : L'écart géométrique «σ_g» et l'écart médian

— σ_g est la valeur telle que :

$$\log \sigma_g = \sqrt{\frac{1}{n} \Sigma (\log x_i - \log g)^2}$$

— L'**écart médian** est la médiane de la série constituée par les *valeurs absolues des écarts des x_i à une valeur centrale.* Il suffit de construire dans le tableau la colonne des écarts, d'en calculer dans une 2e colonne ses fréquences cumulées et d'en déterminer la médiane.

Lorsque cette valeur centrale est la médiane de la série, l'écart médian s'appelle également «écart probable».

Dans le domaine de l'économie par exemple, une entreprise *(P)* peut être constituée de plusieurs établissements $P_1, P_2 \dots P_k$. De la même manière on peut étudier un phénomène global *(P)* comme le revenu ou l'emploi, selon diverses catégories socio-professionnelles : cadres (P_1), profession intermédiaire (P_2), employés (P_3), etc... ; chaque catégorie comprenant elle-même suffisamment d'éléments pour qu'on puisse définir une moyenne et y mesurer une dispersion.

La deuxième propriété algébrique de l'écart-type (associée aux propriétés de la moyenne arithmétique) permet de calculer la variance globale de la distribution (population *P*), lorsque l'on connait les variances des différentes sous-populations (1).

Pour simplifier l'écriture, mais en sachant que les conclusions ci-après peuvent se généraliser, considérons qu'une population *P* (de moyenne $\bar{x}$) et d'effectif $(n_1 + n_2 = n)$ est composée de deux sous-populations : P_1 (de moyenne $\bar{x}_1$ et d'effectif n_1) et P_2 (de moyenne $\bar{x}_2$ et d'effectif n_2).

On démontre que : – (voir démonstration en 11) –

1/— La moyenne de la population totale est la moyenne pondérée des moyennes des sous-populations :

$$\bar{x} = \frac{1}{n}[n_1 . \bar{x}_1 + n_2 . \bar{x}_2]$$

2/— La variance de la population totale est égale à la moyenne des variances des différentes sous-populations augmentée de la variance des moyennes des différentes sous-populations.

$$V(x) = \frac{1}{n}\left[n_1 V(x_1) + n_2 V(x_2)\right] + \frac{1}{n}\left[n_1 (\bar{x}_1 - \bar{x})^2 + n_2 (\bar{x}_2 - \bar{x})^2\right]$$

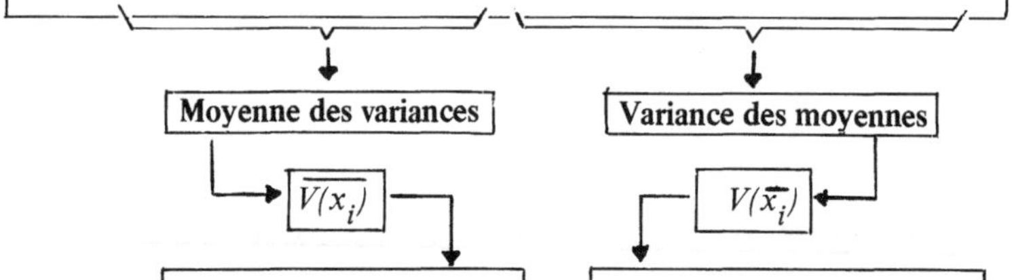

La **variance intrapopulation** $[\overline{V(x_i)}]$ est la variance que l'on obtiendrait si toutes les sous-populations avaient la

(1) Nous retrouverons ces notions lors de la détermination des «variances expliquées» et««variances résiduelles», entrant dans la définition du rapport de corrélation $\eta^2_{x,y}$, troisième partie, page 206.

ENCADRÉ 11

Démonstration de la deuxième propriété algébrique de l'écart-type : Variances intra et interpopulations

Soit une population P composée de deux sous-populations P_1 et P_2.

* Exprimons d'abord **la moyenne de P** en fonction des moyennes $\bar{x}_1$ et $\bar{x}_2$ de P_1 et P_2.

L'effectif total n (de la population P) est égal à la somme des effectifs de P_1 et P_2.

$$\mathbf{n = n_1 + n_2}$$

Donc : $\bar{x} = \frac{1}{n} \sum_{i=1}^{k} (n_{1i} + n_{2i}) x_i = \frac{1}{n} \sum_{i=1}^{k} n_{1i} x_i + \frac{1}{n} \sum_{i=1}^{k} n_{2i} x_i$

Multiplions et divisons par le même terme («n_1» dans le premier membre et «n_2» dans le second).

$$\bar{x} = \underbrace{\frac{n_1}{n_1} \times \frac{1}{n} \sum_{i=1}^{k} n_{1i} x_i}_{} + \underbrace{\frac{n_2}{n_2} \times \frac{1}{n} \sum_{i=1}^{k} n_{2i} x_i}_{}$$

$$\boxed{\bar{x} = \frac{1}{n} . \bar{x}_1 . n_1 + \frac{1}{n} \bar{x}_2 . n_2}$$

* *En généralisant à N sous-populations :* $(1, 2, ..., j, ..., N)$

$$\boxed{\bar{x} = \frac{1}{n} \sum_{j=1}^{N} n_j \bar{x}_j}$$

* **Exprimons la variance de P₁ :** $V(x_1) = \frac{1}{n_1} \sum_{i=1}^{k} n_{1i} (x_i - \bar{x}_1)^2$

Appliquons le théorème de König en choisissant comme valeur de «a» (quelconque) : $\mathbf{a = \bar{x}}$

$$\left.\begin{array}{ll} & V(x_1) = \frac{1}{n_1} \sum_{i=1}^{k} \left[n_{1i} (x_i - \bar{x})^2\right] - (\bar{x}_1 - \bar{x})^2 \\ \text{et pour, } P_2 : & V(x_2) = \frac{1}{n_2} \sum_{i=1}^{k} \left[n_{2i} (x_i - \bar{x})^2\right] - (\bar{x}_2 - \bar{x})^2 \end{array}\right\} \quad (1)$$

* **La variance totale est :**

$$V(x) = \frac{1}{n} \sum_{i=1}^{k} (n_{1i} + n_{2i})(x_i - \bar{x})^2 = \frac{1}{n} \sum_{i=1}^{k} n_{1i} (x_i - \bar{x})^2 + \frac{1}{n} \sum_{i=1}^{k} n_{2i} (x_i - \bar{x})^2$$

Multiplions et divisons par n_1 (1er membre) et n_2 (2e membre) :

$$V(x) = \frac{n_1}{n} \times \frac{1}{n_1} \sum_{i=1}^{k} n_{1i} (x_i - \bar{x})^2 + \frac{n_2}{n} \times \frac{1}{n_2} \sum_{i=1}^{k} n_{2i} (x_i - \bar{x})^2$$

On reconnait dans chaque membre une partie des expressions de $V(x_1)$ et de $V(x_2)$ développées plus haut (1). Il vient donc :

$$V(x) = \frac{n_1}{n} \left[V(x_1) + (\bar{x}_1 - \bar{x})^2\right] + \frac{n_2}{n} \left[V(x_2) + (\bar{x}_2 - \bar{x})^2\right]$$

En mettant $(1/n)$ en facteur :

$$V(x) = \underbrace{\frac{1}{n} [n_1 V(x_1) + n_2 V(x_2)]}_{} + \underbrace{\frac{1}{n} [n_1 (\bar{x}_1 - \bar{x})^2 + n_2 (\bar{x}_2 - \bar{x})^2]}_{}$$

Moyenne des variances	*Variance des moyennes*
= *Variance* **intrapopulation**	= *Variance* **interpopulation**

* *En généralisant à N sous-populations :* $\boxed{V(x) = \frac{1}{n} \sum_{j=1}^{N} n_j . V(x_j) + \frac{1}{n} \sum_{j=1}^{N} n_j (\bar{x}_j - \bar{x})^2}$

même moyenne (qui serait donc égale à la moyenne globale). Ce serait alors la mesure de la dispersion globale (le deuxième terme de la formule générale serait nul).

La **variance interpopulation** [$V(\bar{x}_i)$] est la variance que l'on obtiendrait si les sous-populations étaient *homogènes,* c'est-à-dire si chaque variable de chaque sous-population était égale à sa moyenne : il n'y aurait aucune dispersion intrapopulation et le premier terme serait nul.

On voit donc que l'on peut *décomposer* une dispersion globale, en calculant la part imputable aux dispersions internes (intra) et celle imputable à la dispersion des moyennes (inter).

Dans l'exemple de l'encadré **12** on conclut que la dispersion des salaires, *«s'explique»* plus par une dispersion interne à chaque établissement, que par une dispersion des salaires moyens entre les établissements.

§2. LE COEFFICIENT DE VARIATION

Les principales caractéristiques, et en particulier $\bar{x}$ et σ, sont des grandeurs de même espèce que la variable étudiée. Si x_i est une longueur en mètres $\bar{x}$ et σ seront exprimés en mètres ; si x_i est en dollars, σ sera en dollars.

Donc, cela pose un problème lorsqu'on veut comparer deux séries, par rapport à leur dispersion, dont les observations ne sont pas exprimées dans la même unité (par exemple : l'écart des salaires entre la France et les Etats-Unis demande qu'on compare des francs et des dollars). De même lorsque les moyennes de deux séries sont très différentes dans la même unité (production de blé française et production de blé mondiale) les comparaisons sont difficiles.

On détermine donc, pour supprimer ces désavantages, un nombre sans dimension appelé **coefficient de variation** et égal à :

$$C_v = \frac{\sigma_x}{\bar{x}}$$

Il permet d'effectuer des comparaisons de séries différentes. Voir **13** , page 133.

Il est souvent exprimé en pourcentage.

ENCADRÉ 12

Exemple de décomposition d'une variance

Une entreprise E est composée de deux établissements A et B. Le tableau suivant donne les effectifs n_a et n_b et les salaires S par catégorie et par entreprise. Par quoi peut-on expliquer la dispersion globale des salaires ?

	Etablissement **A**		*Etablissement* **B**		*Entreprise* **E**	
	n_a	S	n_b	S	n	S
Ouvriers	30	10	100	8	130	8,46
Employés	20	18	10	16	30	17,33
Cadres	10	80	5	70	15	76,67
Ensemble	60	24,3	115	11,4	175	15,8

— **La variance globale** (entreprise E) des salaires est : (Formule développée)

$$V(S) = \frac{1}{175}\left[30 \times 10^2 + 20 \times 18^2 + 10 \times 80^2 + 100 \times 8^2 + 10 \times 16^2 + 5 \times 70^2\right] - 15{,}8^2$$

$$\mathbf{V(S) = 361{,}4}$$

— **La variance interétablissement** $[V(\bar{S}_i)]$ est la variance des salaires moyens.

$$V(\bar{S}_i) = \frac{1}{n}\left[n_a(\bar{S}_1 - \bar{S})^2 + n_b(\bar{S}_2 - \bar{S})^2\right] = \frac{1}{n}\sum_i n_i \bar{S}_i^2 - \bar{S}^2$$

$$V(\bar{S}_i) = \frac{1}{175}\left[60 \times 24{,}3^2 + 115 \times 11{,}4^2\right] - 15{,}8^2 = \mathbf{38{,}2}$$

— **La variance intraétablissement** $[\overline{V(S_i)}]$ est la moyenne des variances des salaires, pondérée par les effectifs : Calculons les variances des salaires de A et de B :

Pour A : $V(S_A) = \frac{1}{60}\left[30 \times 10^2 + 20 \times 18^2 + 10 \times 80^2\right] - 24{,}3^2 = 634{,}18$

Pour B : $V(S_B) = \frac{1}{115}\left[100 \times 8^2 + 10 \times 16^2 + 5 \times 70^2\right] - 11{,}4^2 = 161{,}0$

Donc : $\overline{V(S_i)} = \frac{1}{175}\left[60 \times 634{,}18 + 115 \times 161\right] = \mathbf{323{,}2}$

— **En définitive :**

$V(S)$	=	Variance Inter	+	Variance Intra
361,4	=	38,2	+	323,2

⇓

La dispersion des salaires dans E s'explique pour une très grande part (89,4 %) par une forte dispersion des salaires,interne aux établissements, et, s'explique pour une petite partie (10,6 %) par une dispersion des salaires entre les établissements.

SECTION 3 – LES MOMENTS SIMPLES ET CENTRÉS

Jusqu'ici on a caractérisé une série par un certain nombre de valeurs typiques, dont $\bar{x}$ et σ^2 sont les plus fréquemment utilisés.

Or : La moyenne $(\bar{x})$ et la variance (σ^2) ne sont que deux cas particuliers de valeurs caractéristiques qu'on appelle *«moments de la série statistique»*.

Outre leur intérêt statistique, les formules générales des moments sont très utiles pour retrouver toutes les formules de $\bar{x}$ et σ^2 sans jamais avoir à les apprendre par cœur :

— **Définition générale** : On appelle moment général d'ordre *«r»*, par rapport à une valeur quelconque *«a»*, la valeur suivante :

$$aMr = \frac{1}{n} \sum_{i=1}^{k} n_i (x_i - a)^r$$

ou, ce qui revient au même :

$$aMr = \sum_{i=1}^{k} f_i (x_i - a)^r$$

a = origine du moment

r = ordre du moment

r prenant les valeurs : $\{0, 1, 2, \dots n\}$

- On voit immédiatement que le moment d'ordre 0 est égal à 1 (en effet $(x_i - a)^o = 1$).

donc : $aMo = 1$

— **Définition des moments simples** : On appelle moment simple d'ordre *«r»*, un moment général d'ordre *«r»* pour lequel l'origine *«a»* est égale à zéro.

$$a = 0$$

Notation : $\mathbf{m}_r$

donc : $$m_r = \frac{1}{n} \sum_{i=1}^{k} n_i \, x_i^r$$ avec : $n = \sum_{i=1}^{k} n_i$

Lorsque **r = 1**, on retrouve la formule de $\bar{x}$, donc $\bar{x} = m_1$

Lorsque **r = 2**, on retrouve le premier terme de la formule développée de la variance : $(m_2 = \frac{1}{n} \Sigma n_i x_i^2)$.

ENCADRÉ 13

Calcul d'un coefficient de variation

On s'intéresse à la distribution des salaires de deux entreprises françaises E_1 et E_2 : Le salaire moyen dans E_1 est $\overline{x}_1 = 6000$ F, l'écart type des salaires est $\sigma_1 = 200$ *F*. Le salaire moyen dans E_2 est $\overline{x}_2 = 8900$ F, l'écart type des salaires est $\sigma_2 = 295$ F.

Calculons le coefficient de variation, pour comparer les distributions :

$$C_v = \frac{\sigma}{\overline{x}}$$

Dans E_1

$$C_{v_1} = \frac{200}{6000} = 0{,}033$$

Dans E_2

$$C_{v_2} = \frac{295}{8900} = 0{,}033$$

La dispersion relative des salaires est identique dans E_1 et E_2.

On aurait pu comparer cette dispersion relative avec celle d'une entreprise américaine dont les salaires sont mesurés en $, sans plus de difficultés.

ENCADRÉ 14

Décomposition du moment centré d'ordre 2

$$\mu_2 = \frac{1}{n} \Sigma n_i (x_i - \overline{x})^2$$

$$\mu_2 = \underbrace{\frac{1}{n} \Sigma n_i x_i^2}_{} + \underbrace{\overline{x}^2 \cdot \frac{1}{n} \Sigma n_i}_{} - \underbrace{2\overline{x} \cdot \frac{1}{n} \Sigma n_i x_i}_{}$$

$$\mu_2 = m_2 + \underbrace{\overline{x}^2 - 2\overline{x} \cdot \overline{x}}_{}$$

$$\mu_2 = m_2 - \underbrace{\overline{x}^2}_{}$$

$$\boxed{\mu_2 = m_2 - m_1^2}$$

La variance $(V(x) = \mu_2)$ est égale au moment simple d'ordre 2 moins le carré de la moyenne arithmétique (Formule développée de la variance).

— *Exemple :* Calculez μ_2 de la série formée par les 100 premiers nombres entiers (positifs)

$$\{1 ; 2 ; 3 ; ... ; 100\}$$

– Leur somme est $\frac{n(n+1)}{2}$, donc $m_1 = (\frac{n+1}{2}) = \frac{101}{2}$, et $m_1^2 = \frac{10201}{4}$

– La somme de leurs carrés est $\frac{n(2n+1)(n+1)}{6}$, donc $m_2 = \frac{(2n+1)(n+1)}{6} = \frac{20301}{6}$

et $\mu_2 = \frac{20301}{6} - \frac{10201}{4} = 833{,}25$ et $\sigma = \sqrt{\mu_2} \approx 28{,}87$

— **Définition des moments centrés** : On appelle moment centré d'ordre «r», un moment général d'ordre «r», pour lequel l'origine «a» est la moyenne arithmétique de la série: $(\bar{x})$

$$\boxed{a = \bar{x}}$$

Notation : μ_r

donc :

$$\boxed{\mu_r = \frac{1}{n} \sum_{i=1}^{k} n_i (x_i - \bar{x})^r} \qquad \text{avec } n = \sum_{i=1}^{k} n_i$$

Lorsque **r = 1**, $\mu_r = 0$, puisque le terme $\Sigma\, n_i (x_i - \bar{x})$ est égal à zéro (première propriété de la moyenne arithmétique).

Lorsque **r = 2**, on retrouve la formule de la variance, donc : $\boxed{\mu_2 = V(x)}$

Les moments simples et centrés sont reliés entre eux (voir **15**) et en particulier :

$$\boxed{V(x) = \mu_2 = m_2 - m_1^2}$$

Ce qui n'est autre que la formule développée de la variance.

*

Les moments nous serviront également en troisième partie (séries à deux variables) où l'on verra notamment que la covariance est le moment centré d'ordre «1 et 1» :

$$\text{Cov}\,(X, Y) = \mu_{11}$$

ENCADRÉ 15

Relations entre les moments centrés et les moments simples

On développe μ_r par la formule du binôme de Newton, dont les coefficients sont donnés par le Triangle de Pascal.

On sait que : $(x+a)^r = x^r + C_r^1 a x^{r-1} + C_r^2 a^2 x^{r-2} + \ldots + C_r^p a^p x^{r-p} + \ldots + a^r$

et que : $(x-a)^r = x^r + C_r^1 x^{r-1}(-a) + \ldots + C_r^p x^{r-p}(-a)^p + \ldots + (-a)^r$

r \ p	0	1	2	3	4	5 ...
0	1					
1	1	1				
2	1	2	1			
3	1	3 →	3 ↓	1		
4	1	4	6	4	1	
5	1	5	10	10	5	1
:						

Pour le calcul de μ_3 par exemple :

$(x_i - \bar{x})^3 = x_i^3 - 3\bar{x}x_i^2 + 3\bar{x}^2 x_i - \bar{x}^3$

d'où :

$$\frac{1}{n}\Sigma n_i (x_i - \bar{x})^3 = \frac{1}{n}[\Sigma x_i^3 n_i - 3\bar{x}\Sigma x_i^2 n_i + 3\bar{x}^2 \Sigma x_i n_i - n\bar{x}^3]$$

et donc :

$$\mu_3 = m_3 - 3m_1 m_2 + 3m_1^3 - m_1^3$$

$$\boxed{\mu_3 = m_3 - 3m_1 m_2 + 2m_1^3}$$

De la même manière :

$$\boxed{\mu_4 = m_4 - 4m_1 m_3 + 6m_1^2 m_2 - 3m_1^4}$$

$$\boxed{\mu_5 = m_5 - 5m_1 m_4 + 10m_1^2 m_3 - 10m_1^3 m_2 + 4m_1^5}$$

ENCADRÉ 16

Correction de Sheppard

On sait que le groupement des données dans une classe (variables continues) introduit un biais dans la mesure où les observations ne sont pas uniformément réparties.

On peut corriger ce biais par les formules de Sheppard :

Si *«a»* est l'amplitude de classe (constante).

$$\mu_2 \approx \mu_2 \text{ calculé} - \frac{a^2}{12}$$

$$\mu_3 \approx \mu_3 \text{ calculé}$$

$$\mu_4 \approx \mu_4 \text{ calculé} - \left(\frac{a^2}{2}\right).\mu_2 \text{ calculé} + \frac{7a^4}{240}$$

Nota : Pour certaines distributions, cette correction «corrige trop». Nous ne la donnons ici que pour mémoire.

CHAPITRE TROIS : LES CARACTÉRISTIQUES DE FORME ET DE CONCENTRATION

SECTION 1 – LES CARACTÉRISTIQUES DE FORME

Les caractéristiques de forme permettent de préciser l'allure de la courbe des fréquences sans avoir besoin de la tracer.

On repère généralement deux mesures de la forme d'une série : celle de l'**asymétrie** a pour objet de nous renseigner sur la façon régulière ou non dont les observations se répartissent de part et d'autre d'une valeur centrale. Celle de l'**aplatissement** a pour objet de faire apparaître si une faible variation de la variable entraîne ou non une forte variation des fréquences relatives.

§1. LA MESURE DE L'ASYMETRIE

A. Définition

Une distribution statistique est symétrique si les observations, repérées par leurs fréquences sont également dispersées de part et d'autre d'une valeur centrale.

On choisit généralement les trois valeurs centrales suivantes pour repérer l'asymétrie :

- Le mode (M_0),
- La médiane *(Mé)*,
- La moyenne arithmétique $(\bar{x})$.

ENCADRÉ 1

Pour bien comprendre :

Pour «décrire», c'est à dire «résumer» les séries statistiques, nous avons jusqu'à présent analysé :

- des caractéristiques de tendance centrale, qui donnaient un ordre de grandeur de la série ;
- des caractéristiques de dispersion qui mesuraient l'intensité du groupement des valeurs autour d'une caractéristique centrale (généralement la moyenne).

Nous avons donc à notre disposition une «batterie» de *valeurs typiques* qui nous renseignent sur l'allure générale de la série, que l'on retrouve en dessinant le graphe de la courbe des fréquences.

Cependant, on comprend bien que les deux séries ci-dessous ne se ressemblent pas : la série A est symétrique et peu aplatie ; la série B est asymétrique et assez aplatie. Il est logique de chercher à *caractériser* (à mesurer) ces différences : on le fait en calculant des **coefficients de forme.**

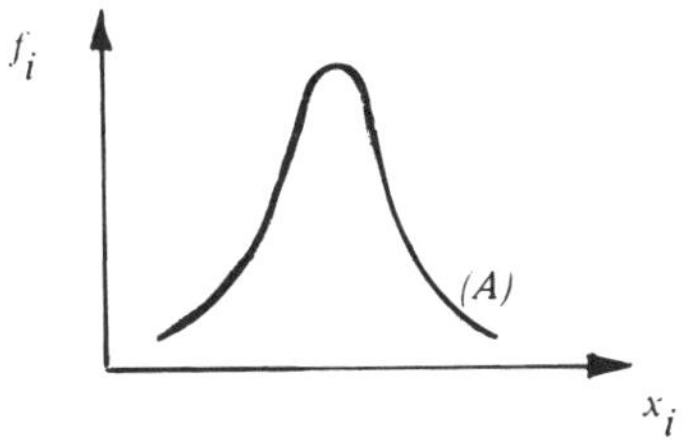

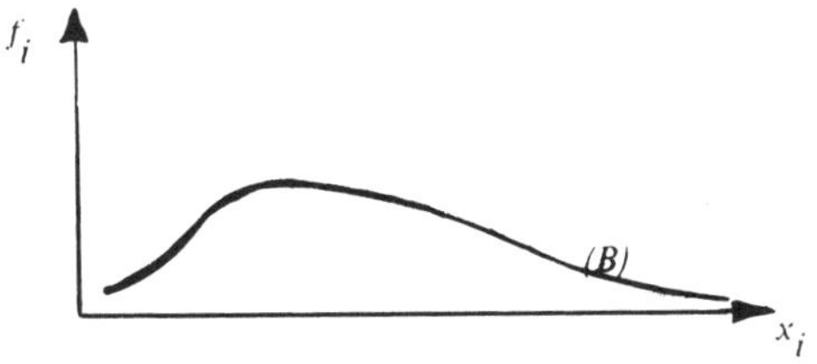

Par ailleurs, il est également légitime de chercher à déterminer si la série s'écarte plus ou moins d'une série «idéale» dans laquelle les écarts entre les observations seraient parfaitement «égalitaires». Cette mesure est celle de la *concentration :* on calcule de combien la série observée s'écarte d'une série «idéalement égalitaire».

La mesure de la concentration est donc celle de la conséquence de la dispersion. Elle revêt une grande importance dans le domaine de l'économie.

Dans une distribution **symétrique**, les trois caractéristiques : Mode, Médiane et Moyenne arithmétique sont confondues, comme le montre le diagramme ci-dessous :

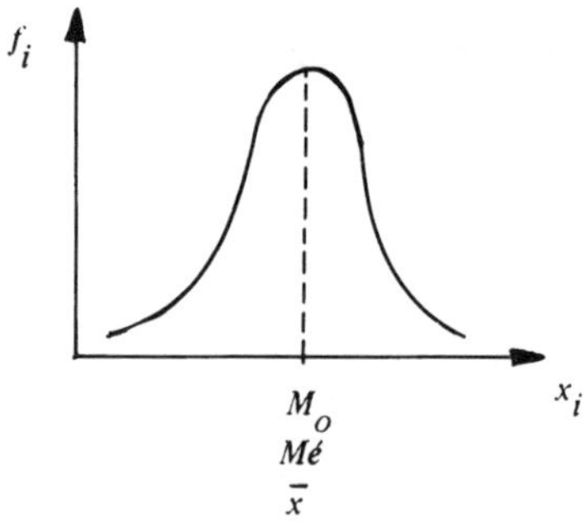

Une courbe non symétrique est dite *oblique* : l'obliquité se repère du côté de la décroissance la plus forte de la courbe des fréquences.

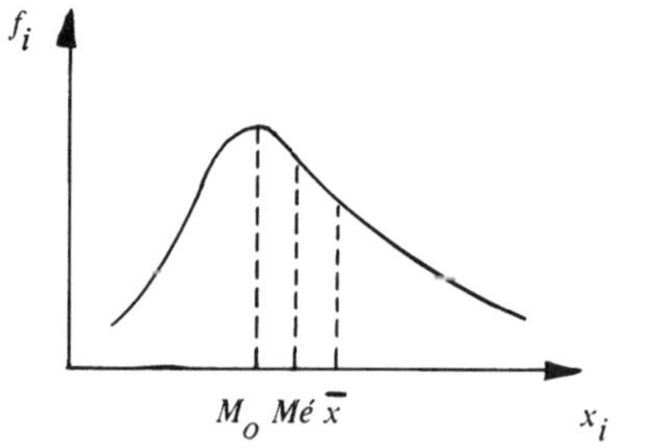

oblique à gauche

$M_o < Mé < \bar{x}$

[ou : *étalée* vers la droite]

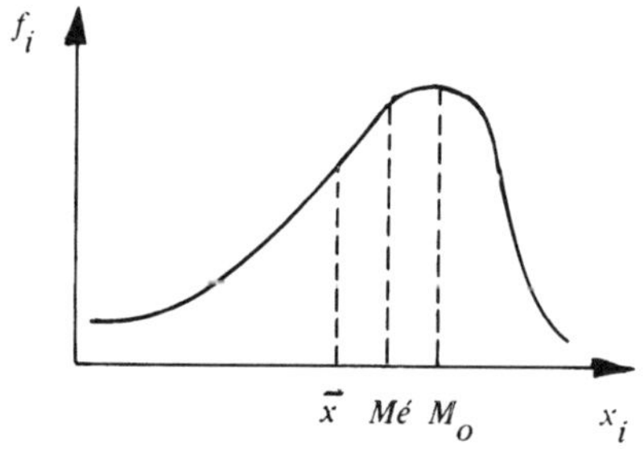

oblique à droite

$M_0 > Mé > \bar{x}$

[ou : *étalée* vers la gauche]

B. Les coefficients d'asymétrie

Il ne reste plus qu'à *mesurer* l'asymétrie dégagée dans le paragraphe précédent : pour cela on utilise un certain nombre de **coefficients**, c'est à dire de nombres sans dimension, permettant les comparaisons.

Nous en retiendrons ici trois, connus par les noms de leurs auteurs : Yule, Pearson et Fisher.

Ces coefficients ne sont généralement valables que si la distribution contient un nombre assez élevé d'observations, et qu'elle ne présente pas plusieurs modes.

ENCADRÉ 2

Exercice

Soit la série suivante. Construire l'histogramme. Calculez le mode, la médiane et la moyenne arithmétique. En déduire le sens de l'asymétrie de la série.

Classes	n_i	x_i	$n_i x_i$	$N(x)$
[10 ; 20[	9	15	135	9
[20 ; 40[	26	30	780	35
[40 ; 50[←	← 19	← 45	← 855	← 54
[50 ; 80[	24	65	1560	78
[80 ; 100[	14	90	1260	92
	92		4590	

(46)

L'histogramme est :

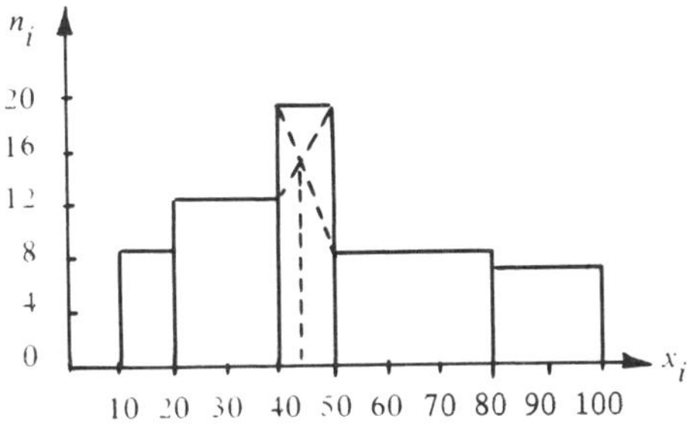

– Le Mode est : $M_0 \approx$ 43

– La classe médiane est la classe [40, 50 [

$$Mé = 40 + 10\ \frac{46 - 35}{19} = \boxed{45{,}79}$$

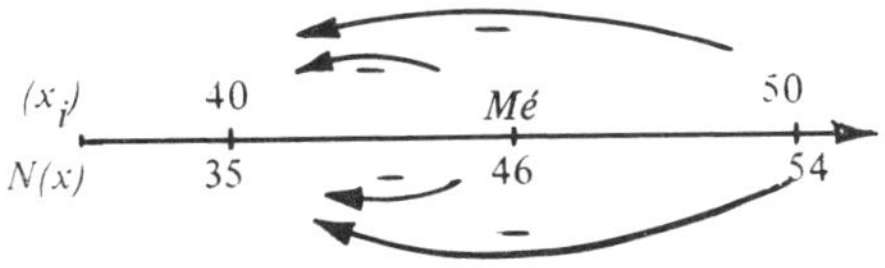

– La moyenne arithmétique est :

$$\bar{x} = \frac{1}{n}\ \Sigma\ n_i x_i = \frac{4590}{92} = \boxed{49{,}89}$$

On remarque que :

43	<	45,79	<	49,89
M_0	<	$Mé$	<	$\bar{x}$

Et donc : la distribution est **oblique à gauche** (ou : étalée vers la droite).

1. Le coefficient de Yule

Nous avons déjà parlé du statisticien britannique Yule (voir «les conditions de Yule», chapitre 1 de la présente partie). Il propose une mesure de l'asymétrie en comparant l'étalement vers la gauche et l'étalement vers la droite, tous deux repérés par la position des quartiles $(Q_1, Mé, Q_3)$.

Le coefficient d'asymétrie de Yule s'écrit :

$$s = \frac{(Q_3 - Mé) - (Mé - Q_1)}{(Q_3 - Mé) + (Mé - Q_1)}$$

Si	$s = 0 \Leftrightarrow$	**symétrie**	(En effet : les quartiles sont équidistants)
Si	$s > 0 \Leftrightarrow$	**oblique à gauche**	(ou : étalement vers la droite)
Si	$s < 0 \Leftrightarrow$	**oblique à droite**	(ou : étalement vers la gauche)

2. Les coefficients de Pearson

Karl Pearson, statisticien britannique du début du siècle propose deux coefficients.

— Le premier (s) analyse la position de deux valeurs centrales (le mode et la moyenne arithmétique) relativisée par la dispersion de la série :

$$s = \frac{\bar{x} - M_0}{\sigma}$$

Si $s = 0$	$\Leftrightarrow$	symétrie
Si $s > 0$	$\Leftrightarrow$	oblique à gauche
Si $s < 0$	$\Leftrightarrow$	oblique à droite

Remarque :

Ce coefficient n'est valable que pour des distributions faiblement asymétriques.

— Le deuxième coefficient d'asymétrie de Pearson (β_1) est plus élaboré : il s'appuie sur le calcul des moments centrés d'ordre impair (voir page 143 « Complément »).

Le calcul est donc beaucoup plus fastidieux, mais le résultat obtenu est plus intéressant, surtout pour des séries possédant un grand nombre d'observations.

ENCADRE 3

Calcul de coefficients d'asymétrie

Soit la distribution suivante :

Classes	n_i	x_i	$N(x)$	$n_i x_i$	$n_i x_i^2$	$n_i x_i^3$
[50 ; 60 [	8	55	8	440	24 200	1 331 000
[60 ; 70 [	10	65	18	650	42 250	2 746 250
[70 ; 80 [	16	75	34	1200	90 000	6 750 000
[80 ; 90 [	14	85	48	1 190	101 150	8 597 750
[90 ; 100 [	10	95	58	950	90 250	8 573 750
[100 ; 110 [	5	105	63	525	55 125	5 788 125
[110 ; 120 [	2	115	65	230	26 450	3 041 750
	65			5 185	429 425	36 828 625

On trouve après calculs :

$$\begin{cases} M_0 \approx 75 & m_1 = \bar{x} = 79{,}8 \\ Mé \approx 79{,}1 & m_2 = 6\,606{,}5 \\ Q_1 \approx 68{,}2 & m_3 = 566\,594{,}23 \\ Q_3 \approx 90{,}7 & \end{cases}$$

Donc :

$$\begin{cases} \mu_2 = m_2 - m_1^2 = 238{,}46 \Rightarrow \sigma = 15{,}44 \\ \mu_3 = m_3 - 3\,m_1\,m_2 + 2\,m_1^3 = +\,1\,337{,}31 \end{cases}$$

* Le coefficient d'asymétrie de Yule est égal à :

$$s = \frac{(Q_3 - Mé) - (Mé - Q_1)}{(Q_3 - Mé) + (Mé - Q_1)} = \frac{(90{,}7 - 79{,}1) - (79{,}1 - 68{,}2)}{(90{,}7 - 79{,}1) + (79{,}1 - 68{,}2)} = \mathbf{0{,}03}$$

* Le premier coefficient d'asymétrie de Pearson est égal à :

$$s = \frac{\bar{x} - M_0}{\sigma} = \frac{4{,}8}{15{,}44} = \mathbf{0{,}3}$$

* Le deuxième coefficient d'asymétrie de Pearson est égal à :

$$\beta_1 = \frac{\mu_3^2}{\mu_2^3} = \frac{1\,788\,398}{13\,559\,592} = \mathbf{0{,}131}$$

* Le coefficient d'asymétrie de Fisher est égal à :

$$\gamma_1 = \frac{\mu_3}{\sigma^3} = \frac{1\,337{,}31}{3\,680{,}8} = \mathbf{0{,}363}$$

⇒ La distribution est donc **légèrement oblique à gauche**.

Il s'écrit :

$$\boxed{\beta_1 = \frac{\mu_3^2}{\mu_2^3}}$$

C'est donc le rapport du moment centré d'ordre 3 élevé au carré sur le cube de la variance.

Rappelons que
$$\begin{cases} \mu_3 = m_3 - 3\,m_1 m_2 + 2m_1^3 \\ \mu_2 = V(x) = \sigma^2 = m_2 - m_1^2 \end{cases}$$

Si $\beta_1 = 0 \Leftrightarrow$ symétrie

Si $\beta_1 > 0 \Leftrightarrow$ oblique à gauche ou à droite

Le sens de l'asymétrie est donné par « *s* », défini précédemment, ou par le signe de μ_3

3. Le coefficient de Fisher

Sir Ronald Fisher, biologiste-statisticien britannique, propose, une vingtaine d'années plus tard, le coefficient suivant, qui n'est autre que la racine carrée du coefficient β_1 de Pearson (1).

$$\boxed{\gamma_1 = \frac{\mu_3}{\sigma^3}} \qquad (\sigma^3 = \sqrt{\mu_2^3})$$

Les conclusions sont les mêmes que précédemment : si γ_1 est nul, la distribution est symétrique ; si γ_1 est positif, elle est oblique à gauche ; évidemment, si γ_1 est négatif, la distribution est oblique à droite.

§ 2. LA MESURE DE L'APLATISSEMENT

A. Définition

On considère qu'une courbe des fréquences est plus ou moins aplatie, par référence à la courbe des fréquences (ou densité) de la Loi Normale (loi de Gauss-Laplace)

---

(1) Ceci pour rester en harmonie avec le γ_2 (voir plus loin) que Fisher propose de façon à obtenir $\gamma_2 = 0$, dans le cas d'une loi de Gauss-Laplace, et pour donner le sens de l'asymétrie, si la distribution est unimodale.

Les coefficients de Pearson et de Fisher **sont invariants par changement d'échelle ou changement d'origine**, vu l'homogénéité des exposants.

ENCADRÉ 4

Complément

Quand une série statistique <u>est symétrique</u>, tous les moments centrés d'ordre impair, s'ils existent, sont nuls.

En effet :

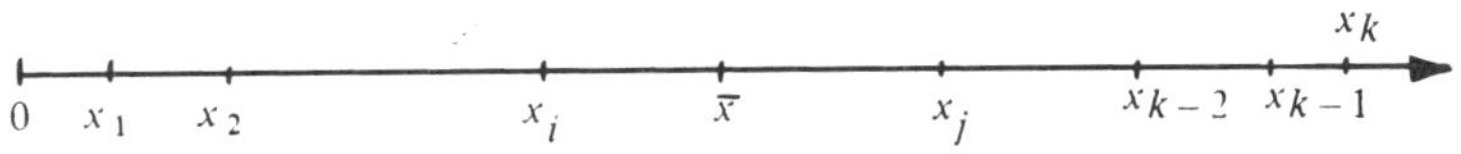

Il y a autant de valeurs de la variable (x_i) avant la moyenne, qu'après la moyenne, de telle sorte que :

à chaque valeur $(\mathbf{x}_i)$ *correspond une valeur* $(-\mathbf{x}_i)$ *égale en valeur absolue.*

Dès lors : * les sommes du type $\Sigma n_i (x_i - \bar{x})^{2p}$ sont positives.

et les $\mu_{2p} = \frac{1}{n} \Sigma n_i (x_i - \bar{x})^{2p}$ sont positifs.

* les sommes du type $\Sigma n_i (x_i - \bar{x})^{2p+1}$ sont nulles.

et les $\mu_{2p+1} = \frac{1}{n} \Sigma n_i (x_i - \bar{x})^{2p+1}$ sont nuls.

Donc : $\mu_1 = 0$ $\mu_4 > 0$

$\mu_2 > 0$ $\mu_5 = 0$

$\mu_3 = 0$ $\mu_6 > 0$ etc...

Il est donc logique de calculer l'asymétrie à partir des moments centrés d'ordre impair (μ_3 étant le plus simple à calculer).

Pour obtenir un coefficient, c'est-à-dire un nombre sans dimension permettant de faire des comparaisons, il faut faire un rapport. Il est légitime de diviser μ_3 par la variance pour obtenir un coefficient relatif à la dispersion. Les coefficients de Pearson et de Fisher sont construits sur ce principe. Ils ne diffèrent que par les exposants des rapports. L'homogénéité des exposants, ou de leurs produits, au numérateur et dénominateur, permet de faire les calculs avec changement de variable, sur la variable auxiliaire x'_i, sans modifier le résultat final.

Ainsi : une distribution est dite *aplatie* si une forte variation de la variable entraîne une faible variation de la fréquence relative (f_i)(et inversement).

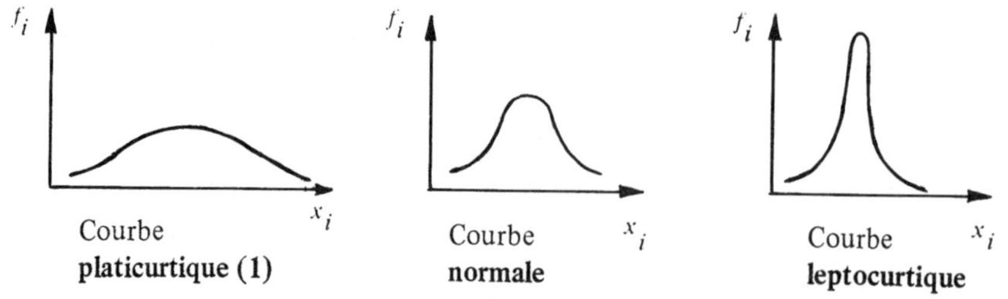

B. Les coefficients d'aplatissement

La logique est de comparer si la distribution est plus ou moins aplatie, par rapport à une courbe de Gauss-Laplace de même moyenne et de même écart-type.

1. Coefficient de Pearson

Il s'écrit :

$$\beta_2 = \frac{\mu_4}{\mu_2^2} = \frac{\mu_4}{\sigma^4}$$

Ce coefficient est d'autant plus proche de 1 que la courbe est platicurtique.

β_2 prend la valeur 3 pour une distribution normale. $\beta_2$est supérieur à 3 et d'autant plus grand que la courbe est leptocurtique.

2. Coefficient de Fisher

Il est égal à

$$\gamma_2 = \beta_2 - 3 = \frac{\mu_4}{\sigma^4} - 3$$

- γ_2 prend la valeur 0 pour une distribution normale
- γ_2 est positif pour une distribution leptocurtique.
- γ_2 est négatif pour une distribution platicurtique (2).

---

(1) «Platus» en grec signifie «large», et «Kurtosis», «bosse».«Leptos» se traduit par «mince», et leptocurtique signifie aigü.

(2) γ_2 reste supérieur à « -2 », du fait de l'inégalité $\mu_4 > \sigma^4$

ENCADRÉ 5

Exercice

Soit la série suivante. Déterminez les coefficients d'asymétrie et d'aplatissement de Pearson et Fisher.

x_i	0	1	2	3
f_i	0,216	0,432	0,288	0,064

Le tableau s'écrit :

x_i	f_i	$f_i x_i$	$f_i x_i^2$	$(x_i - \bar{x})$	$f_i (x_i - \bar{x})^2$	$f_i (x_i - \bar{x})^3$	$f_i (x_i - \bar{x})^4$
0	0,216	0	0	− 1,2	0,311	− 0,373	0,448
1	0,432	0,432	0,432	− 0,2	0,017	− 0,0035	0,00069
2	0,288	0,576	1,152	+ 0,8	0,184	+ 0,147	0,11796
3	0,064	0,192	0,576	+ 1,8	0,207	+ 0,373	0,6718
	1	1,2	2,16		0,72	0,144	1,238
		$m_1 = \bar{x}$	m_2		μ_2	μ_3	μ_4

* Le coefficient d'asymétrie de Fisher est :

$$\gamma_1 = \frac{\mu_3}{\sigma^3} = \boxed{0{,}24}$$

* Le coefficient d'asymétrie de Pearson est

$$\beta_1 = \frac{\mu_3^2}{\mu_2^3} = \boxed{0{,}05}$$

⟹ La série est oblique à gauche

* Le coefficient d'aplatissement de Fisher est

$$\gamma_2 = \frac{\mu_4}{\sigma^4} - 3 = \boxed{-\,0{,}61}$$

* Le coefficient d'aplatissement de Pearson est

$$\beta_2 = \frac{\mu_4}{\sigma^4} = \boxed{2{,}39} \; (<3)$$

⟹ La courbe des fréquences est platicurtique

SECTION 2 – LES CARACTÉRISTIQUES DE CONCENTRATION

La mesure de la concentration revient à celle de la conséquence de la dispersion. Très importante en économie (concentration des salaires, des revenus, de la taille des entreprises...) elle concerne des variables continues ne pouvant prendre que des valeurs positives.

Il existe deux méthodes de détermination de la concentration : par le calcul ; par les graphes.

§ 1. DETERMINATION PAR LE CALCUL

La démarche est la suivante :

(1.) — On calcule la médiane *(Mé)* de la série
(2.) — On calcule la médiale *(Ml)* que nous définissons plus bas
(3.) — On mesure l'écart (ΔM) entre la médiale et la médiane.
(4.) — On compare cet écart (ΔM) à l'intervalle de variation de la série.

(1.) Détermination de la médiane (Mé)

Nous savons (chapitre 1, p. 74) effectuer ce calcul, qui passe par la résolution d'une interpolation linéaire.

(2.) Détermination de la médiale (Ml)

Définition pratique : La médiale est une médiane que l'on calcule non plus sur les effectifs (n_i) de la série $\{n_i ; x_i\}$, mais sur le produit $n_i \times x_i$ (x_i étant le centre de classe).

La médiale est la valeur du caractère x_i qui partage donc la série $\{n_i\, x_i ; x_i\}$ en deux sous-ensembles égaux. C'est une caractéristique de valeur centrale.

ENCADRÉ 6

Détermination de la médiale (Ml)

Le principe du calcul de la médiale est exactement le même que celui de la médiane, mis à part le fait qu'on l'applique, non plus sur la colonne des fréquences relatives cumulées ($F(x)$) mais sur celle des fréquences relatives cumulées des $n_i x_i$:

Soit par exemple à déterminer la médiale de la série suivante

Classes	[10 ; 20 [	[20 ; 30 [	[30 ; 40 [	[40 ; 50 [	[50 ; 60 [
n_i	5	7	12	10	6

Il faut former la colonne des $n_i x_i$ et celle des fréquences cumulées des $n_i x_i$

Classes	*Centre de classe* x_i	n_i	$n_i x_i$	$\frac{n_i x_i}{\Sigma n_i x_i}$	$\sum_1^i \frac{n_i x_i}{\Sigma n_i x_i}$
[10 ; 20 [	15	5	75	0,052	0,052
[20 ; 30 [	25	7	175	0,121	0,173
[30 ; 40 [	35	12	420	0,290	0,463 (α)
classe médiale → [40 ; 50 [	45	10	450	0,310	0,773 (β)
[50 ; 60 [	55	6	330	0,227	1
		40	1450	1	

(0,5 se situe entre α = 0,463 et β = 0,773)

La classe médiale est la classe [40 ; 50[

L'interpolation linéaire donne :

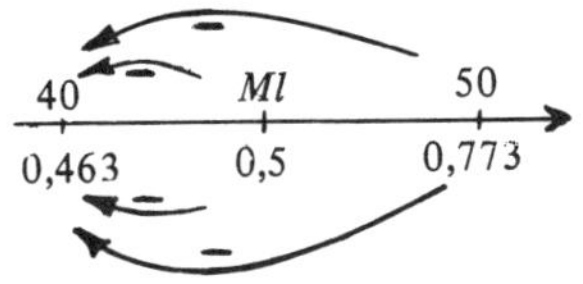

donc : $\frac{Ml - 40}{0,5 - 0,463} = \frac{50 - 40}{0,773 - 0,463}$

Ml = 41,19

Si l'on appelle x_i la borne gauche de la classe médiale; a_i son amplitude et α et β les valeurs repérées dans le tableau, il vient :

$$\text{Ml} = x_i + a_i \frac{0,5 - \alpha}{\beta - \alpha}$$

Si, par exemple, les effectifs *(n_i)* sont des effectifs correspondant à des classes de salaires (centre de classe : x_i), le produit $n_i\, x_i$ sera la masse salariale

Le produit $n_i x_i$ représente, non plus seulement l'effectif, mais l'importance de la totalité du caractère possédé par les individus.

La médiale de la distribution des salaires est donc la valeur *du salaire* qui partage la masse salariale en deux sous ensembles égaux : Dès lors, le salaire médial est tel que les salariés qui se situent en deçà, *gagnent autant* que les salariés qui se situent au-delà.

Le calcul de la médiale ne présente aucune difficulté supplémentaire par rapport à celui de la médiane ; l'interpolation linéaire est de règle (tout comme dans le calcul de *Mé*) une fois que l'on a déterminé la classe médiale.

Voir exemple chiffré en **6** .

3. L'écart médiale - médiane

La médiale est supérieure à la médiane (puisqu'on raisonne «en masse» dans le premier cas) .

$$\boxed{\Delta M = Ml - Mé}$$

Le calcul est immédiat.

4. Comparaison de ΔM à l'intervalle de variation

L'intervalle de variation est la différence entre la plus grande et la plus petite valeur du caractère.

En règle générale :

Si ΔM est grand par rapport à l'intervalle de variation, la concentration est forte (Dans l'exemple des salaires, cela signifierait que l'inégalité entre les salaires est forte).

Si ΔM est petit par rapport à l'intervalle de variation, la concentration est faible (Dans l'exemple des salai-

ENCADRÉ 7

Calcul de la concentration des salaires

On donne la série suivante d'un échantillon de 43 salariés selon leurs classes de salaire net après impôt exprimé en milliers de francs.

Classes (10^3)	*Effectif* n_i	*Centre de classe* x_i	f_i	$F(x)$		*Masse salariale* $n_i\ x_i$	$\frac{n_i x_i}{\Sigma n_i x_i}$	$\sum_1^i \frac{n_i x_i}{\Sigma n_i x_i}$
[4 ; 6 [	5	5	0,11	0,11		25	0,06	0,06
[6 ; 8 [	8	7	0,19	0,30	0,5	56	0,14	0,20
[8 ; 10 [	12	9	0,28	0,58		108	0,27	0,47
[10 ; 12 [	10	11	0,23	0,81		110	0,27	0,74 (0,5)
[12 ; 14 [	8	13	0,19	1,00		104	0,26	1,00
	43		1			403	1	

(1.) – La médiane est déterminée par :

$$\frac{Mé - 8\ 000}{0{,}5 - 0{,}30} = \frac{10\ 000 - 8\ 000}{0{,}58 - 0{,}30} \Rightarrow \boxed{Mé = 9\ 428{,}6 \text{ F}}$$

(2.) – La médiale est déterminée par :

$$\frac{Ml - 10\ 000}{0{,}5 - 0{,}47} = \frac{12\ 000 - 10\ 000}{0{,}74 - 0{,}47} \Rightarrow \boxed{Ml = 10\ 222{,}2 \text{ F}}$$

(3.) – L'écart entre la médiale et la médiane est :

$$\Delta M = Ml - Mé = 10\ 222{,}2 - 9\ 428{,}6 = \boxed{793{,}6 \text{ F}}$$

Cet écart ΔM traduit la concentration. On le compare généralement à l'étendue ou intervalle de variation de la série :

(4.) – Mesure de la concentration :

L'intervalle de variation est : 14 000 F – 4 000 F = 10 000 F

$$\frac{\Delta M}{10\ 000} = \frac{793{,}6}{10\ 000} = \boxed{\mathbf{0{,}079}}$$

La concentration des salaires est faible (de l'ordre de 8 %).

res, cela signifierait qu'il n'y a pas de grandes disparités salariales entre les classes de salaire).

Si ΔM est nul, la médiane est égale à la médiale ; on se trouve donc dans une situation d'égalité parfaite ou d'équi-répartition, si les classes sont bien choisies. (Dans l'exemple des salaires, tous les salariés toucheraient le même salaire).

§ 2. DETERMINATION PAR LE GRAPHE

Cette analyse a été développée par l'italien Corrado Gini au cours de ses travaux sur les disparités de revenus et a abouti à la construction d'une courbe dite «de concentration» et à la détermination d'un ratio : l'indice de Gini.

A. La courbe de concentration

Elle se construit sur un repère orthonormé à partir des fréquences cumulées relatives :

Les valeurs de la fréquence cumulée relative de la série $\{n_i \,;\, x_i\}$ sont donc celles de $F(x)$ (fonction de répartition). Elles varient de 0 à 1. On les porte *en abscisses.*

Les valeurs de la fréquence cumulée relative de la série $\{n_i x_i \,;\, x_i\}$ qui nous a permis de calculer la médiale varient également de 0 à 1. On les porte *en ordonnées.*

Fréquences cumulées correspondant aux effectifs (n_i)	Fréquences cumulées de la totalité du phénomène $(n_i \cdot x_i)$
$F(x) = \sum_{h=1}^{i} f_h = \sum_{1}^{i} \frac{n_i}{n}$	$F(nx) = \sum_{1}^{i} \frac{n_i x_i}{\sum_i n_i x_i}$

On obtient donc le carré *ABCD* de la figure suivante, qui porte généralement le nom de «carré de Gini».

ENCADRÉ 8

Construction de la courbe de concentration

Reprenons l'exemple de l'encadré 7 :

La courbe se construit point par point :

On porte sur l'axe horizontal les valeurs de $F(x)$, et sur l'axe vertical, les valeurs de $\sum_{1}^{i} \frac{n_i x_i}{\sum_i n_i x_i}$

$$\left[F(nx) = \sum_{1}^{i} \frac{n_i x_i}{\sum_i n_i x_i}\right]$$ ou: Masse salariale cumulée en fréquences relatives

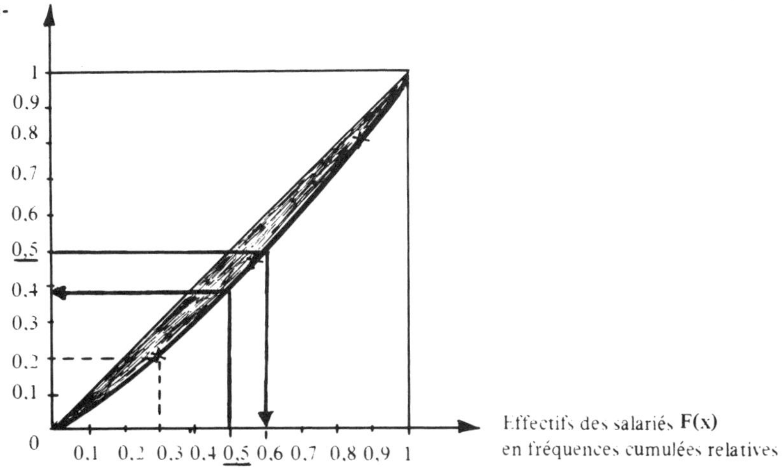

On voit donc que 30 % des salariés se partagent seulement 20 % de la masse salariale. La concentration reste néanmoins faible, si l'on en juge par la surface de l'aire grisée, de façon uniquement visuelle.

L'indice de Gini (I_G = 2 x aire de concentration) est à peu près égal à 0,15 si l'on compte les carreaux sur papier millimétré.

On construit la courbe de concentration (appelée aussi courbe de Lorenz), point par point : chaque point de la courbe a pour abscisse une valeur de $F(x)$ et pour ordonnée la valeur de la fréquence cumulée relative de la totalité du phénomène $(n_i\, x_i)$ correspondante.

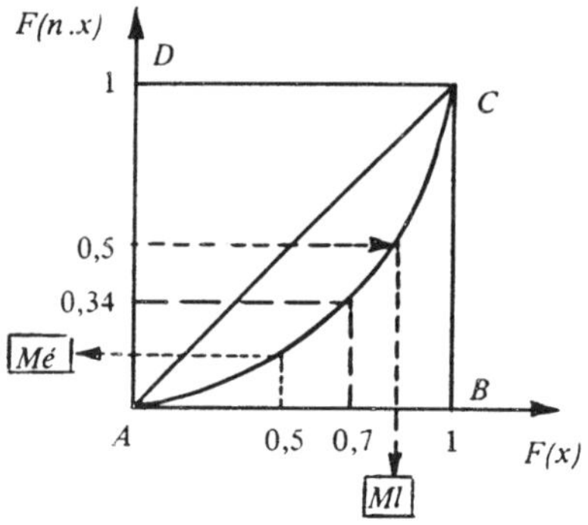

Dans le schéma ci-dessus, $F(x) = 0{,}7$ pour $F(n\,.\,x) = 0{,}34$; donc , si l'on reprenait l'exemple des salaires, on pourrait dire que 70 % des salariés se partagent 34 % de la masse salariale.

La bissectrice *AC* correspond à la *ligne d'équirépartition parfaite*, par construction. (Toujours dans l'exemple des salaires, 10 % des salariés recevraient 10 % de la masse salariale ; 20 % recevraient 20 %, etc...). C'est la ligne de *concentration nulle.*

Donc : **au plus la courbe de concentration s'écarte de la bissectrice, au plus la concentration est forte.**

B. L'indice de Gini

C'est un ratio qui permet des comparaisons.

Il est égal au rapport de deux surfaces : Au numérateur, on porte la surface comprise entre la bissectrice et la courbe de concentration.

Cette surface prend le nom de *surface de concentration.* Au dénominateur on porte la surface du triangle *ABC.*

L'indice de Gini (I_G) est égal à :

$$I_G = \frac{\text{aire de concentration}}{\text{aire du triangle } ABC} \qquad I_G = 2 \times \text{aire de concentration}$$

En effet :

L'aire du triangle *ABC* est de $(1 \times 1)/2 = 0{,}5$; et diviser par 0,5, revient à multiplier par 2.

ENCADRÉ 9

Comparaison entre courbe des fréquences cumulées, courbe de concentration et histogramme

Les données sont celles de l'exercice 7 dont la courbe de concentration est représentée en 8

- Le *double histogramme fait apparaître* ΔM
- Les surfaces hachurées correspondent à l'histogramme de la masse salariale
- Les surfaces non hachurées à celui des salariés

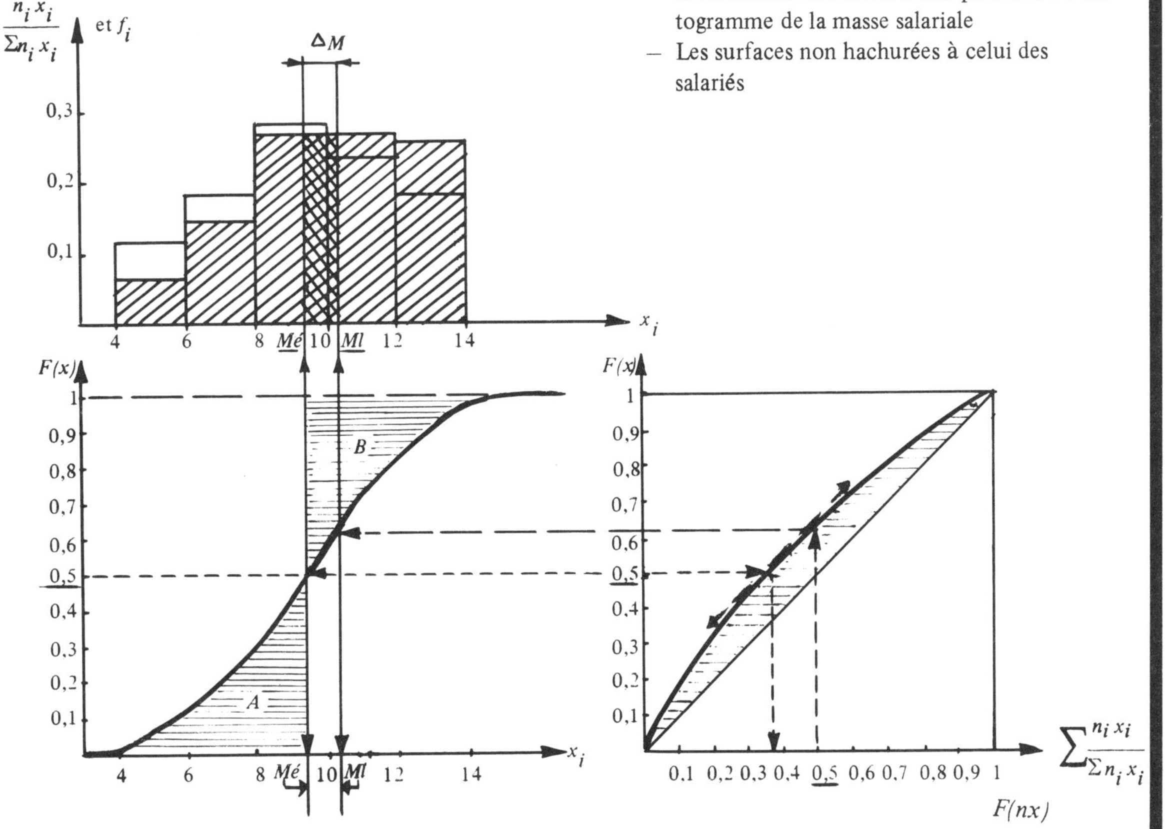

- Les surfaces A et B sont égales.
- Le mode correspond au point d'inflexion de la courbe $F(x)$.
- Les axes $F(x)$ et $\sum \frac{n_i x_i}{\Sigma n_i x_i}$ ont été inversés pour faire apparaître les correspondances entre les trois schémas.
- On retrouve les données calculées, en coordonnées des points correspondant aux intersections remarquables.

I_G varie de 0 à 1 (d'une concentration nulle à une concentration maximale).

Le problème est de mesurer les aires sans avoir recours au calcul intégral. Plusieurs méthodes graphiques sont possibles. La plus simple consiste à compter les carreaux sur le graphique que l'on aura soigneusement construit sur papier millimétré. Cependant la représentation graphique a essentiellement pour objectif de transmettre un message visuel. Elle n'est que la visualisation de la concentration *mesurée* par le calcul.

Néanmoins, si l'on tient absolument à calculer une valeur numérique de I_G, on peut se servir (entre autres méthodes d'approximations) de celle donnée par la « méthode *des trapèzes* » :

METHODE DES TRAPEZES

On peut concevoir qu'il existe autant de trapèzes que de classes, comme le montre la figure ci-dessous :

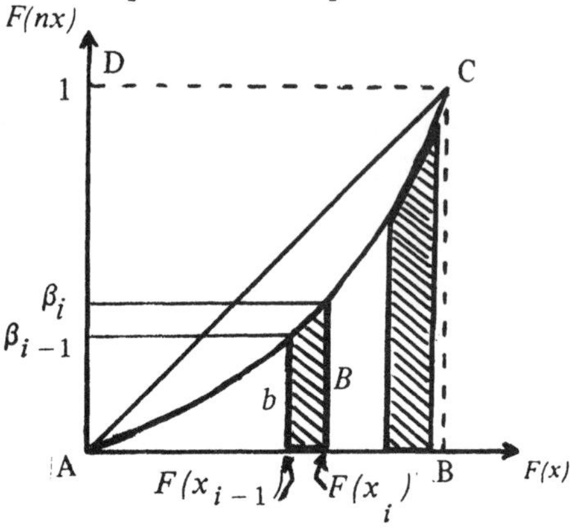

Donc β_i est la valeur de $F(n.x)$ de la ligne « i » du tableau. β_{i-1} est la valeur précédente.(β_{i-1} = 0 pour la valeur i = 1).

En règle générale : $\beta_i = \sum_{h=1}^{i} \frac{n_i x_i}{\sum_i n_i x_i}$

— Rappelons que la surface d'un trapèze est donnée par :

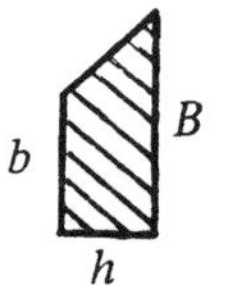

$$S = \frac{(b+B)h}{2}$$

Dès lors, l'aire de concentration est égale à l'aire du triangle ABC moins la somme des aires des trapèzes, soit :

$$\text{Aire de concentration} = \frac{1}{2} - \Sigma \frac{(b+B)h}{2} = \frac{1}{2} - \frac{1}{2} \Sigma [\beta_{i-1} + \beta_i] \cdot [F(x_i) - F(x_{i-1})]$$

$$= \frac{1}{2} - \frac{1}{2} \Sigma (\beta_{i-1} + \beta_i) f_i$$

Et , $I_G = 2 \times$ Aire de concentration $\Rightarrow$ $\boxed{I_G = 1 - \Sigma(\beta_{i-1} + \beta_i) f_i}$

Il suffit de disposer les calculs comme suit :

β_{i-1}	β_i	$\beta_{i-1} + \beta_i$	$f_i(\beta_{i-1} + \beta_i)$
0	–	–	–
–	–	–	–
–	–	–	–

I_G est donné par : 1 moins la somme des termes de la dernière colonne.

(Dans l'exemple chiffré de la page 151, I_G = 0,1475).

Voir également l'exemple chiffré développé page 16 de l'ouvrage d'exercices corrigés.

TROISIÈME PARTIE
LES DISTRIBUTIONS À DEUX CARACTÈRES

RÉGRESSION, AJUSTEMENT ET CORRÉLATION

Les deux premières parties traitaient de la statistique à une seule dimension, c'est-à-dire de l'étude des séries statistiques selon un seul caractère. Ce caractère prenait diverses modalités (x_i) que l'on appelait *valeurs de la variable* dans le cas quantitatif (*exemple* : série du nombre de salariés en fonction du salaire ; nombre d'individus selon diverses classes d'âge... etc).

Les tableaux des données que l'on obtenait étaient uniquement définis par deux colonnes : x_i et n_i.

On se propose maintenant d'étudier les populations, et les séries qui en découlent, suivant *deux caractères quantitatifs* prenant chacun diverses modalités $(x_i$ et $y_j)$. On étudiera, par exemple, un ensemble de salariés non plus seulement selon le salaire, mais encore selon l'âge, ou bien un ensemble d'individus selon leur poids *et* leur taille.

Les tableaux des données seront donc *à deux dimensions* (Voir chapitre 1, p. 37) ; et pour pouvoir déterminer les caractéristiques des séries à deux caractères (moyennes, variances et autres moments), il faudra d'abord savoir les compléter par des lignes et des colonnes adéquates. C'est ce que nous verrons dans un chapitre 1. Un problème nouveau surgira dans un chapitre 2 : celui de la *corrélation*, où nous chercherons à déterminer si les variables sont *«liées»*, c'est-à-dire si l'une a une *influence* sur l'autre, ou bien si elles sont complètement indépendantes, eu égard à leurs variations. L'étude de la corrélation est celle des *liaisons* pouvant exister entre deux phénomènes (1).

---

(1) Et entre *«n»* phénomènes pour la corrélation multiple, non traitée ici (séries à *«n»* caractères).

CHAPITRE UN : PRÉSENTATION DES DONNÉES

SECTION 1 – LES TABLEAUX DE CONTINGENCE

Les tableaux à double entrée représentant les séries statistiques à deux variables, prennent le nom de *tableaux de contingence* (appelés, parfois, également : *Tableaux de corrélation).*

§ 1. CONSTRUCTION DES TABLEAUX DE CONTINGENCE

Construction, par un exemple, (1).

Le tableau de contingence relève d'un certain nombre de normes : soit la *distribution de 17 500 jeunes salariés selon l'âge et le salaire net, en milliers de francs :*

Salaire net (y_j) / Age (x_i)	[5 , 6 [	[6 ; 7 [	[7 ; 8 [	*Total*
[20 ; 22 [	1 200	500	100	1 800
[22 ; 24 [	2 500	3 500	600	6 600
[24 ; 26 [	1 800	5 000	2 300	9 100
Total	5 500	9 000	3 000	17 500

(âge : en années)
(salaires mensuels).

La ligne et la colonne appelées ici «Total», prennent le nom de **«marges»**. Si l'on associe la marge du bas (ligne «Total») et la ligne du haut (y_j), on obtient la distribution des 17 500 jeunes salariés selon leur salaire net (en

(1) On peut revoir également [5] page 17, sur la logique de construction d'un tableau à deux dimensions, à partir de deux tableaux à une dimension.

ENCADRÉ 1

Quelques cas de graphes de distributions à deux caractères

Soient deux caractères X et Y. Chacun peut être : *qualitatif, quantitatif discret,* ou *quantitatif continu.* Il existe donc **six types généraux** de distributions à deux caractères :

1/ **Caractères tous deux qualitatifs** : On pourra faire une représentation en *tuyaux d'orgue* ou un *diagramme à secteurs :*

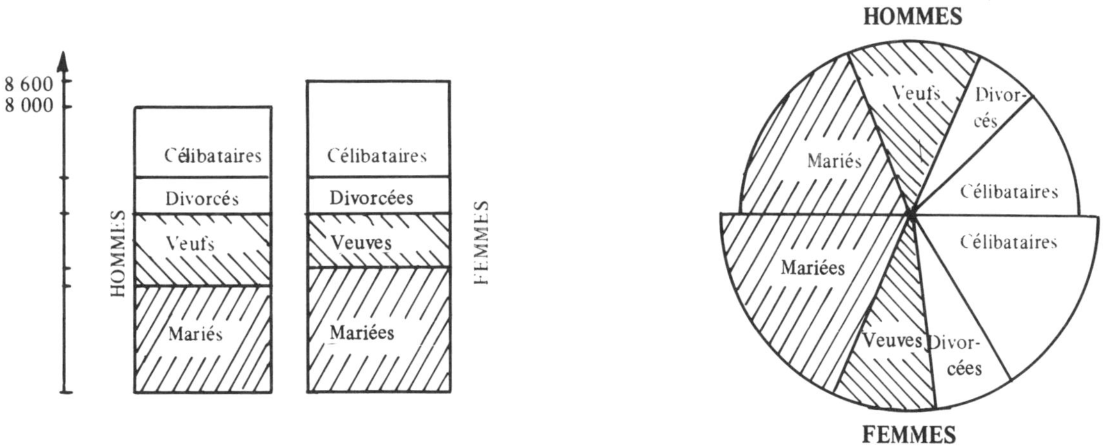

Distribution de la population de plus de 16 ans de la ville «V» par sexe et état matrimonial

2/ **Un caractère est qualitatif ; l'autre quantitatif** : On pourra utiliser des séries de tuyaux d'orgue (1) ou des séries de diagrammes en bâtons *(par exemple :* «Logements selon le nombre de pièces et la fonction» (résidence principale – secondaire – ou logement vacant). On aura 3 tuyaux d'orgue ou 3 diagrammes en bâtons).

3/ **Les deux caractères sont quantitatifs** : on pourra utiliser des séries d'histogrammes, ou un histogramme à 3 dimensions («stéréogramme»), ou encore un diagramme cartésien faisant apparaître un «nuage de points», comme on le verra dans l'étude de la régression, page 183).

Remarque : Il existe un très grand nombre d'autres modes de représentation (diagrammes figuratifs, cartogrammes, diagrammes de fréquences...). Voir chapitre deux, première partie.

(1) A ne pas confondre avec des histogrammes. Voir 7 page 47 (1re partie).

milliers de francs). Cette distribution est à une dimension. On l'appelle **distribution marginale du caractère y**. De même, la dernière colonne (Total) associée à la première, n'est autre que la distribution marginale des individus selon leur âge.

Si l'on s'en tenait uniquement à cette double représentation à une dimension, c'est-à-dire en utilisant seulement les distributions marginales, rien ne nous permettrait de déterminer si l'âge a une influence sur le niveau de salaire, ou l'inverse. Le tableau de contingence, par contre, nous permet de voir *comment se distribuent les effectifs de chaque modalité d'un caractère, suivant les modalités de l'autre.* On a, en quelque sorte, «croisé» l'information.

§ 2. CONTENU ET LECTURE DES TABLEAUX DE CONTINGENCE

A. Présentation générale des tableaux

Soient deux variables statistiques x et y prenant les modalités :

$$x_1 \; ; \; x_2 \; ; \ldots \; ; \; x_i \; ; \ldots \; x_p$$
$$y_1 \; ; \; y_2 \; ; \ldots \; ; \; y_j \; ; \ldots \; y_q$$

Le tableau est de la forme :

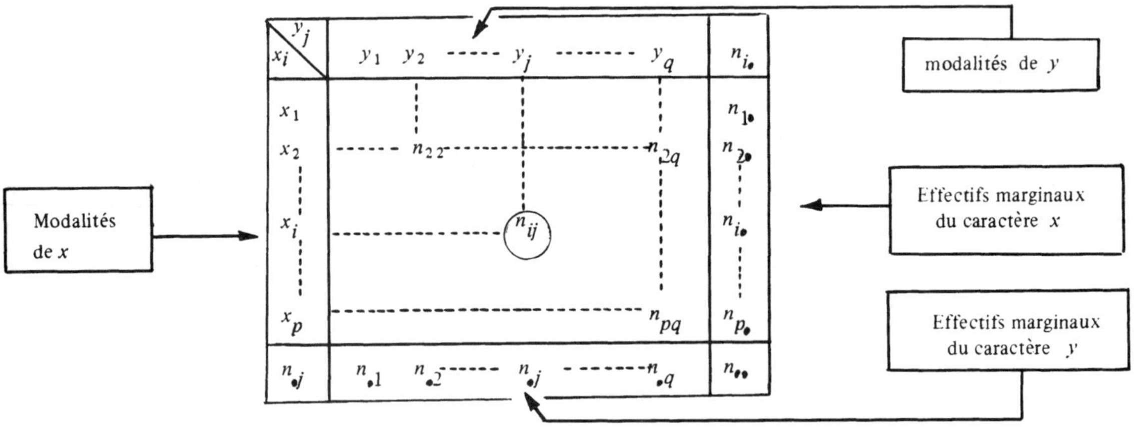

Les conventions de notation sont résumées en 2, page ci-contre.

ENCADRÉ 2

Conventions de notation

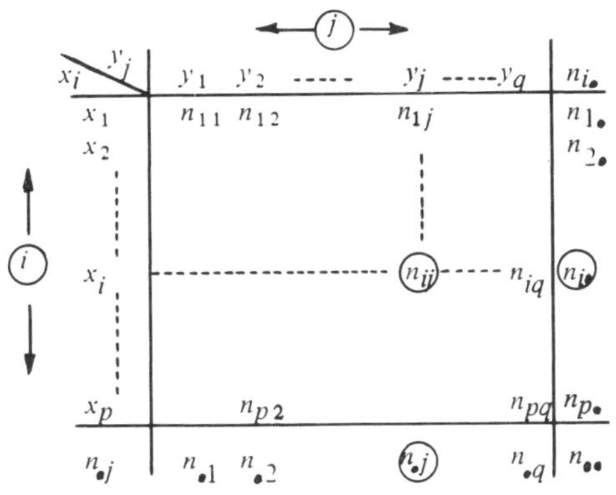

1/ Les modalités du caractère y apparaissent en ligne.

2/ Les modalités du caractère x apparaissent en colonne.

3/ Les effectifs apparaissant à l'intérieur du tableau (de type «n_{ij}») sont toujours notés en prenant l'indice de x («i») d'abord, et celui de y(«j») ensuite. [n_{ji} n'existe pas !]

Exemple :

— «n_{21}» du tableau de la p. 156 est égal à 2500

— «n_{12}» du tableau de la p. 156 est égal à 500.

— «n_{pq}» = n_{33} = 2300.

4/ **Règle fondamentale** :

Dans les marges, ainsi que pour toute somme, **on remplace l'indice qui varie par un point** : (1)

Exemple : «$n_{1\bullet}$» signifie que l'on a sommé les effectifs de la première ligne. L'indice j a donc varié de 1 à q. On le remplace par «•».
Dans le tableau de la p. 156, $n_{1\bullet} = 1800$.
De la même manière «$n_{\bullet j}$» représente l'effectif de la modalité y_j, pour l'ensemble des modalités de x. L'indice «i» de x a varié de 1 à p ; on le remplace par un point.

5/ **Par extension**, on note l'effectif général marginal de x : «$n_{i\bullet}$» (dernière colonne, correspondant aux effectifs de la distribution marginale de x).
De même, les effectifs de la distribution marginale de y seront repérés par le terme général «$n_{\bullet j}$».

Et $n_{\bullet\bullet} = \sum_j n_{\bullet j} = \sum_i n_{i\bullet}$

Pour bien comprendre

$$\sum_{i=1}^{p} n_{ij} = n_{\bullet j}$$

«i» varie, donc devient «•»

$$\sum_{j=1}^{q} n_{ij} = n_{i\bullet}$$

«j» varie, donc devient «•»

(1) On entend ici par : «indice qui varie», l'indice sur lequel on opère la sommation.

Le terme général du tableau de contingence est noté «n_{ij}». De la même manière que nous repérions, en deuxième partie, une distribution statistique à une dimension par $\{x_i\ ;\ n_i\}$, nous repérerons une distribution statistique à deux dimensions par : $\{x_i, y_j\ ;\ n_{ij}\}$. Pour exprimer les effectifs marginaux,(donc des sommes), on remplace l'indice (i ou j) qui varie par un point. **L'effectif total** s'écrit donc «$n_{\bullet\bullet}$» , c'est le nombre d'individus de la population étudiée.

B. Les éléments du tableau

Quelques définitions sont indispensables :

(a) - **Les effectifs partiels** : Ce sont les effectifs lus à l'intérieur du tableau de contingence (repérés par n_{ij}). Ils correspondent au nombre d'individus présentant à la fois la modalité x_i et la modalité y_j.

(b) - **Les fréquences partielles** : Il existe *deux types* de fréquences relatives partielles

— Tout d'abord celles qui correspondent au rapport de l'effectif partiel sur l'effectif total : On les appelle *«fréquences partielles sur effectif total»* :

$$f_{ij} = \frac{n_{ij}}{n_{\bullet\bullet}}$$

C'est la proportion d'individus satisfaisant **à la fois** à la modalité x_i et à la modalité y_j.

— Ensuite, celles qui correspondent au rapport de l'effectif partiel sur l'effectif marginal : on les appelle *«fréquences conditionnelles»*.

Notation : $f_{i/j}$ ou f_i^j , ce qui se prononce : «fréquence de $x = x_i$, sous condition que $y = y_j$», ou plus simplement «f de i si j».

$$f_{i/j} = \frac{n_{ij}}{n_{\bullet j}} \quad \text{et} \quad f_{j/i} = \frac{n_{ij}}{n_{i\bullet}}$$

$\mathbf{f_{i/j}}$: c'est la proportion d'individus présentant la modalité x_i, parmi les individus qui présentent uniquement la modalité y_j. C'est la fréquence conditionnelle de x selon y.

De même $f_{j/i}$ est la fréquence conditionnelle de y selon x.

ENCADRÉ 3

Pour bien comprendre les fréquences partielles

Reprenons le tableau de contingence de la page 156.

Salaire (y_j) / Age (x_i)	[5 , 6 [	[6 ; 7 [	[7 ; 8 [	$n_{i\bullet}$
[20 , 22 [	1 200	500	100	1 800
[22 ; 24 [	2 500	3 500	600	6 600
[24 ; 26 [	1 800	5 000	2 300	9 100
$n_{\bullet j}$	5 500	9 000	3 000	17 500

Fréquence partielle sur effectif total :

(f_{ij}) $f_{22} = \dfrac{n_{22}}{n_{\bullet\bullet}} = \dfrac{3\ 500}{17\ 500} = 0{,}2$ ⇒ 20 % des individus ont entre 22 et 24 ans, et gagnent entre 6 000 et 7 000 F de salaire net.

Fréquence conditionnelle :

($f_{i/j}$) $f_{2/2} = \dfrac{n_{22}}{n_{\bullet 2}} = \dfrac{3\ 500}{9\ 000} = 0{,}39$ ⇒ parmi les 9 000 individus qui touchent entre 6 000 et 7 000 F de salaire net, il en existe 3 500 qui ont entre 22 et 24 ans. Ou bien : 39 % des individus qui touchent un salaire net compris entre 6 000 et 7 000 F ont entre 22 et 24 ans.

($f_{j/i}$) $f_{j=1/i=3} = \dfrac{n_{31}}{n_{3\bullet}} = \dfrac{1\ 800}{9\ 100} = 0{,}2$ ⇒ parmi les individus âgés de 24 à 26 ans, il y en a 1800 qui gagnent entre 5 000 F et 6 000 F. Ou bien : 20 % des individus âgés de 24 à 26 ans touchent entre 5 000 et 6 000 F de salaire net.

ENCADRÉ 4

Les fréquences marginales

Sur le même tableau chiffré, on voit que, par exemple :

($f_{i\bullet}$) $f_{2\bullet} = \dfrac{n_{2\bullet}}{n_{\bullet\bullet}} = \dfrac{6\ 600}{17\ 500} = 0{,}377$ ⇒ 37,7 % des individus sont âgés de 22 à 24 ans.

($f_{\bullet j}$) $f_{\bullet 2} = \dfrac{n_{\bullet 2}}{n_{\bullet\bullet}} = \dfrac{9\ 000}{17\ 500} = 0{,}514$ ⇒ 51,4 % des individus touchent un salaire compris entre 6 000 et 7 000 F, net.

ⓒ – **Les effectifs marginaux** : Ce sont les effectifs lus dans les 2 marges du tableau :

$\{n_{1\bullet}\,;n_{2\bullet}\,;\ldots\,;n_{i\bullet}\,;\ldots\,;n_{p\bullet}\}$ pour x

$\{n_{\bullet 1}\,;n_{\bullet 2}\,;\ldots\,;n_{\bullet j}\,;\ldots\,;n_{\bullet q}\}$ pour y

Il y a autant d'effectifs marginaux que de modalités («p» pour x et «q» pour y)

Donc $\boxed{\sum_{i=1}^{p} n_{i\bullet} = n_{\bullet\bullet}}$ et $\boxed{\sum_{j=1}^{q} n_{\bullet j} = n_{\bullet\bullet}}$

De même, en utilisant la règle selon laquelle l'indice qui varie devient «•» hors de la somme :

$\boxed{n_{i\bullet} = \sum_{j=1}^{q} n_{ij}}$ et $\boxed{n_{\bullet j} = \sum_{i=1}^{p} n_{ij}}$

ⓓ – **Les fréquences marginales**: Ce sont les rapports des effectifs marginaux à leurs totaux. Elles ne peuvent donc s'exprimer que par rapport à l'effectif total $n_{\bullet\bullet}$

$\boxed{f_{i\bullet} = \frac{n_{i\bullet}}{n_{\bullet\bullet}}}$ et $\boxed{f_{\bullet j} = \frac{n_{\bullet j}}{n_{\bullet\bullet}}}$

C. Les relations entre les fréquences marginales et conditionnelles

On démontre tout d'abord que, dans tous les cas, la somme des fréquences est égale à 1 (voir 5).

On démontre également que le produit des fréquences marginales par les fréquences conditionnelles est égal aux fréquences partielles sur effectif total : (voir 5), d'où les relations :

$\boxed{f_{i\bullet} \times f_{j/i} = f_{ij}}$ et $\boxed{f_{\bullet j} \times f_{i/j} = f_{ij}}$

D. Notation abrégée des sommes

Dans bien des cas, afin de ne pas surcharger les écritures, nous noterons :

«$\sum_{i}$» au lieu de «$\sum_{i=1}^{p}$» ; et «$\sum_{j}$» au lieu de «$\sum_{j=1}^{q}$», ce qui se lit «somme par rapport à i ou par rapport à j».

ENCADRÉ 5

Démonstrations

1. *La somme des fréquences est égale à l'unité :*

— Marginales

$$\sum_{j=1}^{q} f_{\bullet j} = \sum_{j=1}^{q} \frac{n_{\bullet j}}{n_{\bullet\bullet}} = \frac{1}{n_{\bullet\bullet}} \sum_{j=1}^{q} n_{\bullet j} = \frac{n_{\bullet\bullet}}{n_{\bullet\bullet}} = 1$$

$$\sum_{i=1}^{p} f_{i\bullet} = \sum_{i=1}^{p} \frac{n_{i\bullet}}{n_{\bullet\bullet}} = \frac{1}{n_{\bullet\bullet}} \sum_{i=1}^{p} n_{i\bullet} = \frac{n_{\bullet\bullet}}{n_{\bullet\bullet}} = 1$$

— Conditionnelles

$$\sum_{j=1}^{q} f_{j/i} = \sum_{j=1}^{q} \frac{n_{ij}}{n_{i\bullet}} = \frac{1}{n_{i\bullet}} \sum_{j=1}^{q} n_{ij} = \frac{n_{i\bullet}}{n_{i\bullet}} = 1$$

$$\sum_{i=1}^{p} f_{i/j} = \sum_{i=1}^{p} \frac{n_{ij}}{n_{\bullet j}} = \frac{1}{n_{\bullet j}} \sum_{i=1}^{p} n_{ij} = \frac{n_{\bullet j}}{n_{\bullet j}} = 1$$

— Partielles sur effectif total

$$\sum_{i=1}^{p} \sum_{j=1}^{q} f_{ij} = \sum_{i=1}^{p} \sum_{j=1}^{q} \frac{n_{ij}}{n_{\bullet\bullet}} = \frac{1}{n_{\bullet\bullet}} \sum_{i=1}^{p} n_{i\bullet} = \frac{n_{\bullet\bullet}}{n_{\bullet\bullet}} = 1$$

2. *Relation entre les fréquences :*

$$f_{i\bullet} \times f_{j/i} = \frac{n_{i\bullet}}{n_{\bullet\bullet}} \times \frac{n_{ij}}{n_{i\bullet}} = \frac{n_{ij}}{n_{\bullet\bullet}} = f_{ij}$$

$$f_{\bullet j} \times f_{i/j} = \frac{n_{\bullet j}}{n_{\bullet\bullet}} \times \frac{n_{ij}}{n_{\bullet j}} = \frac{n_{ij}}{n_{\bullet\bullet}} = f_{ij}$$

Donc :

$$\boxed{f_{i\bullet} \times f_{j/i} = f_{\bullet j} \times f_{i/j} = f_{ij}}$$

ENCADRÉ 6

Quelques remarques sur l'effectif total $n_{\bullet\bullet}$

$n_{\bullet\bullet}$, effectif total, est égal, soit à la somme des $n_{i\bullet}$, soit à celle des $n_{\bullet j}$ (effectifs marginaux), qui sont eux-mêmes des sommes. Donc :

$$n_{\bullet\bullet} = \sum_{i=1}^{p} n_{i\bullet} = \sum_{i=1}^{p} \sum_{j=1}^{q} n_{ij}$$

$$n_{\bullet\bullet} = \sum_{j=1}^{q} n_{\bullet j} = \sum_{j=1}^{q} \sum_{i=1}^{p} n_{ij}$$

On voit donc que l'on peut intervertir l'ordre des sommes (commutativité), et $\sum_i \sum_j = \sum_j \sum_i$

SECTION 2 – LES CARACTÉRISTIQUES DES SÉRIES A DEUX CARACTÉRES

On se limitera aux moyennes arithmétiques et aux variances dans un premier temps. Il faut bien comprendre que, puisqu'il existe des fréquences marginales et conditionnelles, on déterminera des moyennes et des variances marginales et conditionnelles.

Ainsi, si nous reprenons l'exemple de la section 1, l'*âge moyen* et la *variance des âges* seront calculés à partir de la *distribution marginale* de x. De la même manière, le *salaire moyen* et la variance des salaires seront tirés de la distribution marginale de y.

L'âge moyen et la variance des âges *pour chaque classe de salaire*, seront tirés des distributions conditionnelles de x en y (*«i»* varie, *«j»* est fixé), et inversement.

On emploiera indifféremment le terme de «distribution» ou de «loi».

§1. LES CARACTÉRISTIQUES DES LOIS MARGINALES

A. Caractéristiques marginales du caractère x

1. Définition

Les caractéristiques marginales de x (moyenne et variance) s'obtiennent à partir de la distribution marginale de x, c'est-à-dire à partir des *«p»* modalités (x_i) et des *«p»* effectifs marginaux $(n_{i\bullet})$.

2. La moyenne marginale $\bar{\bar{x}}$

Il s'agit d'une moyenne arithmétique, que l'on note $\bar{\bar{x}}$ (lue : «x double barre»).

ENCADRÉ 7

Compléments sur l'opérateur Σ : des doubles sommes

L'opérateur Σ présente deux propriétés fondamentales :

1. **Propriété de commutativité** :

$$\sum_i \sum_j x_i y_j = \sum_j \sum_i x_i y_j$$

ce qui permet d'intervertir l'ordre des sommes.

2. **Propriété de distributivité**

$$\sum_i \sum_j x_i y_j = \sum_i x_i \sum_j y_j$$

ce qui permet de «sortir» de la double somme, une somme d'éléments variant par rapport à un indice.

Démonstration : $\sum_i \sum_j x_i y_j = \sum_i [\sum_j x_i y_j]$, où x_i est constant dans l'expression entre crochets

$$= \sum_i x_i \sum_j y_j$$

3. **Conséquence fondamentale**

$$\sum_i \sum_j n_{ij} x_i y_j = \sum_i x_i \sum_j n_{ij} y_j$$

ENCADRÉ 8

Exercice d'application

— Calculez $\sum_i \sum_j f_{i/j}$ et calculez $\sum_i f_{i/j} \times \sum_j f_{j/i}$

— Réponses :

$$\sum_i \sum_j f_{i/j} = \sum_i \sum_j \frac{n_{ij}}{n_{\bullet j}} = \sum_j \sum_i \frac{n_{ij}}{n_{\bullet j}} = \sum_j \left(\frac{1}{n_{\bullet j}}\right) \sum_i n_{ij}$$

$$= \sum_j \left(\frac{1}{n_{\bullet j}}\right) n_{\bullet j} = \sum_{j=1}^{q} \frac{n_{\bullet j}}{n_{\bullet j}} = \sum_{j=1}^{q} 1 = \boxed{q}$$

(q est le nombre de modalités de y)

$$\sum_i f_{i/j} \times \sum_j f_{j/i} = \sum_i \frac{n_{ij}}{n_{\bullet j}} \sum_j \frac{n_{ij}}{n_{i\bullet}} = \frac{1}{n_{\bullet j}} \sum_i n_{ij} \times \frac{1}{n_{i\bullet}} \sum_j n_{ij}$$

$$= \frac{n_{\bullet j}}{n_{\bullet j}} \times \frac{n_{i\bullet}}{n_{i\bullet}} = 1 \times 1 = \boxed{1}$$

La somme du produit des fréquences conditionnelles est la somme des fréquences partielles sur effectif total. Elle est égale à l'unité.

Sa détermination relève de la même logique que celle de $\bar{x}$ pour les séries à une dimension. On a :

$$\bar{\bar{x}} = \frac{1}{n_{\bullet\bullet}} \sum_{i=1}^{p} n_{i\bullet} x_i \quad \text{avec : } n_{\bullet\bullet} = \sum_{i=1}^{p} n_{i\bullet}$$

L'effectif marginal $n_{i\bullet}$ étant lui-même une somme, on peut écrire :

$$\bar{\bar{x}} = \frac{1}{n_{\bullet\bullet}} \sum_{i=1}^{p} \sum_{j=1}^{q} n_{ij} x_i \quad \text{avec } n_{\bullet\bullet} = \sum_i \sum_j n_{ij}$$

Dans l'exemple chiffré de la section 1 :

$$\bar{\bar{x}} = \frac{1}{17\,500} [(1\,800 \times 21) + (6\,600 \times 23) + (9\,100 \times 25)] = 23{,}8$$

L'âge moyen des individus est donc de **23,8 ans** (soit 23 ans, 9 mois et 18 jours).

3. La variance marginale de x; (V(x))

La formule de définition est la même que pour les séries à une dimension :

$$V(x) = \frac{1}{n_{\bullet\bullet}} \sum_{i=1}^{p} n_{i\bullet} (x_i - \bar{\bar{x}})^2$$

La formule développée est :

$$V(x) = \frac{1}{n_{\bullet\bullet}} \sum_{i=1}^{p} n_{i\bullet} x_i^2 - \bar{\bar{x}}^2$$

L'écart type σ_x est égal à la racine carrée de la variance.

Dans l'exemple chiffré de la section 1 :

$$\frac{1}{n_{\bullet\bullet}} \sum_i n_{i\bullet} x_i^2 = \frac{1}{17500} \left[(1\,800 \times 21^2) + (6\,600 \times 23^2) + (9\,100 \times 25^2)\right] = 569{,}869$$

$$\bar{\bar{x}}^2 = (23{,}8)^2 = 566{,}44$$

et $V(x) = 569{,}869 - 566{,}44 = \mathbf{3{,}43}$

$\sigma_x = 1{,}85$ an.

ENCADRÉ 9

Exercice

Pour 25 mariages, les âges de l'époux et de l'épouse, relevés sur les registres d'un état civil sont les suivants :

Sachant que chaque couplet (x_i, y_j) représente respectivement l'âge de l'époux et l'âge de l'épouse au moment du mariage :

(22,17) ; (23,18) ; (24,17) ; (24,18) ; (24,20) ; (24,21) ;
(25,18) ; (25,19) ; (25,20) ; (26,18) ; (26,19) ; (26,21) ;
(26,23) ; (27,19) ; (27,21) ; (28,21) ; (28,22) ; (30,22) ;
(30,23) ; (31,24) ; (31,25) ; (34,24) ; (35,24) ; (35,25) ;
(36,25).

: rangez ces données en classes d'amplitude 5 dans un tableau de contingence, dégagez les distributions marginales, et calculez l'âge moyen des époux au moment du mariage.

*

Le tableau de contingence est le suivant. On a choisi des limites de classes divisibles par 5. On exprime les centres de classe dans le tableau :

x_i \ y_j		[15 ; 20[	[20 ; 25[	[25 ; 30[	$n_{i\bullet}$
		17,5	22,5	27,5	
[20 ; 25[	22,5	4	2	0	6
[25 ; 30[	27,5	5	6	0	11
[30 ; 35[	32,5	0	4	1	5
[35 ; 40[	37,5	0	1	2	3
$n_{\bullet j}$		9	13	3	25

— La colonne $n_{i\bullet}$ associée aux x_i est la distribution marginale de x (j varie et devient «•»). Elle exprime l'âge des époux quel que soit l'âge des épouses.

— La distribution marginale de y est :

$$\{y_j \; ; \; n_{\bullet j}\}$$

— L'âge moyen des époux au moment du mariage est :

$$\bar{\bar{x}} = \frac{1}{n_{\bullet\bullet}} \sum_i n_{i\bullet} x_i = \frac{(6 \times 22{,}5) + (11 \times 27{,}5) + (5 \times 32{,}5) + (3 \times 37{,}5)}{25} = \mathbf{28{,}5}$$

Il est donc de 28 ans et 6 mois.

B. Caractéristiques marginales du caractère y

La démarche est la même que précédemment : Les caractéristiques marginales de y s'obtiennent à partir des q modalités (y_j) et des q effectifs marginaux $(n_{\bullet j})$.

La moyenne s'écrit :

$$\bar{\bar{y}} = \frac{1}{n_{\bullet\bullet}} \sum_j n_{\bullet j} y_j = \frac{1}{n_{\bullet\bullet}} \sum_j \sum_i n_{ij} y_j$$

La variance s'écrit :

$$V(y) = \frac{1}{n_{\bullet\bullet}} \sum_j n_{\bullet j} (y_j - \bar{\bar{y}})^2$$

Soit, par la formule développée :

$$V(y) = \frac{1}{n_{\bullet\bullet}} \sum_j n_{\bullet j} y_j^2 - \bar{\bar{y}}^2$$

Et $\sigma_y = \sqrt{V(y)}$.

§2. LES CARACTÉRISTIQUES DES LOIS CONDITIONNELLES

Il y a deux lois, ou distributions, conditionnelles : celle de x selon y (où y est fixé, et où x varie) ; celle de y selon x (où x est fixé, et où y varie).

A. Caractéristiques conditionnelles de x selon y

1. Définition

Les caractéristiques conditionnelles de x selon y (moyenne, variance) s'obtiennent à partir des lois conditionnelles de x selon y, c'est-à-dire à partir des *«p»* modalités de x et des *«q»* colonnes d'effectifs, à l'intérieur du tableau de contingence.

Il y a en effet q distributions conditionnnelles de x selon y, comme le montre le schéma de la page 170.

ENCADRÉ 10

Exercice

A partir des données du tableau de contingence de l'exercice 9, page 167, répondez aux questions suivantes :

(a) Valeurs des effectifs partiels suivants : n_{11} ; n_{23} ; n_{32} ; n_{21}

(b) Calcul de $f_{2\bullet}$ et $f_{\bullet 2}$, et signification

(c) Calcul de f_{22}, et signification

(d) Calcul de $f_{i=3/j=2}$ et signification

(e) A quoi est égal $\sum_j f_{j/i}$? $\sum_j \sum_i f_{j/i}$?

Réponses :

(a) $n_{11} = 4$; $n_{23} = 0$; $n_{32} = 4$; $n_{21} = 5$

(b) $f_{2\bullet} = \dfrac{n_{2\bullet}}{n_{\bullet\bullet}} = \dfrac{11}{25} = 0{,}44$ ⇒ 44 % des hommes de l'échantillon se marient entre 25 et 30 ans

$f_{\bullet 2} = \dfrac{n_{\bullet 2}}{n_{\bullet\bullet}} = \dfrac{13}{25} = 0{,}52$ ⇒ 52 % des femmes se marient entre 20 et 25 ans.

(c) $f_{22} = \dfrac{n_{22}}{n_{\bullet\bullet}} = \dfrac{6}{25} = 0{,}24$ ⇒ 24 % des couples de l'échantillon se sont mariés entre 20 et 25 ans pour la femme **et** 25 et 30 ans pour l'homme.

(d) $f_{i=3/j=2} = \dfrac{n_{32}}{n_{\bullet 2}} = \dfrac{4}{13} = 0{,}308$ ⇒ 30,8 % des femmes de 20 à 25 ans se sont mariés avec des hommes de 30 à 35 ans .

(e) $\sum_j f_{j/i} = 1$ (somme des fréquences)

$$\sum_j \sum_i f_{j/i} = \sum_i \sum_j f_{j/i} = \sum_i \sum_j \frac{n_{ij}}{n_{i\bullet}} = \sum_i \frac{1}{n_{i\bullet}} \sum_j n_{ij} = \sum_i \frac{1}{n_{i\bullet}} \times n_{i\bullet} = \sum_i 1$$

i variant de 1 à 4, $\sum_i 1 = 4$.

Les démonstrations des réponses aux questions (e) apparaissent, *dans le cas général,* en 8

Il y aura donc q moyennes conditionnelles de x selon y, et q variances conditionnelles de x selon y.

$x \backslash y$	y_1	y_2	......	y_j	....	y_q
x_1	n_{11}	n_{12}		n_{1j}		n_{1q}
x_2	n_{21}	n_{22}		n_{2j}		n_{2q}
$\vdots$	$\vdots$	$\vdots$		$\vdots$		$\vdots$
x_i	n_{i1}	n_{i2}		n_{ij}		n_{iq}
$\vdots$	$\vdots$	$\vdots$		$\vdots$		$\vdots$
x_p	n_{p1}	n_{p2}		n_{pj}		n_{pq}
$n_{\bullet j}$	$n_{\bullet 1}$	$n_{\bullet 2}$	......	$n_{\bullet j}$	......	$n_{\bullet q}$

Loi conditionnelle de x selon $y = y_j$

Loi conditionnelle de x selon $y = y_2$ (ou $j = 2$)

Loi conditionnelle de x selon $y = y_1$ (ou $j = 1$)

Les lois conditionnelles de x sont donc *les colonnes d'effectifs du tableau de contingence* associées aux modalités de x.(1).

2. Formule des moyennes conditionnelles de x selon y

Les q moyennes conditionnelles de x selon y (ou «de x si y») sont de la forme :

$$\bar{x}_j = \frac{1}{n_{\bullet j}} \sum_{i=1}^{p} n_{ij}\, x_i \qquad \text{avec } 1 \leqslant j \leqslant q$$

La notation «$\bar{x}_j$» signifie : «Moyenne conditionnelle de x, si $y = y_j$».

La sommation se fait par rapport à i, puisque l'on somme «en colonne». Les effectifs sont les effectifs partiels du tableau de contingence (n_{ij}). L'effectif par lequel on divise la somme pondérée est $n_{\bullet j}$, c'est-à-dire la somme des effectifs partiels (n_{ij}) de la colonne «j».

(1) Il n'est donc généralement pas nécessaire de les réécrire : Les calculs s'exécutent à partir du tableau de contingence lui-même.

ENCADRÉ 11

Notion de centre de gravité

Si on représente, sur un repère cartésien, toutes les observations $(x_i ; y_j)$, on obtient un diagramme appelé parfois «graphique de corrélation».

L'ensemble des couples (x_i, y_j) forme un *«nuage de points»* dont la forme (allongée ou non) nous servira lors de l'étude dela corrélation linéaire.

Le centre de gravité, point G, de ce nuage de points a pour coordonnées $\overline{\overline{x}}$ et $\overline{\overline{y}}$, moments simples d'ordre 1,0 et 0,1.

Sur les données brutes de l'exercice 9 page 167, on obtient le diagramme suivant :

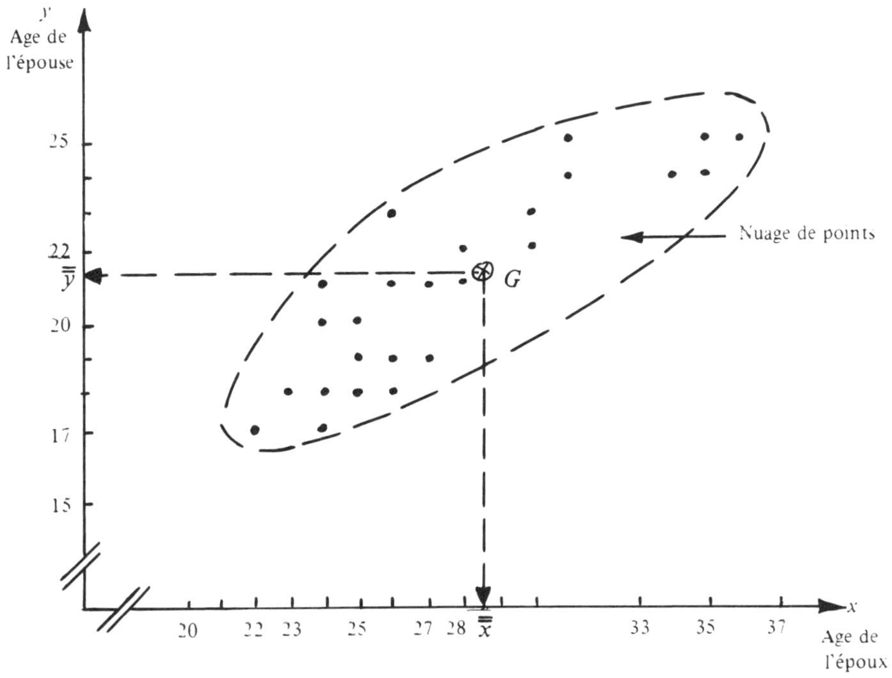

Par exemple :

Sur les données chiffrées du tableau de la section 1, la moyenne conditionnelle $\bar{x}_3$ est :

$$\bar{x}_3 = \frac{1}{3\,000}\left[(100 \times 21) + (600 \times 23) + (2\,300 \times 25)\right] = 24{,}47$$

L'âge moyen des individus qui gagnent entre 7000 et 8000 F est donc de 24, 47 ans ($\approx$24 ans et demi).

3. Formules des variances conditionnelles de x selon y

Les q variances conditionnelles de x selon y (ou «de x si y») se notent $V_j(x)$. Elles sont de la forme :

$$V_j(x) = \frac{1}{n_{\bullet j}} \sum_{i=1}^{p} n_{ij} (x_i - \bar{x}_j)^2$$

Ou bien, par la formule développée :

$$V_j(x) = \frac{1}{n_{\bullet j}} \sum_{i=1}^{p} n_{ij}\, x_i^2 - \bar{x}_j^2$$

Les sommations se font "par rapport à i" puisque l'on somme, en colonne, des effectifs se rapportant aux modalités de x. Les écarts que l'on élève au carré, sont des écarts entre la variable (x_i) et la moyenne conditionnelle correspondante $(\bar{x}_j)$.

Sur les données chiffrées du tableau de la section 1, la variance conditionnelle de x si $y = y_3$ est $V_3(x)$:

$$\begin{cases} \dfrac{1}{n_{\bullet 3}} \sum_i n_{i3}\, x_i^2 = \dfrac{1}{3000}\left[(100 \times 21^2) + (600 \times 23^2) + (2300 \times 25^2)\right] = 599{,}67 \\ (\bar{x}_3)^2 = (24{,}47)^2 = 598{,}78 \end{cases}$$

Donc : $\underline{V_3(x) = 599{,}67 - 598{,}78 = 0{,}89}$

et: $\underline{\sigma_3(x) = 0{,}94 \text{ année}}$ (écart type des âges des individus gagnant entre 7 000 et 8 000 F de salaire net).

ENCADRÉ 12

Complément :

Les tableaux de contingence de caractères qualitatifs et initiation au test du χ^2 de Pearson

[Prononciation : « Khi Deux »]

Si les caractères sont qualitatifs (non mesurables), il n'est plus possible de calculer des moyennes ou des variances.

Exemple : Une enquête sur 800 étudiants concernant leur goût pour quatre matières aboutit au tableau de contingence ci-dessous.

cours \ *Sexe*	*Hommes*	*Femmes*	*Total*
Littérature	100	100	200
Mathématiques	220	50	270
Géographie	80	50	130
Droit	100	100	200
Total	500	300	800

La seule connaissance des effectifs nous permet de déterminer si la distribution à deux caractères est homogène, c'est-à-dire si il existe un lien de dépendance entre le goût pour tel domaine et le sexe.

Le calcul de la grandeur $\chi^2 = \sum_i \frac{(N_i - n_i)^2}{N_i}$ (voir également 13) nous permet de répondre à la question :

N est «l'effectif théorique» correspondant à une répartition homogène
n est l'effectif observé.

Cours		N_i	n_i	$N_i - n_i$	χ^2
H	Littérature	125	100	+ 25	5
	Mathématiques	168,75	220	– 51,25	15,56
	Géographie	81,25	80	+ 1,25	0,02
	Droit	125	100	+ 25	5
F	Littérature	75	100	– 25	8,33
	Mathématiques	101,25	50	+ 51,25	25,94
	Géographie	48,75	50	– 1,25	0,03
	Droit	75	100	– 25	8,33
				0	68,21

S'il y avait indépendance parfaite, on aurait par exemple :

$$\frac{500}{800} \times 200 = 125 \text{ hommes}$$

préférant la littérature ($N_1 = 125$)

Si l'on se reporte à une table du χ^2 (dont le principe d'utilisation dépasse le cadre **purement illustratif** du présent exemple), on conclut que, les différences observées étant significatives, il n'y a pas indépendance entre sexe et goût des domaines d'enseignement.

Remarques : . $\chi^2_{0,05} = 12,59$ pour $8 - 2 = 6$ degrés de liberté.

Ce «test» convient également pour des séries à caractères quantitatifs.

B. Caractéristiques conditionnelles de y selon x

Elles s'obtiennent à partir des q modalités du caractère y et à partir des p lignes d'effectifs partiels du tableau de contingence.

Il y a donc p distributions, p moyennes et p variances, conditionnelles de y selon x

Les moyennes sont de la forme :

$$\bar{y}_i = \frac{1}{n_{i\bullet}} \sum_j n_{ij}\, y_j$$

Les variances sont de la forme :

$$V_i(y) = \frac{1}{n_{i\bullet}} \sum_j n_{ij}\, (y_j - \bar{y}_i)^2$$

ou, par la formule développée :

$$V_i(y) = \frac{1}{n_{i\bullet}} \sum_j n_{ij} y_j^2 - \bar{y}_i^2 \quad (1)$$

On répondra, par exemple à la question : Combien gagnent en moyenne les individus de l'échantillon âgés de 22 à 24 ans, avec quelle dispersion.

§ 3. RELATIONS ENTRE LES CARACTÉRISTIQUES MARGINALES ET CONDITIONNELLES

- Ces relations sont importantes. Elles nous serviront également lors du calcul du rapport de corrélation (η^2), chapitre 2, page 210.

Les démonstrations apparaissent en 14 et 15 .

- Elles sont au nombre de deux : la première concerne les relations entre les moyennes ; la seconde (la plus importante) concerne les relations entre les variances.
- Elles sont à rapprocher des notions déjà vues de moyennes et variances intra et interpopulation, page 129.

---

(1) Remarque : On passe de $V_j(x)$ à $V_i(y)$ en remplaçant, dans la formule, j par i et x par y.

ENCADRÉ 13

Détermination du χ^2 de Pearson à partir des effectifs (cas général)

Soit un tableau de contingence quelconque $\{x_i\, y_j\, ;\, n_{ij}\}$, à caractères quantitatifs ou qualitatifs, la quantité : $\left[\frac{n_{i\bullet}\, n_{\bullet j}}{n_{\bullet\bullet}} - n_{ij}\right]$ a une propriété bien particulière : elle mesure l'association ou la «contingence» des caractères de la case *(ij)* du tableau. Elle est nulle en cas d'indépendance.

Elle est égale à la valeur *(N – n)* de l'exemple précédent.

La contingence globale est mesurée par la quantité χ^2, qui s'écrit, dans le cas général :

$$\chi^2 = \sum_i \sum_j \frac{\left[\frac{n_{i\bullet}\, n_{\bullet j}}{n_{\bullet\bullet}} - n_{ij}\right]^2}{\left[\frac{n_{i\bullet}\, n_{\bullet j}}{n_{\bullet\bullet}}\right]}$$

x_i \ y_j	$y_1 \ldots y_j \ldots y_q$	$n_{i\bullet}$
x_1		
$\vdots$	$\vdots$	
x_i	n_{ij}	$n_{i\bullet}$
$\vdots$	$\vdots$	$\vdots$
x_p		
$n_{\bullet j}$	$n_{\bullet j}$	$n_{\bullet\bullet}$

Divers coefficients basés sur le χ^2 de Pearson seront étudiés en statistique mathématique.

ENCADRÉ 14

Démonstration de la relation existant entre les moyennes marginales et conditionnelles

La démonstration est faite pour x ; elle est identique pour y.

On a par définition : $\bar{\bar{x}} = \frac{1}{n_{\bullet\bullet}} \sum_i \sum_j n_{ij}\, x_i$

ou : $\bar{\bar{x}} = \frac{1}{n_{\bullet\bullet}} \sum_j \left[\sum_i n_{ij}\, x_i\right]$

Or : $\bar{x}_j = \frac{1}{n_{\bullet j}} \sum_i n_{ij}\, x_i \Rightarrow \sum_i n_{ij}\, x_i = \bar{x}_j \times n_{\bullet j}$

Donc : $\boxed{\bar{\bar{x}} = \frac{1}{n_{\bullet\bullet}} \sum_j \bar{x}_j\, n_{\bullet j}}$ De la même manière : $\boxed{\bar{\bar{y}} = \frac{1}{n_{\bullet\bullet}} \sum_i n_{i\bullet}\, \bar{y}_i}$

— **Relation entre les moyennes** : La moyenne marginale est égale à la moyenne des moyennes conditionnelles, pondérée par les effectifs marginaux :

$$\boxed{\bar{\bar{x}} = \frac{1}{n_{\bullet\bullet}} \sum_j n_{\bullet j} \bar{x}_j} \quad \text{et} \quad \boxed{\bar{\bar{y}} = \frac{1}{n_{\bullet\bullet}} \sum_i n_{i\bullet} \bar{y}_i}$$

— **Relation entre les variances** : La variance marginale est égale à la moyenne des variances conditionnelles, augmentée de la variance des moyennes conditionnelles.

$$\boxed{V(x) = \frac{1}{n_{\bullet\bullet}} \sum_j n_{\bullet j} (\bar{x}_j - \bar{\bar{x}})^2 + \frac{1}{n_{\bullet\bullet}} \sum_j V_j(x)\, n_{\bullet j}}$$

$$\underbrace{\left[\begin{array}{l}\text{Variance des } \bar{x}_j \\ \text{(moyennes} \\ \text{conditionnelles)}\end{array}\right]}_{} + \underbrace{\left[\begin{array}{l}\text{Moyenne des } V_j(x) \\ \text{(variances} \\ \text{conditionnelles)}\end{array}\right]}_{}$$

Autre notation : $V(x) = V(\bar{x}_j) + \overline{V_j(x)}$

De même :

$$\boxed{V(y) = \frac{1}{n_{\bullet\bullet}} \sum_i n_{i\bullet} (\bar{y}_i - \bar{\bar{y}})^2 + \frac{1}{n_{\bullet\bullet}} \sum_i V_i(y)\, n_{i\bullet}}$$

Autre notation : $V(y) = V(\bar{y}_i) + \overline{V_i(y)}$

§4. LES MOMENTS ET LA COVARIANCE

A. Les moments des séries à deux caractères

La logique de construction est la même que pour les séries à un caractère (voir page 132). Ici, l'ordre «r» sera choisi pour la variable x, et l'ordre «s» sera choisi pour la variable y.

ENCADRÉ 15

Démonstration de la relation existant entre les variances marginales et conditionnelles

Nous démontrerons ci-dessous pour x ; la démonstration pour y est identique :

$$V(x) = \frac{1}{n_{\bullet\bullet}} \sum_i \sum_j n_{ij} (x_i - \bar{\bar{x}})^2, \text{ par définition.}$$

Ajoutons et retranchons la même valeur $\bar{x}_j$ dans le terme entre parenthèses :

$$V(x) = \frac{1}{n_{\bullet\bullet}} \sum_i \sum_j n_{ij} [(x_i - \bar{x}_j) + (\bar{x}_j - \bar{\bar{x}})]^2$$

$$= \underbrace{\frac{1}{n_{\bullet\bullet}} \sum_i \sum_j n_{ij} (x_i - \bar{x}_j)^2}_{\text{(A)}} + \underbrace{\frac{2}{n_{\bullet\bullet}} \sum_i \sum_j n_{ij} (x_i - \bar{x}_j)(\bar{x}_j - \bar{\bar{x}})}_{\text{(B)}} + \underbrace{\frac{1}{n_{\bullet\bullet}} \sum_i \sum_j n_{ij} (\bar{x}_j - \bar{\bar{x}})^2}_{\text{(C)}}$$

— (B) $= \frac{2}{n_{\bullet\bullet}} \sum_j [\sum_i n_{ij} (x_i - \bar{x}_j)(\bar{x}_j - \bar{\bar{x}})] = \frac{2}{n_{\bullet\bullet}} \sum_j (\bar{x}_j - \bar{\bar{x}}) \sum_i n_{ij} (x_i - \bar{x}_j)$

$$= \frac{2}{n_{\bullet\bullet}} \sum_j (\bar{x}_j - \bar{\bar{x}}) \underbrace{\left[\sum_i n_{ij} x_i - \sum_i n_{ij} \bar{x}_j\right]}_{\substack{\parallel \\ n_{\bullet j}\bar{x}_j - n_{\bullet j}\bar{x}_j}}$$

$n_{\bullet j}\bar{x}_j - n_{\bullet j}\bar{x}_j = \mathbf{0}$ et donc : **B est nul.**

— (A) $= \frac{1}{n_{\bullet\bullet}} \sum_j \sum_i n_{ij} (x_i - \bar{x}_j)^2$

Or : $V_j(x) = \frac{1}{n_{\bullet j}} \sum_i n_{ij} (x_i - \bar{x}_j)^2$

Donc :

$$\boxed{\mathbf{A} = \frac{1}{n_{\bullet\bullet}} \sum_j V_j(x)\, n_{\bullet j}}$$

— (C) $= \frac{1}{n_{\bullet\bullet}} \sum_j \sum_i n_{ij} (\bar{x}_j - \bar{\bar{x}})^2 = \frac{1}{n_{\bullet\bullet}} \sum_j (\bar{x}_j - \bar{\bar{x}})^2 \underbrace{\sum_i n_{ij}}_{n_{\bullet j}}$

$$\boxed{\mathbf{C} = \frac{1}{n_{\bullet\bullet}} \sum_j n_{\bullet j} (\bar{x}_j - \bar{\bar{x}})^2}$$

<u>En définitive :</u> $$\boxed{V(x) = \frac{1}{n_{\bullet\bullet}} \sum_j n_{\bullet j} (\bar{x}_j - \bar{\bar{x}})^2 + \frac{1}{n_{\bullet\bullet}} \sum_j V_j(x)\, n_{\bullet j}}$$

— **Moments simples d'ordre r et s**

$$m_{r,s} = \frac{1}{n_{\bullet\bullet}} \sum_i \sum_j n_{ij} x_i^r y_j^s$$

On voit donc que : $m_{1,0} = \bar{\bar{x}}$ et que $m_{0,1} = \bar{\bar{y}}$

$m_{2,0}$ et $m_{0,2}$ servent pour le calcul des variances par la formule développée.

— **Moments centrés d'ordre r et s**

Ils sont centrés sur les moyennes marginales $\bar{\bar{x}}$ et $\bar{\bar{y}}$.

$$\mu_{r,s} = \frac{1}{n_{\bullet\bullet}} \sum_i \sum_j n_{ij} (x_i - \bar{\bar{x}})^r (y_j - \bar{\bar{y}})^s$$

Le moment centré d'ordre 1 et 1, μ_{11}, est une caractéristique fondamentale dans l'étude des séries à deux variables, *la covariance.*

B. La covariance

La notion de covariance est «homogène» à celle de la variance des séries à une dimension. Elle nous servira pour la corrélation (chapitre suivant).

On appelle **covariance** de deux variables statistiques x et y [notée $COV(x,y)$], le moment centré d'ordre 1 et 1 :

$$COV(x,y) = \frac{1}{n_{\bullet\bullet}} \sum_i \sum_j n_{ij} (x_i - \bar{\bar{x}})(y_j - \bar{\bar{y}}) \quad \text{et} \quad COV(x,y) = \mu_{11}$$

Si $x = y$, on retrouve la formule de la variance $V(x)$.

Pour simplifier les calculs, on utilise souvent la formule développée :

$$COV(x,y) = \frac{1}{n_{\bullet\bullet}} \sum_i \sum_j n_{ij} x_i y_j - \bar{\bar{x}}\bar{\bar{y}}$$

ENCADRÉ 16

Disposition des calculs

$X_{(i)}$ \ $Y_{(j)}$	y_1	y_2	y_3	y_4	$n_{i\bullet}$	$n_{i\bullet}x_i$	$n_{i\bullet}x_i^2$	$\sum_j n_{ij}y_j$	$\sum_j n_{ij}y_j^2$	$\sum_j n_{ij}x_iy_j$
x_1	n_{11}	n_{12}	n_{13}	n_{14}	$n_{1\bullet}$	$n_{1\bullet}x_1$	$n_{1\bullet}x_1^2$	$\sum n_{1j}y_j$	Σ	Σ
x_2	n_{21}	n_{22}	n_{23}	n_{24}	$n_{2\bullet}$	$n_{2\bullet}x_2$	$n_{2\bullet}x_2^2$	$\sum n_{2j}y_j$	Σ	Σ
x_3	n_{31}	n_{32}	n_{33}	n_{34}	$n_{3\bullet}$	$n_{3\bullet}x_3$	$n_{3\bullet}x_3^2$	$\sum n_{3j}y_j$	Σ	Σ
x_4	n_{41}	n_{42}	n_{43}	n_{44}	$n_{4\bullet}$	$n_{4\bullet}x_4$	$n_{4\bullet}x_4^2$	$\sum n_{4j}y_j$	Σ	Σ
x_5	n_{51}	n_{52}	n_{53}	n_{54}	$n_{5\bullet}$	$n_{5\bullet}x_5$	$n_{5\bullet}x_5^2$	$\sum n_{5j}y_j$	Σ	Σ
$n_{\bullet j}$	$n_{\bullet 1}$	$n_{\bullet 2}$	$n_{\bullet 3}$	$n_{\bullet 4}$	$n_{\bullet\bullet}$	$\Sigma =$	$\Sigma =$			$\Sigma\Sigma =$ ....
$n_{\bullet j}y_j$	$n_{\bullet 1}y_1$	$n_{\bullet 2}y_2$	$n_{\bullet 3}y_3$	$n_{\bullet 4}y_4$	$\Sigma =$					
$n_{\bullet j}y_j^2$	$n_{\bullet 1}y_1^2$	$n_{\bullet 2}y_2^2$	$n_{\bullet 3}y_3^2$	$n_{\bullet 4}y_4^2$	$\Sigma =$					
$\sum_i n_{ij}x_i$	Σ	Σ	Σ	Σ						
$\sum_i n_{ij}x_i^2$	Σ	Σ	Σ	Σ						
$\sum_i n_{ij}x_iy_j$	Σ	Σ	Σ	Σ	$\Sigma\Sigma =$					

(Vérification : nombres égaux)

Détail des 3 dernières lignes et colonnes :
Chaque case est la somme d'un produit :
[ex. : 1re case de $\sum_j n_{ij}y_j = n_{11}y_1 + n_{12}y_2 + n_{13}y_3 + n_{14}y_4$]

Dans ce tableau, chaque case est repérée par son symbole ; il peut servir de «**grille**» **de calculs**, type.
Chaque «coin» du tableau de contingence sera rempli par les valeurs : $n_{ij}\,x_i\,y_j$, dont la somme, par ligne ou par colonne, sert pour la détermination de la covariance.

De façon mnémotechnique, on dira : «la covariance est la moyenne du produit moins le produit des moyennes».

§5. LE CALCUL PRATIQUE DES CARACTÉRISTIQUES DES SÉRIES A DEUX CARACTERES

Le principe de calcul consiste à ajouter des colonnes et des lignes, en bon ordre, au tableau de contingence. Nous proposons la disposition «pratique» de l'encadré 16 , page précédente.

Les variables x_i et y_j seront repérées par leurs centres de classe, si l'on est dans le cas de variables continues.

Les calculs pourront se faire également par changement d'origine ou par changement de variable sans plus de difficulté qu'en matière de série à une dimension. Ces deux techniques sont exposées en 6 et 7 pages 121 et 123.

Pour le calcul de $\bar{\bar{x}}$ on doit "calculer" la colonne : $n_{i\bullet}\, x_i$, que l'on ajoutera à droite du tableau de contingence. Pour $\bar{\bar{y}}$ il nous faudra la ligne : $n_{\bullet j}\, y_j$.

Pour les calculs des variances marginales il nous faudra la colonne $n_{i\bullet}\, x_i^2$ et la ligne $n_{\bullet j}\, y_j^2$.

Pour le calcul des moyennes et variances conditionnelles de y, on peut ajouter les deux colonnes $\sum_j n_{ij}\, y_j$ et $\sum_j n_{ij}\, y_j^2$. Pour le même calcul des x , on peut ajouter les deux lignes $\sum_i n_{ij}\, x_i$ et $\sum_i n_{ij}\, x_i^2$.

Le calcul de la covariance dans cette présentation, nécessite le calcul des «nombres en coin» ; chaque «coin» des cases n_{ij} du tableau de contingence correspond au calcul des produits $n_{ij}\, x_i\, y_j$; on somme les nombres en coins dans la dernière colonne ou la dernière ligne. Si l'on enlève au résultat obtenu, divisé par $n_{\bullet\bullet}$, le produit $\bar{\bar{x}}\bar{\bar{y}}$, on obtient la covariance (Voir exemple chiffré en 17).

ENCADRÉ 17

Exemple de calcul pratique

Utilisation de la grille type (de la page 179) sur les données chiffrées du tableau de contingence suivant, et résultats.

(Dans chaque case du tableau de contingence : n_{ij}, puis entre crochets le « coin ».)

x_i \ y_j	2	4	6		$n_{i\bullet}$	$n_{i\bullet}x_i$	$n_{i\bullet}x_i^2$	$\sum_j n_{ij}y_j$	$\sum_j n_{ij}y_j^2$	$\sum_j n_{ij}x_iy_j$
2	0 [0]	1 [8]	1 [12]		2	4	8	10	52	20
4	2 [16]	3 [48]	0 [0]		5	20	80	16	56	64
6	1 [12]	1 [24]	1 [36]		3	18	108	12	56	72
$n_{\bullet j}$	3	5	2		10	42	196			156
$n_{\bullet j}y_j$	6	20	12		38					
$n_{\bullet j}y_j^2$	12	80	72		164					
$\sum_i n_{ij}x_i$	14	20	8							
$\sum_i n_{ij}x_i^2$	68	88	40							
$\sum_i n_{ij}x_iy_j$	28	80	48		156					

– *Les 3 premières colonnes et lignes* ajoutées au tableau de contingence servent pour le calcul des MOY. et VAR. MARGINALES.

– *Les 2 d'après* servent au calcul des *MOY. et VAR. CONDITIONNELLES.*

– La *dernière* et les «coins» dans le tableau, pour : *la COVARIANCE.*

Caractéristiques marginales

$$\bar{\bar{x}} = \frac{1}{n_{\bullet\bullet}} \sum_{i=1}^{3} n_{i\bullet} x_i = \frac{42}{10} = 4,2 \quad ; \quad \bar{\bar{y}} = \frac{38}{10} = 3,8$$

$$V(x) = \frac{1}{n_{\bullet\bullet}} \sum_{i=1}^{3} n_{i\bullet} x_i^2 - \bar{\bar{x}}^2 = \frac{196}{10} - (4,2)^2 = 1,96$$

$$V(y) = \frac{1}{n_{\bullet\bullet}} \sum_{j=1}^{3} n_{\bullet j} y_j^2 - \bar{\bar{y}}^2 = \frac{164}{10} - (3,8)^2 = 1,96$$

Caractéristiques conditionnelles

$$\bar{x}_1 = \frac{1}{n_{\bullet 1}} \sum_{i=1}^{3} n_{i1} x_i = \frac{14}{3} = 4,66$$

$$\bar{x}_2 = \frac{1}{n_{\bullet 2}} \sum_{i=1}^{3} n_{i2} x_i = \frac{20}{5} = 4$$

$$\bar{x}_3 = \ldots\ldots\ldots\ldots = \frac{8}{2} = 4$$

$$V_1(x) = \frac{1}{n_{\bullet 1}} \sum_{i=1}^{3} n_{i1} x_i^2 - \bar{x}_1^2 = \frac{68}{3} - (4,66)^2 = 0,95$$

$$V_2(x) = \ldots\ldots\ldots\ldots = \frac{88}{5} - (4)^2 = 1,6$$

$$V_3(x) = \ldots\ldots\ldots\ldots = \frac{40}{2} - (4)^2 = 4$$

$$\bar{y}_1 = \frac{1}{n_{1\bullet}} \sum_{j=1}^{3} n_{1j} y_j = \frac{10}{2} = 5$$

$$\bar{y}_2 = \ldots\ldots\ldots\ldots = \frac{16}{5} = 3,2$$

$$\bar{y}_3 = \ldots\ldots\ldots\ldots = \frac{12}{3} = 4$$

$$V_1(y) = \frac{1}{n_{1\bullet}} \sum_{j=1}^{3} n_{1j} y_j^2 - \bar{y}_1^2 = \frac{52}{2} - (5)^2 = 1$$

$$V_2(y) = \ldots\ldots\ldots\ldots = \frac{56}{5} - (3,2)^2 = 0,96$$

$$V_3(y) = \ldots\ldots\ldots\ldots = \frac{56}{3} - (4)^2 = 2,66$$

Covariance :

$$\text{COV}(x,y) = \frac{1}{n_{\bullet\bullet}} \sum_i \sum_j n_{ij} x_i y_j - \bar{\bar{x}}\bar{\bar{y}} = \frac{1}{10} \times 156 - (4,2)(3,8) = -0,36$$

SECTION 3 – NOTION DE COURBES DE RÉGRESSION

§1. DÉFINITION

Les courbes de régression ont pour objet de *«résumer»* le nuage de points, c'est-à-dire de représenter sur le plan, *l'allure* de la distribution à deux caractères.

On voit bien dans l'encadré 18 la difficulté induite par la représentation graphique de la distribution $\{x_i, y_j ; n_{ij}\}$ dans l'espace à trois dimensions. Il faut donc trouver une méthode pratique pour résumer le nuage de points dans le plan :

L'idée est la suivante : au lieu de faire correspondre à chaque x_i, à la fois la valeur y_j et la valeur de l'effectif correspondant n_{ij}, on lui fait correspondre une valeur qui «synthétise» le couple (y_j, n_{ij}). Cette valeur est «$\overline{y}_i$», moyenne conditionnelle de y selon $x = x_i$.

De même : on fait correspondre à chaque y_j la valeur $\overline{x}_j$. On obtient donc deux «courbes» (ou plus exactement deux lignes polygonales) en joignant les points obtenus, qui résument la distribution.

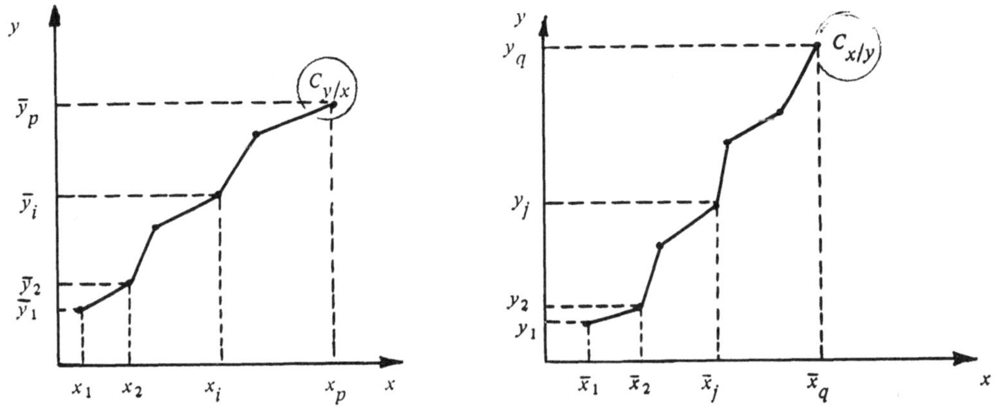

Les deux courbes de régression, résument le nuage de points, sur le plan (1).

---

(1) On notera que $C_{y/x}$ est toujours moins «pentue» ou «plus horizontale» que $C_{x/y}$.

Cette propriété est une conséquence de « l'inégalité de Schwartz » (p. 209). La démonstration apparaît en question 2 du « problème d'examen » de la deuxième partie, en fin d'ouvrage.

ENCADRÉ 18

Les difficultés de représentations graphiques des séries à deux caractères sur le plan

1 — En l'absence de pondération, ou bien quand les **observations sont en petit nombre**, le tableau de contingence peut se résumer à deux colonnes, et la représentation graphique est simple : on reporte les couples (x_i, y_j) dans un repère rectangulaire :

x_i	y_j
x_1	y_1
x_2	y_2
$\vdots$	$\vdots$
x_i	y_j
$\vdots$	$\vdots$
x_p	y_q

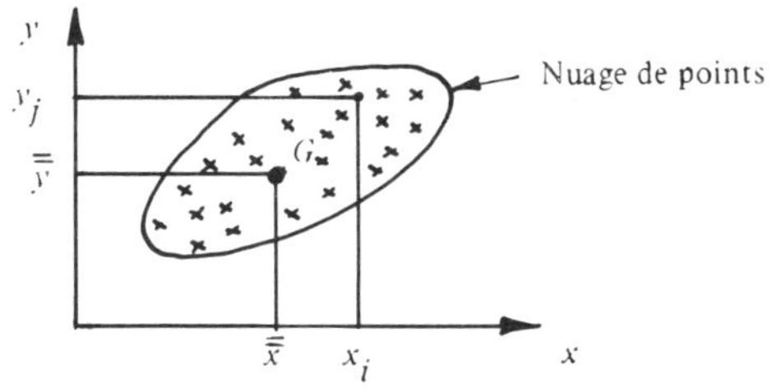

C'est ce que nous avions fait pour l'exercice 11 page 171, où nous avons reporté **toutes** les observations (25 couples de valeurs à reporter).

2 — Lorsque chaque valeur des variables correspond à un effectif n_{ij} important, c'est-à-dire quand il y a des pondérations, il faudrait logiquement représenter le nuage de points dans un graphe à 3 dimensions.

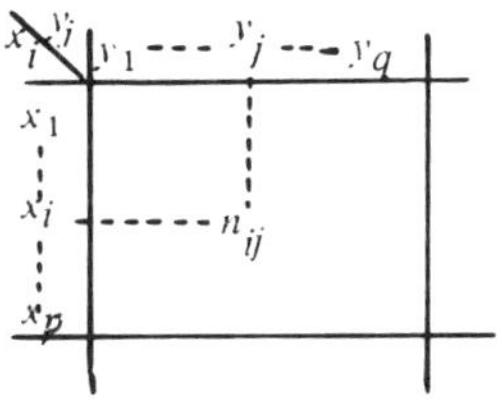

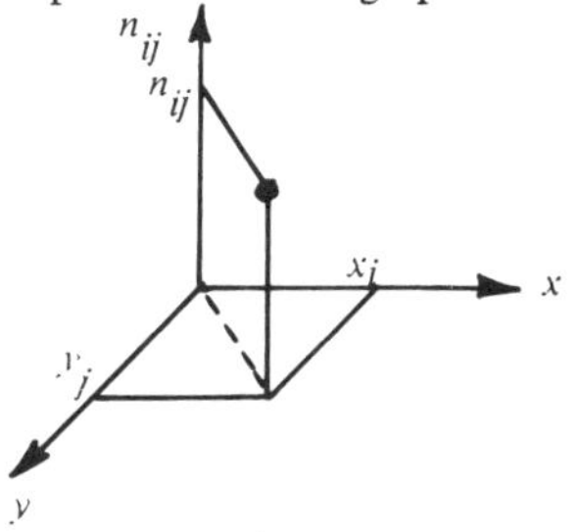

La représentation du nuage de points dans l'espace est complexe et peu pratique.

On convient parfois de représenter le nuage dans le plan, en indiquant au-dessus de chaque point (x_i, y_j) le volume de l'effectif correspondant (n_{ij}).

Le nuage est «déformé» par la non prise en compte des pondérations:

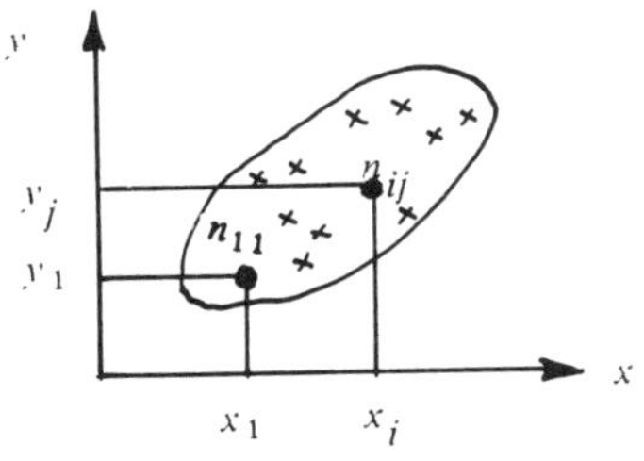

3 — Le moyen de «résumer» le nuage dans un repère plan, consiste à tracer les deux courbes de régression.

On trace généralement ces deux courbes sur le même graphe : l'axe des abscisses correspondant à la fois aux valeurs x_i et $\overline{x}_j$; celui des ordonnées aux valeurs y_j et $\overline{y}_i$.

En définitive :

> Les courbes de régression sont déterminées à partir des valeurs du tableau de contingence.
> Elles sont au nombre de deux.
> La première fait correspondre à chaque x_i la moyenne conditionnelle de y $(\overline{y}_i)$. On l'appelle courbe de régression de y en x. On la note $C_{y/x}$.
> La seconde fait correspondre à chaque y_j la moyenne conditionnelle de x $(\overline{x}_j)$. On l'appelle courbe de régression de x en y. On la note $C_{x/y}$.

§ 2. PROPRIÉTÉ DES COURBES DE RÉGRESSION

Elles précisent la façon dont évolue la *valeur moyenne* d'un caractère en fonction de toutes les valeurs de l'autre caractère. Elles donnent donc «l'allure» générale du phénomène, en «résumant» le nuage de points.

Tout cela, grâce à la propriété :

> La somme des carrés des distances des points du nuage à ces courbes est minimale

Cette propriété se visualise dans les deux graphes ci-dessous.

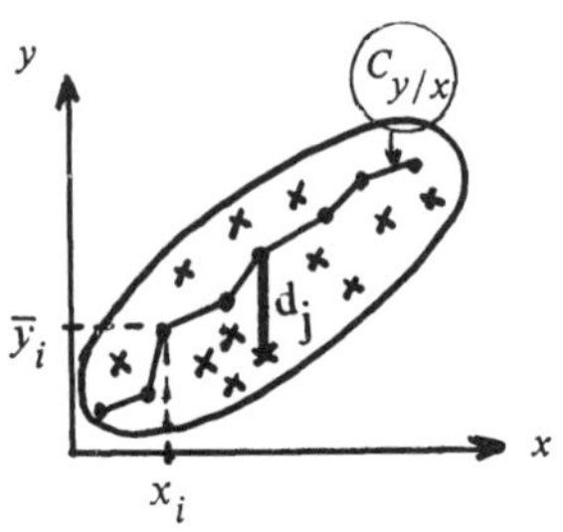

$\Sigma\, d_j^2$ **est Minimum**

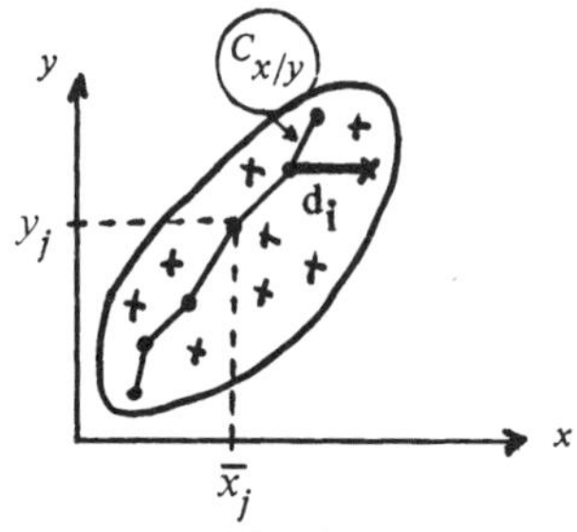

$\Sigma\, d_i^2$ **est minimum**

Cela signifie que les courbes passent «au mieux» du nuage (ou : le plus près possible des points de nuage).

La démonstration apparait en 19 .

ENCADRÉ 19

Une démonstration de la propriété des courbes de régression (Courbes des moindres carrés)

1/ Le principe :

Nous effectuerons la démonstration pour la courbe $C_{y/x}$. Elle est analogue pour $C_{x/y}$.

Soit une *courbe quelconque* $\hat{y} = f(x)$: Il suffit de démontrer que la distance *«dj»* à la courbe $\hat{y}$ est minimale lorsque $\hat{y}$ est justement la courbe $C_{y/x}$.

La distance *dj* est prise «verticalement».

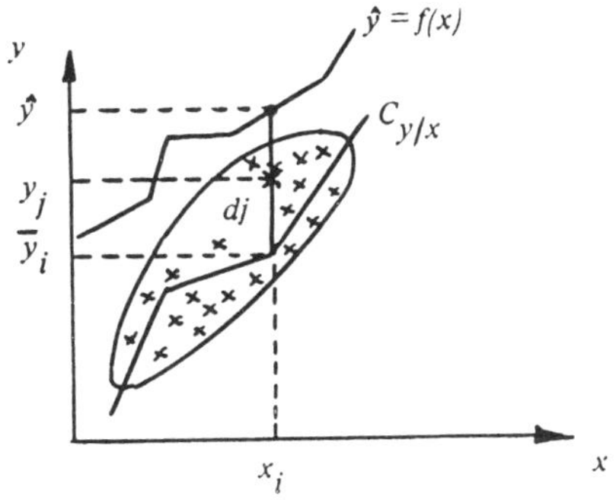

2/ Démonstration :

Une distance verticale à $\hat{y}$ s'écrit : $| y_j - \hat{y} |$ (en valeur absolue)

Une distance au carré : $(y_j - \hat{y})^2$

Toutes les distances au carré : $n_{ij}(y_j - \hat{y})^2$

Leur somme est donc : $\mathbf{S} = \sum_i \sum_j n_{ij}(y_j - \hat{y})^2$

Développons en faisant apparaître sous le carré les termes $+\overline{y}_i$ et $-\overline{y}_i$; il vient :

$$S = \sum_i \sum_j n_{ij}[(y_j - \overline{y}_i) + (\overline{y}_i - \hat{y})]^2$$

$$S = \underbrace{\sum_i \sum_j n_{ij}(y_j - \overline{y}_i)^2}_{\text{(A)}} + \underbrace{\sum_i \sum_j n_{ij}(\overline{y}_i - \hat{y})^2}_{\text{(B)}} + \underbrace{2 \sum_i \sum_j n_{ij}(y_j - \overline{y}_i)(\overline{y}_i - \hat{y})}_{\text{(C)}}$$

— (A) $= \sum_i n_{i\bullet} V_i(y)$; c'est une donnée, indépendante de $\hat{y}$.

— (C) $= 2 \sum_i (\overline{y}_i - \hat{y}) \sum_j n_{ij}(y_j - \overline{y}_i)$

(C) $= 0$, puisque $\sum_j n_{ij}(y_j - \overline{y}_i) = (\sum_j n_{ij} y_j) - (\overline{y}_i \cdot \sum_j n_{ij}) = n_{i\bullet}\overline{y}_i - n_{i\bullet}\overline{y}_i = 0$

— Pour minimiser S, il faut donc annuler B, c'est-à-dire égaliser $\overline{y}_i$ et $\hat{y}$.

$\boxed{\overline{y}_i = \hat{y}}$ cqfd : $\hat{y}$ est donc bien la courbe $C_{y/x}$.

La somme des carrés des distances à $C_{y/x}$ est minimale *(distances prises parallèlement à l'axe Oy).*

CHAPITRE DEUX – ETUDE DE LA LIAISON ENTRE DEUX VARIABLES : REGRESSION, AJUSTEMENT ET CORRÉLATION

Etudier la liaison entre deux variables revient à étudier leur plus ou moins grande dépendance.

La statistique offre un certain nombre «d'outils» pour mesurer cette éventuelle dépendance : dans le cas des variables statistiques correspondant à des caractères quantitatifs, cette mesure passe par la prise en compte des caractéristiques conditionnelles (moyennes et variances). Celles-ci sont à la base de la définition des courbes de régression.

SECTION I – INDÉPENDANCE ET LIAISON FONCTIONNELLE : ANALYSE PAR LA RÉGRESSION

— Trois *types de* liaison peuvent être envisagés :

La liaison nulle signifie qu'il n'y a aucune influence d'un caractère sur l'autre (§ 1). Exemple : le revenu d'un salarié et sa taille en cm (sauf peut être pour un joueur de basketball salarié dans ce sport).

La liaison totale est appelée également : **liaison fonctionnelle** (§ 2). Exemple : le périmètre d'un cercle ne dépend que de son rayon : il y a liaison totale entre le périmètre et le rayon, de telle façon que la connaissance de l'un entraîne celle de l'autre.

La liaison relative (§ 3) est le cas général : les caractères sont dépendants l'un de l'autre....«dans une certaine mesure». Exemple : la consommation et le revenu : la connaissance de l'un ne nous donne pas exactement celle de l'autre.

— L'analyse se fait par la régression, puisqu'on se rappelle que les courbes de régression résument l'évolution d'un caractère suivant l'évolution de la moyenne de l'autre.

ENCADRÉ 1

Pour bien apprécier... la corrélation

— Des variables sont fréquemment «liées», dans tous les domaines de la vie. Ainsi, le poids et la taille des individus sont liés ; c'est-à-dire que le poids dépend de la taille ou peut-être l'inverse. Les deux variables ne sont pas indépendantes. Il en va de même pour le salaire et l'âge ; le salaire et le niveau des diplômes ; l'inflation et l'augmentation des crédits à la consommation, etc...

— Mais le problème se pose quand on veut tirer les conséquences des *résultats,* que nous fournit la statistique grâce à ses «outils de mesure», de ces liens de dépendance. En économie la liaison entre deux caractères n'est pas aussi parfaite qu'elle peut l'être en physique ou dans d'autres domaines de la connaissance. Ainsi, la consommation et le revenu dépendent des élasticités, de l'âge, du temps, de l'espace...

— Il est dangereux, dans ce domaine, de faire de **mauvaises interprétations** des chiffres résultats : Si l'on enregistre une augmentation forte de la vente de bouteilles de Coca-Cola et en même temps une augmentation forte de la vente de lunettes de soleil, les deux variables ne sont apparement corrélées que par les chiffres. Il serait faux de dire qu'elles sont en forte corrélation, puisqu'elles ne sont liées que par l'existence d'une troisième variable : l'augmentation des heures d'ensoleillement.

Parfois, deux séries font apparaître une corrélation parfaite au niveau des chiffres résultats, alors que la liaison réelle n'existe absolument pas : l'apparente corrélation n'est là que le fruit du hasard de l'ordonnancement et de la valeur des chiffres.

— Il est donc particulièrement important, dans ce domaine, de bien interpréter les résultats et choisir, pour évaluer un phénomène, des variables pertinentes : l'outil statistique peut être aussi perfectionné que possible, il n'évite jamais l'interprétation.

— Nous développerons les risques de mauvaise interprétation, à la fin de l'étude du coefficient de corrélation linéaire (page 207), et en particulier l'absence d'explication, par le coefficient de corrélation, du sens de la causalité pouvant exister entre deux variables.

§ 1. L'INDÉPENDANCE TOTALE OU LIAISON NULLE

A. Définition et conséquences

Deux variables x et y sont totalement indépendantes si les variations de l'une n'entraînent pas de variations de l'autre.

A cette définition «littéraire» il convient d'ajouter une définition plus formalisée : Deux variables x et y sont totalement indépendantes si les fréquences conditionnelles $f_{i/j}$ ne dépendent plus de j.

Conséquences :

1. Dans le cas de l'indépendance, les fréquences conditionnelles sont égales aux fréquences marginales

Exemple : Soient deux modalités de la variable x_i : Fort salaire *(FS)* et faible salaire *(fs)* et deux modalités de la variable y_j : grande taille du salarié *(G)* et petite taille *(P)*. Le tableau ci-contre donne les effectifs sur un échantillon de 24 salariés

x_i \ y_j	G	P	$n_{i\bullet}$
FS	3	5	8
fs	6	10	16
$n_{\bullet j}$	9	15	24

$$f_{i/j} = \frac{n_{ij}}{n_{\bullet j}}$$

$\Downarrow$

Pour $x = 1$: $3/9 = 5/15 = 8/24$

On voit sur ces données que les deux variables sont indépendantes : en effet :

Les fréquences conditionnelles sont égales aux fréquences marginales. Les lignes du tableau sont proportionnelles entre elles ; il en est de même pour les colonnes (1).

Donc :
$$f_{i/j} = f_{i\bullet}$$
$$f_{j/i} = f_{\bullet j}$$

La démonstration apparaît en 2 .

(1) La proportion de « forts salaires » est, bien sûr, la même chez les « grands » et chez les autres...

ENCADRÉ 2

L'indépendance totale

1 * Les deux variables x et y sont indépendantes si les $f_{i/j}$ sont égales pour un «i» fixé. C'est-à-dire si les fréquences conditionnelles de i selon j ne dépendent plus de j, et inversement.

Donc, pour «i» fixé, on a :

$$\boxed{f_{i/j}} = \frac{n_{i1}}{n_{\bullet 1}} = \frac{n_{i2}}{n_{\bullet 2}} = \ldots\ldots\ldots = \frac{n_{ij}}{n_{\bullet j}} = \ldots\ldots\ldots = \frac{n_{iq}}{n_{\bullet q}}$$

$$= \frac{n_{i1} + n_{i2} + \ldots + n_{ij} + \ldots + n_{iq}}{n_{\bullet 1} + n_{\bullet 2} + \ldots + n_{\bullet j} + \ldots + n_{\bullet q}} = \frac{\sum_j n_{ij}}{\sum_j n_{\bullet j}} = \frac{n_{i\bullet}}{n_{\bullet\bullet}} = \boxed{f_{i\bullet}}$$

De même :

$$\boxed{f_{j/i} = f_{\bullet j}}$$

2 * On en déduit que :

Pour : $\boxed{\bar{\bar{x}}} = \frac{1}{n_{\bullet\bullet}} \sum_i \sum_j n_{ij} x_i$

C'est-à-dire : $\bar{\bar{x}} = \sum_i \sum_j f_{ij} x_i$

Nous avons : $\bar{\bar{x}} = \sum_i x_i \sum_j f_{ij} = \sum_i x_i f_{i\bullet}$

Remplaçons $f_{i\bullet}$ par sa valeur $f_{i/j}$, il vient :

$$\bar{\bar{x}} = \sum_i x_i f_{i/j} = \boxed{\bar{x}_j}$$

De même :

$$\boxed{\bar{\bar{y}} = \bar{y}_i}$$

Les moyennes marginales sont égales aux moyennes conditionnelles : Il y a indépendance entre les variables.

2. Dans le cas de l'indépendance, les moyennes conditionnelles sont égales aux moyennes marginales pour chaque variable :

C'est la deuxième conséquence de la définition. La démonstration apparait en [2] .

$$\boxed{\bar{\bar{x}} = \bar{x}_j} \quad \text{et} \quad \boxed{\bar{\bar{y}} = \bar{y}_i}$$

Donc : Toutes les moyennes conditionnelles de x sont *égales entre elles.* Il en est de même pour y.

B. Configuration des courbes de régression dans le cas de l'indépendance totale

Dans ce cas, la courbe $C_{y/x}$ fait alors correspondre à chaque x_i la moyenne marginale de y $(\bar{\bar{y}})$.

$$x_i \rightarrow \bar{\bar{y}}$$

La courbe $C_{x/y}$ fait correspondre à chaque y_j la moyenne marginale de x $(\bar{\bar{x}})$

$$y_j \rightarrow \bar{\bar{x}}$$

On aboutit donc au graphe suivant :

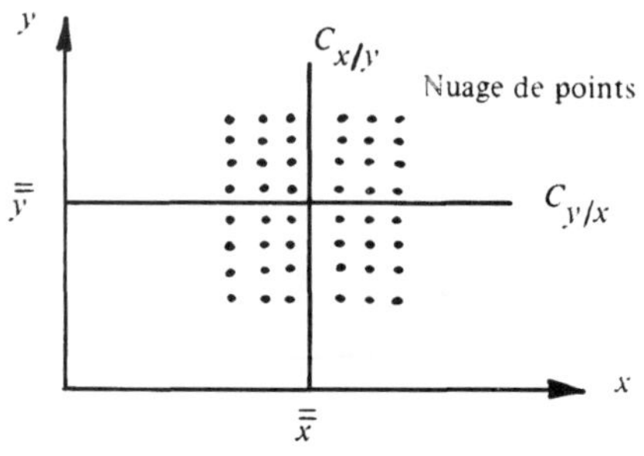

D'où, la règle générale :

⇒ Quand deux variables sont totalement indépendantes, leurs courbes de régression sont des *droites perpendiculaires,* parallèles aux axes. La liaison est nulle.

ENCADRÉ 3

Exercice

On a tiré au hasard 100 dossiers d'étudiants de 1re année AES. Le tableau ci-dessous présente les résultats du baccalauréat et de fin de 1re année relevés sur chacun des dossiers, où A signifie «Ajourné», P, «Passable» et M, «Mention». Soient X_i les notes du bac, et Y_j les notes de fin de 1re année AES. Pour les «ajournés», on prendra une note moyenne de 8, pour les «passables» 11, et pour les «mentions», 14.

1re année → / ↓ BAC	*A*	*P*	*M*
P	20	40	0
M	10	20	10

Le directeur de l'UER se demande s'il existe une relation entre les résultats obtenus au bac et ceux obtenus en 1re année. A cet effet, on tracera point par point les courbes de régression (sans faire d'ajustement linéaire). Commentez les résultats.

Réponses :

1 — Les calculs se font grâce au tableau développé, du type de celui présenté en 16 et 17 du chapitre précédent, pages 179 et 181.

La distribution marginale de X est l'ensemble des notes et des effectifs qu'ont eu les étudiants actuels, au baccalauréat, indépendamment de leur notation actuelle. Celle de Y est l'ensemble des notes et effectifs qu'ont les étudiants actuels, indépendamment de leur distinction au baccalauréat.

$$\bar{\bar{x}} = 12{,}2 \qquad \bar{x}_1 = 12 \qquad \bar{y}_1 = 10 \qquad \text{cov}(X,Y) = 0{,}72$$

$$\bar{\bar{y}} = 10{,}4 \qquad \bar{x}_2 = 12 \qquad \bar{y}_2 = 11$$

$$\bar{x}_3 = 14$$

2 — La covariance n'est pas nulle et donc les variables ne sont pas complètement indépendantes. Cependant, les moyennes marginales sont très proches des moyennes conditionnelles et les courbes de régression sont assez proches d'une configuration de droites perpendiculaires et parallèles aux axes. La relation entre les résultats de la 1re année et ceux du bac est donc faible (contre toute attente !).

Remarque importante : Si l'on excepte les «mentions» en première année (suppression de la 3e colonne), l'effectif total devient 90 et le tableau fait apparaitre une parfaite indépendance réciproque ·

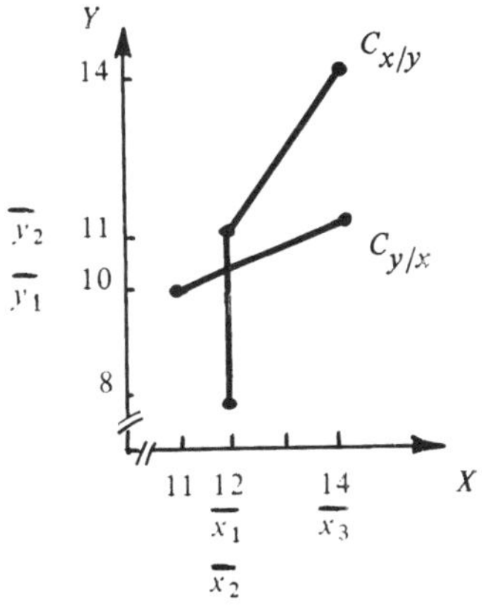

$f_{i/j} = f_{i\bullet}$ et $f_{j/i} = f_{\bullet j}$

Y / X	*A*	*P*	$n_{i\bullet}$
P	20	40	60
M	10	20	30
$n_{\bullet j}$	30	60	90

$$\left(\frac{20}{30} = \frac{40}{60} = \frac{60}{90}\right)$$

$$\left(\frac{20}{60} = \frac{10}{30} = \frac{30}{90}\right)$$

Le graphe serait alors composé de deux droites perpendiculaires, et parallèles aux axes.

§ 2. LA LIAISON FONCTIONNELLE OU LA DÉPENDANCE TOTALE

Deux variables x et y sont totalement dépendantes si à chaque valeur de x correspond une valeur de y unique et rigoureusement déterminée, et réciproquement.

Exemple : Soit x la température à laquelle on soumet des barres d'un certain métal. L'allongement y est donné en microns (μ) sur le tableau ci-contre.

x \ y	1 μ	3 μ	5 μ	$n_{i.}$
20°	3	0	0	3
40°	0	0	3	3
90°	0	4	0	4
$n_{.j}$	3	4	3	10

Dans le cas de la liaison totale et réciproque, il n'y a qu'un seul chiffre (une seule observation) par ligne et par colonne.

Les variables sont liées par une fonction $y = f(x)$

On démontre que : (voir 4) :

$$\boxed{\bar{x}_j = x_i} \quad \text{et} \quad \boxed{\bar{y}_i = y_j}$$

Les moyennes conditionnelles sont égales aux valeurs des variables.

Dès lors, aucun point ne s'écarte de la courbe.

Les courbes de régression sont confondues.

§ 3. LIAISON RELATIVE ET PREMIERES NOTIONS DE CORRÉLATION

On a donc un tableau de contingence quelconque, pas de cas particulier de moyennes, et un graphe faisant apparaître un nuage de points plus ou moins allongé.

ENCADRÉ 4

La liaison fonctionnelle totale

* Une fonction relie les deux variables x et y de telle sorte qu'une valeur de x fournit une valeur de y et réciproquement.

Néanmoins, la liaison fonctionnelle *n'est pas forcément réciproque : x* peut être lié à y, mais pas nécessairement l'inverse.

Lorsque la liaison fonctionnelle est *réciproque*, ou *totale,* un seul chiffre figure par ligne *et* par colonne dans le tableau de contingence.

Cela implique qu'il y a autant de modalités de x que de y : le tableau est «carré».

* La relation au niveau des moyennes devient :

$$\overline{x}_j = \frac{1}{n_{\bullet j}} \sum_i n_{ij} x_i$$

Mais ici $n_{ij} = n_{\bullet j}$ puisque dans chaque colonne il n'y a qu'un seul terme (la somme de la colonne est donc ce terme).

$$\overline{x}_j = \frac{1}{n_{\bullet j}} \sum_i n_{\bullet j} x_i$$

ou :

$$\overline{x}_j = \frac{n_{\bullet j}}{n_{\bullet j}} \sum_i x_i$$

$\sum_i x_i = x_i$, puisqu'il n'y a qu'un seul terme dans la colonne. En définitive :

$$\boxed{\overline{x}_j = x_i}$$

De même : $\boxed{\overline{y}_i = y_j}$

Donc :

Aucun point du nuage ne s'écarte de la courbe de liaison.

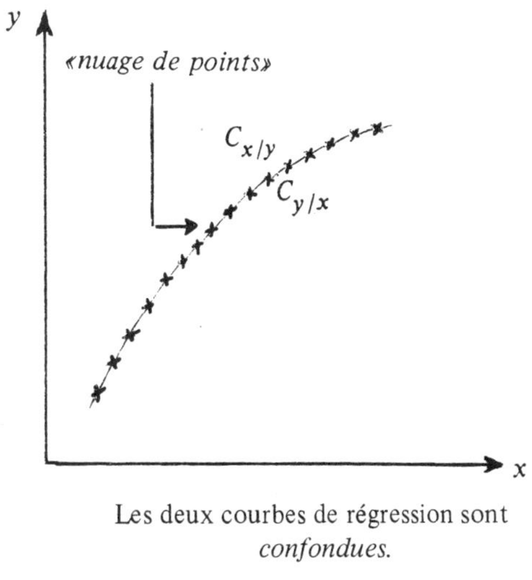

Les deux courbes de régression sont *confondues.*

Le nuage de points est résumé par deux courbes de régression (en lignes brisées), qui se croisent au voisinage du centre de gravité.

Cas général

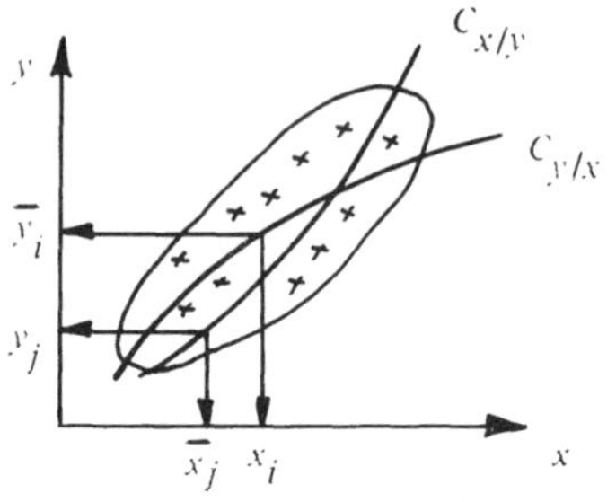

x est corrélé avec y
y est corrélé avec x

Cas particuliers :

Tout comme la liaison fonctionnelle, la corrélation n'est pas réciproque :

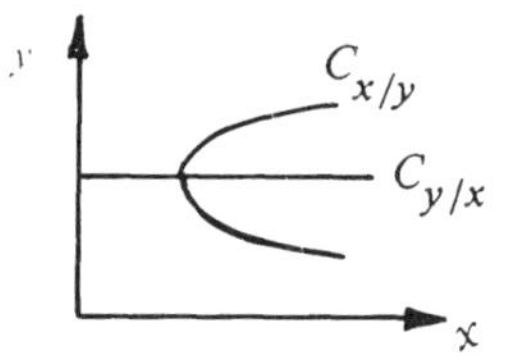

x est corrélé avec y, mais y n'est pas corrélé avec x

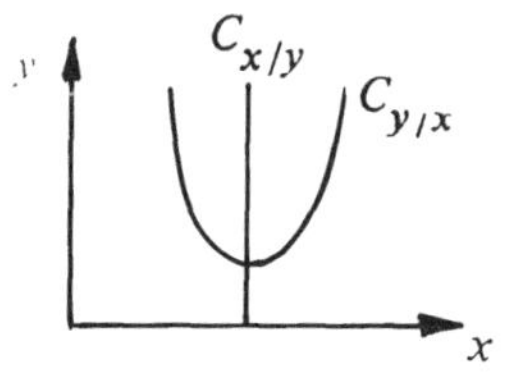

y est corrélé avec x, mais pas x avec y

Les courbes de régression sont toujours croissantes ou décroissantes, **en même temps**.

On dit qu'il y a corrélation **positive** quand les variations se produisent dans le même sens (quand x croît, y croît).

On dit qu'il y a corrélation **négative** quand les variations se produisent en sens contraire (x croît quand y décroît).

On dit que la corrélation est **linéaire** quand les deux courbes de régression qui résument le nuage de points sont des droites non parallèles aux axes.

On comprend bien que la plus ou moins grande liaison qui peut exister entre les deux variables dépendra de la plus ou moins grande manière qu'elles ont de se rapprocher dans le graphe : En fait elle dépendra de l'angle qu'elles forment. Quand l'angle est à son «maximum» d'ouverture (90°) les courbes de régression suggèrent l'indépendance.

ENCADRÉ 5

Exercice

On considère les prix moyens auxquels se vendent les appartements d'une ville, en fonction de leur nombre de pièces. Les valeurs de Y (prix en 10^5 francs) et X (nbre de pièces) sont données dans le tableau suivant :

Nbre de pièce(s) X	1	2	3	4	5	6
Prix de vente Y	2,4	3,5	4,7	5,7	6,5	7,2

1 – Expliquez pourquoi, dans ce cas précis, on peut se passer d'un tableau de contingence pour calculer les caractéristiques de cette série à deux variables.

2 – Calculez les variances marginales et la covariance.

*

Réponses :

1 – Ici les données sont connues individuellement; il n'y a pas de pondérations. Le tableau de contingence serait un tableau carré rempli de 1 en diagonale et de zéros ailleurs. Il s'agit donc d'une liaison fonctionnelle réciproque. Les 2 courbes de régression sont confondues. Ce ne sont pas forcément des droites dans le cas général. Ici, il semble que la tendance soit assez nettement linéaire; ce qui se confirme si on trace le graphe.

X \ Y	2,4	3,5	4,7	5,7	6,5	7,2	$n_{i\bullet}$
1	1						1
2		1					1
3			1				1
4				1			1
5					1		1
6						1	1
$n_{\bullet j}$	1	1	1	1	1	1	6

2 –

X_i	Y_i	X_i^2	Y_i^2	$X_i Y_i$
1	2,4	1	5,76	2,4
2	3,5	4	12,25	7
3	4,7	9	22,09	14,1
4	5,7	16	32,49	22,8
5	6,5	25	42,25	32,5
6	7,2	36	51,84	43,2
21	30	91	166,68	122

$$\bar{\bar{x}} = \frac{1}{n_{\bullet\bullet}} \sum_i x_i = \frac{1}{6} \times 21 = \boxed{3{,}5}$$

$$\bar{\bar{y}} = \frac{1}{n_{\bullet\bullet}} \sum_i y_i = \frac{1}{6} \times 30 = \boxed{5}$$

$$V(X) = \frac{1}{n_{\bullet\bullet}} \sum_i (x_i - \bar{\bar{x}})^2 = \frac{1}{n_{\bullet\bullet}} \sum_i x_i^2 - \bar{\bar{x}}^2 = \frac{1}{6}(91) - (3{,}5)^2 = \boxed{2{,}917}$$

$$V(Y) = \frac{1}{n_{\bullet\bullet}} \sum_i (y_i - \bar{\bar{y}})^2 = \frac{1}{n_{\bullet\bullet}} \sum_i y_i^2 - \bar{\bar{y}}^2 = \frac{1}{6}(166{,}68) - (5)^2 = \boxed{2{,}78}$$

$$\mathrm{Cov}(X,Y) = \mu_{11} = \frac{1}{n_{\bullet\bullet}} \sum_i x_i y_i - \bar{\bar{y}}\bar{\bar{x}} = \frac{1}{6}(122) - (5 \times 3{,}5) = \boxed{2{,}83}$$

Nota : La double somme de la covariance se réduit à une simple somme puisque l'on a un seul indice (i).

La courbe de régression sera de la forme $Y = f(X)$ puisque il est logique de penser que le prix est fonction du nombre de pièces, plutôt que l'inverse.

Quand l'angle est «fermé» au maximum (courbes confondues), cela suggère la liaison fonctionnelle. Donc il est légitime de **mesurer** la corrélation en mesurant cet angle.

Cependant, les courbes de régression sont des «lignes brisées» (courbes polygonales) et non pas des droites. Dès lors, pour mesurer cet angle, il faut «transformer» ces courbes en droites : on va utiliser la méthode de l'ajustement linéaire:

SECTION 2 – L'AJUSTEMENT LINÉAIRE

Nous nous limiterons ici à l'ajustement linéaire analytique par la minimisation des carrés des distances prises *parallèlement* aux axes (1). Ce principe est connu sous le nom de la méthode des moindres carrés (MMC).

§1. LE PRINCIPE DE LA MÉTHODE DES MOINDRES CARRÉS

Il s'agit de déterminer deux droites, telles que, pour chacune d'elles, les distances prises entre chaque point du nuage et la droite soient les plus petites possibles. Cela revient à «résumer» chaque courbe de régression par une droite. Ces deux droites s'appellent «droites de régression», ou «droites d'ajustement», ou «droites des moindres carrés».

Les distances (d_i) et (d_j) entre la droite et chaque point du nuage sont prises **parallèlement aux axes** comme le montre le schéma ci-après (page 198).

(1) Il existe également des procédés d'ajustement linéaire graphique, et d'ajustement analytique orthogonal. Ce dernier procédé permet d'obtenir *une seule droite* d'ajustement « D'' » (au lieu de deux) qui minimise la somme des carrés des écarts mesurés *perpendiculairement* à la droite D''. Elle passe, elle aussi, par le centre de gravité du nuage de points, et se situe *entre les droites* D et D' des moindres carrés. La méthode consiste à rechercher la valeur de θ qui minimise l'expression : $\sum_i \delta_i^2 = \sum_i (y_i \cos\theta - x_i \sin\theta - h)^2$, où l'équation de la droite D'' est : $y \cos\theta - x \sin\theta = h$, sachant que : $\overline{\overline{y}} \cos\theta - \overline{\overline{x}} \sin\theta - h = 0$. Notons que D'' est malheureusement *très sensible aux changements d'origine et d'échelle,* alors que D et D' y restent invariantes ; dès lors, selon le choix des unités que l'on fait pour mesurer les modalités x et y des caractères, on obtient des droites D'' complètement différentes, ce qui est gênant.

Il existe également des procédés d'ajustement *non linéaire,* de type *polynomial,* où l'on ajuste le nuage de points, dans le cas où il s'y prête, par une courbe polynomiale de degré « k », de type : $y = a_k x^k + \ldots + a_2 x^2 + a_1 x + a_0$, ($k \leqslant 5$, généralement). La MMC permet d'estimer les divers coefficients de ces polynômes, rendant minimales les sommes des carrés des écarts. Il est bon, dans ce cas, avant de se précipiter dans les calculs, de bien observer visuellement le nuage de points sur le graphe, afin de choisir l'ajustement le mieux adapté. Le calcul des *rapports de corrélation* peut être alors le bienvenu avant toute prise de décision d'ajustement, et surtout dans le cas où l'on ne possède pas de représentation graphique. (Voir à ce sujet, p. 206 et 331, ainsi que p. 103 et 111 de l'ouvrage d'exercices corrigés, **deuxième édition**).

ENCADRÉ 6

Ajustement et allure générale du phénomène

Les techniques générales d'ajustement sont utilisées en statistique mathématique (ajustements d'une loi normale à une distribution observée, ajustements en théorie de la régression). Elles débordent largement le cadre du cours de première année.

L'ajustement d'un nuage de points à une courbe dont on connait l'expression analytique (ou à deux courbes de régression) permet de résumer au mieux l'allure générale du phénomène. L'ajustement à une courbe se fait généralement en minimisant les carrés des distances des points du nuage à la courbe. L'ajustement à une droite (ajustement linéaire), par la méthode des moindres carrés, revêt une grande importance dans l'analyse des phénomènes économiques ; cependant la simplicité de son principe et la rapidité de son exécution ne doit pas faire oublier que, dans certains cas, il peut s'avérer illusoire : les schémas ci-dessous montrent quelques cas pour lesquels l'ajustement linéaire ne conviendrait pas.

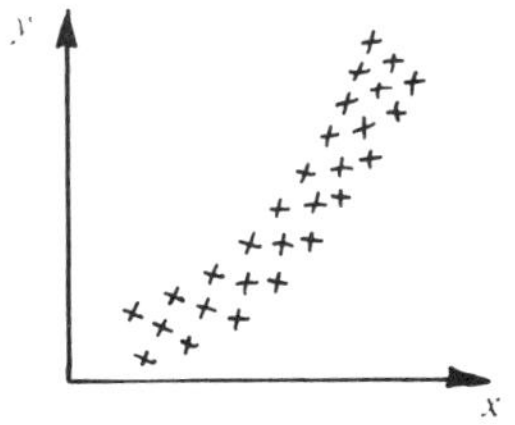

Nuage suggérant un ajustement exponentiel $(y = ae^x)$

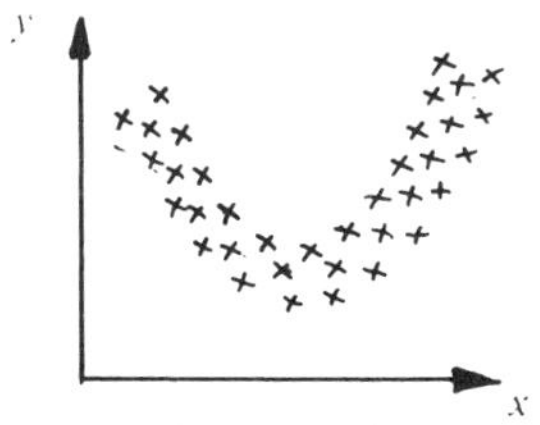

Nuage suggérant un ajustement parabolique $(y = ax^2 + bx + c)$

Nuage suggérant un ajustement logistique

$$y = k\frac{1}{1+ae^{-\alpha x}}$$

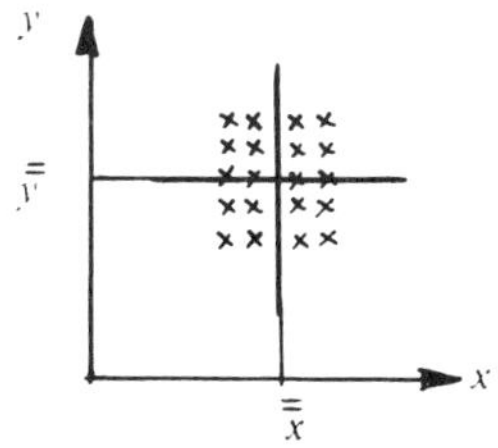

Indépendance ; points au hasard

Lorsque le nuage présente une forme allongée, l'ajustement linéaire est généralement acceptable :

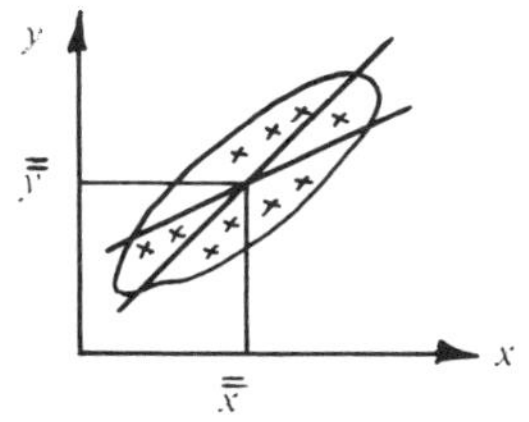

$y = ax + b$; $(a > 0)$

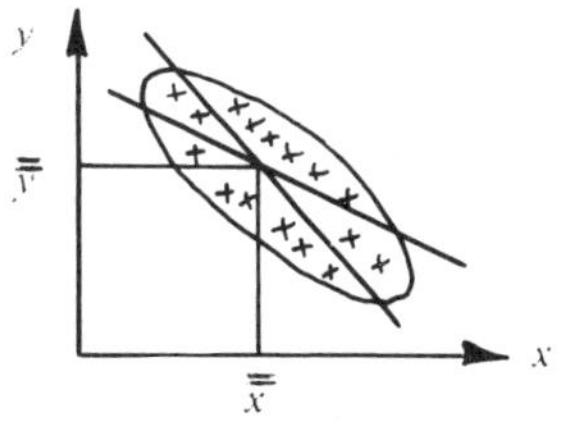

$y = ax + b$; $(a < 0)$

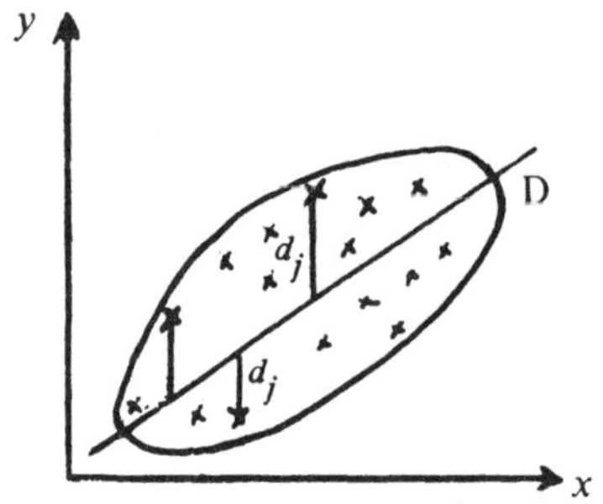

droite **D** d'expression
y = ax + b

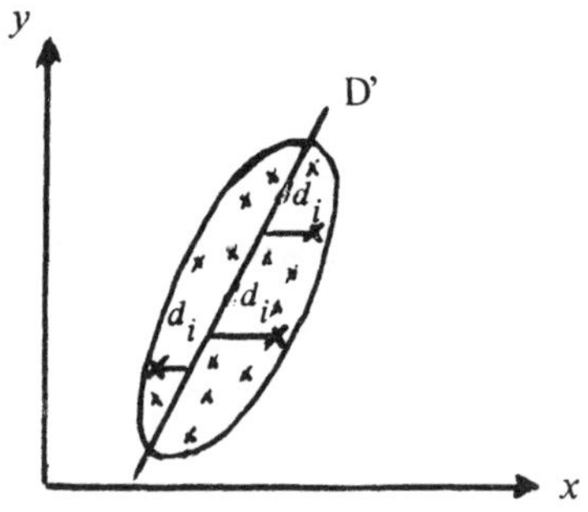

droite **D** d'expression
x = a'y + b'

* **Pour d_j// Oy, on obtient :** la droite *D* qui est la droite de régression de *y* en *x*. Elle correspond à la courbe $C_{y/x}$

* **Pour d_i// Ox, on obtient :** la droite *D'* qui est la droite de régression de *x* en *y*. Elle correspond à la courbe $C_{x/y}$. C'est elle qui a la plus forte pente (1).

Les droites *D* et *D'* sont telles que **les sommes des carrés des distances** $(d_j)^2$ et $(d_i)^2$, des points du nuage aux droites **sont minimales**.

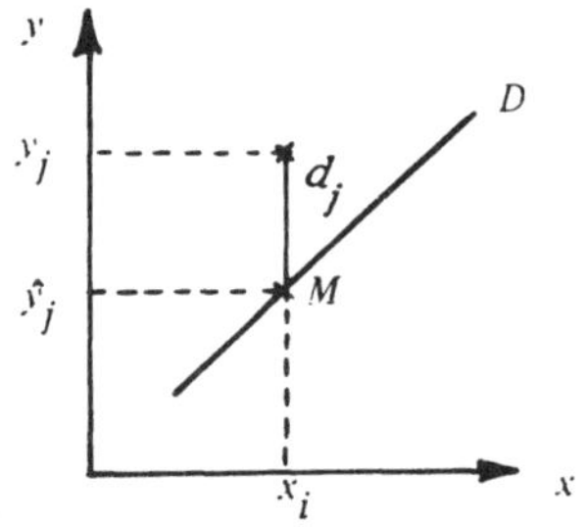

$$\sum_{j=1}^{q} d_j^2 \text{ min} \Rightarrow \sum_{j=1}^{q} (y_j - \hat{y}_j)^2 \text{ min}$$

$y = ax + b$

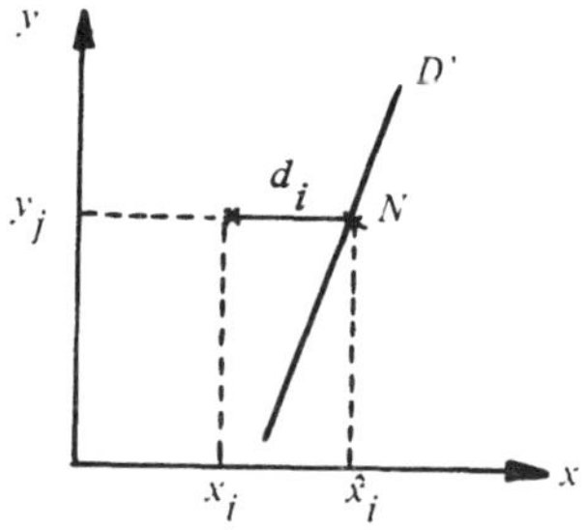

$$\sum_{i=1}^{p} d_i^2 \text{ min} \Rightarrow \sum_{i=1}^{p} (x_i - \hat{x}_i)^2 \text{ min}$$

$x = a'y + b'$

Les valeurs $\hat{y}_j$ et $\hat{x}_i$, respectivement, ordonnée d'un point quelconque *M*, de *D*, et abscisse d'un point quelconque *N* de *D'*, sont choisies pour permettre de déterminer les paramètres : *a*, *a'*, *b* et *b'*. Voir démonstration 7 et 8.

---

(1) C'est une conséquence de l'inégalité de Schwartz (bas de p. 209). La démonstration apparaît en réponse à la deuxième question de l'exercice 2, p. 330.

ENCADRÉ 7

Méthode des moindres carrés :
Démonstration de la propriété «D et D' passent par le point moyen»
et détermination de b et b'

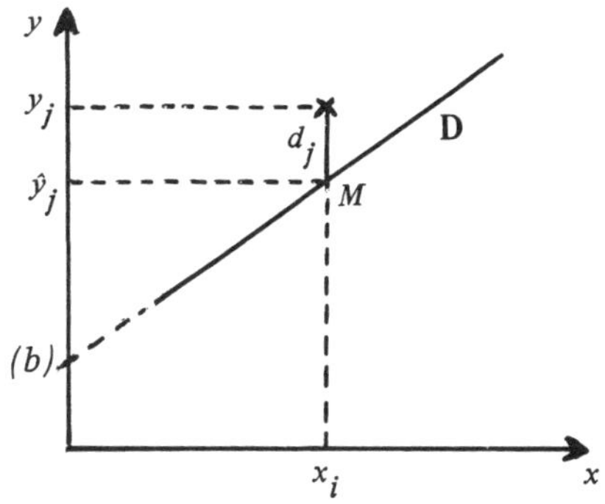

* La démonstration est faite pour la droite de régression *D* ; elle est analogue pour la droite *D'* :

* La droite **D rend minimale** la somme des carrés des distances d_j, parallèles à Oy. Une distance peut s'exprimer : $|y_j - \hat{y}_j|$, en valeur absolue.

Toutes les distances au carré sont de la forme :

$$n_{ij}(y_j - \hat{y}_j)^2$$

Leur somme est S :

$$S = \sum_i \sum_j n_{ij}(y_j - \hat{y}_j)^2 \text{ avec } \hat{y}_j = ax_i + b \quad (M \in D)$$

* En définitive, il faut minimiser l'expression «*S*» qui est une fonction de *a* et de *b* :

$$\boxed{S = \sum_i \sum_j n_{ij}(y_j - ax_i - b)^2}$$

* **Calcul des dérivées partielles** (et égalisation à zéro pour l'extrémum)

$$\frac{\partial S}{\partial a} = \sum_i \sum_j n_{ij}[-2x_i(y_j - ax_i - b)] = 0$$

[La dérivée de $u^2 = 2uu'$]

$$= -2 \sum_i \sum_j x_i n_{ij}(y_j - ax_i - b) = 0 \quad [1]$$

$$\frac{\partial S}{\partial b} = -2 \sum_i \sum_j n_{ij}(y_j - ax_i - b) = 0 \quad [2]$$

Dérivées secondes

$$\frac{\partial^2 S}{\partial a^2} = +2 \sum_i \sum_j x_i^2 n_{ij}, \text{ (positif)}$$

$$\frac{\partial^2 S}{\partial b^2} = +2 \sum_i \sum_j n_{ij} = 2n_{\bullet\bullet} \text{ (positif)}$$

* Développons l'expression [2] et simplifions par 2 :

$$0 = \underbrace{-\sum_i \sum_j n_{ij} y_j}_{} + \underbrace{a \sum_i \sum_j n_{ij} x_i}_{} + \underbrace{b \sum_i \sum_j n_{ij}}_{}$$

$$0 = -\bar{\bar{y}} n_{\bullet\bullet} + a n_{\bullet\bullet} \bar{\bar{x}} + b n_{\bullet\bullet}$$

On peut simplifier par $n_{\bullet\bullet}$ (non nul), il vient :

$-\bar{\bar{y}} + a\bar{\bar{x}} + b = 0$ et donc : $\boxed{\bar{\bar{y}} = a\bar{\bar{x}} + b}$: La droite *D* passe bien par le point moyen *G*, de coordonnées $\bar{\bar{x}}$ et $\bar{\bar{y}}$.

* De même la minimisation de : $S' = \sum_i \sum_j n_{ij}(x_i - \hat{x}_i)^2$ aboutirait à :

$\boxed{\bar{\bar{x}} = a'\bar{\bar{y}} + b'}$: La droite *D'* passe par le point moyen *G*.

§2. PROPRIÉTÉ DES DROITES D ET D', ET «POINT MOYEN»

Le «point moyen» est le centre de gravité *(G)* de la série à deux caractères (voir page 171). Il a pour coordonnées : $\bar{\bar{x}}$ et $\bar{\bar{y}}$.

On démontre que (voir 7) **les droites D et D' passent par le point moyen :**

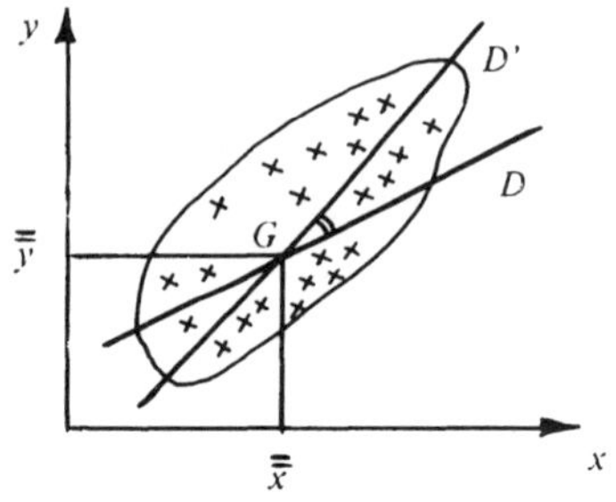

On a donc les relations :

$$\boxed{\bar{\bar{y}} = a\bar{\bar{x}} + b} \qquad \text{et} \qquad \boxed{\bar{\bar{x}} = a'\bar{\bar{y}} + b'}$$

(ce qui permet de déterminer *b* et *b'*, une fois connues les valeurs de *a* et *a'*).

§3. EQUATIONS DES DROITES D ET D'

Au terme de la démonstration 8 on trouve que les pentes des droites de régression ont respectivement pour valeurs :

$$\boxed{a = \frac{\text{Cov}(x, y)}{V(x)}} \qquad \text{et} \qquad \boxed{a' = \frac{\text{Cov}(x, y)}{V(y)}}$$

ou :

$$\boxed{a = \frac{\sum_i \sum_j n_{ij} (x_i - \bar{\bar{x}})(y_j - \bar{\bar{y}})}{\sum_i \sum_j n_{ij} (x_i - \bar{\bar{x}})^2}} \qquad \boxed{a' = \frac{\sum_i \sum_j n_{ij} (x_i - \bar{\bar{x}})(y_j - \bar{\bar{y}})}{\sum_i \sum_j n_{ij} (y_j - \bar{\bar{y}})^2}}$$

Les équations de *D* et *D'* sont donc :

ENCADRÉ 8

Méthode des moindres carrés,
Détermination des pentes a et a' de D et D'

Partons de l'expression [1] de la démonstration précédente 7

$$-2 \sum_i \sum_j n_{ij}\, x_i (y_j - a x_i - b) = 0$$ sachant que $b = \bar{\bar{y}} - a\bar{\bar{x}}$, il vient :

$$0 = -\sum_i \sum_j n_{ij}\, x_i (y_j - a x_i - \bar{\bar{y}} + a\bar{\bar{x}})$$

$$0 = -\sum_i \sum_j n_{ij}\, x_i \,[(y_j - \bar{\bar{y}}) - a (x_i - \bar{\bar{x}})]$$

donc :

$$+\sum_i \sum_j n_{ij}\, x_i (y_j - \bar{\bar{y}}) = +a \sum_i \sum_j n_{ij}\, x_i (x_i - \bar{\bar{x}})$$

d'où la valeur de a :

$$a = \frac{\sum_i \sum_j n_{ij}\, x_i (y_j - \bar{\bar{y}})}{\sum_i \sum_j n_{ij}\, x_i (x_i - \bar{\bar{x}})} = \frac{\sum_i \sum_j n_{ij}\, x_i y_j - \bar{\bar{y}} \sum_i \sum_j n_{ij}\, x_i}{\sum_i \sum_j n_{ij}\, x_i^2 - \bar{\bar{x}} \sum_i \sum_j n_{ij}\, x_i}$$

On reconnait dans le dernier membre, au numérateur, et au dénominateur, l'expression :

$$\sum_i \sum_j n_{ij}\, x_i = n_{\bullet\bullet}\bar{\bar{x}}$$

Donc :

$$\boxed{a = \frac{\sum_i \sum_j n_{ij}\, x_i y_j - \bar{\bar{y}}\bar{\bar{x}}\, n_{\bullet\bullet}}{\sum_i \sum_j n_{ij}\, x_i^2 - \bar{\bar{x}}^2\, n_{\bullet\bullet}}}$$

Si l'on divise chaque terme par la valeur $n_{\bullet\bullet}$, il vient :

$$\boxed{a = \frac{\frac{1}{n_{\bullet\bullet}} \sum_i \sum_j n_{ij}\, x_i y_j - \bar{\bar{y}}\bar{\bar{x}}}{\frac{1}{n_{\bullet\bullet}} \sum_i \sum_j n_{ij}\, x_i^2 - \bar{\bar{x}}^2} = \frac{\mathrm{Cov}(x,y)}{V(x)}}$$ («a» est la pente de la droite D)

De façon analogue on trouve que : $$\boxed{a' = \frac{\mathrm{Cov}(x,y)}{V(y)}}$$

* **Equation de D** : (de la forme $y = ax + b$)

On a vu que $b = \bar{\bar{y}} - a\bar{\bar{x}}$

Donc :

$$y = \frac{\text{Cov}(x, y)}{V(x)} x + \bar{\bar{y}} - \bar{\bar{x}} \frac{\text{Cov}(x,y)}{V(x)}$$

Ce qui se simplifie :

$$\boxed{y = \bar{\bar{y}} + \frac{\text{Cov}(x,y)}{V(x)} \cdot (x - \bar{\bar{x}})}$$

* **Equation de D'** (de la forme $x = a'y + b'$)

On a vu que $b' = \bar{\bar{x}} - a'\bar{\bar{y}}$

Donc :

$$x = \frac{\text{Cov}(x, y)}{V(y)} y + \bar{\bar{x}} - \bar{\bar{y}} \frac{\text{Cov}(x, y)}{V(y)}$$

Ce qui se simplifie :

$$\boxed{x = \bar{\bar{x}} + \frac{\text{Cov}(x,y)}{V(y)} \cdot (y - \bar{\bar{y}})}$$

* Pour représenter D et D' sur le même graphique, on exprime D' de la manière suivante :

$$\boxed{D' / \; y = \frac{1}{a'} x - \frac{b'}{a'}} \qquad \text{et} \qquad \boxed{D / \; y = ax + b}$$

Les paramètres a, a', b et b' étant maintenant déterminés, on peut tracer dans tous les cas, les deux droites de régression. Au plus l'angle qu'elles forment est faible, au plus la liaison entre les deux variables sera forte.

Remarquons que, tout comme les courbes de régression, D et D' sont croissantes *ensemble* ou décroissantes *ensemble.*

- La pente «a» de D s'appelle *coefficient de régression* de y en x.
- La pente «a'» de D' s'appelle *coefficient de régression* de x en y.

ENCADRÉ 9

Exercice

A partir des données et des résultats de l'exemple chiffré traité en 17 du chapitre précédent, page 181, tracez les courbes de régression et ajustez les deux droites de régression D et D' aux points du nuage.

* La liaison est négative ; les 2 variables sont en corrélation faible.

* **La droite D** de régression de y en x: de la forme :

$$y = ax + b$$

$$\begin{cases} a = \dfrac{\text{Cov}(x,y)}{V(x)} = \dfrac{-0{,}36}{1{,}96} = \boxed{-0{,}18} \\ b = \bar{\bar{y}} - a\bar{\bar{x}} = 3{,}8 + (0{,}18 \times 4{,}2) = \boxed{4{,}57} \end{cases}$$

donc :

$$\boxed{D/ \quad y = -0{,}18\,x + 4{,}57}$$

On la trace sur le graphe ; elle passe par le point moyen (G).

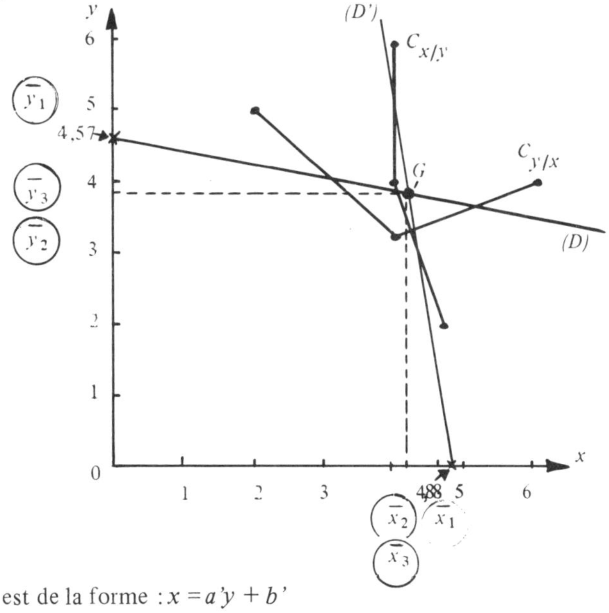

* **La droite D'** de régression de x en y est de la forme : $x = a'y + b'$

$$\begin{cases} a' = \dfrac{\text{Cov}(x,y)}{V(y)} = \dfrac{-0{,}36}{1{,}96} = \boxed{-0{,}18} \\ b' = \bar{\bar{x}} - a'\bar{\bar{y}} = 4{,}2 + (0{,}18 \times 3{,}8) = \boxed{4{,}88} \end{cases}$$

(Même dispersion marginale pour x et y, ici).

donc :

$$\boxed{D'/ \quad x = -0{,}18\,y + 4{,}88}$$

→ pour tracer on écrit : $D'/ \; y = -\dfrac{1}{0{,}18}x + \dfrac{4{,}88}{0{,}18}$

$$\left(y = \frac{1}{a'}\,x - \frac{b'}{a'}\right)$$

et $\boxed{D'/ \; y = -5{,}55\,x + 27{,}1}$

SECTION 3 – LA CORRÉLATION SIMPLE

§1. LE COEFFICIENT DE CORRÉLATION LINÉAIRE

On sait que la plus ou moins grande dépendance entre les deux variables x et y peut être appréhendée par la valeur de l'angle que forment les droites de régression D et D'. Au plus cet angle est «ouvert», au moins la liaison est forte.

On va ici **mesurer** cet angle pour traduire l'**intensité** de la liaison par un nombre sans dimension (un rapport).

Quand x et y sont **indépendants**, D est perpendiculaire à D' et donc le produit des pentes $aa' = 0$.

Quand x et y sont **liés fonctionnellement**, D et D' sont confondues, et le produit des pentes $aa' = a \times \frac{1}{a} = 1$.

Donc dans le **cas général** $0 \leqslant aa' \leqslant 1$ et le produit des pentes paraît être un bon indicateur.

Pour faire apparaître des liaisons positives et négatives, on choisira un indicateur dont la valeur élevée au carré sera égale au produit des pentes :

$$r^2 = aa' \quad \text{et} \quad r = \pm\sqrt{aa'}$$

En définitive, le **coefficient de corrélation linéaire «r» sera** :

$$r = \pm\sqrt{\frac{[\mathrm{Cov}(x, y)]^2}{V(x)\,V(y)}} \qquad r = \frac{\mathrm{Cov}(x, y)}{\sigma_x \;\sigma_y}$$

avec : $-1 \leqslant r \leqslant +1$

Il mesure le degré plus ou moins grand de dépendance entre les deux variables statistiques x et y.

ENCADRÉ 10

Compléments sur le coefficient de corrélation linéaire

Le coefficient «r» varie de -1 à $+1$.
Il est positif dans le cas où les variables varient dans le même sens.
Il est négatif dans le cas où les variables varient en sens contraire.

On dira qu'il y a une forte corrélation linéaire entre x et y (ou forte dépendance linéaire), quand r est voisin de ± 1 ($+1$ ou -1). Quand r est nul, cela suggère une indépendance, qu'il faudra contrôler par la connaissance des phénomènes réels (interprétation).

On démontre (1) que, pour que r soit significatif d'un réel lien de dépendance entre deux séries, il faut que sa valeur absolue atteigne au moins 0,87.

$$\boxed{|r| \geqslant 0{,}87} \quad \text{et} \quad \boxed{r^2 \geqslant 0{,}76}$$

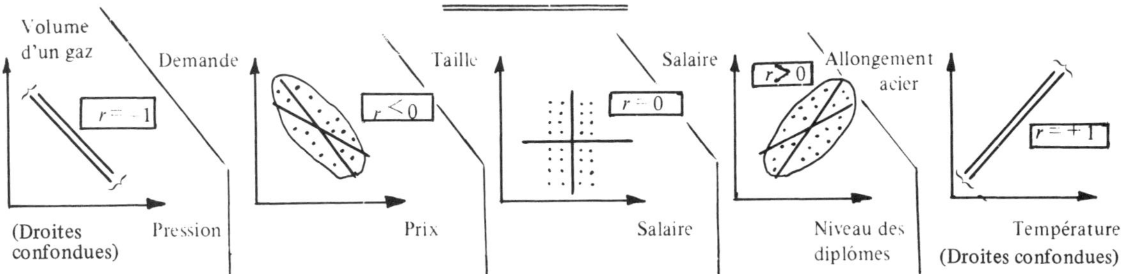

Corrélation négative. Dépendance totale — *Corrélation négative. Liaison relative* — *Corrélation nulle Indépendance (à vérifier)* — *Corrélation positive. Liaison relative.* — *Corrélation positive Dépendance totale*

On calculera r soit par la formule de définition : $\sqrt{aa'}$ avec $a = \dfrac{\text{Cov}\,(x,y)}{V(x)}$; $a' = \dfrac{\text{Cov}\,(x,y)}{V(y)}$, soit par les formules développées de la covariance et des variances.

(1) Par le «rapport d'amélioration» $A = 1 - \sqrt{1 - r^2}$ avec $|A| > 0{,}50$.

$$\Rightarrow A = 1 - \sqrt{1 - 0{,}76} = 0{,}51$$

§2. NOTIONS DE CORRÉLATION NON LINÉAIRE : RAPPORTS DE CORRÉLATION, VARIANCE EXPLIQUÉE ET VARIANCE RÉSIDUELLE

A. Le principe

Lorsque la régression aboutit à deux droites, ou bien lorsque l'on ajuste deux droites au nuage de points, on «est en linéaire» et on calcule r^2. Cependant, on peut voir [11] que ce calcul ne traduit pas toujours la réalité de la liaison : il peut y avoir dans certains cas une liaison non linéaire (logarithmique, exponentielle, logistique... etc.).

On va donc chercher un nombre sans dimension capable de nous renseigner sur l'intensité de la liaison, non plus seulement à partir de droites, mais plus généralement, à partir des courbes de régression : c'est le **rapport de corrélation**. Sa définition est fondée sur la propriété de décomposition de la variance marginale :

B. Variance expliquée et variance résiduelle

On a démontré en [11], chapitre deux, deuxième partie, pages 128 et 129 qu'il existait une relation entre les variances : La variance globale était égale à la somme de la variance intrapopulation et de la variance interpopulation. Cette même propriété algébrique de la variance nous a permis de démontrer en [15], chapitre un, troisième partie, page 176 et page 177 que :

«La variance marginale est la somme de la variance des moyennes conditionnelles et de la moyenne des variances conditionnelles» :

Pour la variable x, par exemple, on a la relation :

$$V(x) = \underbrace{\frac{1}{n_{\bullet\bullet}} \sum_j n_{\bullet j} (\bar{x}_j - \bar{\bar{x}})^2}_{\substack{\text{Variance des} \\ \text{moyennes condition-} \\ \text{nelles}}} + \underbrace{\frac{1}{n_{\bullet\bullet}} \sum_j V_j(x)\, n_{\bullet j}}_{\substack{\text{Moyenne des} \\ \text{variances} \\ \text{conditionnelles}}}$$

Ce qui peut s'écrire également :

$$V(x) = V(\bar{x}_j) + \overline{V_j(x)}$$

ENCADRÉ 11

Limite et portée du coefficient de corrélation linéaire

La méthode de la corrélation linéaire doit être interprétée avec prudence :

(1.) Si l'on aboutit, après calcul, à une valeur «r» proche de 1 ou de – 1, il ne faut pas *forcément* conclure à une dépendance forte (1) entre les deux variables : une troisième variable peut en effet agir sur les deux autres de façon exogène (Voir l'exemple des ventes de bouteilles de Coca-Cola et de lunettes de soleil en 1 page 187).

(2.) **L'auto-corrélation** : Si une valeur du caractère y (y_j) dépend de la valeur précédente (y_{j-1}) qui elle-même dépend de la valeur précédente (y_{j-2}), etc..., il n'est plus possible d'expliquer les variations de y par les seules variations de x, et le coefficient r n'est plus significatif.

(3.) On peut obtenir un coefficient de corrélation linéaire *nul* (ou très faible), alors que les variables ne sont pas **indépendantes.** Il se peut qu'il y ait au contraire une forte liaison non linéaire, non expliquée par des droites de régression. Dans l'exemple ci-contre, il y a une très forte liaison parabolique. Il est bon, dans ce cas, de tracer les *courbes* de régression.

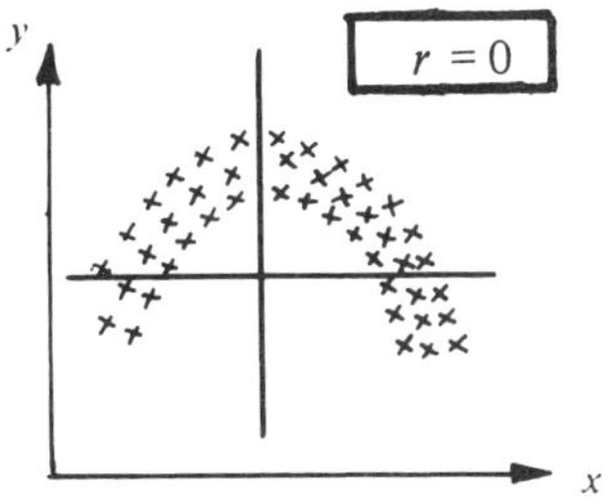

(4.) **Remarque importante** : Le coefficient de corrélation linéaire permet uniquement d'établir l'existence ou la non-existence de relations éventuelles entre deux phénomènes ; mais en aucun cas il ne permet d'établir *les liens de causalité* entre les variables. On ne sait pas si x «agit» sur y, ou si y «agit» sur x. Il ne résoud donc pas les problèmes mais *il «guide» la recherche des voies d'interprétation* ; encore faut-il que celle-ci, dans chaque domaine de la connaissance, puisse être correctement menée.

---

(1) «dépendance» économique (par exemple), ou «réelle», puisque la liaison purement statistique, elle, existe toujours...

Examinons chaque terme :

— **La variance marginale de x** [$V(x)$], c'est la variance globale de la série à une dimension $\{x_i ; n_{i.}\}$ Elle mesure la dispersion globale des données correspondant au caractère x.

— **La variance des moyennes conditionnelles** [$V(\bar{x}_j)$] traduit la dispersion des moyennes conditionnelles entre elles. C'est la variance des moyennes des observations (x_i) pour chaque y_j. C'est donc la variance que traduit (par définition) la courbe de régression $C_{x/y}$. On l'appelle : **VARIANCE EXPLIQUÉE** par la régression.

— **La moyenne des variances conditionnelles** [$\overline{V_j(x)}$] traduit la dispersion moyenne de toutes les distributions conditionnelles de x, c'est-à-dire la dispersion moyenne des points du nuage autour de la courbe de régression $C_{x/y}$. C'est donc la variance «qui reste», une fois opérée la régression. C'est la dispersion que ne résume pas la courbe de régression. On l'appelle : **VARIANCE RÉSIDUELLE** (non «expliquée» par la régression).

En définitive :

$V(x)$	=	$V(\bar{x}_j)$	+	$\overline{V_j(x)}$
↓		↓		↓
Variance marginale	=	Variance expliquée	+	Variance résiduelle

Dès lors, **si la variance expliquée est forte, la régression «résume bien» le nuage de points, et la liaison x ↦ y, est forte,** et inversement.

Si, par exemple V_E (variance expliquée) représente 99 % de $V(x)$, la régression explique 99 % de la variance, et la courbe de régression $C_{x/y}$ résume bien la liaison entre x et y.

Il en va de même pour y et pour la liaison $y \mapsto x$.

ENCADRÉ 12

Exercice

Sur les données de l'exercice 17 du chapitre précédent, page 181, dont on a calculé les paramètres et tracé les droites de régression en 9 du présent chapitre, page 203, calculez le coefficient de corrélation **linéaire**.

Réponse :

$r^2 = aa' = (-0,18)^2$: il existe une très faible corrélation **négative linéaire**, et $r = -0,18$.

$$r = \frac{\text{Cov}(x, y)}{\sigma_x \sigma_y} = \frac{-0,36}{\sqrt{1,96}\sqrt{1,96}} = -0,18$$: mêmes conclusions.

ENCADRÉ 13

Complément : Le coefficient de corrélation «des rangs» ou coefficient de corrélation de Spearman

Si chaque variable dépend du temps, ou dans le cas général où les séries sont ordonnées, c'est-à-dire quand on ne peut mesurer exactement les variables, mais seulement les ranger par ordre croissant, on peut avoir :

$$\begin{cases} x_i : & \{1, 2, ..., n\} \\ y_i : & \{1, 2, ..., n\} \end{cases}$$

Donc :

$$\bar{\bar{x}} = \bar{\bar{y}} = \frac{n+1}{2} \quad \text{et} \quad V(x) = V(y) = \frac{n^2 - 1}{12}$$; Soit $di = x_i - y_i$, il vient :

$$\text{Cov}(x,y) = \frac{1}{n}\left[\frac{n(n+1)(2n+1)}{3} - \sum_i di^2\right] - \left[\frac{n+1}{2}\right]^2$$

D'où le coefficient de Spearman qui n'est autre que l'application de «*r*» aux valeurs précédentes.

$$\boxed{r_{sp} = 1 - \frac{6\,\Sigma\, di^2}{n(n^2-1)}}$$

ENCADRÉ 14

Complément : Inégalité de Schwartz

$r^2 \leqslant 1$ nous permet de vérifier l'inégalité de Schwartz selon laquelle «le carré de la covariance est toujours inférieur ou égal au produit des variances» :

$$r^2 = \frac{[\text{Cov}(x,y)]^2}{V(x)V(y)} \Leftrightarrow \frac{\text{Cov}[(x,y)]^2}{V(x)V(y)} \leqslant 1 \Leftrightarrow \boxed{[\text{Cov}(x,y)]^2 \leqslant V(x)\,V(y)}$$

Le calcul des variances expliquées donne en définitive une bonne indication sur la force (l'intensité) de la liaison entre deux caractères (1).

Cependant, les variances, tout comme les moyennes sont mesurées dans la même unité que la variable (au carré près pour les variances), ce qui rend difficiles les comparaisons. Il faut donc trouver un nombre sans dimension : le rapport de corrélation :

C. Le rapport de corrélation

On appelle rapport de corrélation, noté η^2, le rapport de la variance expliquée sur la variance marginale (2).

$$\eta^2 = \frac{\text{Variance expliquée}}{\text{Variance marginale}} = 1 - \frac{\text{Variance résiduelle}}{\text{Variance marginale}}$$

Il y a donc deux rapports de corrélation :

* *«de x en y»*, noté $\eta^2_{x,y}$:

$$\eta^2_{x,y} = \frac{V(\bar{x}_j)}{V(x)} = \frac{\sum_j n_{\bullet j}(\bar{x}_j - \bar{\bar{x}})^2}{\sum_i n_{i\bullet}(x_i - \bar{\bar{x}})^2}$$

* *«de y en x»*, noté $\eta^2_{y,x}$

$$\eta^2_{y,x} = \frac{V(\bar{y}_i)}{V(y)} = \frac{\sum_i n_{i\bullet}(\bar{y}_i - \bar{\bar{y}})^2}{\sum_j n_{\bullet j}(y_j - \bar{\bar{y}})^2}$$

Par construction : $0 \leqslant \eta^2 \leqslant 1$

(1) Tout aussi valable en non linéaire qu'en linéaire : On pourra aussi bien envisager une variance expliquée par des *droites* de régression.

(2) Appelé essentiellement « coefficient de détermination », dans le cas des liaisons linéaires (où il n'est autre que le carré du coefficient de corrélation). *(Voir à ce sujet : pages 212 et 213 du présent ouvrage, ainsi que p. 108 et s. de l'ouvrage d'exercices corrigés* **deuxième édition**).

ENCADRÉ 15

Variance expliquée et rapport de corrélation

A partir des données et résultats de l'exercice 9 du chapitre précédent, page 167, calculez le coefficient de corrélation linéaire et les deux rapports de corrélation $\eta^2_{x,y}$ et $\eta^2_{y,x}$. Exprimez les variances expliquées en % des variances marginales.

Réponses :

Après calculs, selon le modèle de la grille type 16 page 179, pour lesquels on a opéré les deux changements de variable suivants : (Méthode du changement de variable, page 123), il vient :

$$x'_i = \frac{x_i - 27,5}{5} \quad \text{et} \quad y'_j = \frac{y_j - 22,5}{5}$$

Caractéristiques marginales

$\bar{\bar{x}} = 28,5$; $\bar{\bar{y}} = 21,3$

$V(x) = 22$; $V(y) = 10,5$

Covariance

$Cov(x,y) = 10,2$

Coefficient de corrélation

$r = 0,67$

Caractéristiques conditionnelles

$\bar{x}_1 = 25,3$; $\bar{y}_1 = 19,2$

$\bar{x}_2 = 29,05$; $\bar{y}_2 = 20,22$

$\bar{x}_3 = 35,8$; $\bar{y}_3 = 23,5$

$\bar{y}_4 = 25,83$

$V_1(x) = 5,05$; $V_1(y) = 4,27$

$V_2(x) = 16,75$; $V_2(y) = 6,25$

$V_3(x) = 7,94$; $V_3(y) = 4$

$V_4(y) = 5,75$

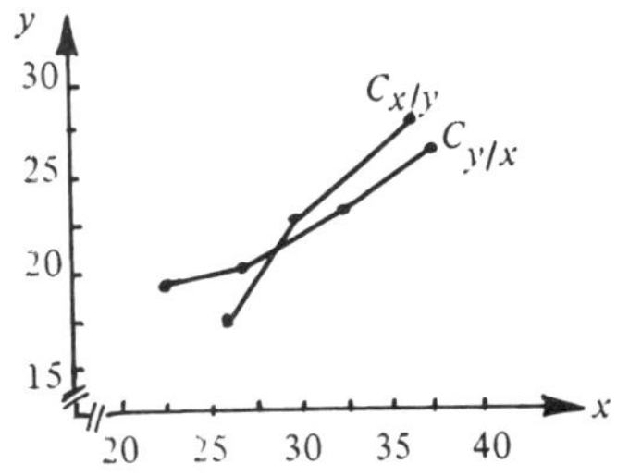

Rapports de corrélation

$\eta^2_{x/y} = 0,465$

$\eta^2_{y/x} = 0,476$

Droites de régression

D : $y = 0,46\,x + 8,19$

D' : $y = 1,03\,x - 8,08$

Variances expliquées et résiduelles

$V(x) = 22 = 10,24 + 11,76$ $(= V_E + V_R)$

$V(y) = 10,5 = 5 + 5,5$ $(= V_E + V_R)$

La variance expliquée de x représente 46,5 % de la variance totale de x $(\eta^2\, x/y)$

La variance expliquée de y représente 47,6 % de la variance totale de y $(\eta^2\, y/x)$

Il y a donc une *faible corrélation positive* entre les deux variables.

Trois cas se présentent :

1er cas : $\boxed{\eta^2_{x,y} = 0}$, donc $V(\bar{x}_j) = 0$,

et la régression de x en y n'explique pas la liaison. Il n'y a aucune dispersion des $\bar{x}_j$ qui sont toutes égales entre elles. Donc $\bar{x}_j = \bar{\bar{x}}$, et la courbe de régression de x en y est une droite parallèle à l'axe Oy. Il y a **absence de corrélation** entre x et y.

2e cas : $\boxed{\eta^2_{x,y} = 1}$, donc $V(\bar{x}_j) = V(x)$

et la régression de x en y explique en totalité la liaison entre x et y. Il y a donc **liaison fonctionnelle** de x en y. Si $\eta^2_{y,x} = 1$ également, il y a double liaison fonctionnelle,ou liaison fonctionnelle réciproque.

3e cas : Cas général

au plus $\eta^2_{x,y}$ se rapproche de 1, au plus il y a liaison forte entre x et y. Au plus $\eta^2_{y,x}$ se rapproche de 1, au plus il y a liaison forte entre y et x.

§3. VARIANCE EXPLIQUEE PAR UNE DROITE DE REGRESSION ET COEFFICIENT DE DETERMINATION

De la même manière qu'une courbe de régression, par exemple Cy/x, « explique » une partie de la dispersion marginale, une droite de régression, par exemple la droite D, « explique » une partie de la variance marginale de y.

A partir de la formule de définition du coefficient de corrélation linéaire, on peut écrire :

$$r^2 = aa' = \frac{r^2 V(y)}{V(y)} = \frac{V(y) - (1 - r^2)\, V(y)}{V(y)}$$

ou :

$$V(y) = (1 - r^2)\, V(y) + r^2 V(y) \qquad (1)$$

$V(y)$: *Variance totale* ; $(1 - r^2)\, V(y)$: *Variance résiduelle* ; $r^2 V(y)$: *Variance expliquée par la droite D.*

r^2 s'appelle : *coefficient de détermination linéaire.* Si $r^2 = 0$, la variance expliquée par la droite D est nulle : il n'y a donc pas de liaison linéaire ... mais il faudra vérifier, par le calcul de η^2 s'il n'y a pas de liaison non linéaire (cf. supra et l'exercice p. 316 et s.).

De même :

$$\boxed{V(x) = (1 - r^2)\, V(x) + r^2 V(x)}$$

Le coefficient de détermination est « **symétrique** » ; il est donc aussi égal à la proportion de la variance marginale de x qui est expliquée par la droite D'.

---

(1) Pour une démonstration de cette relation, voir Bernard Py, *Exercices corrigés de Statistique descriptive.* (2e éd.), Economica, p. 108 et s.

ENCADRÉ 16

Comparaison entre les rapports de corrélation et le coefficient de corrélation

* L'avantage du rapport de corrélation (η^2) est de pouvoir raisonner en *non linéaire*, donc d'être plus «proche» de la véritable configuration du nuage de points.

* On détermine deux rapports de corrélation ($\eta^2_{x,y}$ et $\eta^2_{y,x}$), contre un seul r^2. Le coefficient de corrélation est donc *symétrique* par rapport à x et y.

* Le carré du coefficient de corrélation *(r^2)* est *toujours inférieur* aux valeurs du rapport de corrélation :

$$0 \leqslant r^2 \leqslant \eta^2 \leqslant 1$$

* Un *inconvénient du rapport de corrélation* tient dans le fait que η^2 dépend du nombre de classes : sa valeur augmente avec le nombre de classes ; il ne convient pas si le nombre de classes n'est pas assez important; η^2 faisant intervenir dans son calcul les $\bar{x}_j$ et $\bar{y}_i$, ne peut pas être calculé si les données sont individualisées.

* Lorsque $r^2 = \eta^2_{x,y}$, la linéarité en x est "de fait" : il y a corrélation linéaire de x en y.
Si $r^2 = \eta^2_{x,y} = \eta^2_{y,x}$, on dit qu'il y a «double» corrélation linéaire. Au plus les valeurs de r^2 se rapprochent de celles de η^2, au plus on peut être « rassuré » sur la validité de l'ajustement linéaire.

* *Un avantage de* η^2 tient au fait que r^2 peut être nul, alors que η^2 peut se rapprocher de ± 1, et faire apparaître une corrélation non linéaire cachée.

ENCADRÉ 17

Le coefficient de détermination r^2

Le carré du coefficient de corrélation linéaire (r^2) s'appelle aussi « **coefficient de détermination** » ; il joue, dans le cas de la MMC (ajustement linéaire), le rôle que joue η^2 dans le cas général non linéaire.

$$\textbf{Coefficient de détermination} = r^2 = \frac{\text{Variance Expliquée}}{\text{Variance Marginale}}$$

Ainsi, par exemple, la proportion « $V_E\ /V(y)$ » est expliquée par la droite de régression D (régression linéaire de y en x).

Pour le caractère « y »	Cas général (courbes de régression)	Cas de la droite des moindres carrés « D »
Variance Expliquée	$V_E = \eta^2_{y,x} \cdot V(y)$	$V_E = r^2 . V(y)$
Variance Résiduelle	$V_R = [1 - \eta^2_{y,x}]\, V(y)$	$V_R = (1 - r^2) . V(y)$
Variance totale (ou marginale)	$V_E + V_R$	$V_E + V_R$

QUATRIÈME PARTIE
LES SÉRIES CHRONOLOGIQUES

L'étude des séries chronologiques est l'étude de l'évolution d'une variable statistique, repérée dans le temps. Son but est triple : décrire l'évolution, permettre l'explication en guidant l'interprétation, faciliter l'élaboration de prévisions conjoncturelles (1).

CHAPITRE I – PRÉSENTATION ET ANALYSE THÉORIQUE DES SÉRIES CHRONOLOGIQUES

SECTION 1 – LES PRINCIPES DE BASE

§ 1. DÉFINITION

On appelle série chronologique, ou chronique, ou série temporelle, une suite d'observations chiffrées, ordonnées dans le temps.

Ces observations chiffrées seront par exemple : la production automobile, la consommation d'électricité, la population active, le nombre de demandes d'emploi non satisfaites etc... (Voir 4 Flux et Stocks).

---

(1) Grâce à l'analyse du passé, on peut effectuer une «projection», c'est-à-dire extrapoler les tendances passées, ou bien une «prévision», en ajoutant des hypothèses de comportement variant dans le temps.

ENCADRÉ 1

Les difficultés d'ordre pratique de la prise en compte du temps dans l'étude des chroniques

Un des caractères majeurs de l'économie est que ses grandeurs doivent souvent être repérées dans le temps : les exemples abondent aussi bien en microéconomie (ventes et stocks d'une entreprise à telle date) qu'en macroéconomie (revenu national de telle année, l'emploi ou l'épargne entre telle et telle date).

Or, le temps est une variable très particulière : sa mesure en périodes traditionnelles (années, mois, jours, etc.) ne facilite pas le repérage harmonieux des variations des phénomènes. Les années sont parfois bissextiles, les mois n'ont pas toujours 31 jours, les trimestres ne sont pas égaux.

Si l'on dit par exemple : «le nombre d'inscriptions à l'ANPE a diminué de 9,7 % entre les deux premiers mois de l'année», c'est en fait qu'il est resté *exactement le même :*

$$\frac{\text{février}}{\text{janvier}} = \frac{28}{31} \text{ jours}$$

$$\text{Variation} : \frac{28}{31} - 1 = \mathbf{-9{,}7\ \%} \text{ (en jours).}$$

De plus les périodes de temps s'entrecroisent de façon si forte qu'elles rendent difficile l'appréciation des évolutions réelles:

Le chiffre d'affaire de la fabrique «F» de jeux de société peut être de 1 million par an, si on mesure de juin à juin ou de 1,5 million par an si on mesure de décembre à décembre. En effet, les jeux de société se vendent essentiellement à Noël ; selon le découpage temporel on peut ne compter qu'une période de fêtes de Noël, ou bien presque deux.

C'est pourquoi les statistiques qui font intervenir le temps méritent une approche spécifique.

[Voir également 2 page 217 : Difficultés d'ordre analytique].

Le «Temps» est repéré, le plus souvent, en années, trimestres, mois, ou jours, en science économique.

On note habituellement la variable étudiée par «y», que l'on porte en ordonnées sur les graphes rectangulaires. Le temps est souvent repéré par la lettre «t», que l'on porte en abscisses.

Une série chronologique est également *une distribution à deux caractères,* dont l'un est le temps.
Cette deuxième définition renvoie donc à la notion de tableau de contingence (troisième partie); mais ici ce tableau se réduit à deux colonnes (Voir 5 page 219), puisqu'il n'y a évidemment pas de pondérations.
La variable y est donc liée fonctionnellement à la variable «Temps» (à chaque date correspond une et une seule valeur de y), mais pas l'inverse (une même valeur de y peut correspondre à plusieurs dates).

* On peut écrire :

- «Temps» : «t», qui prend les valeurs t_i avec $\{i$, de 1 à $n\}$
- Variable : «y», qui prend les valeurs y_t :

$$\boxed{y = f(t)}$$

* Ou bien,

en utilisant notre notation pour les distributions (2)

$$\boxed{\{y_i, t_i\,;1\}} \qquad \text{(avec } i\text{, de 1 à } n\text{)}$$

§ 2. REPRÉSENTATIONS GRAPHIQUES

On retiendra trois types de représentations graphiques : sur axes orthogonaux, sur diagrammes semi-logarithmiques, en coordonnées polaires.

---

(2) On avait noté
- une distribution à un caractère : $\{x_i\,; n_i\}$
- une distribution à deux caractères : $\{x_i, y_j\,; n_{ij}\}$

ENCADRÉ 2

Difficultés d'ordre analytique du repérage du temps

Selon que l'on se place au niveau d'une *analyse statique* , ou *dynamique,* les conclusions sur les évolutions des phénomènes seront différentes, comme le montre le schéma ci-dessous :

Exemple : La production annuelle d une entreprise passe de 10 à 30, puis de 30 à 10, puis de 10 à 30.

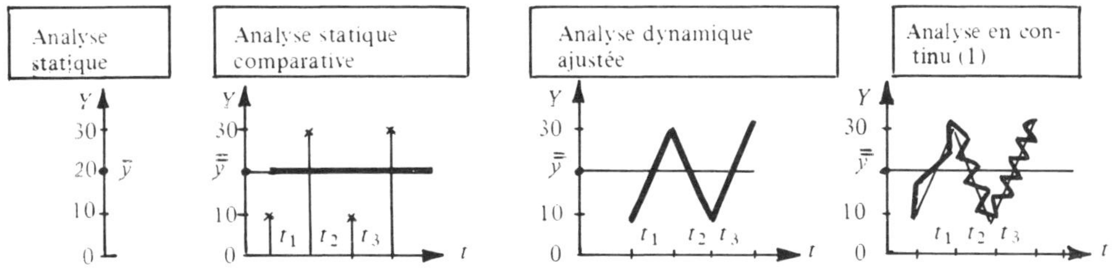

La moyenne est un point. On ne peut rien dire sur l'évolution du phénomène

La moyenne est une droite. L'évolution se traduit par : *une stagnation*

La moyenne est une droite. L'évolution se traduit par 3 mouvements :
Expansion
Récession
Expansion

La moyenne est une droite. L'évolution se traduit par un grand nombre de petites oscillations.

AUCUNE CONCLUSION SUR L'EVOLUTION DU PHÉNOMENE N'EST FAUSSE... ET POURTANT ELLES SONT TOUTES DIFFÉRENTES ! ⇒ Tout dépend du niveau d'analyse auquel on se situe.

---

(1) Nous avons volontairement dessiné le graphe *en continu* par des lignes polygonales pour faire ressortir les difficultés de la mesure d'un phénomène en continu. Les oscillations sont ici de 3 amplitudes différentes.

ENCADRÉ 3

Premières notions de variations saisonnières

Les séries chronologiques présentent généralement des variations dûes à des causes qui se renouvellent plus ou moins régulièrement : congés, saisons, traditions diverses. Ces variations appelées «variations saisonnières» empêchent d'apprécier l'évolution réelle globale du phénomène observé dans le temps. Il est ainsi difficile de juger de l'évolution d'un phénomène sur un trop petit nombre d'années; les variations de fond étant «masquées» par ces variations périodiques. On est donc amené à «corriger» les séries brutes en annulant l'influence de ces variations «saisonnières». La série obtenue, une fois la correction effectuée s'appelle «série corrigée des variations saisonnières» (expression largement véhiculée par les médias).

Nous apprendrons à calculer la série corrigée des variations saisonnières (CVS) en page 252.

A. Graphiques sur coordonnées rectangulaires

Ils relèvent d'un certain nombre de normes :

– Le temps est porté en abscisses ; la variable y en ordonnées.

– Les points sont reliés par des segments de droite et jamais par des courbes.

– Il faut choisir les graduations les plus grandes possibles en ordonnées, pour ne pas «aplatir» le graphe. Pour cela on prendra soin de bien repérer l'intervalle de variation de y (ce qui ne présente pas de difficulté pour un graphe a posteriori, mais peut réserver des surprises pour des graphes constitués au jour le jour, ou mois par mois, en même temps que l'on découvre la valeur des données).

– La «coupure» généralement opérée sur l'axe Oy doit être bien précisée, pour éviter les exagérations d'interprétation suite aux effets d'optique.

Le graphe ci-dessous est celui d'une chronique pour laquelle le phénomène a été repéré trimestriellement (y = Production de l'entreprise Y en nombre d'unités produites).

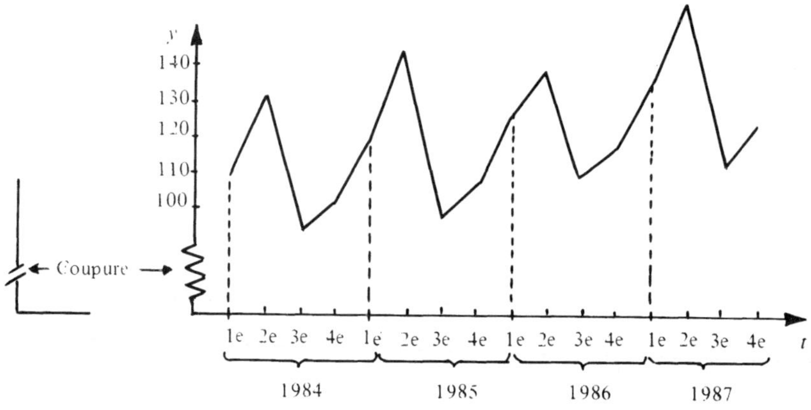

On distingue (assez difficilement) sur le graphe une tendance générale à la hausse sur les quatre années. Les *fluctuations* autour de cette tendance générale sont assez amples et l'on peut donc difficilement émettre un jugement global sur le phénomène d'ensemble. (Les effets visuels sont fréquents : si l'on avait arrêté le graphe au 2e trimestre 1987, un certain «optimisme» s'en serait dégagé).

ENCADRÉ 4

Différence entre flux et stock

Un stock est la valeur d'une variable à une date donnée (le parc automobile français au salon 1987 ; les avoirs à la Banque de France au 1er janvier 1986 ; la population française à la date du recensement de 1982).

Un flux est un événement se produisant entre deux dates données (l'augmentation du parc automobile entre 1977 et 1987 ; l'augmentation de la population entre deux recensements).

Les différents flux forment le stock total (la formation brute de capital fixe, ou investissement, est un flux qui affecte le stock «capital fixe»).

Donc :

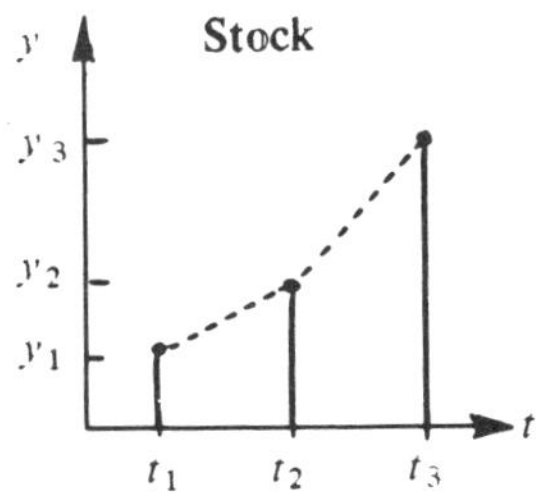

Chaque valeur de la variable se rapporte à une date

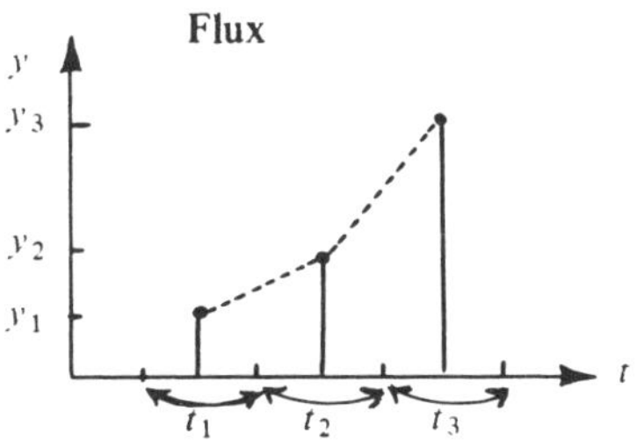

Chaque valeur de la variable se rapporte à une différence entre deux dates

ENCADRÉ 5

Ne pas confondre :

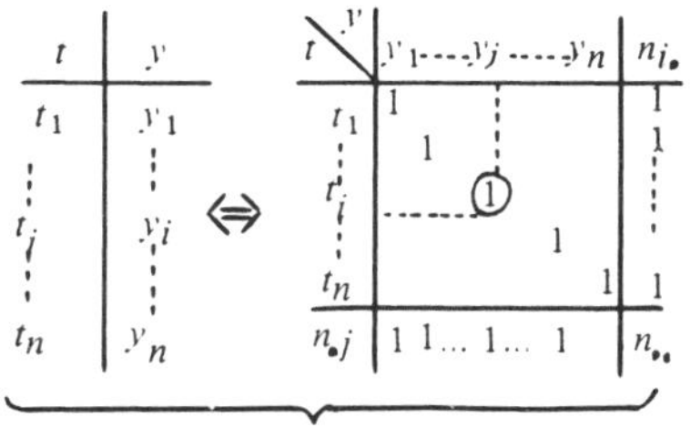

C'est un tableau de contingence
On le présente en deux colonnes car il n'y a pas de pondérations. Pour 3 ans par 12 mois, il y a 36 lignes.

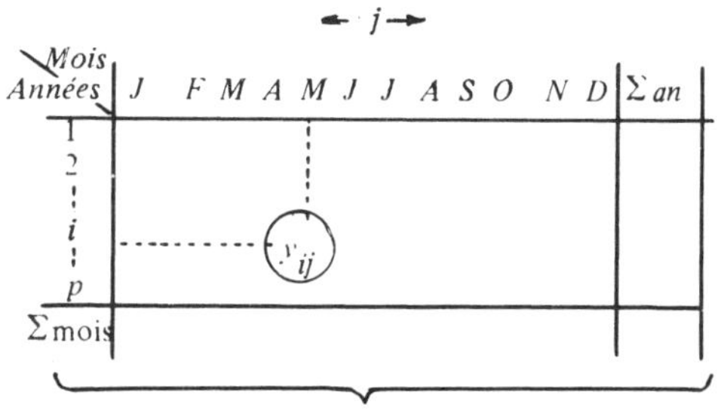

Ce n'est pas le tableau de contingence de la série : c'est simplement *une double décomposition en mois et années.* Les y_{ij} ne sont pas des effectifs mais des valeurs de la variable y.

B. Les graphiques semi-logarithmiques

Dans le chapitre 2 de la première partie, pages 63, 65 et 67, trois exemples de représentations graphiques en coordonnées semi logarithmiques apparaissent.

On se souvient du principe de ces graphes que l'on a étudié pages 60 et suivantes.

Rappel :

On utilise l'échelle logarithmique quand :

- il existe de grandes différences de valeurs dans la variable, pour éviter de «sortir» du graphe cartésien.
- on veut faire apparaître des variations relatives.
- des cumuls de taux de croissance, qui feraient apparaître des exponentielles, doivent être représentés en linéaire.

C. Les graphiques à coordonnées polaires

On les utilise surtout pour des variations de données mensualisées.

Principe de construction : On fabrique 12 axes gradués formant entre eux un angle de 30°. ($30° = 360°/12$).
Chaque axe représente un mois, et est gradué en échelle arithmétique.

Au plus la ligne construite point par point s'écarte du centre, au plus la valeur de la variable augmente.

Voir exercice d'application 6.

SECTION 2 – LA DÉCOMPOSITION DU MOUVEMENT BRUT ET LES MODELES THÉORIQUES D'ANALYSE

Il est nécessaire de bien repérer les grands caractères de l'évolution globale.

Dans l'ensemble, le phénomène étudié a-t-il tendance à croître ou à décroître ? Les hausses et les baisses de courte période sont-elles régulières ?

Y a-t-il des fluctuations exceptionnelles et peut-on les expliquer ? En définitive, il s'agit de déterminer les *éléments constitutifs de l'évolution globale :* ils portent le nom de «composantes».

ENCADRÉ 6

Exercice : Graphique sur coordonnées polaires

Reportez sur un graphique à coordonnées polaires la série suivante, qui concerne des nombres de touristes (en centaines).

y_t	*J*	*F*	*M*	*A*	*M*	*J*	*J*	*A*	*S*	*O*	*N*	*D*
1985	10	8	7	10	3	2	6	7	7	2	3	9
1986	11	10	9	9	2	1	7	9	10	3	1	10
1987	14	13	13	15	6	4	12	14	15	6	8	15

A quel type d'activité peut on rattacher cette série ? Que s'est-il passé entre 1986 et 1987 ?

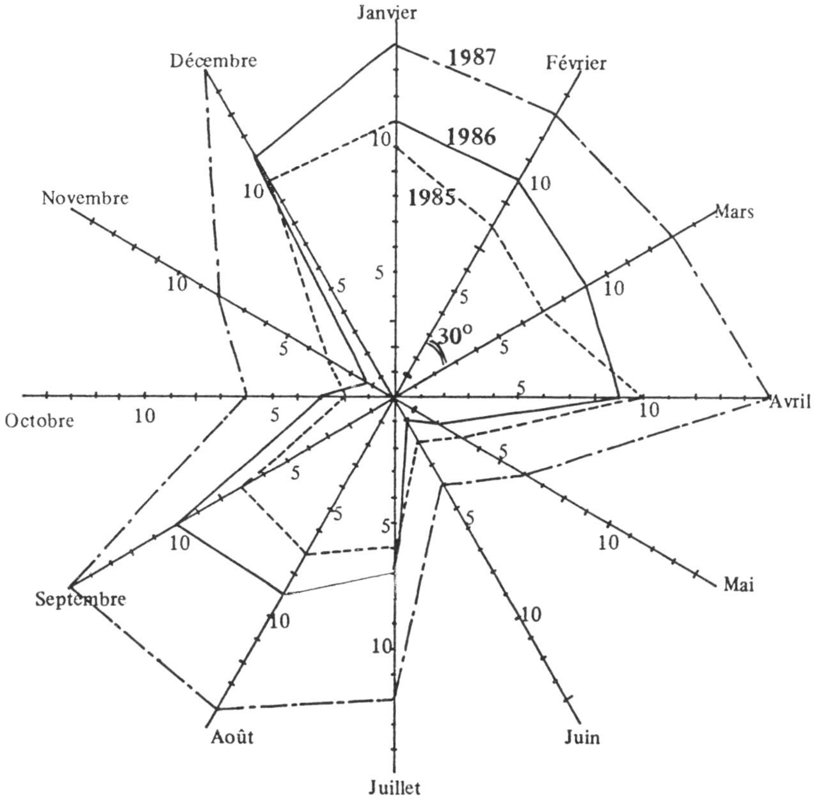

L'activité peut, par exemple, être celle d'une station de montagne (ski en hiver et tourisme estival). En 1987, la station a connu une forte expansion de sa fréquentation touristique (hiver comme été) par rapport à 1986.

§ 1. DÉFINITION DES COMPOSANTES

Observons le «graphe type» d'une série chronologique, tel qu'il est représenté en 7, page ci-contre :

1) La série semble suivre une évolution à la hausse sur la longue période. Cette *tendance générale* est représentée par le **TREND** de longue période : c'est la *courbe* (droite, ici) qui «résume» le phénomène ; c'est elle qui «ajuste» l'ensemble des points de la ligne brisée. Elle «lisse» la série.

2) Selon des périodes plus courtes (mais toujours de longue durée) on remarque des *fluctuations autour du trend,* de type sinusoïdal (de haut en bas), qui se répètent. Ce mouvement s'appelle **CYCLE.** La période et l'amplitude du cycle peuvent être repérées, si le cycle existe [voir 8].

3) Le graphe présente des mouvements très courts de «pics» et de «creux» successifs qui se répètent, de période en période, à des dates précises. Cette *suite de pics et de creux* de faible ampleur s'appelle : **VARIATIONS SAISONNIERES.** [Voir 9].

4) On peut distinguer à certaines dates précises des pics ou des creux à caractère exceptionnel qui brisent la régularité de l'évolution d'ensemble. Ces variations «aberrantes» portent le nom de **VARIATIONS ACCIDENTELLES** [Voir 10].

Il ne reste plus qu'à «formaliser» ces différentes composantes :

ENCADRÉ 7

Graphe «type» d'une chronique

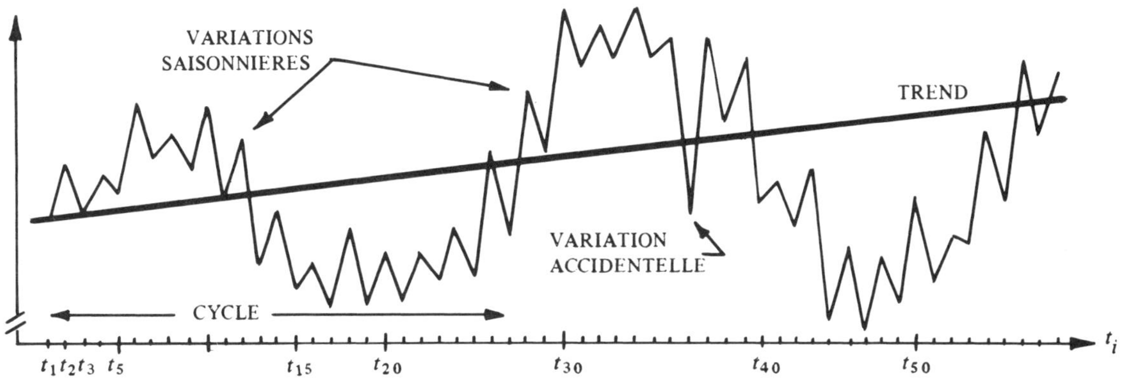

ENCADRÉ 8

Le cycle comprend quatre phases :

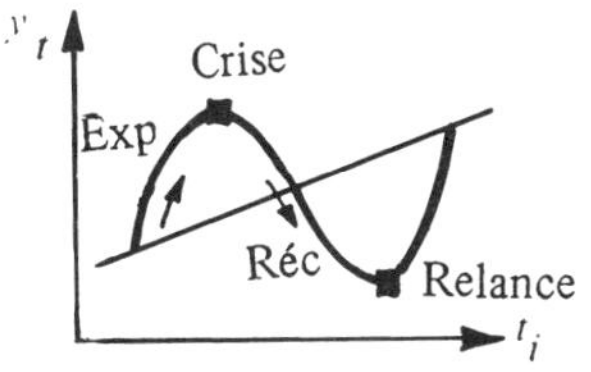

- Expansion
- Crise
- Récession
- Relance

Les économistes ne sont pas tous d'accord sur l'existence des cycles. (On assimilera cycle et trend).

— Cycle long de type Kondratieff ≈ 50 ans.

— Cycle de type Juglar ≈ 9 ans.

— Cycles Kitchin et cycles politico-économiques, etc...

ENCADRÉ 9

Les variations saisonnières

Elles sont repérables, la plupart du temps, de mois en mois, ou de trimestre en trimestre.

Elles sont dues :

* – *au rythme des saisons* (produits agricoles, tourisme, transports, sports...),

* – *aux comportements* (congés, traditions, coutumes, autorisations de l'Etat...)

* – à d'autres facteurs *économiques* (matières premières spécifiques) ou *sociaux.*

* – à d'autres causes régulières.

ENCADRÉ 10

Les variations accidentelles

Elles sont «non expliquées» par le modèle théorique. Elles proviennent de circonstances non prévisibles (gel, crise internationale, grèves, révolution... etc.). On les appelle également : **variations résiduelles** : elles «restent» quand on a éliminé tous les autres mouvements.

Voir également le « complément », page 229.

§2. FORMALISATION DES COMPOSANTES DANS LE CADRE D'UN «MODELE IDEAL» (1)

Le «modèle idéal» que nous allons décrire est celui vers lequel *tendent* ou *devraient tendre,* toutes les séries chronologiques. Il permet de formaliser, et par là même de décomposer, le mouvement global en trois «composantes» bien précises. Dans la réalité, les chroniques s'écartent à des degrés divers de cette harmonie : On devra donc les corriger, en les rapprochant de ce modèle de référence, afin de séparer les composantes dans la pratique.

A. Trend et mouvement cyclique (f_t)

– **Notation :** f_t

– Le Trend et le cycle sont tous deux des mouvements de longue durée : en général, bien supérieurs à 6 années de calendrier.

Définition :

– Le trend schématise la **tendance générale** du phénomène. On peut procéder à un **ajustement** et déterminer ainsi l'expression analytique du trend. Si la ligne brisée représentative de la chronique suggère un ajustement linéaire, on obtient une forme analytique du trend du type $y = at + b$. D'autres ajustements à des fonctions connues analytiquement sont possibles [voir 11]. L'ajustement à une exponentielle se ramène à celui à une droite, en utilisant les logarithmes.

– Le cycle, si il existe, fait apparaître un mouvement de larges oscillations autour du trend. Il est d'usage actuellement de ne pas l'exprimer analytiquement, mais **de confondre son évolution avec celle du trend.**

B. Les variations saisonnières (S_t)

Notation : S_t

Définition :

– Elles résultent d'événements réguliers, fluctuants, et de même nature, se répétant à l'identique de période en période inférieures à l'année.

(1) Nous employons exceptionnellement ici l'adjectif «idéal» dans un but uniquement pédagogique. On peut tout aussi bien le remplacer par l'adjectif «théorique», sans faire de confusion avec les modèles théoriques: additif et multiplicatif.

ENCADRÉ 11

Trend ajusté et expressions analytiques

Le trend ajusté est une estimation de la tendance générale de longue période du phénomène brut . Plusieurs cas peuvent se présenter. Nous ne retenons dans le présent ouvrage que le trend linéaire (ou le trend exponentiel s'y rapportant en passant par les logarithmes).

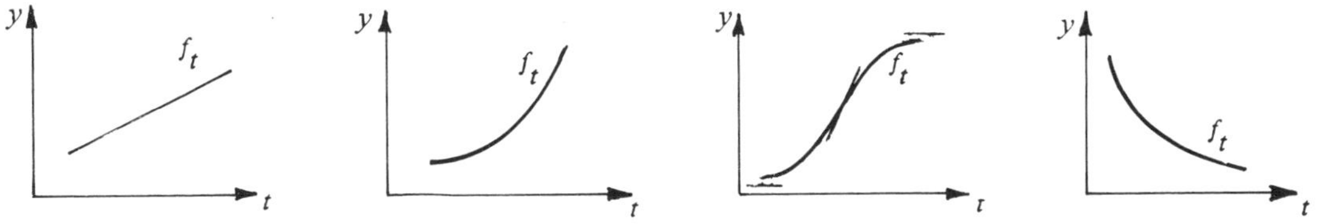

Trend linéaire	Trend exponentiel	Trend logistique	Trend hyperbolique
$f_t = at + b$	$f_t = k\, a^t$	$f_t = \dfrac{k}{1 + e^{b - at}}$	$f_t = k/t$

Le cycle fait apparaître un mouvement de larges oscillations autour du trend et met en évidence les changements de tendance. On ne l'exprime pas analytiquement ici, et on confond son évolution de longue durée avec celle du trend.

ENCADRÉ 12

Exercice

A quelles composantes correspondent les éléments suivants ?

. Incendie dans une usine entraînant un retard de 15 jours de la production → ε_t
. Evolution moyenne du prix d'un produit entre 1965 et 1985 → f_t
. Ventes d'un magasin pendant le mois de mai entre 1965 et 1985 → S_t
. Ces mêmes ventes pendant le mois de mai 1968 → ε_t
. Une ère entre deux crises → cycle ou f_t
. Production mensuelle française de charbon entre 1965 et 1985 → y_t

Nota : ε_t, signifie : variations accidentelles (voir pages 228 et 229).

Deux principes fondamentaux sont à la base de l'appréhension des variations saisonnières par le «modèle idéal».

1. Principe de la répétition à l'identique :

On voit sur le graphe de la page 218, que la production de l'entreprise Y chute systématiquement au troisième trimestre. Cette variation saisonnière se répète à peu près identiquement tous les troisièmes trimestres de chaque année.

Dans le modèle de référence, on prend en compte une **répétition rigoureusement identique** :

Si la série est donnée en trimestres, on considère que :

$$S_1 = S_5 = S_9 \text{ ... etc}$$

donc :

$$\boxed{S_t = S_{t+4}}$$

En mois, on considère que :

$$\boxed{S_t = S_{t+12}}$$

En général, si la période est *«p»* :

$$\boxed{S_t = S_{t+p} = S_{t+2p} = \text{ ... etc}}$$

2. Principe de conservation des aires

On considère, dans le modèle idéal que, sur l'année, les S_t doivent se compenser : les pointes sont compensées par les creux. Donc : la surface délimitée entre la ligne brisée et le trend, *au dessus* du trend, doit être parfaitement égale à celle *au dessous* du trend, comme le montre le schéma ci-contre.

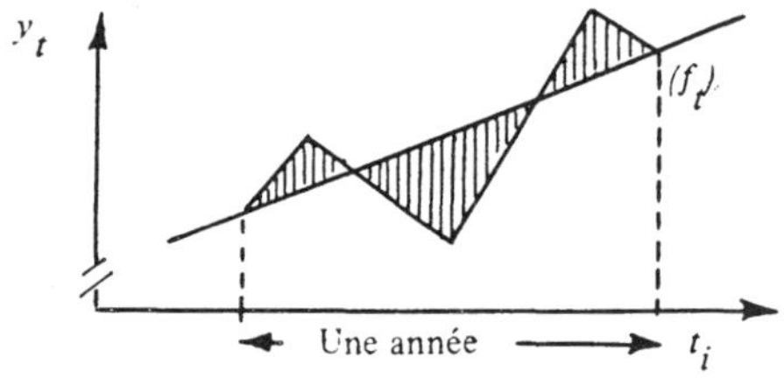

Donc : **par an l'influence des variations saisonnières est neutre**.

ENCADRÉ 13

Représentation graphique et échelle semi-logarithmique

L'évolution mensuelle des ventes d'un magasin au cours de ses 10 premiers mois d'ouverture est donnée par :

Mois	1	2	3	4	5	6	7	8	9	10
Ventes (y_t)	20	24	28,8	34,6	41,5	50	59,7	71,7	86	100

Vérifiez l'hypothèse d'un accroissement exponentiel des ventes de façon graphique :

(1) **Repère cartésien** : en ordonnées on porte les valeurs de y_t

↓

Tendance exponentielle

(2) **Repère cartésien** : en ordonnées, on porte le logarithme des valeurs de y_t

↓

Tendance linéaire

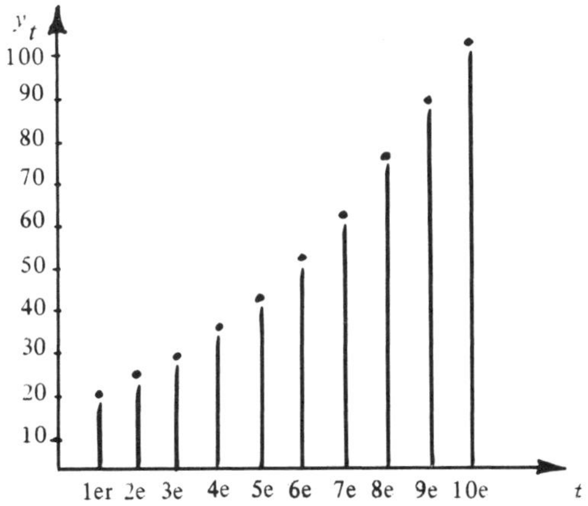

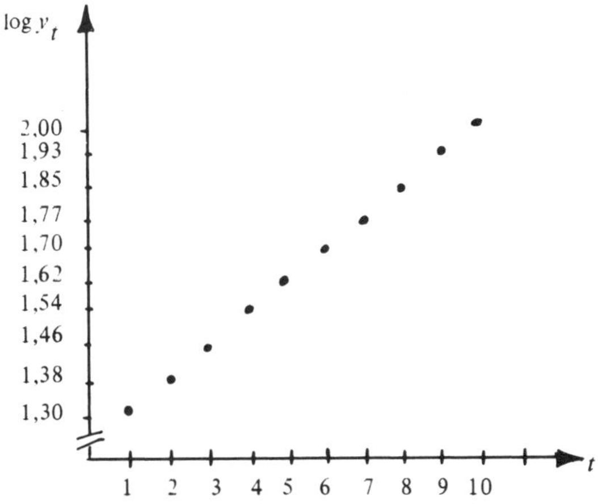

(3) Sur **papier semi logarithmique**, en reportant les valeurs de y_t on aurait également obtenu une tendance linéaire de la série. Le mouvement est bien exponentiel.

(4) Conclusion : la tendance générale (f_t) est de la forme : $\log f_t = at + b$

ou $f_t = 10^{at+b}$

[après calculs, on trouve : $f_t = 10^{0,078\,t + 1,226}$]

C. Les variations accidentelles (ε_t)

Notation : ε_t

Définition : Les variations «accidentelles» ou «résiduelles» sont des mouvements perturbateurs de courte période, irréguliers et imprévisibles, pour la plupart.

Là encore : Un principe est à la base de l'intégration de ces variations dans le modèle idéal :

On considère que, sur un petit nombre d'années, **les ε_t se compensent.**

Si n est le nombre d'années, on a (1) :

$$\boxed{\sum_{t=1}^{n} \varepsilon_t = 0}$$

Là, on s'écarte dans une grande mesure de la réalité, car, si l'on peut admettre que «les bonnes récoltes compensent les mauvaises», la compensation est moins évidente pour les grèves, ou les catastrophes naturelles. C'est pourquoi on verra qu'il faut distinguer dans la pratique **deux types de** ε_t (voir 14 page ci-contre).

§ 3. DÉCOMPOSITION DU «MODELE IDÉAL» EN DEUX SOUS-MODELES THÉORIQUES D'ANALYSE

Le «modèle idéal» exposé dans le paragraphe précédent est *nécessaire* mais *insuffisant* pour analyser de façon théorique les séries chronologiques. Encore faut-il lui adjoindre une hypothèse supplémentaire concernant le *type d'évolution :* Evolution de type «ADDITIF» ou de type «MULTIPLICATIF». On aboutit ainsi à scinder le modèle idéal en **deux sous-modèles traditionnels** :

{ modèle additif
modèle multiplicatif.

A. Définitions des modèles «additif» et «multiplicatif».

1. Dans un modèle de **type additif**, on considère que le phénomène étudié en fonction du temps se décompose en éléments (les composantes) **indépendants les uns des autres.**

---

(1) On considère ici que les composantes accidentelles «s'ajoutent» au mouvement brut, sans être proportionnelles dans le temps.

ENCADRÉ 14

Complément : Remarque sur les variations accidentelles ε_t

Les variations accidentelles, ou fluctuations «résiduelles» sont de **deux natures différentes**.

* La plupart du temps, elles proviennent d'un grand nombre de petites causes, et sont alors de faible amplitude. En effet, l'évolution réelle d'un phénomène n'est jamais tout à fait régulière dans le temps.

* Quelques fois, par contre, ellesproviennentd'événements accidentels de grande ampleur, dûs à un «accident» ou «bouleversement» important : la fermeture du canal de Suez en juillet 1956 provoque dans bien des séries chronologiques (transports, raffinage, productions diverses) un creux important pour cette date. De même l'effet des grèves de 1968 (mois de mai) se fait ressentir dans certaines chroniques.

Pour les ε_t de deuxième nature, l'hypothèse de moyenne nulle (et de variance faible sur l'ensemble de la durée d'observation) ne se vérifie pas. Ces «aléas» sont intégrés dans les calculs des tendances moyennes et faussent les estimations des trends (1).

C'est pourquoi, dans la pratique, on repère avant tout calcul, les ε_t de deuxième nature, et on corrige d'autant la série brute y_t (2). Il ne reste dans le mouvement brut corrigé que les ε_t de première nature (aléas de faible ampleur). On effectue tous les calculs sur ces données corrigées, et on ne les réintègre dans les résultats qu'à la fin des calculs (par exemple lors de l'établissement de la série corrigée des variations saisonnières, voir plus loin), pour faire apparaitre les mouvements accidentels tels qu'ils ont eu lieu dans la réalité.

C'est à l'économiste qu'il appartient d'interpréter correctement les ε_t.

---

(1) A rapprocher de l'« Effet de Slutsky » : Autocorrélation des résidus dans le calcul des moyennes mobiles, bien que cet effet de Slutsky ne concerne que l'autocorrélation des résidus *dans l'estimation des trends* (et non pas dans la nature des ε_t).

(2) Par la connaissance du phénomène, ou par la méthode des graphes superposés (exemple en page 67 de la première partie).

Graphiquement, les *amplitudes* des composantes saisonnières (S_t) sont *constantes*, par rapport à la tendance.

$$y_t = f_t + S_t + \varepsilon_t$$

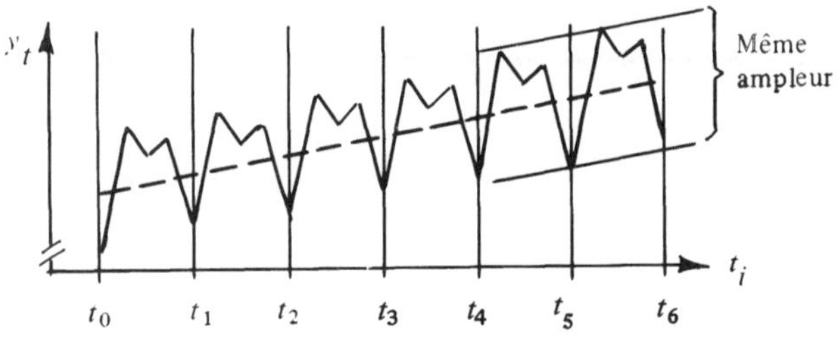

Ici, f_t est linéaire : $\mathbf{f_t = at + b}$; les inconnues sont les paramètres «*a*» et «*b*» du trend.

2 . Dans un modèle de **type multiplicatif**, on considère que le phénomène étudié en fonction du temps, se décompose en éléments (les composantes) **dépendants** les uns des autres : la composante saisonnière, et éventuellement la composante accidentelle, sont *proportionnelles au trend.*

Graphiquement, les amplitudes des composantes saisonnières (S_t) sont croissantes ou décroissantes.

$$y_t = f_t \cdot S_t + \varepsilon_t$$ [1re forme de schéma multiplicatif]

$$y_t = f_t \cdot S_t \cdot \varepsilon_t$$ [2e forme]

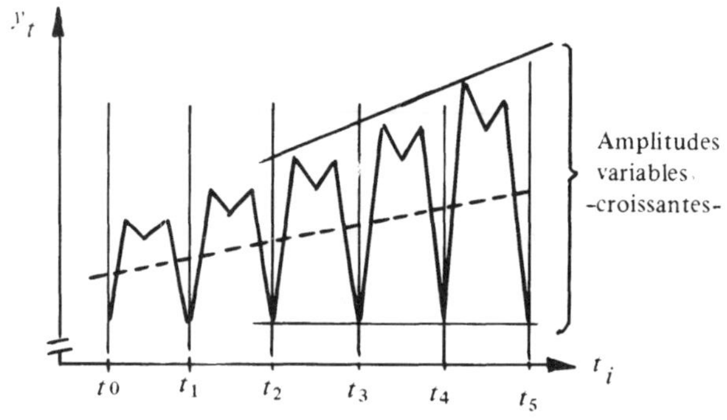

ENCADRÉ 15

Exercice

On donne la série chronologique ci-contre :

Que peut-on dire des variations saisonnières?

La série suit-elle un modèle additif ou multiplicatif ?

Y a-t-il des variations accidentelles ?

Années \ Trimestres	1er	2e	3e	4e
1	20	18	20	22
2	24	22	24	26
3	28,8	26,8	28,8	30,8
4	34,6	32,6	34,6	36,6
5	41,5	39,5	41,5	43,5

Les variations saisonnières apparaissent dans le tableau ci-dessous :

A \ T	f_t	Variations saisonnières				$\frac{1}{4}\ \Sigma S_t$
		S_1	S_2	S_3	S_4	
1	20	0	− 2	0	+ 2	0
2	24	0	− 2	0	+ 2	0
3	28,8	0	− 2	0	+ 2	0
4	34,6	0	− 2	0	+ 2	0
5	41,5	0	− 2	0	+ 2	0

Les variations saisonnières ont une moyenne nulle chaque année. Elles se répètent à l'identique de trimestre en trimestre.

Il s'agit donc d'une série particulièrement bien ajustée au modèle théorique *additif :* Les écarts entre les valeurs de la série et celles de la tendance générale ne s'accroissent pas avec le temps.

Il n'existe pas de variations accidentelles.

$$y_t = f_t + S_t$$

La représentation graphique de la série suggère une tendance générale linéaire. On peut donc ajuster une droite aux valeurs du trend.

Le choix du modèle, additif ou multiplicatif, appartient à l'utilisateur des statistiques de données. Selon l'allure générale de la courbe du phénomène à étudier (que l'on peut toujours esquisser sur un petit diagramme), selon le contexte économique, selon la connaissance du phénomène que l'on a éventuellement par ailleurs, on choisira l'un ou l'autre modèle théorique.

On peut remarquer que le modèle multiplicatif, dans sa deuxième forme, peut se ramener au modèle additif :

$$y_t = f_t S_t \varepsilon_t$$

$$\log y_t = \log f_t + \log S_t + \log \varepsilon_t$$

B. La conservation des aires dans les deux modèles

Rappel : Le principe veut que l'influence des variations saisonnières (S_t) soit *neutre* sur l'année :

– Considérons que les ε_t n'existent pas pour cette démonstration ; ou bien, ce qui revient au même, que nous les intégrons dans le trend :

1. Cas du modèle additif

On a : $\mathbf{y_t = f_t + S_t}$ $\qquad (\varepsilon_t = 0)$

* **La somme** des variations saisonnières est nulle sur l'année.

Par trimestre : $S_1 + S_2 + S_3 + S_4 = 0$

En général si «p» est la période de référence (mois ou trimestre) :

$$\boxed{\sum_{t=1}^{p} S_t = 0}$$

* De même : **la moyenne** des variations saisonnières est nulle sur l'année.

En mois : $\frac{1}{12} \sum_{t=1}^{12} S_t = 0$; en général : $\boxed{\frac{1}{p} \sum_{t=1}^{p} S_t = 0}$

ou : $\boxed{\bar{S} = 0}$

ENCADRÉ 16

Le principe de la conservation des aires dans les 2 modèles
Exemple chiffré

Les deux modèles (additif et multiplicatif) respectent l'hypothèse de conservation des aires. Soit, par exemple une chronique (très simplifiée) dans laquelle le trend (f_t) passe de 100 à l'année t_1 à 110 à l'année t_2. La période infra-annuelle est le *semestre*, pour simplifier la présentation. On représente y en flux.

1. Modèle additif

$$y_t = f_t + S_t$$

		f_t	S_t		y_t
t_1	1er sem.	100	+ 10	identiques	110
	2e sem.		− 10		90
t_2	1er sem.	110	+ 10	identiques	120
	2e sem.		− 10		100

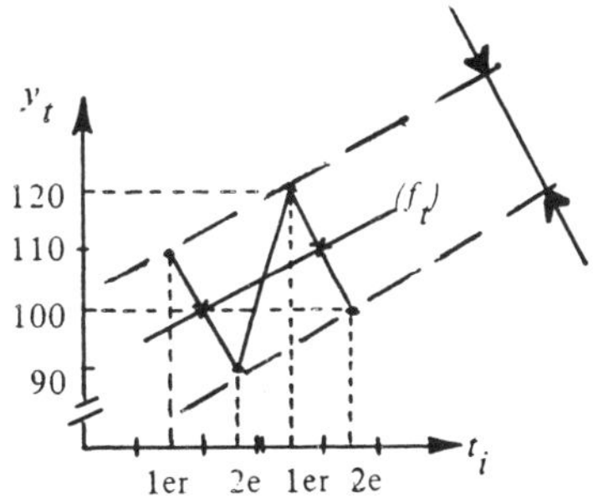

La moyenne annuelle des S_t est bien nulle. Les variations sur le graphe sont de même ampleur.

2. Modèle multiplicatif

$$y_t = f_t \times S_t \qquad S_t = 1 + s_t \ (1)$$

		f_t	S_t		$s_t = S_t - 1$	y_t
t_1	1er sem.	100	+ 1,1	identiques	0,1	110
	2e sem.		+ 0,9		− 0,1	90
t_2	1er sem.	110	+ 1,1	identiques	0,1	121
	2e sem.		+ 0,9		− 0,1	99

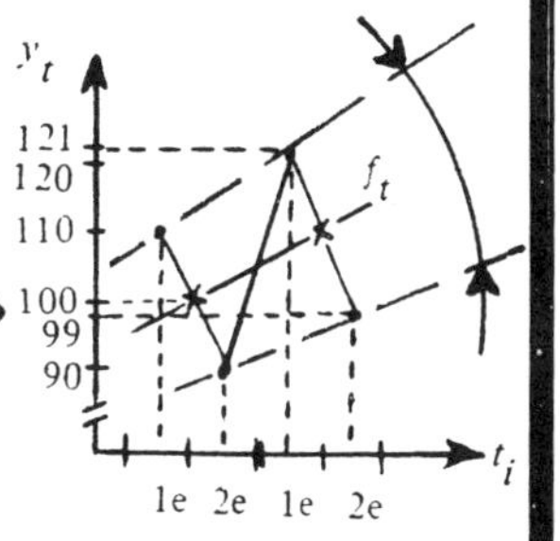

La moyenne annuelle des taux de croissance $(\bar{s})$ est nulle.

La moyenne annuelle des S_t est égale à 1. On voit qu'il y a *amplification* du mouvement brut. Le trend est le même dans les 2 cas.

(1) s est le taux de croissance ; $(1 + s)$ est le multiplicateur – voir page 234.

2. Cas du modèle multiplicatif

On a : $y_t = f_t \cdot S_t$ [avec ε_t intégrés dans le trend]

Pour neutraliser l'influence des variations saisonnières S_t, il faut que leur moyenne soit égale à l'unité, donc :

$$\boxed{\frac{1}{p} \sum_{t=1}^{p} S_t = 1} \quad \text{ou} \quad \boxed{\overline{S} = 1}$$

On peut voir que les variations saisonnières augmentent ou diminuent dans la même proportion. Appelons «*s*» cette proportion, il vient :

$$\overline{S} = (1 + \overline{s})$$

$(1 + \overline{s})$ n'est autre que le multiplicateur, et $\overline{s}$ le taux de croissance moyen sur la période. On peut donc conclure, pour rester en analogie avec le modèle additif :

$$\boxed{\overline{s} = 0}$$

En moyenne, les *taux de croissance* des variations saisonnières s'annulent chaque année, et ils se répètent à l'identique d'année en année. Voir, à ce sujet, 16 page 233.

SECTION 3 – MÉTHODE ANALYTIQUE D'ETUDE DES CHRONIQUES ET AJUSTEMENT

Il s'agit ici d'appliquer les modèles à l'analyse des chroniques :

§ 1. DEFINITION

Le modèle d'évolution étant choisi, il ne reste plus qu'à «estimer», par le calcul, les paramètres, pour obtenir la décomposition d'un mouvement donné, en ses deux composantes : trend et variations saisonnières. On admet encore ici que les ε_t sont intégrés dans le trend, ou bien n'existent pas.

ENCADRÉ 17

Exercice d'application

Calcul d'un trend ajusté par la méthode des moindres carrés

On donne la série chronologique suivante du phénomène y, qui suit un modèle de type additif. Déterminez l'équation du trend linéaire.

Années \ Trimestres	1er	2e	3e	4e
1985	2	0,5	3,5	1
1986	5	2	5	3,5
1987	6,5	4	7,5	5

Réponse : Formons le tableau de contingence en deux colonnes : (t_i, y_i).

	t_i	y_i	$t_i y_i$
1985	1	2	2
	2	0,5	1
	3	3,5	10,5
	4	1	4
1986	5	5	25
	6	2	12
	7	5	35
	8	3,5	28
1987	9	6,5	58,5
	10	4	40
	11	7,5	82,5
	12	5	60
		45,5	358,5

Remarque utile

* La somme des n premiers nombres entiers est :

$$\sum_{i=1}^{n} t_i = \frac{n(n+1)}{2}\text{, donc ici : } \frac{12\,(12+1)}{2} = \boxed{78}$$

* La somme des carrés des n premiers nombres entiers est :

$$\sum_{i=1}^{n} t_i^2 = \frac{n(n+1)(2n+1)}{6}\text{ ; donc ici : } \frac{(12)(13)(25)}{6} = \boxed{650}$$

La seule colonne à faire est celle des $t_i y_i$. Il vient :

$$\bar{\bar{t}} = \frac{1}{n}\,\Sigma\, t_i = \frac{1}{12} \times 78 = \boxed{6,5} \Rightarrow \bar{\bar{t}}^2 = \boxed{42,25}$$

$$\Sigma\, t_i^2 = \boxed{650} \qquad \bar{\bar{y}} = \frac{45,5}{12} = \boxed{3,79}$$

La pente du trend est :

$$a = \frac{\Sigma\, y_i\, t_i - n\bar{\bar{t}}\bar{\bar{y}}}{\Sigma\, t_i^2 - n\bar{\bar{t}}^2} = \frac{62,88}{143} = \boxed{0,44}$$

L'ordonnée à l'origine b est :

$$b = \bar{\bar{y}} - a\bar{\bar{t}} = \boxed{0,932}$$

L'équation du trend est : $\boxed{f_t = at + b = 0,44\,t + 0,932}$

Remarques fondamentales :

* Cette méthode n'est applicable que dans le cas où la tendance générale du phénomène est assimilable à une fonction simple connue. Nous resterons ici dans le cas où la chronique suggère un ajustement linéaire.

* Dans le cas où la chronique ne peut pas être ajustée par une fonction simple connue, ou bien dans le cas où l'on ne désire pas appliquer la méthode analytique, la décomposition du mouvement brut se fera par des méthodes empiriques que nous développons au chapitre 2.

§2. ESTIMATION DES PARAMETRES a ET b DU TREND LINÉAIRE

A. Ajustement dans le cas du modèle additif

– La série s'écrit $y_t = f_t + S_t$ (puisque on annule les ε_t)

– Le trend s'écrit $f_t = at + b$

– La série sera donc ajustée par une droite d'expression : $\mathbf{y_t = at + b + S_t}$

– Les données se présentent sous la forme d'un **tableau de contingence réduit à deux colonnes t_i et y_i**. On sait calculer une droite d'ajustement (Troisième partie, chapitre deux, section deux, page 196 et suivantes : la méthode des moindres carrés).

Ici, y est fonction du temps et l'on ne déterminera que la droite D :

– Sa pente est :

$$\boxed{a = \frac{\text{Cov}(t,y)}{V(t)}} \quad \text{ou :} \quad \boxed{a = \frac{\frac{1}{n}\sum_i t_i y_i - \bar{\bar{t}}\bar{\bar{y}}}{\frac{1}{n}\sum_i t_i^2 - \bar{\bar{t}}^2}} \quad \text{ou :} \quad \boxed{a = \frac{\sum_i t_i y_i - n.\bar{\bar{t}}\bar{\bar{y}}}{\sum_i t_i^2 - n\bar{\bar{t}}^2}}$$

– Son ordonnée à l'origine est :

$$\boxed{b = \bar{\bar{y}} - a\bar{\bar{t}}}$$

Il suffit de calculer la somme de la colonne y_i et celle de la colonne $t_i.y_i$, comme le montre l'exemple chiffré 17 page 235.

ENCADRÉ 18

Détail du calcul pratique des coefficients saisonniers (S_j) en modèle additif

[Définition, p. 238]

Soit une série brute y_t observée sur n années ($n = 1, 2, ..., i, ..., n$) par période «p». $p = 12$ mois ($j = 1, 2, ..., 12$) ou 4 trimestres ($j = 1, 2, 3$ ou 4). Les variations saisonnière S_t sont égales, par hypothèse du modèle additif à :

$$\boxed{S_t = y_t - f_t}$$

Les y_t sont les valeurs observées. Les f_t sont les valeurs calculées précédemment.

On obtient donc $n \times j$ valeurs de S_t, qu'on peut écrire S_{ij}. (Ici, $S_t = S_{ij}$).

On retiendra 12 valeurs de S_j (Mois) ou 4 valeurs de S_j (Trimestres) comme coefficients saisonniers S_j, en calculant, *mois par mois,* ou *trimestre par trimestre,* la moyenne arithmétique des S_t, sur l'ensemble des n années.

$$\boxed{S_j = \frac{1}{n} \sum_{i=1}^{n} S_{ij}}$$

On peut remplacer le calcul de la moyenne par celui de la *médiane* de la série des S_{ij}, pour éviter l'influence des valeurs aberrantes.

La somme sur l'année de ces coefficients saisonniers S_j devrait en toute logique être égale à 0. En fait, bien souvent, les approximations des calculs conduisent à un résultat légèrement différent. Dès lors, dans le cas où la somme des S_j est différente de 0, on calcule un *coefficient correcteur* «ρ» qui est **la moyenne des $\mathbf{S_j}$** sur l'année :

$$\rho = \frac{1}{12} \sum_{j}^{12} S_j \quad \text{ou} \quad \rho = \frac{1}{4} \sum_{j}^{4} S_j$$

et l'on retient en définitive, comme **coefficient saisonnier corrigé** la valeur :

$$\boxed{S'_j = S_j - \rho}$$

Le coefficient correcteur ρ répartit l'erreur d'approximation sur l'ensemble des périodes, et le principe théorique selon lequel la moyenne (ou la somme) des coefficients saisonniers est égale à zéro est respectée pour les **S'_j** (coefficients saisonniers corrigés).

$$\boxed{\sum_j S'_j = \mathbf{0}} \quad \text{ou} \quad \boxed{\frac{1}{p} \sum_j S'_j = 0} \quad \text{ou} \quad \boxed{\overline{S'} = 0}$$

B. Ajustement dans le cas du modèle multiplicatif

On a : $y_t = f_t \times S_t$ (ε_t négligés)

Donc : $\boxed{\log y_t = \log (f_t \times S_t) = \log f_t + \log S_t}$

Le calcul est donc ramené au calcul précédent.

§ 3. ESTIMATION DES COEFFICIENTS SAISONNIERS (S_j)

Avant-propos :

Il existe deux méthodes d'estimation : la méthode pratique, que nous réutiliserons dans le chapitre 2, et la méthode analytique. Toutes deux sont présentées ci-après.

A. Définition des coefficients saisonniers

– On sait que l'influence des variations saisonnières doit être neutre sur l'année et que les variations saisonnières (S_t) se répètent *théoriquement* à l'identique de période en période.

– Dans toute série chronologique observée sur un cas réel, les variations saisonnières ne sont jamais identiques. Donc, pour satisfaire aux exigences du modèle théorique, et pour pouvoir étudier la série réelle, il faut *estimer*, à la place des S_t observées, des variations périodiques **identiques** (1) chaque année (mois par mois, ou trimestre par trimestre) qu'on appelle : **coefficients saisonniers.**

On les note $\mathbf{S_j}$; «*j*» varie comme suit :

$$\begin{cases} j = 1 \text{ à } 12 \text{ pour les mois (sur «}n\text{» années)} \\ j = 1 \text{ à } 4 \text{ pour les trimestres (sur «}n\text{» années)} \end{cases}$$

Dans la série observée, on compte autant de variations saisonnières (S_t) que de valeurs de $j \times n$. Par exemple : 16 S_t différentes pour 4 ans, par trimestre ; ou 24 S_t différentes pour une évolution de 2 ans repérée mensuellement. Par contre, les coefficients saisonniers, identiques de période en période ne seront qu'au nombre de 4, si on observe en trimestre, et 12 si on observe en mois. **Sur «n» années, il n'existe que «j» coefficients saisonniers.**

---

(1) Ou dans une proportion identique chaque année, dans le cas du modèle multiplicatif.

ENCADRÉ 19

Exercice de calcul des coefficients saisonniers par la méthode «pratique»

Sur les données et résultats de l'exercice 17 page 235, calculez les coefficients saisonniers S'_j, par la méthode pratique :

Réponse :

Il faut ajouter deux colonnes au tableau :

t_i	y_t	f_t	$(y_t - f_t)$
1	2	1,37	+ 0,63
2	0,5	1,81	– 1,31
3	3,5	2,25	+ 1,25
4	1	2,69	– 1,69
5	5	3,13	+ 1,87
6	2	3,57	– 1,57
7	5	4,01	+ 0,99
8	3,5	4,45	– 0,95
9	6,5	4,89	+ 1,61
10	4	5,33	– 1,33
11	7,5	5,77	+ 1,73
12	5	6,21	– 1,21
	45,5		0,02

* La colonne f_t est obtenue en remplaçant t par sa valeur dans l'équation trouvée en 17, page 235.

* La colonne $y_t - f_t = S_t$, fait apparaître les variations saisonnières.

* La moyenne trimestre par trimestre donne (1) :

$$S_j = \begin{cases} S_1 = 1{,}37 \\ S_2 = -1{,}4 \\ S_3 = 1{,}32 \\ S_4 = -1{,}28 \end{cases} \qquad \overline{0{,}01}$$

* La somme des S_j étant différente de 0, on calcule le coefficient correcteur «ρ» (2).

$$\rho = \frac{0{,}01}{4} = 0{,}0025$$

* Pour obtenir les coefficients saisonniers corrigés il faut enlever ρ à chaque S_j :

$$S'_j = \begin{cases} S'_1 = 1{,}3675 \\ S'_2 = -1{,}4025 \\ S'_3 = 1{,}3175 \\ S'_4 = -1{,}2825 \end{cases}$$

(1) On aurait pu également calculer la médiane (s'il y avait eu, par exemple, des valeurs extrêmes aberrantes).

(2) La valeur de ΣS_j est ici très faible. Dans la pratique on aurait, dans ce cas, aucune raison (sinon pédagogique) de calculer ρ .

B. Calcul des coefficients saisonniers S_j par la méthode pratique

LE DETAIL DE LA METHODE AINSI QUE LA DEFINITION DU COEFFICIENT ρ (coefficient correcteur) SONT EXPOSES EN 18 page 237.

Sur j périodes (mois ou trimestres) et n années on retient j valeurs de coefficients saisonniers, en calculant la moyenne ou la médiane des S_t, période par période. Ces S_j, coefficients saisonniers, sont corrigés en S'_j, coefficients saisonniers corrigés, de façon à satisfaire la condition : moyenne nulle sur l'année, pour le modèle additif, moyenne égale à l'unité, sur l'année, pour le modèle multiplicatif.

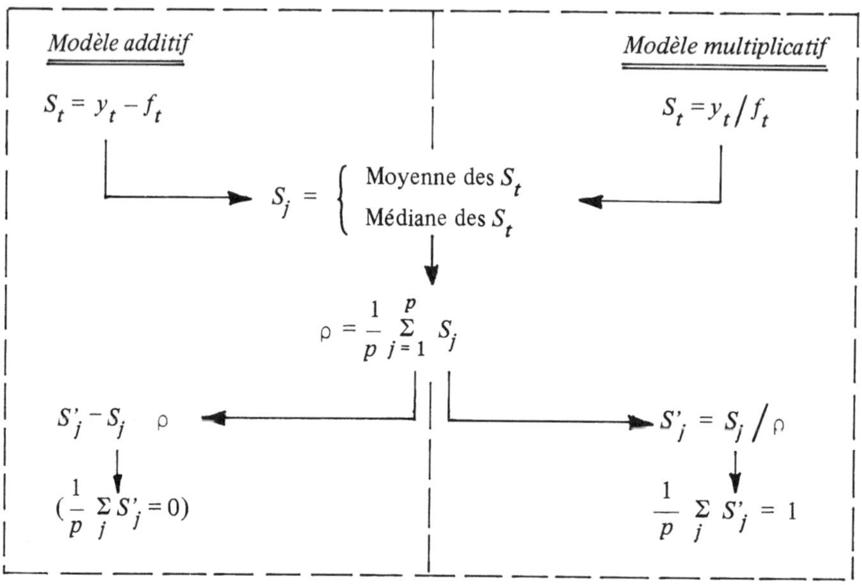

C. Estimation des coefficients saisonniers S_j par la méthode analytique en modèle additif

On peut voir la démonstration en 20 page ci-contre.

* L'estimation se fait par un calcul dérivé directement de la méthode des moindres carrés.

* Les paramètres a et b de la droite d'ajustement sont connus (paragraphe précédent). Si les n années sont divisées en p périodes $(1, 2, ..., j, ..., p)$, avec $p = 12$ mois ou $p = 4$ trimestres, et si l'on appelle $\overline{y}_{\bullet j}$ la moyenne des n mois ou trimestres «n° j» (c'est-à-dire la moyenne période par période sur les n années) on obtient après calculs :

Les p valeurs des coefficients saisonniers ($p = 12$ ou 4) sont :

$$S_j = \overline{y}_{\bullet j} - \overline{\overline{y}} - a\left[j - \frac{p+1}{2}\right] \qquad (j \text{ varie de } 1 \text{ à } p)$$

On peut, comme précédemment corriger ces S_j en S'_j.

ENCADRÉ 20

Détermination de S_j par la méthode analytique
Démonstration pour le modèle additif

La méthode des moindres carrés appliquée page 236 nous a permis d'estimer les paramètres a et b du trend f_t ; on a donc :

$$y_t = f_t + S_t = at + b + S_t \Rightarrow \mathbf{S_t = y_t - at - b}$$

– Par rapport aux notations ci-contre (i et j) :

$$\mathbf{S_{ij} = y_{ij} - at - b}$$

– Sommons par rapport à i, et développons :

$$\sum_i S_{ij} = \sum_i y_{ij} - a \sum_i t - \sum_i b$$

– Posons : $\bar{y}_{\bullet j} = \frac{1}{n} \sum_i y_{ij}$ (Moyenne par période j)

$$nS_j = n\bar{y}_{\bullet j} - a \sum_i [p(i-1) + j] - nb$$

– Or : $b = \bar{\bar{y}} - a\bar{\bar{t}}$ (ajustement du trend)

et : $\bar{\bar{t}} = \frac{np(np+1)}{np \times 2}$ (Moyenne des premiers nombres entiers)

de même ; $\sum_i (i-1) = \frac{(n-1)n}{2}$

– Il vient :

$$nS_j = n\bar{y}_{\bullet j} - ap \sum_i (i-1) - a \sum_i j - n\bar{\bar{y}} + a\left(\frac{np+1}{2}\right)n$$

$$nS_j = n\bar{y}_{\bullet j} - n\bar{\bar{y}} - ap\left(\frac{n-1}{2}\right) n - ajn + an\left(\frac{np+1}{2}\right)$$

$$S_j = \bar{y}_{\bullet j} - \bar{\bar{y}} - a\left[j + \frac{pn - p - pn - 1}{2}\right]$$

En définitive :

$$\boxed{S_j = \bar{y}_{\bullet j} - \bar{\bar{y}} - a\left[j - \frac{p+1}{2}\right]}$$

Remarquons

n années : 1, 2, ..., i, ..., n

Une période : 1, 2, ..., j, ..., p

(p = 12 mois

(p = 4 trimestres

j est le «numéro» du mois (ou du trimestre); t est le rang de la période p dans la suite des n valeurs de y_{ij}, donc :

$$\left\{\begin{array}{lll} t = 1 & \Leftrightarrow & i = 1 \;;\; j = 1 \\ t = 2 & \Leftrightarrow & i = 1 \;;\; j = 2 \\ \vdots & & \vdots \quad\quad \vdots \\ t = 13 & \Leftrightarrow & i = 2 \;;\; j = 1 \end{array}\right\}$$

Donc :

$$t = 12(i-1) + j$$

et :

$$\boxed{t = p(i-1) + j}$$

Rappel

La somme des n premiers nombres entiers est égale à : $\frac{n(n+1)}{2}$

$$\sum_{i=1}^{n} t_i = \frac{n(n+1)}{2}$$

La moyenne est donc :

$$\frac{1}{n}\sum_{i=1}^{n} t_i = \frac{n(n+1)}{2n} = \boxed{\frac{n+1}{2}}$$

Cette valeur du «vecteur» S_j, *facilement calculable* n'est valable en modèle additif que si le trend est linéaire. On peut la trouver de la même manière en modèle multiplicatif sur un trend exponentiel (en passant par les logarithmes).

§4. ÉTABLISSEMENT DE LA CHRONIQUE AJUSTÉE ($\hat{y}_t$)

– Si l'on somme dans le modèle additif, ou si l'on multiplie, dans le modèle multiplicatif, les deux composantes, trend et coefficient saisonnier, calculées, on obtient **la série ajustée,** notée $\hat{y}_t$:

M. Additif	*M. Multiplicatif*
$\hat{y}_t = f_t + S'_j$	$\hat{y}_t = f_t \times S'_j$

trend — estimé

– La série ajustée $\hat{y}_t$ représente l'évolution qu'aurait subi le phénomène, si le mouvement saisonnier était parfaitement régulier d'année en année. (Voir exercice 21 page ci-contre).

– Les «*p*» coefficients saisonniers, identiques d'année en année, s'écrivent sous forme d'un vecteur lorsque l'on veut donner l'équation de $\hat{y}_t$:

Exemple : Modèle additif par mois : $\hat{y}_t = at + b + S'_j$:

$$\hat{y}_t = \frac{\text{Cov}\,(y,t)}{V(t)} \cdot t + \bar{\bar{y}} - \frac{\text{Cov}\,(y,t)}{V(t)} \cdot \bar{\bar{t}} + \begin{vmatrix} S'_1 \\ S'_2 \\ \vdots \\ S'_j \\ \vdots \\ S'_{12} \end{vmatrix}$$

graphe (sur les données de la page 218)

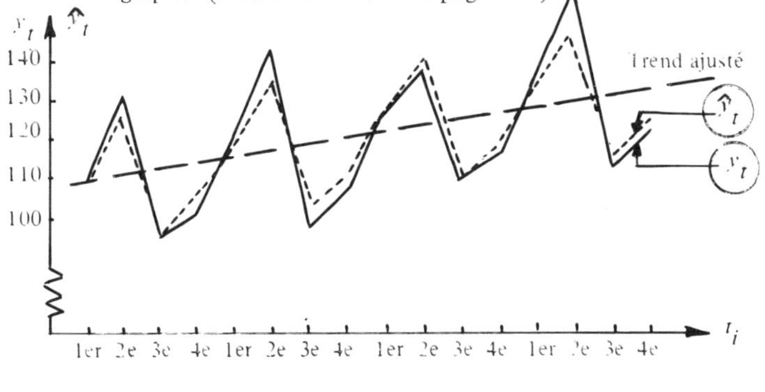

La différence ou le rapport entre y_t et $\hat{y}_t$ exprime les variations accidentelles, comme on le verra plus loin.

Lorsque l'ajustement est significatif, ce qui n'est pas toujours le cas en pratique, la série $\hat{y}_t$ permet de faire des prévisions conjoncturelles.

On peut voir en 11, chapitre 2, page 259 le *tableau récapitulatif des relations.*

ENCADRÉ 21

Exercice d'application

Sur les données et résultats de l'exercice 17 page 235, calculez les coefficients saisonniers par la méthode analytique, donnez l'équation et le graphe de la série ajustée $\hat{y}_t$. Quelle pourrait être la valeur prévisionnelle du 3e trimestre 1988.

*

Réponse : Il suffit d'appliquer la formule (démontrée page 241).

$$\boxed{S_j = \overline{y}_{\bullet j} - \overline{\overline{y}} - a\left[j - \frac{p+1}{2}\right]} \qquad \text{[avec } p = 4\text{]}$$

$$S_j = \begin{cases} S_1 = 4{,}5 - 3{,}79 - 0{,}44\,(1 - 5/2) = \boxed{1{,}37} \\ S_2 = 2{,}17 - 3{,}79 - 0{,}44\,(2 - 5/2) = \boxed{-1{,}4} \\ S_3 = 5{,}33 - 3{,}79 - 0{,}44\,(3 - 5/2) = \boxed{1{,}32} \\ S_4 = 3{,}17 - 3{,}79 - 0{,}44\,(4 - 5/2) = \boxed{-1{,}28} \end{cases}$$

On retrouve bien les mêmes valeurs que celles calculées par la méthode pratique page 239, car la série est particulièrement bien ajustée par les estimateurs.

L'équation de la série chronologique ajustée s'écrit :

$$\boxed{\hat{y}_t = 0{,}44\,t + 0{,}93 + \left|\begin{array}{l} +1{,}3675 \\ -1{,}4025 \\ +1{,}3175 \\ -1{,}2825 \end{array}\right|}$$

On peut la tracer point par point sur le même graphe que celui de la série brute y_t.

– La valeur prévisionnelle de y au 3e trimestre 1988 est :

$$\hat{y}_{15} = (0{,}44 \times 15) + 0{,}93 + 1{,}32 = \boxed{8{,}85}$$

CHAPITRE 2 – LES MÉTHODES EMPIRIQUES DE DÉCOMPOSITION DES SÉRIES CHRONOLOGIQUES ET LA COVARIATION

Les hypothèses sont les mêmes que dans le chapitre 1 : le mouvement brut y_t se décompose, soit de façon additive, soit de façon multiplicative en 3 composantes : f_t, S_t, et ε_t.

Face à un mouvement brut donné, il faut répondre à la question : Quelle part imputer au trend, aux variations saisonnières et aux variations accidentelles. Nous étudierons successivement ces trois décompositions dans la section 1.

La section 2 sera consacrée à la mesure de la covariation.

SECTION 1 – LES PROCÉDÉS DE DÉCOMPOSITION

Nous ne reviendrons pas dans cette section sur les procédés *analytiques* d'estimation du trend et des coefficients saisonniers, étudiés dans la section 3 du chapitre précédent.

§1. DÉTERMINATION DU TREND ET UTILISATION DU PROCÉDÉ DES MOYENNES MOBILES

Avant-propos : Outre la méthode analytique, il existe des procédés, purement graphiques de détermination du trend : On peut voir en [2] page ci-contre, le procédé graphique des points médians, qui est le plus fréquemment utilisé en matière graphique.

ENCADRÉ 1

La logique de progression de l'étude des chroniques

(1.) On détermine d'abord le trend, par diverses méthodes.

(2.) En négligeant provisoirement ε_t, on détermine les coefficients saisonniers corrigés, (S'_j).

(3.) On enlève l'influence des saisons (désaisonnalisation) pour faire apparaître une nouvelle série, qui rend compte de l'évolution du phénomène épuré de ces variations périodiques (Série CVS ou «Corrigée des variations saisonnières»).

(4.) En enlevant à ces valeurs, les valeurs du trend, on fait apparaître les influences accidentelles (ε_t) seules.

ENCADRÉ 2

Procédé graphique des points médians pour la détermination du trend (f_t)

Définition :

Il consiste à relier les milieux des segments verticaux de projection des pics et des creux les plus accusés sur les courbes enveloppes.

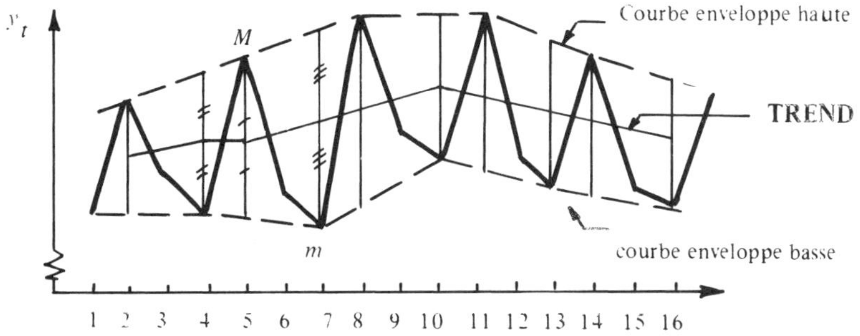

Méthode :

On trace les courbes enveloppes (haute et basse) : elles joignent respectivement les maxima *(M)* et les minima *(m)* du mouvement brut. On projette verticalement les *M* et les *m*. On relie les milieux des segments.

Forces et faiblesses

Simplicité, rapidité d'exécution. Mais le trend tient compte des valeurs aberrantes si elles existent. Le trend n'est pas défini pour les périodes extrêmes. Part de subjectivité, comme dans toute représentation graphique. Impossible à tracer si les pics et les creux ne sont pas assez accusés.

A. Le «lissage» simple par les moyennes échelonnées

– Pour obtenir le trend, on «lisse» le mouvement brut, c'est-à-dire qu'on «adoucit» les pics et les creux, tout en gardant l'allure générale du phénomène.

– La technique des moyennes échelonnées consiste à remplacer un nombre impair de valeurs consécutives (en général 3) par leur moyenne arithmétique.
Voir exemple chiffré en 3 page ci-contre.

– C'est un procédé rapide, mais trop simplificateur. On l'utilise surtout pour avoir une idée approximative du trend avant de commencer l'étude. Deux, au moins, des observations extrêmes sont perdues.

B. La méthode des moyennes mobiles

Elle ressemble à la méthode précédente, mais a l'avantage d'être moins «appauvrissante». C'est la méthode empirique la plus couramment utilisée.

1. Le principe

t_i	y_t	*Sommes mobiles d'ordre 3*	*Moyennes mobiles d'ordre 3*
1	y_1	—	—
2	y_2	$\Sigma_1 = y_1 + y_2 + y_3$	$1/3\ \Sigma_1 = \dfrac{y_1 + y_2 + y_3}{3}$
3	y_3	$\Sigma_2 = y_2 + y_3 + y_4$	$1/3\ \Sigma_2$
4	y_4	Σ_3	$1/3\ \Sigma_3$
5	y_5	Σ_4	$1/3\ \Sigma_4$
6	y_6	⋮	⋮
7	y_7	⋮	⋮
⋮	⋮	⋮	⋮
etc	etc	etc	etc

On remplace un certain nombre de données consécutives (ici : 3) par leur moyenne, mais on «décale» ce calcul de période en période, en réutilisant toutes les données du calcul précédent moins la première.

Voir exemple chiffré en 3, page ci-contre.

ENCADRÉ 3

Exemple de calcul de moyennes échelonnées et moyennes mobiles (d'ordre impair)

Le revenu national français (en francs constants) a évolué annuellement entre 1930 et 1939 de la manière suivante : (base 100 en 1938).

Années	*Indice*	*Années*	*Indice*
1930	118	1935	99
1931	113	1936	98
1932	105	1937	101
1933	105	1938	100
1934	103	1939	107

(a) Calculez les moyennes échelonnées d'ordre 3 et les moyennes mobiles d'ordre 3.

(b) Représentez graphiquement les données brutes, puis celles «lissées», grâce aux 2 méthodes.

(a)

t_i	y_t	*Sommes échelonnées d'ordre 3*	*Moyennes échelonnées d'ordre 3*	*Sommes mobiles d'ordre 3*	*Moyennes mobiles d'ordre 3*
1930	118	–	–	–	–
1931	113	336	336/3 = 112	336	336/3 = 112
1932	105	–	–	323	107,7
1933	105	–	–	313	104,3
1934	103	307	102,3	307	102,3
1935	99	–	–	300	100
1936	98	–	–	298	99,3
1937	101	299	99,7	299	99,7
1938	100	–	–	308	102,7
1939	107	–	–	–	–

(b)

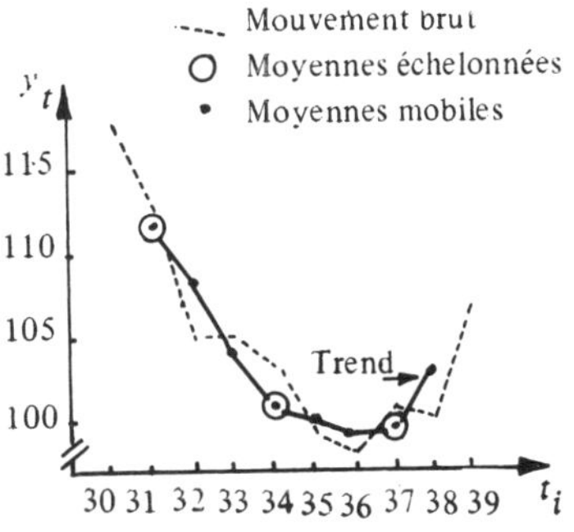

On voit sur le graphe que les moyennes échelonnées et mobiles de même ordre sont égales.

Les moyennes échelonnées font perdre trop d'informations, et expriment mal les renversements de tendance. Le graphe fait ici apparaître une portion de cycle.

2. Définition formalisée

Soit une variable y_t (t de 1 à n) dont on étudie l'évolution temporelle, on appelle moyenne mobile d'ordre *«p» ($p < n$)* la série constituée par les moyennes arithmétiques suivantes :

$$\frac{y_1 + y_2 + \ldots + y_p}{p} \quad ; \quad \frac{y_2 + y_3 + \ldots + y_{p+1}}{p} \quad ; \quad \text{etc...}$$

Donc : une moyenne mobile d'ordre p s'écrit :

$$\boxed{M_p = \frac{1}{p} \sum_{i=0}^{p-1} y_{t+i}} \qquad \text{avec :} \begin{cases} t = 1 ; 2 ; \ldots ; n \\ i, \text{entier naturel} \geqslant 0 \end{cases}$$

Par exemple, pour $t = 4$ et $p = 3$

$$M_3 = \frac{1}{3} [y_{4+0} + y_{4+1} + y_{4+2}]$$

$$M_3 = \frac{1}{3} [y_4 + y_5 + y_6]$$

– Les numérateurs des fractions s'appellent : «sommes mobiles».
– Les dénominateurs sont les «ordres» ou «longueurs» des moyennes mobiles.

3. Choix de l'ordre et problèmes de parité

– Le choix de l'ordre dépend du «rythme» apparent des variations régulières de la courbe représentative du mouvement brut. Il s'agit de trouver le meilleur «filtrage» (1) des cycles apparents. Ainsi, si des variations prononcées se produisent toutes les *«j»* périodes, dans l'ensemble, on choisira une moyenne mobile d'ordre j.

– En pratique :
- Quand les t_i sont des années : on choisit $p = 3$ ou 5.
- Quand les t_i sont des mois : on choisit $p = 12$
- Quand les t_i sont des trimestres : on choisit $p = 4$.

– Quand l'ordre est **pair**, cela pose un problème :

Les valeurs des moyennes obtenues se trouvent «entre les lignes» du tableau, et ne se rapportent donc plus aux dates d'observations !

---

(1) On dit que les moyennes mobiles «filtrent» les composantes, en gardant des composantes de certaines formes et en laissant passer les autres.

ENCADRÉ 4

Calcul de moyennes mobiles d'ordre pair

Afin de comparer les résultats issus des méthodes d'ajustement du trend avec ceux des moyennes mobiles, reprenons les données chiffrées de l'exercice 17 page 235. Le mouvement brut est donné par trimestres: calculons les moyennes mobiles d'ordre 4 (l'ordre est pair).

	t_i	y_t	*Sommes mobiles d'ordre 4*	*Sommes mobiles d'ordre 2*	*Moyennes mobiles (÷ 8)*
1985	1	2	–	–	–
	2	0,5	7	–	–
	3	3,5	10	17	17/8 = 2,125
	4	1	11,5	21,5	21,5/8 = 2,6875
1986	5	5	13	24,5	3,0625
	6	2	15,5	28,5	3,5625
	7	5	17	32,5	4,0625
	8	3,5	19	36	4,5
1987	9	6,5	21,5	40,5	5,0625
	10	4	23	44,5	5,5625
	11	7,5	–	–	–
	12	5	–	–	–

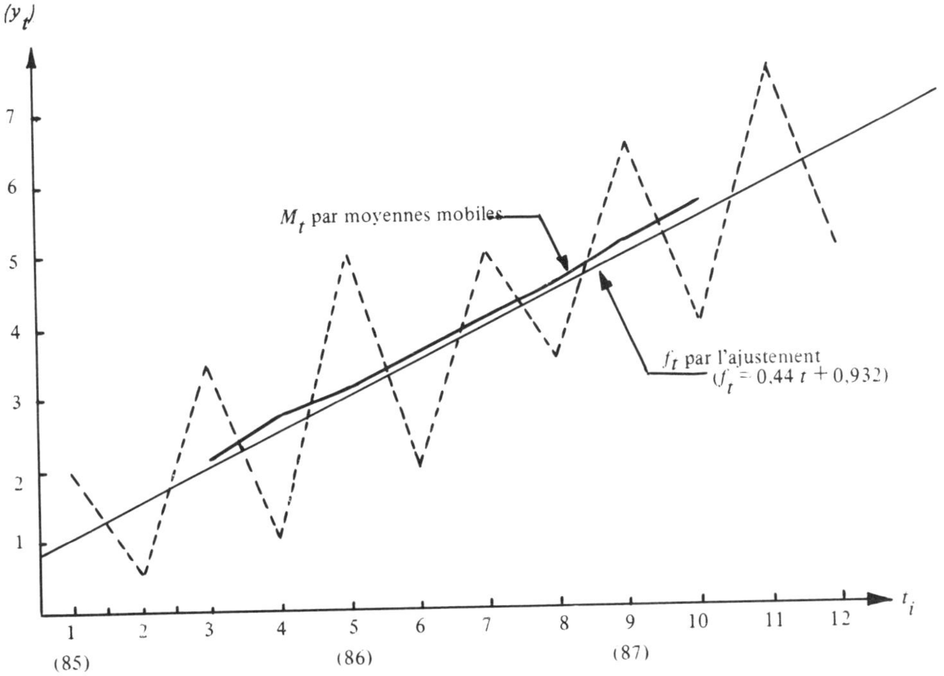

– Pour faire coïncider dates et moyennes, on effectue une deuxième somme mobile **d'ordre 2** (après avoir fait la somme mobile d'ordre pair) sur laquelle on calcule la moyenne mobile en divisant **par 2 fois l'ordre choisi.**

Exemple : Une moyenne mobile d'ordre 4 sera d'abord effectuée par le calcul de la colonne «somme mobile d'ordre 4», dans laquelle les valeurs seront «entre les lignes» des dates ; ensuite par le calcul de la colonne des sommes mobiles d'ordre 2, dans laquelle dates et sommes coïncideront ; enfin par le calcul de la colonne : moyenne mobile, dans laquelle on divisera les dernières sommes mobiles obtenues par 4 x 2 = 8.

Voir exercice chiffré en 4 page 249, et «remarque» 6 page 251.

4. Détermination du Trend

A partir des valeurs calculées, on trace point par point sur le graphique le trend de la série : Il apparait en ligne brisée, suggérant une tendance générale.

On peut lisser au $n^{\text{ième}}$ degré, en calculant $(n - 1)$ moyennes mobiles de ces moyennes mobiles obtenues... Bien d'autres possibilités sont envisageables, comme, par exemple, de calculer le trend ajusté $f_t = at + b$, non plus sur les données brutes, mais sur les valeurs des moyennes mobiles, par portion de courbe précédant chaque renversement de tendance.

§2. LA CORRECTION DES VARIATIONS SAISONNIERES

Cette correction ne peut se faire que si la série chronologique est subdivisée en périodes inférieures à l'année.

On néglige, dans un premier temps, les variations accidentelles ε_t, comme on le faisait dans les procédés analytiques (1).

(1) On peut défalquer, avant tout calcul, les ε_t de deuxième nature : voir détail de cette explication en 14 du chapitre précédent, page 229.

ENCADRÉ 5

Moyennes mobiles
– Règle d'obtention –

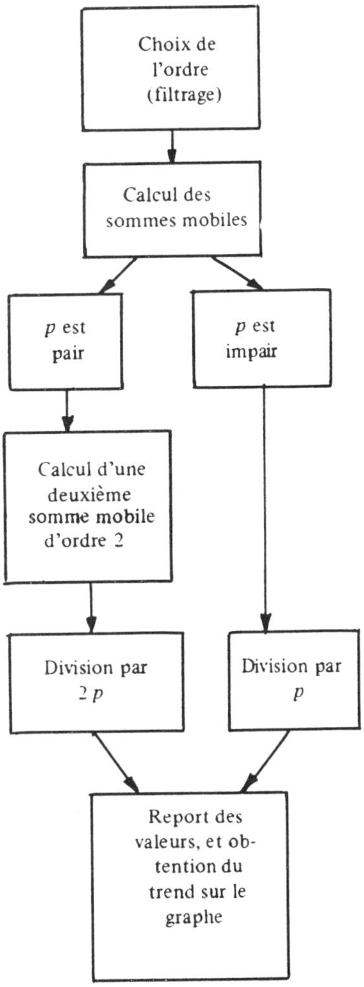

ENCADRÉ 6

Remarque sur les moyennes mobiles d'ordre pair

Soit une série y_t observée par trimestres. Si l'on divise directement les sommes mobiles d'ordre 4, par 4, on obtient des résultats «centrés» entre deux dates d'observation ; c'est-à-dire, centrés sur les : 15 février, 15 mai, 15 août et 15 novembre de chaque année.

Si la série est observée par années, des moyennes mobiles d'ordre pair calculées de cette manière, seraient centrées sur les 1er juillet de chaque année.

En tenant compte de ces décalages, il est possible de tracer le trend sur le graphe, en prenant soin de bien repérer les dates correspondantes.

Mais, si on désire comparer les valeurs des moyennes mobiles avec d'autres valeurs connues seulement aux dates d'observation, on est obligé d'employer la méthode incluant le calcul de la deuxième somme mobile d'ordre 2.

Ce dernier calcul revient à déterminer des moyennes mobiles d'ordre 5, pondérées sur 5 périodes par 1, 2, 2, 2, 1. Le terme général est en effet :

$$\frac{y_t + 2y_{t+1} + 2y_{t+2} + 2y_{t+3} + y_{t+4}}{8}$$

Rappelons (1) que le calcul du mouvement saisonnier sur n années en p périodes aboutit à np valeurs de S_t, que l'on réduit à j valeurs en calculant, soit la moyenne des S_t, soit la médiane, période par période, sur les n années, pour obtenir j coefficients saisonniers S_j, que l'on peut encore «corriger» en S_j', pour satisfaire au premier principe du modèle «idéal». Voyons tout cela plus en détail:

A. La méthode des différences ou des rapports au trend et l'obtention de la série CVS

Le mouvement saisonnier est mis en évidence par des différences au trend, en modèle additif et par des rapports au trend en modèle multiplicatif.

Le trend est calculé, soit analytiquement, soit par l'une des méthodes exposées plus haut.

Lorsqu'il est calculé analytiquement (ajustement) on le notera (f_t). Lorsqu'il est calculé par les moyennes mobiles, on le notera (M_t).

1re étape : Les variations saisonnières sont calculées par «écarts» au trend, pour chaque valeur de t.

	Modèle Additif		**Modèle Multiplicatif**
	$S_t = y_t - f_t$		$S_t = y_t/f_t$
ou	$S_t = y_t - M_t$	ou	$S_t = y_t/M_t$

On obtient donc, dans une colonne du tableau, autant de valeurs de S_t qu'il y a de dates t d'observation (moins les dates extrêmes dans le cas des moyennes mobiles). Voir également [11] page 259, tableau récapitulatif.

2e étape : On détermine les j valeurs des coefficients saisonniers S_j (p = 12 mois ou 4 trimestres) par le calcul, période par période (mois par mois, ou trimestre par trimestre) de la moyenne ou de la médiane sur les n années

3e étape : Si la somme, ou la moyenne, des S_j n'est pas égale à 0 dans le modèle additif, ou bien si la moyenne n'est pas égale à 1 dans le modèle multiplicatif, il faut corriger ces S_j en S'_j :

(1) Chapitre précédent (pages 238 et suivantes, [18], p. 237 et [19], p. 239) dans lequel nous avions évoqué «la méthode pratique» parallèlement à la méthode analytique de détermination des coefficients saisonniers.

ENCADRÉ 7

Exemple de «lecture», sur données réelles, d'une série CVS (série corrigée des variations saisonnières)

MARCHE DU TRAVAIL fin Avril 1981 demandeurs d'emploi : 11 500

Au cours du mois d'avril 1981 le nombre des demandeurs d'emploi inscrits à l'ANPE a diminué de 11 500 en chiffres bruts. Ce chiffre correspond à la différence entre les demandes d'emploi enregistrées au cours du mois d'avril -220 100 et les demandes placées ou annulées au cours de ce mois -231 600- (dont 45 700 placements). Après correction des variations saisonnières, on observe que le nombre de demandeurs d'emploi inscrits à l'ANPE a augmenté de 60 700 soit de 3,7 % par rapport au mois de mars.

Les offres d'emploi enregistrées au cours du mois d'avril se sont élevées, en données brutes, à 63 900 soit — 7,5 % par rapport au mois de mars.

Fin avril l'ancienneté moyenne des demandes était de 261 jours.

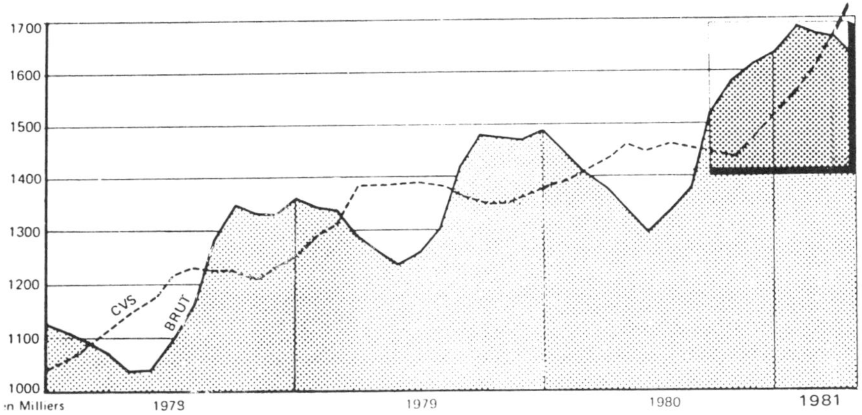

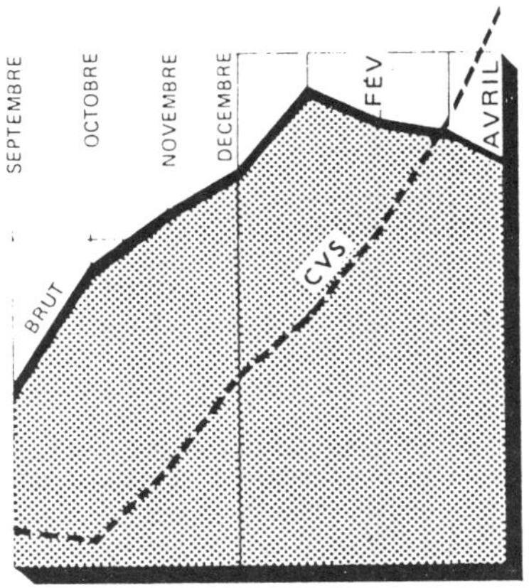

Evolution des demandes d'emploi en fin de mois.

Source : Ministère du travail

Référence : Supplément du n° 23 des «Notes bleues» du Ministère de l'Economie et des Finances, juin 1981.

Pour cette correction, on calcule la moyenne des S_j :

$$\rho = \frac{1}{p} \sum_{j=1}^{p} S_j$$

Modèle Additif	*Modèle Multiplicatif*
$S'_j = S_j - \rho$	$S'_j = S_j / \rho$

Le détail de cette correction est expliqué au § 3 du chapitre précédent, section 3, pages 237 et 238.

4e étape : On retranche (modèle additif) ou on divise (modèle multiplicatif) les valeurs données y_t et les S'_j. **La série obtenue est la série CVS**, série corrigée des variations saisonnières.

On la note : $\mathbf{y_t^*}$

Modèle Additif	*Modèle Multiplicatif*
$y_t^* = y_t - S'_j$	$y_t^* = y_t / S'_j$

On peut la tracer point par point «par dessus» la série brute.

> y_t^* exprime ce qu'aurait été la réalité du phénomène, s'il n'y avait pas eu de saisons.

Cette opération d'élimination du mouvement saisonnier s'appelle aussi *«désaisonnalisation»*.
Voir exemple de calcul en 8 page ci-contre.

B. Remarques complémentaires sur la série CVS

La série corrigée des variations saisonnières permet de suivre l'évolution du phénomène «réel» dans le temps, épuré des mouvements saisonniers de période en période, qui auraient rendu son interprétation difficile et hasardeu-

ENCADRÉ 8

Exercice type sur la série CVS

La série trimestrielle suivante, y_t, suit un **modèle multiplicatif**. Calculez la série y_t^* corrigée des variations saisonnières :

t_i	y_t	*Sommes mobiles ordre 4*	*Sommes mobiles ordre 2*	*Moyennes mobiles* (M_t)	$S_t = \frac{y_t}{M_t} \times 100$
1	1	–	–	–	–
2	2	8,5	–	–	–
3	4	9,5	18	2,25	177,7
4	1,5	12,5	22	2,75	54,5
5	2	12,5	25	3,125	64,0
6	5	14	26,5	3,313	150,9
7	4	16	30	3,75	106,7
8	3	18	34	4,25	70,6
9	4	19	37	4,625	86,5
10	7	20	39	4,875	143,6
11	5	[22]	–	–	–
12	4	–	–	–	–

– Les variations saisonnières (S_t) sont multipliées par 100 pour éviter trop de décimales.

– Les coefficients saisonniers S_j sont calculés par la moyenne :

$(j = 1, 2, 3 \text{ ou } 4)$

1er trim. : $S_j = \frac{64 + 86,5}{2} = 75,25$

2e trim. : $S_j = 147,25$

3e trim. : $S_j = 142,2$

4e trim. : $S_j = 62,55$

427,25

– La somme des S_j est différente de 400 (donc moyenne différente de 1).

– Les S'_j : coefficients saisonniers corrigés sont calculés comme suit :

$$\rho = \frac{427,25}{400} = 1,068125$$

et donc :

$(j = 1, 2, 3 \text{ ou } 4)$

1er trimestre : $S'_j = S_j/\rho = 75,25/1,068125 = 70,45$

2e trimestre : $S'_j =$ .... $= 137,86$

3e trimestre : $S'_j =$ .... $= 133,13$

4e trimestre : $S'_j =$ .... $= 58,56$

400

Les coefficients saisonniers mesurent l'influence des saisons de manière «permanente». La série corrigée des variations saisonnières, en modèle multiplicatif est : $y_t^* = y_t/S'_j$. Dans cet exemple, il faut diviser par 100 les S'_j, et la série CVS s'écrit :

t_i	1	2	3	4	5	6	7	8	9	10	11	12
y_t^*	1,42	1,45	3,0	2,56	2,84	3,63	3,0	5,12	5,68	5,08	3,76	6,83

se : il est toujours difficile d'émettre un jugement valable sur l'évolution d'ensemble d'une série chronologique à partir seulement des données brutes.

La série y_t^* *(CVS)* ne comprend donc plus que deux composantes : le trend et les variations accidentelles :

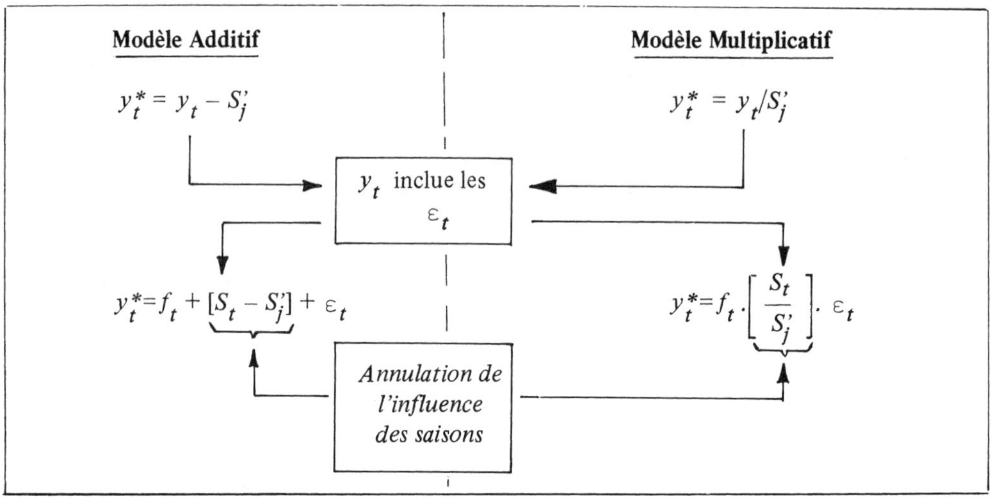

Il ne faut pas confondre y_t^* (série CVS) et $\hat{y}_t$ (série ajustée, voir page 242), cette dernière intégrant un mouvement saisonnier régulier d'année en année (1).

§ 3. DÉTERMINATION DES VARIATIONS ACCIDENTELLES

Il suffit d'enlever à la série CVS (y_t^*) l'influence du trend (f_t) pour obtenir la composante accidentelle (ε_t) :

Modèle Additif	Modèle Multiplicatif
$\varepsilon_t = y_t^* - f_t$	$\varepsilon_t = y_t^* / f_t$

Cette composante accidentelle ε_t agrège les composantes accidentelles de première et deuxième nature (2).

(1) Un tableau récapitulatif des équations apparait en 11 page 259.

(2) Voir chapitre 1, encadré 14 page 229.

ENCADRÉ 9

Exercice

A partir des données et résultats de l'exercice précédent 8 page 255, donnez la représentation graphique de la série brute, de la série corrigée des variations saisonnières et de la série ajustée :

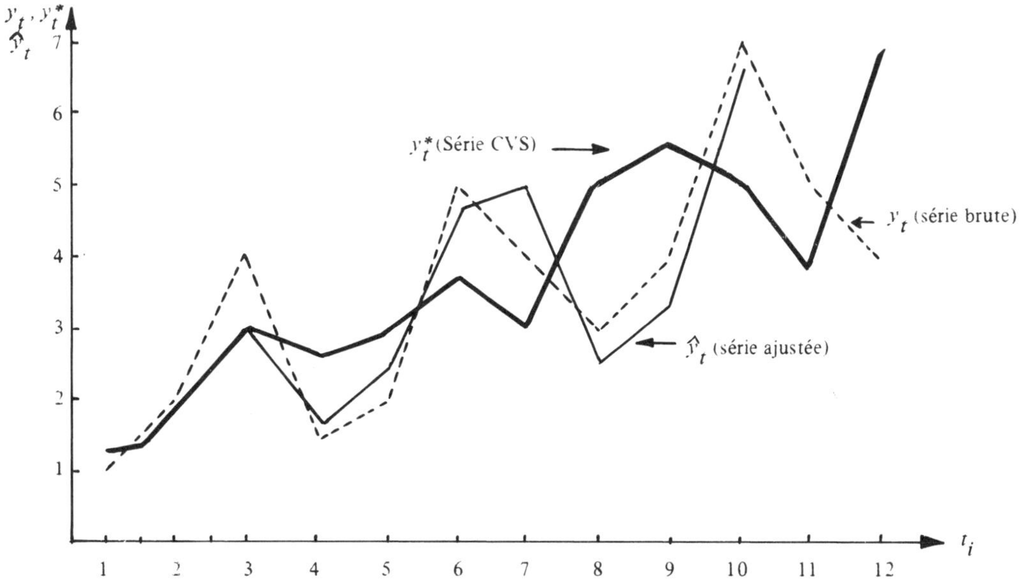

– La série CVS y^*_t est construite point par point à partir des résultats précédents.

– La série ajustée $\hat{y}_t$ est calculée par :

$$\hat{y}_t = \frac{M_t \times S'_j}{100}$$

t_i	1	2	3	4	5	6	7	8	9	10	11	12
$\hat{y}_t$	–	–	3,0	1,61	2,2	4,57	5,0	2,49	3,26	6,72	–	–

L'influence des variations accidentelles doit être neutre sur la longue période pour satisfaire au principe de conservation des aires du modèle idéal.

Les composantes accidentelles peuvent également être calculées en utilisant la série ajustée :

Modèle Additif	**Modèle Multiplicatif**
$\varepsilon_t = y_t - \hat{y}_t$	$\varepsilon_t = y_t / \hat{y}_t$

Voir exemple de calcul en 10 page ci-contre.

SECTION 2 – NOTION DE COVARIATION

§ 1. LE PRINCIPE

Il est souvent intéressant, en particulier en économie, de *comparer* deux séries chronologiques. Les exemples sont nombreux : comparaison de l'évolution du prix d'un produit avec celle des quantités de ce même produit , évolution du revenu national et évolution des transactions immobilières, etc... Il est donc intéressant de **repérer s'il existe un lien de dépendance entre deux phénomènes évoluant dans le temps** : c'est l'objet de la mesure de la covariation.

La mesure des liens de dépendance entre deux variables nous renvoie aux principes de la corrélation (troisième partie). Cependant, dans le cas présent où les séries chronologiques sont toutes liées par une troisième variable, *le temps,* l'interprétation «directe» du coefficient de corrélation ne pourrait faire apparaître qu'une **liaison artificielle.**

Prenons le cas extrême de deux séries chronologiques représentant des phénomènes complètement **indépendants,** mais dont les fonctions sont des fonctions *linéaires* du temps :

ENCADRÉ 10

Exercice

A partir des données et résultats de l'exercice précédent 9, page 257, tracez le graphe des variations accidentelles ε_t.

Le modèle est multiplicatif :

$$\varepsilon_t = y_t^* / M_t$$

ou

$$\varepsilon_t = y_t / \hat{y}_t$$

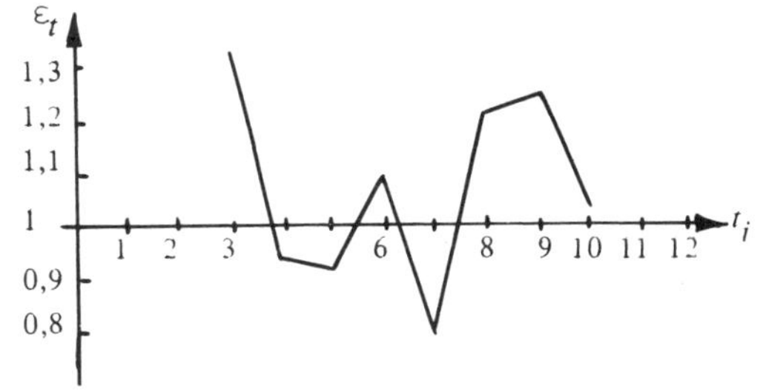

On trouve :

ε_t = [1,33 ; 0,93 ; 0,91 ; 1,1 ; 0,8 ; 1,21 ; 1,23 ; 1,04]

La moyenne des ε_t est égale à : $\frac{8,55}{8}$ = 1,069. Elle est proche de 1 : Les variations accidentelles se compensent relativement bien, en moyenne, sur les 3 ans d'observation.

ENCADRÉ 11

Tableau récapitulatif des relations

	Modèle Additif	**Modèle Multiplicatif**
Mouvement brut	$y_t = f_t + S_t + \varepsilon_t$	ou $\begin{cases} y_t = f_t S_t + \varepsilon_t \\ y_t = f_t S_t \varepsilon_t \end{cases}$
Série CVS	$y_t^* = y_t - S_j'$	$y_t^* = y_t / S_j'$
Série ajustée	$\hat{y}_t = f_t + S_j'$	$\hat{y}_t = f_t \times S_j'$
Variations saisonnières	$S_t = y_t - f_t$	$S_t = y_t / f_t$
Coefficients saisonniers	S_j = Moyenne ou Médiane des S_t par période	
Coefficients saisonniers corrigés	$S_j' = S_j - \frac{1}{p} \sum_{j=1}^{p} S_j$	$S_j' = S_j \Big/ \frac{1}{p} \sum_{j=1}^{p} S_j$
Variations accidentelles	$\varepsilon_t = y_t^* - f_t = y_t - \hat{y}_t$	$\varepsilon_t = y_t^* / f_t = y_t / \hat{y}_t$
Annulation de l'influence des saisons	$[S_t - S_j']$	$[S_t / S_j']$

$$\begin{cases} y_t = at + b \\ x_t = a't + b' \end{cases}$$

Il est toujours possible d'éliminer t entre les deux équations et l'on aboutirait à une relation fonctionnelle de type **y = f(x)**, alors que la réalité est par hypothèse, exactement l'inverse.

En définitive, la mesure de la corrélation entre les évolutions dans le temps de deux phénomènes n'implique pas l'existence d'un réel lien entre eux. On emploie le terme de covariation.

§2. MISE EN ÉVIDENCE GRAPHIQUE DE LA COVARIATION

Pour comparer deux séries chronologiques y_t et x_t, la première chose à faire est de les tracer sur un même graphique.

Cependant, la plupart du temps la comparaison visuelle directe est malaisée. On est obligé de recourir aux changements de variables suivants :

$$Y_t = \frac{y_t - \bar{\bar{y}}}{\sigma_y} \quad \text{et} \quad X_t = \frac{x_t - \bar{\bar{x}}}{\sigma_x}$$

Voir détail de la méthode en 12 page ci-contre.

§3. LES COEFFICIENTS DE COVARIATION

A. Le coefficient de covariation linéaire

Son expression est, dans sa forme, analogue à celle du coefficient de corrélation «*r*», mais ici les calculs n'ont plus la même portée puisqu'il s'agit de mesurer l'intensité d'une éventuelle liaison entre des variations elles-mêmes liées au temps :

$$C = \frac{\Sigma (x_t - \bar{\bar{x}})(y_t - \bar{\bar{y}})}{\sqrt{\Sigma (x_t - \bar{\bar{x}})^2 \,.\, \Sigma (y_t - \bar{\bar{y}})^2}}$$

Il varie de -1 à $+1$. Si il est très proche de ± 1, il y a peut-être une liaison linéaire entre les évolutions dans le temps des deux variables. Il faut alors en chercher les *causes économiques.*

ENCADRÉ 12

Mise en évidence graphique de la covariation par changement de variables

La comparaison visuelle entre deux séries chronologiques est, très souvent, une opération primordiale. Cependant elle est difficile car :

(a) *Les données ont des ordres de grandeur trop différents:* Pour éviter que le graphe soit «saturé» (1) il vaut mieux étudier les écarts à la moyenne $(y_t - \bar{\bar{y}})$.

(b) *Les pics et les creux des deux séries ont des amplitudes trop différentes :* il vaut mieux homogénéiser les dispersions, c'est-à-dire ramener les variations à l'écart type de la série.

On est donc amené , pour opérer la comparaison graphique, à faire les changements de variables suivants: (variables centrées réduites) :

$$Y_t = \frac{y_t - \bar{\bar{y}}}{\sigma_y} \quad \text{et} \quad X_t = \frac{x_t - \bar{\bar{x}}}{\sigma_x}$$

On obtient donc deux nouvelles séries chronologiques : $\{Y_t, t_i\}$ et $\{X_t ; t_i\}$ que l'on trace sur un repère rectangulaire :

La comparaison visuelle est alors immédiate :

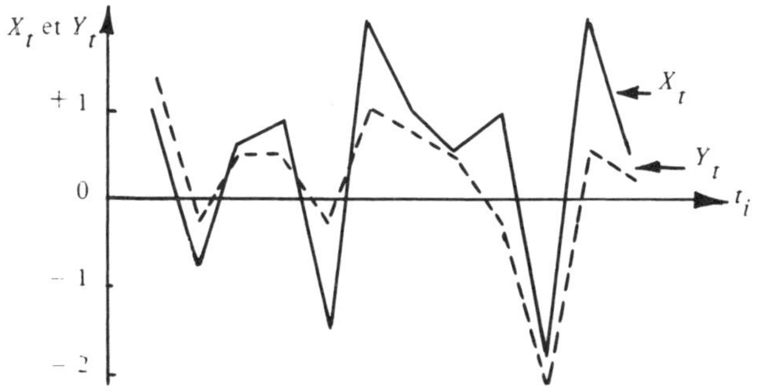

Le calcul de X_t et de Y_t à chaque date nécessite la construction des trois colonnes $(x_t - \bar{\bar{x}})$; $(x_t - \bar{\bar{x}})^2$; $(x_t - \bar{\bar{x}})/\sigma_x$; pour le changement de variable de x, et trois colonnes identiques pour celui de y.

---

(1) Pour que l'une des deux courbes ne «sorte» pas du repère.

Lorsque les mouvements bruts des deux variables présentent des tendances linéaires assez fortes, cela aboutit à faire augmenter la valeur absolue de C de façon illusoire. Par ailleurs, tout comme dans le cas du coefficient de corrélation, il faut se méfier des liaisons non linéaires pouvant existeer entre les deux variables, mais laissant la valeur de C proche de zéro. En définitive, il faut être très prudent dans les interprétations. (Nous renvoyons le lecteur aux commentaires que nous avions développés lors de l'étude de la corrélation_Troisième partie).

On remarque également que :

$$C = \frac{\Sigma Y_t X_t}{n}$$

«n» étant le nombre de dates d'observations ; Y_t et X_t, les séries obtenues par changement de variable.

La démonstration est évidente à partir de la formule de définition.

B. Le coefficient de covariation rapporté au trend

Pour annuler l'effet du rapprochement illusoire de C aux valeurs -1 ou $+1$, lorsque les tendances des mouvements bruts sont de nature assez linéaire, on étudie la liaison entre y_t et x_t, **indépendamment** de leurs trends : On élimine l'influence des moyennes, en calculant :

$$K = \frac{\Sigma (x_t - f_t^x)(y_t - f_t^y)}{\sqrt{\Sigma (x_t - f_t^x)^2 \,.\, \Sigma (y_t - f_t^y)^2}}$$

On a simplement remplacé la moyenne $\overline{\overline{x}}$ par les valeurs du trend de la série x_t,(f_t^x), et la moyenne $\overline{\overline{y}}$ par les valeurs du trend de la série y_t,(f_t^y). Ces valeurs peuvent résulter du calcul des moyennes mobiles, ou d'un ajustement linéaire.

Le coefficient de covariation rapporté au trend (K), varie de -1 à $+1$.

Il réduit les risques d'erreurs d'interprétation induits par le calcul de C : En cas de linéarité, K se rapproche de zéro, si il n'y a pas de covariation effective.

Au plus K est proche de ± 1, au plus on peut penser qu'il y a une forte covariation entre les variables.

ENCADRÉ 13

Exercice :
Etude graphique de la covariation entre deux séries temporelles

La variable x_t représente la production annuelle d'un produit agricole ; la variable y_t, son prix unitaire moyen annuel en francs constants.

La représentation graphique directe *sur une même échelle arithmétique* est impossible, eu égard aux ordres de grandeurs de x_t et y_t. Il faut donc faire les changements de variables suivants :

t	x_t	y_t		$x_t - \bar{x}$	$(x_t - \bar{x})^2$		$X_t = \frac{x_t - \bar{x}}{\sigma_x}$	$Y_t = \frac{y_t - \bar{y}}{\sigma_y}$
1	350	7,5		– 1,25	1,5625		0	2,51
2	760	3,2	$\bar{x} = 351{,}25$	408,75	167076,56		2,47	– 0,11
3	330	2,2	$\bar{y} = 3{,}375$	– 21,25	451,56	$\sigma_x = 165{,}5$	– 0,13	– 0,72
4	210	3,4		– 141,25	19951,56	$\sigma_y = 1{,}64$	– 0,85	0
5	330	2,7		– 21,25	451,56		– 0,13	– 0,41
6	280	3,5		– 71,25	5076,56		– 0,43	0,076
7	360	2,0		8,75	76,56		0,05	– 0,84
8	190	2,5		– 161,25	26001,56		– 0,97	– 0.53
	2810	27			219087,5			

Schéma n° 1

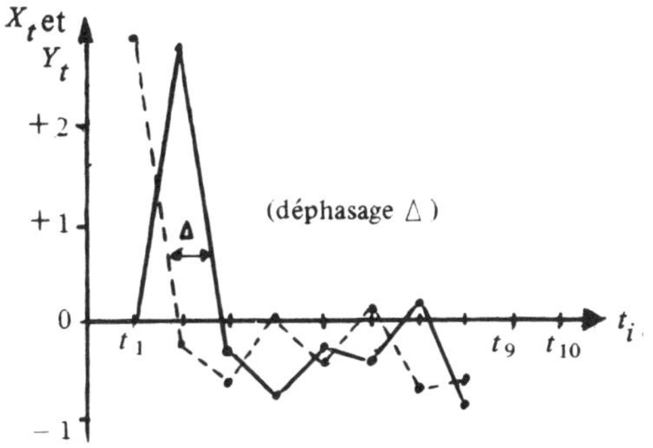

Schéma n° 2

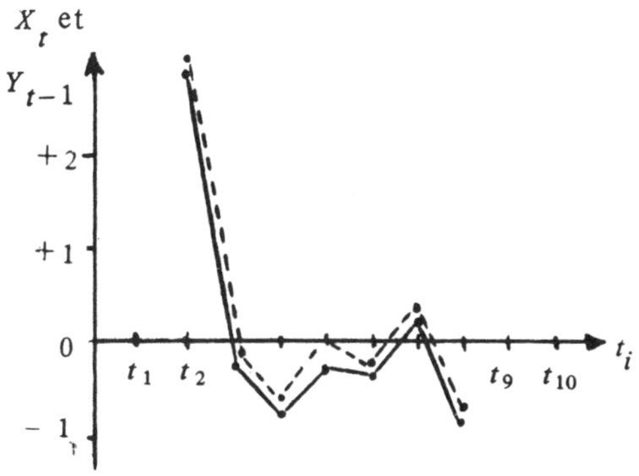

Il apparait visuellement sur le schéma n° 1 que les séries sont comparables : leurs évolutions semblent liées Mais la production de l'année t semble être plutôt liée aux prix de l'année $t-1$. (Voir, page suivante; «covariation avec déphasage»). Un déphasage Δ de une année est donc remarquable : si on décale de une année les Y_t dans la colonne correspondante, le graphe est celui du schéma n° 2 et la covariation est nette.

§4. COVARIATION ET DÉPHASAGE

A. Vérification graphique

Deux séries chronologiques peuvent être liées économiquement, (ou de façon plus générale : «réellement»), mais en faisant apparaître un *déphasage* (décalage) de quelques périodes entre la cause et l'effet.

La représentation graphique, par changement de variable, met en relief le déphasage Δ si il existe, comme le montre le diagramme ci-dessous :

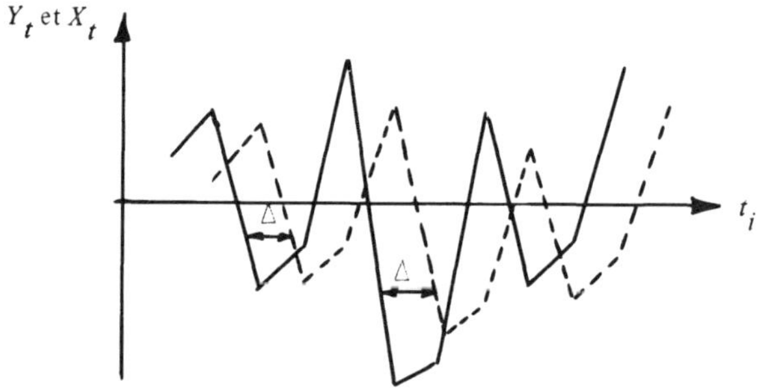

B. Calcul d'un coefficient de covariation linéaire avec déphasage.

La méthode est très empirique : On calcule d'abord une valeur de C à partir des données telles qu'elles se présentent dans le tableau. On calcule ensuite une deuxième valeur de C en faisant correspondre, dans le tableau, à chaque x_t un y_{t+1}. On réitère l'opération jusqu'à retenir comme «déphasage optimum» celui qui correspond à la valeur de C la plus proche de + 1ou de − 1 (Voir 14 page ci-contre).

Ce calcul est particulièrement fastidieux. Il vaut mieux, dans la plupart des cas, se contenter de la vérification graphique.

ENCADRÉ 14

Exercice :

Sur les données et résultats de l'exercice précédent 13 page 263, calculez le coefficient de covariation linéaire, en déterminant le déphasage Δ.

Réponse :

Le coefficient de covariation linéaire «*C*» appliqué aux dates d'observations est :

$$C = \frac{\Sigma (x_t - \bar{\bar{x}})(y_t - \bar{\bar{y}})}{\sqrt{\Sigma (x_t - \bar{\bar{x}})^2 . \Sigma (y_t - \bar{\bar{y}})^2}} = \frac{\Sigma X_t Y_t}{n}$$

t	(a) $X_t \cdot Y_t$	(b) $X_t \cdot Y_{t-1}$
1	0	6,1997
2	– 0,2717	0,0143
3	0,0936	0,612
4	0	0
5	0,0533	0,1763
6	– 0,0327	0
7	– 0,042	0,8148
8	0,514	–
	0,31462	≈ 7,81

(a) Sans tenir compte du déphasage de une année,

$$C = \frac{0{,}31462}{8} = \mathbf{0{,}039}$$

Le coefficient de covariation n'est pas significatif.

(b) Si l'on compare les observations X_t avec Y_{t-1}, c'est à dire la production de l'année avec les prix de l'année précédente, on trouve :

$$C = \frac{7{,}81}{8} = \mathbf{0{,}97}$$

Le coefficient de covariation avec déphasage de une année est donc fort. Il y a donc **une covariation (positive) forte : avec déphasage d'un an entre les deux variables.**

CINQUIÈME PARTIE :

LES INDICES

CHAPITRE UN – DÉFINITION ET PROPRIÉTÉS DES INDICES

SECTION 1 – MISE EN ÉVIDENCE DE LA NOTION D'INDICE

Dans le domaine des sciences économiques et sociales, les grandeurs représentatives de phénomènes (prix, production, taux de chômage, etc.) varient **dans le temps** et **dans l'espace** : « Dans le temps », puisqu'elles prennent des valeurs différentes d'une date à une autre ; «dans l'espace», car d'une région à une autre, d'un territoire à un autre, ces grandeurs peuvent être très fluctuantes.

Or, il est souvent *malaisé* de les apprécier et de les comparer : Les tableaux statistiques fournissent un grand nombre de chiffres (rarement «ronds») rendant les comparaisons immédiates difficiles.

Prenons l'exemple de la production annuelle du bien X qui passe de 53 492 à 64 190 unités, alors que celle du bien Y passe de 128 à 154 : la comparaison «immédiate» est malaisée, il faut faire un calcul (simple) pour s'apercevoir que les deux productions ont augmenté dans la même proportion (20 %).

Pour faciliter cette interprétation «directe», on recourt en statistique économique à la *notion d'indice,* dont le principe de construction est d'élaborer, dans le tableau statistique, les *rapports* des grandeurs que l'on veut comparer, afin de présenter des nombres sans dimension :

Un indice, c'est un rapport, positif, ou nul

ENCADRÉ 1

Pour éviter les confusions : la lecture d'un «nombre indice»

Nous savons qu'en statistique, lorsqu'on écrit « a_i », on lit «***a* indice *i*** ». La notion d'indice développée tout au long de cette partie n'a évidemment rien à voir avec cette forme de repérage : un «indice » (ou «nombre indice») n'est autre qu'une **indication chiffrée caractérisant une évolution.** C'est **un outil d'information** sur les fluctuations que subissent des grandeurs socio-économiques (comme le prix, la production, le salaire, le coût, le taux de change...)

Indice = Indication

Le «passage» aux indices n'a de sens que si l'on veut comparer les valeurs d'une grandeur dans deux ou plusieurs «états» possibles (le plus souvent à deux ou plusieurs dates).

L'idée (légitime) qui vient à l'esprit pour effectuer ces types de comparaisons est de **diviser** une valeur par une autre et d'en tirer le résultat sous forme d'un **nombre sans dimension.** On aboutit à un rapport qui suit toutes les règles que nous avons développées dans la première partie sur les pourcentages (pages 26 et suivantes).

Indice = Rapport = Nombre sans dimension

Si un indice n'est que cela, pourquoi alors s'encombrer l'esprit avec la manipulation de tels instruments qui peuvent rebuter *a priori* ? Parce que la notion d'indice présente à la fois :

a) *des facilités de lecture ;*
b) *de grandes possibilités d'élargissement.*

a) Les facilités de lecture proviennent de la définition de **situation de référence** (ou «**base**», pour simplifier) : La base est la valeur d'origine à laquelle on va comparer toutes les autres ; on la porte aux différents dénominateurs des rapports que l'on va construire et on l'égalise à 100 pour des raisons de facilité de lecture.

Si l'on dit, par exemple, «l'indice du prix du café, base 100 en 1990, passe à 102 en 1992», c'est que le café a subi une augmentation de prix de 2 % durant ces deux années. S'il passe à 90 l'année suivante, c'est que le prix du café a baissé de 10 % pendant les trois années.

Les taux de variations se lisent en comparant à la valeur 100

b) Les possibilités d'élargissement découlent des prétentions qu'ont les indices de pouvoir mesurer les variations de **grandeurs complexes**. Ainsi, l'on pourra calculer, non seulement l'**indice élémentaire** du prix du café comme tout à l'heure, mais encore, par exemple, l'**indice synthétique** du prix du «petit déjeuner», réunissant le prix du café, celui du sucre, ceux du pain, de la confiture, du beurre, voire de la tasse et du set de table... En bref d'un **échantillon** de biens composant la grandeur complexe «petit déjeuner». [On pourrait, tout aussi bien, calculer un indice des *quantités* du produit sur le même échantillon, en choisissant les unités].

Une des ambitions finales d'un indice synthétique des prix est de mesurer les évolutions d'une grandeur complexe bien plus large que la précédente : l'indice de tous les prix à la consommation des ménages.

Nous avons étudié en première partie, page 26 et suivantes, la notion de *pourcentage* : si l'on écrit, en reprenant les mêmes symboles de notation, l'expression $\frac{V_t}{V_0} \times 100 = I$, I est alors un indice[1] : c'est l'indice de V, à l'année « t », base 100 à l'année « 0 ».

Si, par exemple, la production de l'entreprise E passe de 12 en 1985, à 15 en 1986 et à 18 en 1987, on pourra déterminer les rapports suivants :

1985 → $\frac{V_0}{V_0} = \frac{12}{12} \times 100 = 100$

1986 → $\frac{V_1}{V_0} = \frac{15}{12} \times 100 = 125$

1987 → $\frac{V_2}{V_0} = \frac{18}{12} \times 100 = 150$

Et l'on pourra énoncer «l'indice de production de l'entreprise E «base 100» en 1985 passe à 125 en 1986 et à 150 en 1987». Les accroissements de 25 % et de 50 % sont alors directement lisibles[2].

L'indice que nous venons de construire est un indice *temporel* ou *chronologique*. Si à la place des années, il s'était agit de régions, ou plus généralement d'espaces différents, on aurait obtenu un indice *régional* ou *spatial*.

La notion d'indice est cependant plus large que celle que décrit l'exemple précédent.

Jusqu'à présent, nous avons entrevu le cas où une grandeur ne prenait **qu'une seule valeur** à différentes dates ou sur différents espaces. Ce type de grandeur est appelé **grandeur simple** : le prix d'un produit, la production de telle firme, le taux de chômage, ou un taux de change, sont des grandeurs *simples* ; elles sont repérées par *un* nombre.

Les indices que l'on calcule sur les grandeurs simples sont appelés **indices élémentaires.**

Il existe également des **grandeurs complexes,** composées de différentes grandeurs simples. Pour obtenir, par exemple la grandeur économique : «Niveau général des prix», il faudra résumer un ensemble de grandeurs simples **hétérogènes.** Cette grandeur complexe devra agréger, entre autre, le prix du kilo de cerises et le prix des téléviseurs-couleur, à une date, et sur un espace, donnés. Le problème réside alors dans le choix des grandeurs simples et dans la manière de les agréger, pour que la grandeur complexe soit significative. Nous verrons plus loin comment aborder ce délicat problème. Il nous suffit pour l'instant de comprendre qu'une grandeur complexe est composée d'un ensemble de nombreux éléments hétérogènes, repérés chacun par un nombre.

Les rapports obtenus sur les grandeurs complexes sont des **indices synthétiques.** On parlera ainsi de l'indice des prix à la consommation, de l'indice de la production industrielle, de l'indice du commerce extérieur, de l'indice des salaires, etc.

En définitive : *Il existe deux types d'indices : ceux qui correspondent aux grandeurs simples exprimées par un nombre ; ceux qui correspondent aux grandeurs complexes, résumant un grand nombre de nombres.*

---

(1) La multiplication par 100 permet d'éviter la manipulation d'un trop grand nombre de décimales.
(2) Une diminution de 20 % correspondrait à la valeur de l'indice 80.

ENCADRÉ 2

Des grandeurs simples aux grandeurs complexes : un exemple d'agrégation par «familles de biens»

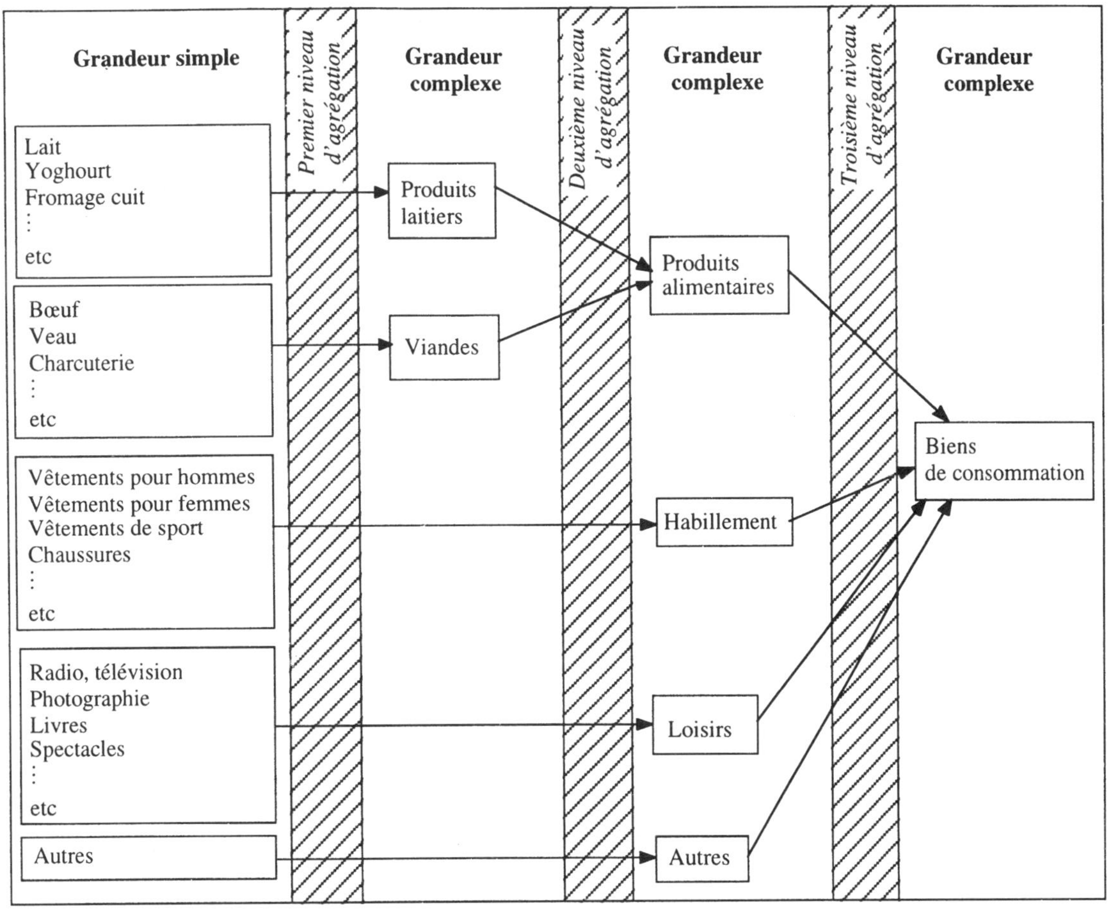

La grandeur complexe finale «biens de consommation» peut s'exprimer en prix ou en quantités selon les unités choisies.

Seule la première phase d'agrégation permet le passage de la grandeur simple à la grandeur complexe, mais cette différenciation est difficile à appliquer. Ici, par exemple, le lait est considéré comme une grandeur simple ; or on pourrait tout aussi bien le considérer comme l'agrégation de plusieurs produits (lait écrémé, lait en poudre, lait de longue conservation...). Ce problème, bien connu des économistes est celui de **l'homogénéité des biens.**

Nous conviendrons pour simplifier, que la définition d'une grandeur simple relève d'**une convention.** Le caractère empirique se renforce par le fait qu'à l'intérieur de toute famille de biens, même apparaissant très homogène, les procédés de fabrication et les inputs diffèrent selon les producteurs. La segmentation exacte d'une famille dépend donc des **nomenclatures statistiques.** Il ne reste plus qu'aux nomenclatures elles-mêmes à... respecter une certaine «homogénéité interne» entre les choix des modalités.

SECTION 2 - LES INDICES ÉLÉMENTAIRES

§ 1. DÉFINITION

On appelle indice élémentaire, le nombre sans dimension résultant du rapport de deux valeurs prises par une même grandeur simple, soit à deux dates différentes, soit sur deux espaces différents.

Notation :

Soit : V_t la valeur de la variable au temps « t »

V_0 la valeur de la variable au temps $t = 0$ (que l'on avait appelée «valeur de départ» lors de l'étude des pourcentages).

L'indice « I » s'écrit :

$$I_{t/0} = 100 \cdot \frac{V_t}{V_0}$$

Remarque :

Si on définit l'indice comme un simple rapport (sans le multiplier par 100), on peut effectuer tous les calculs ultérieurs sans «s'encombrer» des puissances de 10 : il suffit alors de multiplier par 100 le résultat final de ces calculs.

Conventions :

La date «zéro» ($t = 0$) s'appelle **date de base** ou **date de référence** pour les indices chronologiques. Elle devient : **situation de base** ou **de référence** dans le cas des indices spatiaux.

La date « t » s'appelle date (ou période) **courante** dans le cas des indices chronologiques. Pour les indices spatiaux on repère t par un sigle exprimant l'espace choisi :

Exemple : Indice du prix du bien X

* *Entre 1980 et 1985 :*

$$I_{85/80} = 100 \times \frac{px \text{ en } 85}{px \text{ en } 80}$$

base 100 en 1980

* *Entre la région parisienne et la France entière :*

$$I_{RP/FR} = 100 \times \frac{px \text{ en } RP}{px \text{ en France entière}}$$

base 100 pour l'ensemble de la France

Lecture entre deux dates :

Entre deux dates quelconques 1 et 2, la variation relative d'une grandeur simple s'écrit :

$$I_{2/1} = 100 \cdot \frac{V_2}{V_1}$$

On démontrera dans le paragraphe suivant que la variation d'une grandeur simple est égale à celle de son indice :

$$I_{2/1} = 100 \cdot \frac{I_{2/0}}{I_{1/0}}$$

Dans l'exemple précédent :

$$I_{85/82} = 100 \frac{I_{85/80}}{I_{82/80}}$$

Entre 1982 et 1985 (base 100 en 1980)

ENCADRÉ 3

Univers des prix et indices de prix à la consommation

Considérons **la grandeur simple : «café»** : Dire que le prix du café a augmenté de 8 % entre la date « *t* » et la date de base, c'est écrire l'indice élémentaire suivant :

$$I_{(\text{café})t/0} = 100 \frac{px(\text{café})_t}{px(\text{café})_0} = 108$$

Cela apparaît très simple… mais, comment a-t-on pu relever ces deux prix ? C'est, en effet, dans la pratique que les choses se compliquent sérieusement :

Le café fait partie de **l'échantillon permanent de produits** que l'INSEE, en France, relève chaque mois. Dans cet échantillon, le «*poste* » café est ventilé en plusieurs **variétés** (café en grains, café moulu, décaféiné, etc.). Les enquêteurs de l'INSEE vont «*suivre*» trois ou quatre variétés de cet ensemble ; c'est-à-dire qu'ils vont relever les prix de la variété «café arabica en grains de marque *X* sous tel conditionnement», «café arabica moulu de marque *Y* sous tel conditionnement», etc. Le choix de ces trois ou quatre variétés résulte d'études préalables sur les habitudes de consommation des ménages.

Ces relevés de prix se font sur une centaine **d'agglomérations de plus de 2 000 habitants**, tirées au hasard dans des échantillons géographiques régionaux.

Pour chaque agglomération, on sélectionne des **points de vente** (hypermarchés, supermarchés, magasins populaires, épiceries, etc.).

Le croisement de ces divers éléments s'appelle **une série** :

Produit →	**Variété** →	**Zone géographique** →	**Distribution** →	**Série**
ex. : café	**ex. : café moulu**	**ex. : Var**	**ex. : supermarché**	**ex. : café moulu arabica de marque *X*, 250 g Supermarché «machin» à Toulon**

Sachant qu'il y a 265 produits relevés pour l'indice 1993 des prix à la consommation, base 100 en 1990 (ces produits s'appellent des **postes**), l'INSEE se voit contraint de suivre **160 000 séries** de prix chaque mois.

La théorie des sondages permet d'appréhender plus ou moins correctement selon les produits la **précision** des indices : cette précision dépend bien sûr du nombre d'observations, mais aussi d'autres considérations telles que :

- *la spécialisation «haut» ou «bas de gamme»,*
- *le conditionnement par groupes (packs),*
- *les stratégies commerciales des enseignes,*
- *etc…*

qui font fluctuer les prix d'une même grandeur homogène.

Selon la nature des postes, la précision est plus ou moins grande : les indices de prix des produits alimentaires sont plus précis, par exemple, que ceux de l'habillement.

"Sans la notion de prix, il n'y aurait pas de science économique… [or] une mesure satisfaisante du prix est une entreprise difficile», écrivait, en 1950, Morgenstern, le célèbre co-créateur de la théorie des jeux[1].

(1) Oskar Morgenstern, *L'Illusion statistique*, Dunod, ed. pour la traduction française, 1972.

§ 2. LES PROPRIÉTÉS DES INDICES ÉLÉMENTAIRES

Ces propriétés sont celles des pourcentages (première partie, chapitre 1) ; cependant on verra en § 3 que les indices synthétiques ne les possèdent pas toutes. Il est bon de les énoncer.

A. La circularité(1)

Si une grandeur économique prend les valeurs V_0, V_1, V_2 aux temps 0, 1, 2, l'indice élémentaire satisfait la relation :

$$\boxed{I_{2/0} = I_{2/1} \cdot I_{1/0} \cdot \frac{1}{100}}$$

En généralisant à deux dates ***t*** et ***t'***

$$\boxed{I_{t/0} = I_{t/t'} \cdot I_{t'/0} \cdot \frac{1}{100}}$$

Cette expression est surtout utile lorsqu'on l'écrit comme suit :

$$\boxed{\mathbf{I_{t/t'} = 100 \cdot \frac{I_{t/0}}{I_{t'/0}}}}$$

Pour comparer deux grandeurs simples à deux dates t et t', il suffit de faire le rapport de leurs indices.

Conséquence pratique : On peut opérer des **changements de base** sur les indices élémentaires, en substituant à la date 0, la date t'.

Généralisation : On peut appliquer cette propriété de période en période (de date en date). On dit que **les indices élémentaires sont enchaînables.**

$$\mathbf{I_{t/0} = 100\left[\frac{I_{1/0}}{100} \times \frac{I_{2/1}}{100} \times \frac{I_{3/2}}{100} \times \ldots \times \frac{I_{t/t-1}}{100}\right]}$$

La propriété de circularité permet ainsi : d'obtenir l'indice élémentaire de la date t par rapport à la base, en effectuant le produit des indices élémentaires intermédiaires successifs. On parle aussi, dans ce cas, de **raccordement.**

Chaque indice de type « $\mathbf{I_{j/j-1}}$ » s'appelle un ***maillon***. Chaque maillon mesure une évolution «proche» dans le temps, ce qui permet des comparaisons moins biaisées, en matière d'indices de prix, puisque les effets *qualité (haut ou bas de gamme)* ou *regroupement en packs* ou *stratégies commerciales* ont moins de probabilités de se faire sentir (voir bas de page 271).

---

(1) ou : «transférabilité», ou même «transitivité».

ENCADRÉ 4

Démonstration de la propriété de circularité des indices élémentaires

– Soit une grandeur simple, de valeurs V_0, V_1, V_2 aux temps 0, 1, 2 ; on a, par définition :

$$I_{2/0} = 100 \cdot \frac{V_2}{V_0} = 100 \cdot \frac{V_2}{V_0}\left[\frac{100V_1}{100V_1}\right]$$

$$I_{2/0} = \underbrace{100 \cdot \frac{V_2}{V_1}}_{=I_{2/1}} \cdot \underbrace{100 \cdot \frac{V_1}{V_0}}_{=I_{1/0}} \cdot \frac{1}{100}$$

Dès lors : $\mathbf{I_{2/0} = I_{2/1} \times I_{1/0} \times \frac{1}{100}}$, ou : $\mathbf{I_{2/1} = 100 \frac{I_{2/0}}{I_{1/0}}}$

– **Exemple**

Prix du bien X	*Dates*	*Indices*
150 F	1985 (0)	100
210 F	1986 (*t'*)	140
230 F	1987 (*t*)	153,3

* L'augmentation du prix entre 1986 et 1987 est de $\left[\frac{230}{210} - 1\right]$, soit **9,5 %.**

* Rapport des indices : $\frac{153,3}{140} \cdot 100 = \mathbf{109,5}$; soit : l'indice base 100 en 1986 passe à 109,5 en 1987, correspondant à une augmentation de **9,5 %**

ENCADRÉ 5

Démonstration de la propriété d'enchaînement des indices élémentaires

Partons de l'identité : $I_{0/0} = 100$

Il vient, de proche en proche :

$$I_{1/0} = \frac{I_{1/0}}{I_{0/0}} \cdot 100$$

$$I_{2/1} = \frac{I_{2/0}}{I_{1/0}} \cdot 100$$

$$\vdots \qquad \vdots$$

$$I_{t/t-1} = \frac{I_{t/0}}{I_{t-1/0}} \cdot 100$$

La somme s'écrit : $100\left[I_{1/0} \cdot I_{2/1} \cdots\cdots I_{t/t-1}\right] = 100\left[\left(\frac{I_{1/0}}{I_{0/0}} \cdot 100\right) \cdot \left(\frac{I_{2/0}}{I_{1/0}} \cdot 100\right) \cdots\cdots \left(\frac{I_{t/0}}{I_{t-1/0}} \cdot 100\right)\right]$

Il reste, après simplifications : $100\left[I_{1/0} \cdot I_{2/1} \cdots\cdots I_{t/t-1}\right] = 100^t \cdot I_{t/0}$.

Si l'on divise par 100^t, on retrouve bien la formule de définition : $\mathbf{I_{t/0} = 100\left[\frac{I_{1/0}}{100} \times \frac{I_{2/1}}{100} \times \frac{I_{3/2}}{100} \times \cdots \times \frac{I_{t/t-1}}{100}\right]}$

B. La réversibilité

Cette propriété s'énonce : quand on inverse le rôle de la base et de la période courante, l'indice élémentaire s'inverse à 10^4 près.

$$\boxed{I_{t/0} \cdot I_{0/t} = 10^4} \quad \text{ou} \quad \boxed{I_{0/t} = \frac{10^4}{I_{t/0}}}$$

La démonstration est immédiate :

$$\left[\begin{array}{c} I_{t/0} = 100 \cdot \frac{V_t}{V_0} \quad ; \quad I_{0/t} = 100 \cdot \frac{V_0}{V_t} \\ \text{Donc :} \\ 100\frac{V_t}{V_0} \times 100\frac{V_0}{V_t} = 10\ 000 = 10^4 \end{array}\right]$$

Rappelons que les taux de croissance ne sont pas réversibles(1). Les indices élémentaires sont donc plus adaptés aux calculs économiques que les pourcentages.

Cette propriété est intéressante pour comparer des grandeurs à des dates successivement croissantes ou décroissantes dans le temps, mais trouve son intérêt majeur en économie spatiale, où l'on est souvent amené à inverser les «régions de base» dans des comparaisons.

Si, par exemple, l'indice du prix d'un produit, base 100 en Provence-Alpes-Côte-d'Azur est de 110 en Région Parisienne, on pourra écrire, directement, sans utiliser les valeurs brutes :

$$I_{RP/PACA} = 110, \quad \text{ou} \quad I_{PACA/RP} = \frac{10^4}{110} = 90{,}9$$

SECTION 3 – LES INDICES SYNTHÉTIQUES

§ 1. DÉFINITION

Comme il a été annoncé en section 1, un indice synthétique s'applique à une *grandeur complexe* qui n'est autre qu'un ensemble de grandeurs simples dont les éléments non homogènes ne peuvent être additionnés directement. Un indice synthétique doit donc «*résumer*» une série d'indices élémentaires.

De façon plus formalisée, on peut écrire :

– Soit une grandeur complexe « G », constituée de différents éléments :

$$G = \left\{g^1 \ ; \ g^2 \ ; \ g^3 \ ; \cdots ; \ g^i \ ; \cdots \ g^k\right\}^{(2)}$$

– Chaque indice élémentaire est de type :

$$I_{t/0}(g^i) = \frac{g_t^i}{g_0^i} \times 100$$

On a donc *une* série de k indices élémentaires.

Cette série doit être ***résumée numériquement*** par un indice synthétique $I_{t/0}$ (G), qui en est une valeur centrale.

---

(1) Chapitre un, page 28 «Une hausse de 100 % est annulée par une baisse de 50 %».

(2) La notation « g^i » ne signifie pas ici «élévation à la puissance», mais traduit simplement un repérage d'ordre (i, variant de 1 à k). On écrit le symbole « i » en haut, pour laisser la place en bas aux symboles de temps. Ainsi « g_t^1 » sera lu comme : «valeur de la grandeur simple g^1, première composante de G, au temps t ».

ENCADRÉ 6

Propriétés secondaires des indices élémentaires : grandeurs liées par un produit ou par un rapport

1. Indices élémentaires des grandeurs liées par un produit

Quand une grandeur simple est le produit de deux autres, l'indice élémentaire du produit est égal au produit des indices élémentaires à 10^{-2} près.

$$\text{Si } a = b \times c\,;$$
$$I_{t/0}(a) = I_{t/0}(b) \times I_{t/0}(c) \times \frac{1}{100}$$

Exemple :

La recette totale (RT) est égale au produit du prix (P) par les quantités vendues (Q) :
Si le prix passe de 200 F à 220 F, alors que les quantités vendues passent de 5 000 à 6 000, il vient :

$$I_{t/0}(P) = \frac{220}{200} \times 100 = \mathbf{110} \quad ; \quad I_{t/0}(Q) = \frac{6\ 000}{5\ 000} \times 100 = \mathbf{120}$$

et $$I_{t/0}(RT) = 110 \times 120 \times \frac{1}{100} = \mathbf{132}$$ (soit 32 % d'augmentation sur la période)

2. Indices élémentaires des grandeurs liées par un rapport

Quand une grandeur simple est le rapport de deux autres, l'indice élémentaire est égal au rapport des indices élémentaires à 10^2 près.

$$\text{Si } b = a/c\,;$$
$$I_{t/0}(b) = \frac{I_{t/0}(a)}{I_{t/0}(c)} \cdot 100$$

C'est la même formule que précédemment.

3. Proportionnalité

Si, entre l'époque de base et l'époque t, la grandeur simple est multipliée par une constante k, l'indice élémentaire est multiplié par k :

$$V_t = k \cdot V_0 \Rightarrow I_{t/0} = k \cdot 100$$

En effet : $$I_{t/0} = \frac{V_t}{V_0} \cdot 100 = \frac{kV_0}{V_0} \cdot 100 = k \cdot 100$$

Ainsi, si une grandeur double entre 1984 et 1987, son indice, base 100 en 1984, sera égal à 200 en 1987.

§ 2. LES INDICES SYNTHÉTIQUES LES PLUS FRÉQUEMMENT EMPLOYÉS

A. De la notion de «valeur globale» à la construction d'un indice synthétique

En économie, on s'intéresse essentiellement aux variations des prix (p), ou des quantités (q), ou de leur produit (pq) que l'on appellera ici *«valeur globale»*.

La valeur globale est mesurée en unités monétaires.

$$\text{Valeur globale} = \text{prix} \times \text{quantités}$$

Ainsi, trois types d'indices (élémentaires ou synthétiques) sont mesurables : Indice des prix, des quantités, ou de valeur.

L'indice de valeur est moins significatif économiquement que les deux autres, dans la mesure où son évolution dépend de celle des prix *et* de celle des quantités, sans qu'on puisse les différencier. Il n'y a qu'une possibilité de calcul d'un indice de valeur ; elle consiste à sommer toutes les valeurs globales (de 1 à k) aux temps « t » et à la date de base «0».

L'indice de la valeur s'écrit donc :

$$I_{t/0}(pq) = \frac{\sum_i p_t^i q_t^i}{\sum_i p_0^i q_0^i} \times 100$$

Si l'indice de valeur augmente entre 0 et t, rien ne nous permet de dire que la cause est une augmentation de prix accompagnée d'une diminution des quantités, ou toute autre combinaison.

Une manière de lever ce doute est de considérer artificiellement, dans le calcul de l'indice, une des deux variables (prix ou quantité) comme fixe, pendant que l'autre évolue[(1)].

Ainsi, pour faire ressortir les variations de prix d'un bien « i » entre deux dates, il suffit d'éliminer l'influence des quantités, c'est-à-dire de calculer ce qu'aurait été la valeur globale d'arrivée au temps « t » par exemple, si les quantités étaient restées constantes et si seuls les prix avaient varié.

Pour un bien « i » les valeurs globales à la date de base et à la date courante « t », calculées de la manière exposée précédemment, en « fixant » les quantités, sont :

$$\begin{cases} \text{A la date de base :} & p_0^i q_0^i \\ \text{A la date «}t\text{» :} & p_t^i q_0^i \end{cases}$$

L'indice *élémentaire* de valeur du bien « i » est donc :

$$I_{t/0}(pq) = \frac{p_t^i q_0^i}{p_0^i q_0^i} \cdot 100 = \boxed{\frac{p_t^i}{p_0^i} \cdot 100}$$

Il s'agit donc d'un *indice élémentaire des prix* (par construction).

Le passage de l'indice élémentaire à l'indice synthétique nous amène à considérer, non plus seulement *un* bien, mais *tous* les biens composant la grandeur complexe ; pour ce passage, nous garderons la même logique.

---

(1) C'est le principe que nous avions utilisé dans l'analyse de l'*effet de structure* en deuxième partie (pages 94 et suivantes : «le shift and share»).

ENCADRÉ 7

Correspondance entre l'analyse «shift and share» et la théorie des indices(1)

L'exemple chiffré que nous avions utilisé pour appliquer la règle du *Shift and Share*, pages 96, 98, 100 et 102 du présent ouvrage, consistait à calculer des valeurs ajoutées **fictives**, en *fixant* les productivités des régions à leurs moyennes. On aurait aussi bien pu *fixer* la structure en choisissant pour R_2 la productivité de R_1 ou l'inverse, tout comme le font les indices de Laspeyres et de Paasche : *prix fixés (en 0 ou en 1)* pour un indice des quantités ; et quantités fixées pour un indice des prix.

On peut résoudre l'exercice en utilisant les indices, si l'on remarque simplement que : *productivité* x *emploi = valeur ajoutée,* tout comme *prix* x *quantité = valeur globale.* Dès lors, la valeur ajoutée devient « *v* », la productivité devient « *p* », l'emploi « *q* » ; la région R_1 est lue comme la situation de base « *O* », et R_2 devient « *t* ».

a) Les rapports de valeurs ajoutées observées peuvent être lues comme *un indice élémentaire de valeur* ; il vient :

$$I_{t/0}(pq) = \frac{\sum_i p_t^i q_t^i}{\sum_i p_0^i q_0^i} \cdot 100 = \frac{\sum_i v_t^i}{\sum_i v_0^i} \cdot 100 = \frac{170+380+120}{40+1300+45} \cdot 100 = \mathbf{48{,}38}$$

b) Nous avions calculé des valeurs ajoutées fictives tenant compte de **productivités fixées** à leurs moyennes interrégionales (moyenne : R_1, R_2). Cela revient à calculer un *indice synthétique de valeur globale* dont la base n'est plus «0», mais la valeur moyenne entre «0» et « *t* », pour la fixation des prix.

$$I'_{t/0}(pq) = \frac{\sum_i q_t^i p_{\text{moy}}^i}{\sum_i q_0^i p_{\text{moy}}^i} \cdot 100 = \frac{\sum_i q_t^i \dfrac{v_0^i + v_t^i}{q_0^i + q_t^i}}{\sum_i q_0^i \dfrac{v_0^i + v_t^i}{q_0^i + q_t^i}} \cdot 100$$

$$I'_{t/0}(pq) = \frac{1500\dfrac{40+170}{500+1500} + 1000\dfrac{1300+380}{6000+1000} + 1000\dfrac{45+120}{500+1000}}{500\dfrac{40+170}{500+1500} + 6000\dfrac{1300+380}{6000+1000} + 500\dfrac{45+120}{500+1000}} \cdot 100 = \frac{507{,}5}{1547{,}5} \cdot 100 = \mathbf{32{,}79}$$

Puisque l'on fixe les prix, $I'_{t/0}$ *(pq)* est *un indice de quantités* (logique de construction des indices de Laspeyres et Paasche à partir des indices de valeur).

c) Le rapport de ces deux indices est un indice des prix (*prix = valeur/quantités*). Il est égal à :

$$I_{t/0}(p) = \frac{I}{I'} \cdot 100 = \frac{48{,}38}{32{,}79} = \mathbf{147{,}5}$$

C'est un **indice de productivité**, lorsqu'on revient aux variables de l'exemple ; et on retrouve bien les écarts de productivité du tableau du bas de la page 102 :

$$147{,}5 = 100\frac{100+32}{100-10{,}5} \text{ ; soit } \mathbf{+32\ \%} \text{ et } \mathbf{-10{,}5\ \%}$$

*En conclusion, **la règle du Shift and Share et la méthode de construction d'indices synthétiques de prix et de quantités relèvent de la même logique** (qui revient à fixer artificiellement une structure en faisant varier l'autre, une fois choisie une situation de base).*

(1) Nous devons cette démonstration à Arthur Vogt, (correspondance 1993) auteur de l'ouvrage *The making of tests for index numbers,* sur les nouvelles démonstrations informatisées des théorèmes des indices (à paraître chez *Physica-Verlag, Heildelberg,* 1997).

Ainsi, comparons, toujours suivant la même méthode, non plus les valeurs globales d'un seul bien « i », mais de *tous les biens* composant la grandeur complexe G, on obtient les valeurs globales suivantes[1]:

$$\begin{cases} \text{A la date de base :} & \sum_i p_0^i q_0^i \\ \text{A la date «}t\text{» :} & \sum_i p_t^i q_0^i \end{cases}$$

L'indice *synthétique* de valeur de la grandeur «G» est donc :

$$I_{t/0}(pq) = \frac{\sum_i p_t^i q_0^i}{\sum_i p_0^i q_0^i} \times 100$$

La simplification par q_0^i n'est plus possible comme dans le cas précédent. **On vient de construire ici l'indice de Laspeyres des prix.**

Selon la même logique : **Un indice des prix se conçoit à quantités fixes**
Un indice des quantités se conçoit à prix constants

B. L'indice de Laspeyres[2]

***Notation* :**

L'indice de Laspeyres des prix sera noté L^p et l'indice de Laspeyres des quantités L^q.

Construction :

La logique de construction est la même que précédemment : Un indice des prix se conçoit à quantités fixes, et inversement.

Spécificité :

Le choix de la date de référence (date de base) traduit la spécificité de l'indice : L'indice de Laspeyres est défini en prenant comme date de référence une date antérieure à la date d'observation.

1. L'indice des prix de Laspeyres

La date de référence est la date «0». Selon la logique de construction développée plus haut, l'indice synthétique des prix de Laspeyres s'écrit :

$$L_{t/0}^p = 100 \cdot \frac{\sum_i p_t^i q_0^i}{\sum_i p_0^i q_0^i}$$

Si les prix ne varient pas, l'indice reste égal à 100.

(1) Les termes pq étant mesurés en unités monétaires, il est légitime de les additionner.
(2) Laspeyres, économiste allemand, 1844.

ENCADRÉ 8

Exercice type de calcul d'un indice des prix de Laspeyres

Soit à calculer l'évolution (synthétique) des prix des trois biens suivants à trois dates différentes : «0», «1» et «2» :

- *le pain,* mesuré en décagrammes = g^1
- *le vin,* mesuré en litres = g^2
- *la viande,* mesurée en kilogrammes = g^3

Les observations sont données dans les tableaux suivants :

Dates \ *Prix*	g^1	g^2	g^3
0	0,07	10	35
1	0,10	15	45
2	0,14	20	50

[*prix unitaires en francs*]

Dates \ *Quantités*	g^1	g^2	g^3
0	30	0,5	0,15
1	25	0,6	0,12
2	20	0,4	0,11

[*en unités physiques, par personne et par jour*]

Calculons, par application directe de la formule de définition, l'indice des prix de Laspeyres :

– Entre les dates 0 et 1 :

$$L^p_{1/0} = 100 \cdot \frac{(0,10 \times 30) + (15 \times 0,5) + (45 \times 0,15)}{(0,07 \times 30) + (10 \times 0,5) + (35 \times 0,15)}$$

$$L^p_{1/0} = 100 \cdot \frac{17,25}{12,35} = \boxed{\mathbf{139,7}}$$

– Entre les dates 0 et 2 :

$$L^p_{2/0} = 100 \cdot \frac{(0,14 \times 30) + (20 \times 0,5) + (50 \times 0,15)}{(0,07 \times 30) + (10 \times 0,5) + (35 \times 0,15)}$$

$$L^p_{2/0} = 100 \cdot \frac{21,7}{12,35} = \boxed{\mathbf{175,7}}$$

L'indice des prix, base 100 en «0» est donc de 139,7 en «1» (soit une augmentation de 39,7 %) et de 175,7 en «2» (soit une augmentation de 75,7 % entre «0» et «2»).

* *Convention d'écriture* : Afin d'alléger les notations, nous conviendrons de ne plus écrire le symbole « i », étant entendu que toutes les sommes se font par rapport à « i », numéro d'ordre de repérage des grandeurs simples « g^i ». Sous cette condition, on peut écrire :

$$L^p_{t/0} = 100 \cdot \frac{\sum p_t q_0}{\sum p_0 q_0}$$

2. L'indice des quantités (ou «de volume») de Laspeyres

Pour obtenir la formule, il suffit d'intervertir les termes p et q dans la formule précédente :
Formule de définition :

$$L^q_{t/0} = 100 \cdot \frac{\sum p_0 q_t}{\sum p_0 q_0}$$

C. L'indice de Paasche[1]

Notation **:**

L'indice de Paasche des prix sera noté $\boldsymbol{P^p}$ et l'indice de Paasche des quantités (ou des volumes) sera noté $\boldsymbol{P^q}$.

Construction **:**

La logique de construction, ainsi que la convention d'écriture, sont les mêmes que précédemment.

Définition

Le choix de la date de référence traduit la spécificité de l'indice. L'indice de Paasche est défini en prenant comme date de référence la date «actuelle» (t), et non plus la date de «départ» (0).

1. L'indice des prix de Paasche

Par définition, on élimine l'influence des quantités, en les considérant comme fixes à la date de référence (t). La formule de définition est donc :

$$\boldsymbol{P^p_{t/0} = 100 \cdot \frac{\sum p_t q_t}{\sum p_0 q_t}}$$

2. L'indice des quantités de Paasche

Pour obtenir la formule, il suffit d'intervertir les termes p et q dans la formule précédente.

$$\boldsymbol{P^q_{t/0} = 100 \cdot \frac{\sum p_t q_t}{\sum p_t q_0}}$$

---

(1) Paasche, économiste allemand, 1874.

ENCADRÉ 9

Complément important : formules développées des indices de Laspeyres(1)

On remarque que ces indices synthétiques peuvent être exprimés sous forme de moyennes pondérées : ces résultats sont fondamentaux pour analyser les indices des divers instituts de statistique (en France comme à l'étranger).

1. Indice des prix

* ***Première remarque*** : On peut transformer la formule de définition sous la forme suivante (en multipliant le numérateur sous le signe Σ par les indices élémentaires des prix p_t^i / p_0^i :

$$L_{t/0}^p = 100 \cdot \frac{\sum p_0 q_0 \frac{p_t}{p_0}}{\sum p_0 q_0}$$

Ecrite ainsi, la formule de l'indice des prix de Laspeyres se lit comme **une moyenne arithmétique** :

L'indice des prix de Laspeyres est la moyenne arithmétique de la série des indices élémentaires de prix, pondérée par les valeurs globales de la date de base.

Notons par ailleurs que les coefficients de pondération du type $\frac{p_0 q_0}{\sum p_0 q_0}$, s'appellent, dans le cas des indices de prix, des **coefficients budgétaires**. Ils représentent le rapport de la valeur globale du bien « *i* », mesurée en unités monétaires sur la somme des valeurs globales de tous les biens composant la grandeur complexe retenue dans le champ de l'indice.

* ***Deuxième remarque*** : On peut également transformer la formule de définition, en multipliant le dénominateur, sous le signe Σ par l'inverse de l'indice élémentaire p_0^i / p_t^i :

$$L_{t/0}^p = 100 \cdot \frac{\sum p_t q_0}{\sum p_t q_0 \frac{p_0}{p_t}}$$

Ecrite ainsi, la formule de l'indice des prix de Laspeyres, se lit comme **une moyenne harmonique.**

L'indice des prix de Laspeyres est la moyenne harmonique de la série des indices élémentaires de prix, pondérée par les valeurs globales de la date de base «0» pour les quantités et de la date courante « *t* » pour les prix.

2. Indice des quantités

* ***Première remarque*** : c'est la moyenne arithmétique suivante :

$$L_{t/0}^q = 100 \cdot \frac{\sum p_0 q_0 \frac{q_t}{q_0}}{\sum p_0 q_0}$$

* ***Deuxième remarque*** : c'est également la moyenne harmonique suivante :

$$L_{t/0}^q = 100 \cdot \frac{\sum p_0 q_t}{\sum p_0 q_t \frac{q_0}{q_t}}$$

(1) On pourra apprécier toute l'importance de cette remarque dans le § 3C de la présente section, page 284 et dans le § 2, section 2, du chapitre deux, page 292.

D. Indice de Fisher

Nous verrons dans le chapitre deux, section 2, § 2 qu'aucun critère théorique ne nous permet de dire que l'un des deux indices précédents est «meilleur» que l'autre, bien que tous deux donnent des résultats différents : l'indice de Laspeyres (calcul prospectif) ayant tendance à surestimer ; l'indice de Paasche (calcul rétrospectif) ayant tendance à sous-estimer[1].

En 1922, l'économiste américain Irving Fisher propose un indice synthétique qu'il qualifie «d'idéal» dans la mesure où il satisfait à la propriété de réversibilité[2], et où sa valeur se situe entre les valeurs des deux autres (Laspeyres et Paasche). Cependant son non respect de la propriété d'agrégation (voir plus loin) ne le rend pas très commode à utiliser, du moins dans la pratique des indices chronologiques.

Définition de l'indice de Fisher

C'est la moyenne géométrique des indices de Laspeyres et de Paasche.

Notation : $F^p = \sqrt{L^p \cdot P^p}$ et $F^q = \sqrt{L^q \cdot P^q}$

Remarques :

* L'indice de Fisher est compris entre ceux de Laspeyres et de Paasche, aussi bien pour les prix que pour les quantités, si les pondérations sont homogènes.

$$P \leq F \leq L$$

* L'indice de valeur calculé par Laspeyres est égal à celui calculé par Paasche, et est égal au produit de l'indice de Fisher des prix par l'indice de Fisher des quantités.

$$I(pq) = L^p P^q = L^q P^p = L^{pq} = P^{pq} = F^p \cdot F^q$$

§ 3. PROPRIÉTÉS DES INDICES SYNTHÉTIQUES DE LASPEYRES, PAASCHE ET FISHER

A. Circularité

La propriété de circularité (voir section 2, page 272) est intéressante dans le cas de *changements de base.* Or, on vérifie qu'**aucun des trois indices ne possède cette propriété** (ce qui est gênant en matière de «raccordement» d'indices ; voir chapitre suivant, pages 293 et suivantes).

B. Réversibilité

Quand on inverse le rôle du temps dans un indice de Laspeyres, on obtient un indice de Paasche, et inversement :

$$L_{0/t} = \frac{10^4}{P_{t/0}} \quad \text{et} \quad P_{0/t} = \frac{10^4}{L_{t/0}}$$

Les indices de Laspeyres et de Paasche ne sont donc pas réversibles.

---

(1) En effet, sur la longue période, si l'on prend des pondérations homogènes, l'indice de Laspeyres est une moyenne arithmétique, alors que l'indice de Paasche est une moyenne harmonique ($\bar{x} > H$).

(2) Le respect de cette propriété le rend opérationnel, dans certains cas, en économie spatiale et en économie internationale.

ENCADRÉ 10

Formules développées des indices de Paasche

Tout comme pour les indices de Laspeyres, les indices de Paasche satisfont aux expressions sous forme de moyennes pondérées.

1. Indice des prix

* ***Première remarque*** : On peut transformer la formule de définition, en multipliant le numérateur, sous le signe Σ, par les indices élémentaires des prix $\left(p_t^i / p_0^i\right)$ de chaque grandeur simple :

$$P_{t/0}^{p} = 100 \cdot \frac{\sum p_0 q_t \frac{p_t}{p_0}}{\sum p_0 q_t}$$

Écrite ainsi, la formule de l'indice des prix de Paasche se lit comme **une moyenne arithmétique.**

L'indice des prix de Paasche est la moyenne arithmétique de la série des indices élémentaires des prix, pondérée par les valeurs globales de la date courante « t » pour les quantités, et de la date de base «0» pour les prix.

* ***Deuxième remarque*** : La formule de définition peut également s'écrire sous forme d'une **moyenne harmonique** :

$$P_{t/0}^{p} = 100 \cdot \frac{\sum p_t q_t}{\sum p_t q_t \frac{p_0}{p_t}}$$

L'indice des prix de Paasche est donc la moyenne harmonique de la série des indices élémentaires $\left(p_t^i / p_0^i\right)$ pondérée par les valeurs globales de la date actuelle « t » (date courante).

2. Indice des quantités

* ***Première remarque*** : c'est la moyenne arithmétique suivante :

$$P_{t/0}^{q} = 100 \cdot \frac{\sum p_t q_0 \frac{q_t}{q_0}}{\sum p_t q_0}$$

* ***Deuxième remarque*** : c'est aussi la moyenne harmonique suivante :

$$P_{t/0}^{q} = 100 \cdot \frac{\sum p_t q_t}{\sum p_t q_t \frac{q_0}{q_t}}$$

On pourra consulter le tableau récapitulatif, page 285.

Par contre l'indice de Fisher est réversible :

$$F_{t/0} = \frac{10^4}{F_{0/t}}$$

En effet :

$$F_{t/0} = \sqrt{P_{t/0} \cdot L_{t/0}}$$

$$F^{p}_{t/0} = 100\sqrt{\frac{\sum p_t q_t}{\sum p_0 q_t} \cdot \frac{\sum p_t q_0}{\sum p_0 q_0}}$$

et :

$$F^{p}_{0/t} = 100\sqrt{\frac{\sum p_0 q_0}{\sum p_t q_0} \cdot \frac{\sum p_0 q_t}{\sum p_t q_t}}$$

C. Agrégation

Puisque les indices de Laspeyres et de Paasche sont des moyennes arithmétiques de «sous-populations», on peut utiliser les résultats (obtenus en deuxième partie, page 128) des moyennes de sous-populations. Rappelons brièvement que :

«Si une population P est composée de plusieurs sous-populations, la moyenne de la population P est la moyenne pondérée des moyennes des sous-populations».

$$\bar{x} = \frac{1}{n}\sum_{k} n_k \bar{x}_k$$

Dès lors si l'on agrège les produits ou les articles en groupes (par exemple : logement, alimentation, produits manufacturés, services) et si l'on calcule pour chaque groupe un indice de Laspeyres ou de Paasche, l'indice global de Laspeyres ou de Paasche sera obtenu à partir de ces données regroupées.

Cette propriété est constamment utilisée dans la pratique (voir chapitre suivant).

L'indice de Fisher, n'étant pas une moyenne arithmétique, **ne satisfait pas la propriété d'agrégation.**

En définitive :

$$\text{Indice} \begin{Bmatrix} L \\ \text{ou} \\ P \end{Bmatrix} \text{global} = \text{Indice} \begin{Bmatrix} L \\ \text{ou} \\ P \end{Bmatrix} \text{des indices} \begin{Bmatrix} L \\ \text{ou} \\ P \end{Bmatrix} \text{partiels}$$

ENCADRÉ 11

Tableau récapitulatif des correspondances entre les indices synthétiques de Laspeyres, Paasche et Fisher

Le tableau donne les indices divisés par 100, pour simplifier les lectures.

Rappelons la lecture d'une moyenne :

«moyenne, des x_i, pondérée par les n_i»

arithmétique :

$$\frac{\sum (n_i x_i)}{\sum n_i}$$

harmonique :

$$\frac{\sum n_i}{\sum \left(\frac{n_i}{x_i}\right)}$$

Il suffit de remplacer « x_i » et « n_i » par leurs correspondants en termes « pq » et « $\frac{p}{q}$ » pour obtenir les formules.

Indice (/100)	*Formule abrégée*	*MOYENNE (1)*	
		Arithmétique pondérée par :	*Harmonique pondérée par :*
Laspeyres des prix	$\frac{\sum p_t q_0}{\sum p_0 q_0}$	$p_0 q_0$	$p_t q_0$
des quantités	$\frac{\sum p_0 q_t}{\sum p_0 q_0}$	$p_0 q_0$	$p_0 q_t$
Paasche des prix	$\frac{\sum p_t q_t}{\sum p_0 q_t}$	$p_0 q_t$	$p_t q_t$
des quantités	$\frac{\sum p_t q_t}{\sum p_t q_0}$	$p_t q_0$	$p_t q_t$
Fisher des prix	$\sqrt{L^p \cdot P^p}$	MOYENNES GÉOMÉTRIQUES	
des quantités	$\sqrt{L^q \cdot P^q}$		

(1) *Des indices élémentaires* $\left(p_t^i / p_0^i\right)$, $\forall i$; *ou* $\left(q_t^i / q_0^i\right)$, $\forall i$.

CHAPITRE DEUX – DIFFICULTÉS DE CONSTRUCTION ET D'UTILISATION DES INDICES SYNTHÉTIQUES

Les indices synthétiques ont pour but de traduire les évolutions temporelles ou spatiales de différentes grandeurs économiques. Or, le plus souvent, ils sont considérés comme des «*indicateurs sensibles*» de la vie économique. L'indice mensuel des prix à la consommation, publié par l'INSEE en France, est souvent considéré comme un indicateur des tensions inflationnistes ; contesté ou accepté, il sert de référence dans bien des négociations salariales, et, par là même, peut se charger d'un caractère «quasi-passionnel» qui dépasse de loin sa fonction technique première.

La mesure des phénomènes économiques, ne pouvant s'opérer que sur la base d'un corpus d'hypothèses ou de conventions, et dans un but d'investigation bien précis, on ne peut évidemment jamais obtenir d'indices parfaits, et il est bien hasardeux de se risquer à dire que tel indice est «*meilleur*» que tel autre.

La construction des indices est donc une opération délicate, présentant de grandes difficultés, dont il faut prendre conscience.

SECTION 1 – CHOIX DES CRITÈRES DE CONSTRUCTION

§ 1. LE CHOIX DES COMPOSANTES

La quantité de biens (grandeurs simples) produits et consommés sur les marchés est évidemment trop vaste pour qu'on puisse les retenir tous dans le calcul d'un indice synthétique. On se borne à suivre les évolutions de produits jugés *les plus représentatifs*. En matière d'indices de prix à la consommation, par exemple, on retient un échantillon de produits qu'on appelle souvent le **panier de la ménagère**… mais de *quelle ménagère* s'agit-il ? Combien de produits sont représentatifs de son fameux *panier* ? Habite-t-elle en ville ou la campagne ? Dans quelle tranche de revenus se situe son ménage ? La diversité des comportements de consommation est si vaste que l'on est obligé de faire des choix.

* Le premier choix concerne **le nombre d'articles** (ou de «postes») à retenir : pour l'indice mensuel des prix à la consommation, l'INSEE retient depuis 1993, 265 postes caractéristiques correspondant à plus de 1 000 variétés élémentaires[(1)], qui remplacent les 295 postes retenus en 1971[(2)], lesquels, eux-mêmes, remplaçaient les 259 articles retenus en 1963 (voir tableau ci-contre). Dans les années 1950, on calculait en France un indice des prix de détail sur la base de 213 articles, alors que ce même indice était basé sur un échantillon de 500 articles au Canada et de plus de 2 000 aux Etats-Unis. L'année 1993 marque pour la première fois, en France, le passage d'un nombre assez important de postes à un nombre plus réduit (de 296 à 265), dû à la volonté d'harmonisation des nomenclatures entre les pays de la Communauté européenne, prévue par le Traité de Maastricht[(3)].

En règle générale, le choix du nombre de composantes est le résultat d'un équilibre entre les possibilités techniques et financières d'observation et le gain marginal de précision obtenu. Le nombre de composantes à retenir est donc *dépendant du but que l'on se fixe* dans la construction d'un indice particulier.

---

(1) Par exemple, le poste «Fromage» est décomposé en *cinq variétés élémentaires* ; dans une de ces variétés (par exemple «*fromage cuit*», l'enquêteur choisit le produit précis dont il suivra le prix, régulièrement tous les mois (exemple : *Emmental, 40 % de matière grasse, de marque X, vendu en supermarchés urbains…*). On relève environ 160 000 prix par mois, en France. Voir également page 271.

(2) Et 296 postes à partir de 1987, en incluant le poste «Services bancaires».

(3) En effet, les comparaisons des effets de l'inflation doivent se faire, entre les pays signataires, sur des bases (*le plus possible*) homogènes.

ENCADRÉ 1

Les diverses générations d'indices des prix à la consommation, en France

La petite histoire des grands indices commence en 1912, lorsque fut publié le premier indice du coût de la vie : **l'indice des 13 articles de ménage.** Dans les années 1920 quand les pouvoirs publics décident de mesurer les effets de l'inflation que la guerre de 1914-1918 a engendré, l'indice des prix élaboré par la **Statistique générale de la France** et par les préfets ne comprenait que les 13, puis en 1930, 34 articles essentiellement alimentaires. Les **budgets types** des familles ouvrières de plus de un enfant (4 personnes dans le foyer), qui servaient de pondération, étaient calculés par département, après consultations de consommateurs et d'employeurs. Ces **budgets types,** par trop «fluctuants» furent uniformisés en 1939 au niveau national. Les 34 articles retenus excluaient les prix des services. L'échantillon géographique se limitait à Paris.

En 1950 **l'indice des 213 articles** remplace avantageusement le précédent et permet, dès 1952, d'y indexer le SMIG nouvellement créé. En 1953, les budgets types de pondération sont élaborés par enquêtes présentant moins de biais. Les relevés de prix sur le département de la Seine sont plus sérieux. En 1956, on accuse le gouvernement de l'époque de se laisser tenter à prendre des mesures sélectives (subventions, détaxations, baisses autoritaires...) sur les seuls articles de l'indice ; ce qui aboutit en 1958, à la création de deux indices : **l'indice des 179 articles,** officiel, servant à indexer le SMIG et l'**indice des 250 articles**, hors intervention du gouvernement, servant aux observateurs socio-économiques (doublé par l'**indice des 235 articles** relatif à la province). Les écarts dans les évolutions entre les deux indices parisiens furent tels, qu'en 1963 on abandonna la dualité et l'INSEE élabora l'**indice national des 259 articles** qui devint officiel et pour lequel les relevés de prix furent étendus à un échantillon d'agglomérations de plus de 2 000 habitants (grâce aux relevés des directions régionales).

En 1970 **l'indice des 295 postes** est créé. On utilise une «chaîne de Laspeyres»* et non plus un Laspeyres à pondération fixe (et on substitue le terme **poste de dépense** au terme **article** pour améliorer l'interprétation). Il passe à **296 postes** en 1987. Son champ est étendu aux ménages de une personne et il gagne le record de longévité (22 ans). En 1992 les séries sont publiées **"hors tabac".**

En 1993 **l'indice tous ménages** se caractérise par une refonte à **265 postes** et par des «groupes cibles» qui ne sont plus seulement les ménages ouvriers et employés (qui ne représentent qu'un quart de la population des ménages français). Le nouvel indice prend en compte les transports aériens des ménages hors voyages d'affaires ainsi que beaucoup d'autres services (85 % du total) mais exclue toujours les services d'assurances, de cliniques privées, et les «non marchands».

FRANCE	*Indice des 34 articles*	*Indice des 213 articles*	*Indice des 250 articles*	*Indice des 259 articles*	*Indice des 296 postes*	*Indice des 265 postes*
Période	*1930 à 1949*	*1950 à 1956*	*1957 à 1962*	*1963 à 1970*	*1971 à 1992*	*≥ 1993*
Année de base	1914, puis 1938	1949	1957	1962	1970, puis 1980	1990
Panier de consommation	. 29 produits alimentaires . 4 produits de chauffage et éclairage . 1 produit d'entretien	. Alimentation hors produits frais et alcools . Produits manufacturés sauf biens durables . Quelques services	. Alimentation (hors alcools) . Produits manufacturés y compris des biens durables . 50 % des services	. Alimentation (hors alcools) . Tous produits manufacturés . 60 % des services	. Toute l'alimentation . Tous produits manufacturés . ≈ 80 % des services	. Toute l'alimentation . Tous produits manufacturés . ≈ 85 % des services
Groupes cibles	Foyers ouvriers de 4 personnes (2 enfants)	Foyers ouvriers et employés de 4 personnes	Ménages ouvriers ou employés de plus de 2 personnes	Ménages ouvriers ou employés de plus de 2 personnes	Ménages dont le chef est ouvrier ou employé	Tous ménages
Echantillon géographique	Paris	Département de la Seine	Département de la Seine et 17 capitales régionales	Toutes agglomérations ≥ 2 000 habitants	Toutes agglomérations ≥ 2 000 habitants	Toutes agglomérations ≥ 2 000 habitants.

* Voir pages 291 et 293.

* Le deuxième choix concerne **la nature** des composantes à retenir et **leur pondération**. Il paraît assez évident qu'il vaut mieux choisir le prix du pain plutôt que celui du caviar si l'on veut construire un indice représentatif du coût moyen de la vie. Ici se posent plusieurs problèmes d'ordre théorique tenant à la *«signification»* des composantes de l'échantillon :

• ***Signification temporelle*** de l'article : les articles doivent être retenus à «qualité» constante dans le temps, pour ne pas fausser les comparaisons de prix ou de quantités ; par ailleurs, des types d'articles sont régulièrement remplacés par d'autres au cours du temps sur les marchés. Il faut donc substituer au type antérieur, un nouveau type présentant plus ou moins les mêmes caractéristiques. Ces opérations se font généralement à chaque redéfinition d'un indice, à la suite d'études de l'organisme officiel de statistique. Ainsi, lors de l'établissement en 1993 de l'indice des 265 postes, base 100 en 1990, l'INSEE a regroupé 59 anciens postes à faible pondération en 26, a éclaté 11 postes anciens en 23 nouveaux et a redéfini le contenu de 113 postes pour le réduire à 97, dans le but d'augmenter la précision finale de l'indice... au risque (*minimisé*) de gêner la continuité des comparaisons temporelles. Un autre problème de la *signification temporelle des articles* tient au fait que certains prix de produits changent considérablement en fonction des saisons. C'est le cas notamment des *produits frais.* Ces variations saisonnières obligent à considérer, dans le calcul de l'indice à la consommation, ***un panier mensuel variable de la ménagère.*** Les 12 valeurs obtenues peuvent être lissées par moyennes mobiles pour éviter d'intégrer des variations brutales, ou au contraire intégralement indexées mois par mois pour traduire les fluctuations réelles. C'est cette dernière technique qu'utilisent actuellement les pays de la Communauté (dont la France depuis 1993).

• ***Signification spatiale*** des produits : l'utilité marginale de certains biens est différente selon les régions, les pays, ainsi que selon les déplacements des consommateurs d'un espace à un autre. Les élasticités-prix peuvent changer avec l'espace, comme elles le font avec le temps. C'est pourquoi l'échantillon permanent est pondéré par zones géographiques (voir page 271).

• ***Signification fonctionnelle*** de certains biens : Le progrès économique rend des produits indispensables à une époque, alors qu'ils pouvaient être considérés comme produits de luxe à une époque antérieure (le téléphone, l'ordinateur...). A l'inverse, certains biens d'équipement des ménages qui possédaient une fonction utilitaire à une époque donnée (comme la bicyclette, par exemple), peuvent, sous l'effet de la mode, ou de toute autre cause de modification des comportements, posséder, à une autre époque, une fonction de loisir. Ces mutations de longue période sont généralement implicitement intégrées lors de chaque redéfinition des postes des indices dont la période de renouvellement n'excède habituellement pas deux décennies. Seuls les produits strictement nouveaux, technologiques ou de services (magnétoscopes, produits touristiques, services liés à l'environnement) posent de sérieux problèmes d'estimation d'un prix de base fictif qui remplacerait le prix de base d'un produit «proche».

• ***Signification structurelle*** de chaque bien : Les biens économiques sont, à degrés divers, dépendants les uns des autres. Chaque article retenu, doit en toute logique, dépendre le moins possible des autres articles entrant dans le calcul de l'indice mais, en même temps, être le plus possible représentatif des articles de même catégorie qui ne sont pas retenus. Cette structure dépend des enquêtes préalables au choix d'échantillonnage.

• ***Signification budgétaire des dépenses***: Les ménages consacrent une partie de leur budget à des dépenses d'*investissement* (achats de logements, de valeurs mobilières...) d'*épargne* (retraite, reports de consommation), d'*opérations financières* (remboursements de prêts...) d'*opérations de répartition* (impôts, cotisations sociales, intérêts, dons divers...). Doit-on considérer ces dépenses comme de la *consommation des ménages,* et par là même les prendre, d'une manière ou d'une autre, en compte dans l'indice des prix à la consommation *qui est censé traduire l'effet de l'inflation* ? De même, comment doit-on traiter *les prix fictifs* correspondants à certains avantages (autoconsommation de produits de jardins familiaux, primes nettes et gains de jeux de hasards, etc.) ? Il est traditionnel de s'abriter derrière la définition de la comptabilité nationale, et de limiter le champ théorique des indices de prix à *une consommation "stricto-sensu"* au sens des comptes nationaux. Ces défauts *théoriques* de couverture du champ de l'indice existent dans tous les pays et contribuent à démontrer qu'il est bien difficile de définir un indicateur «idéal» de mesure des variations du pouvoir d'achat, et de rappeler qu'***un indice des prix n'est pas un indice de dépenses.***

ENCADRÉ 2

Tableau des regroupements des 265 postes de l'indice des prix à la consommation «tous ménages» de 1993

L'indice est publié et diffusé chaque mois pour chacun des regroupements ci-dessous et pour l'ensemble. Nous donnons ici les valeurs pour le mois de novembre 1995.

	Désignation des regroupements	*Pondérat. 1995**	*Nov. 1995*
Ensemble		**10 000**	**112,4**
1	**Produits aliment., boissons, tabac**	***2 250***	**109,9**
11	Produits alimentaires	*1 751*	104,8
111	Pains et céréales	*225*	112,3
112	Viandes	*558*	104,4
113	Poissons	*107*	98,1
114	Laits, fromages et œufs	*255*	101,8
115	Huiles et graisses	*64*	107,2
116	Légumes	*142*	97,5
117	Fruits	*101*	104,7
118	Sucre	*11*	114,1
119	Café, thé, cacao	*53*	121,5
11A	Autres produits alimentaires	*235*	107,1
12	Boissons non alcoolisées	*63*	110,1
13	Boissons alcoolisées	*242*	112,6
14	Tabac	*194*	174,9
2	**Articles d'habillement, chaussures**	*722*	**108,8**
21	Articles d'habillement	*583*	108,7
211	Vêtements de dessus hommes	*88*	105,8
212	Vêtements de dessus femmes	*152*	106,1
213	Vêtements de dessus enfants	*43*	104,9
214	Lingerie, bonneterie hommes	*68*	109,4
215	Lingerie, bonneterie femmes	*112*	113,3
216	Lingerie, bonneterie enfants	*60*	109,3
217	Vêtements de travail, accessoires du vêtement, tissus	*60*	112,0
22	Chaussures	*132*	108,7
23	Répar. articles habillem. et chauss.	*7*	121,9
3	**Logement, chauffage, éclairage**	***1 113***	**117,2**
31	Loyers et eau	*668*	126,5
311	Loyers (y c. résidences second.)	*568*	122,7
312	Eau et chauffage urbain	*100*	152,2
32	Chauffage et éclairage	*445*	104,5
321	Electricité	*257*	109,2
322	Gaz	*116*	106,0
323	Combustibles liquides	*65*	86,9
324	Autres combustibles	*7*	113,6
4	**Meubles, matériels et articles de ménage, entretien de la maison**	***828***	**112,3**
41	Meubles, tapis, revêtem. de sol	*196*	114,4
42	Articles de ménage textiles, autres articles d'ameublement	*93*	112,7
43	Gros appareils ménagers	*110*	97,9
44	Verrerie, vaisselle, ustens. ménage	*96*	119,2
45	Biens, serv. entret. cour. maison	*333*	116,3
451	Articles de ménage non durables	*131*	108,1
452	Services pour l'habitation	*202*	123,3

	Désignation des regroupements	*Pondérat. 1995*	*Nov. 1995*
5	**Serv. médicaux et dépenses santé**	***951***	**107,4**
51	Médicam., autres prod. pharmaceut.	*337*	103,3
52	Appareils et matériels thérapeut.	*50*	117,3
53	Médecins et auxiliaires médicaux	*564*	109,1
6	**Transports et communication**	***1 862***	**115,0**
61	Achats de véhicules	*358*	109,0
62	Dépenses d'utilisat. des véhicules	*1 040*	119,8
621	Pneus, pièces, acces., réparat. véhic.	*530*	126,6
622	Essence, lubrifiants	*423*	110,9
623	Autres dépenses d'utilisat. des véhic.	*87*	125,1
63	Services de transport	*264*	117,0
64	Communications	*200*	102,2
7	**Loisirs, spectac., enseignem., culture**	***811***	**108,0**
71	Appareils et accessoires récréatifs	*396*	99,5
711	Appareils de radio et de télévision	*83*	77,6
712	Photograph. musique, bateaux, autres biens durables	*33*	97,7
713	Autres articles récréatifs	*251*	107,5
714	Réparations d'articles récréatifs	*29*	120,3
72	Loisirs, spectacles et culture	188	117,1
73	Livres, quotidiens, périodiques	*179*	116,0
74	Enseignement	*48*	121,6
8	**Autres biens et services**	***1 463***	**117,4**
81	Soins et produits personnels	*295*	115,4
811	Salons de coiffure et instituts de beauté	*110*	121,1
812	Articles pour les soins personnels	*185*	112,0
82	Autres articles	*164*	103,8
821	Bijouterie, horlogerie	*82*	93,7
822	Autres articles personnels	*54*	111,2
823	Matériels & fournit. papet. & dessin	*28*	118,4
83	Restaurants, cafés, hotels	*859*	120,4
831	Restaurants et cafés	*674*	120,2
832	Hotels & serv. de logem. analogues	*185*	121,3
84	Voyages organisés	*13*	118,2
85	Services financiers	*61*	122,0
86	Autres services aux ménages	*71*	124,7

La base est 100, en 1990

* Voir également page 293, *les pondérations*.
L'indice est publié «hors tabac» et «ensemble», ainsi que «hors énergie», selon l'utilisation. Le Minitel et les répondeurs téléphoniques de l'INSEE (que l'on peut appeler jour et nuit par le 36.68.07.60) expliquent fort clairement les différences lorsqu'ils livrent les valeurs mensuelles de l'indice.

Source : INSEE, «Informations rapides", série « H », n° 336 du 22 décembre 1995.

• ***Signification par rapport à «un groupe type»*** : Chaque indice ne peut être rigoureux *que dans un champ bien déterminé.* L'ancien indice mensuel officiel des prix à la consommation (base 100 en 1980), était calculé sur une sous-population de catégories socio-professionnelles «moyennes» : les ménages urbains dont le chef de ménage était employé ou ouvrier. Cet indice n'était donc *strictement* valable que pour ce groupe de consommateurs, correspondant à des comportements de consommation différents des autres groupes[1]. A l'intérieur d'un groupe, les comportements sont eux-mêmes différents selon des sous-catégories (locataires ou propriétaires, tributaires de forts déplacements habitat-travail, etc.). A la limite, on pourrait construire autant d'indices que de structures de référence... Dans la pratique des statistiques officielles, le champ de l'indice et les coefficients de pondération sont suffisants pour rendre compte correctement des phénomènes étudiés et les vérifications effectuées sur la sensibilité de l'indice des prix eu égard aux variations de champ et de pondérations ont montré que les différences obtenues restaient peu significatives. C'est pourquoi le groupe cible devient **«tous ménages»** en 1993[2], incorporant notamment les retraités et traduisant des comportements de dépenses et de modes de vie différents de la population des seuls ménages employés et ouvriers. L'INSEE continue de publier l'indice sur les deux populations de référence, abandonnant ainsi l'idée *d'indice officiel unique* qui prévalait en 1971.

§ 2. LE CHOIX DE LA BASE

Dans le domaine de l'économie spatiale, le choix de la situation de base des indices spatiaux se porte fréquemment sur l'ensemble territorial hiérarchiquement supérieur, sauf cas spécifique (comparaison entre *deux* régions, par exemple). La «région de base» sera ainsi l'ensemble de la nation. On comparera une ou plusieurs régions à la moyenne nationale. Au niveau micro-régional, on comparera un ou plusieurs territoires (commune, canton, micro-espace, zone) à l'ensemble de la région, que l'on choisira comme base.

Il est parfois nécessaire, pour éviter d'intégrer des *effets de structure* (voir l'analyse *Shift and share*, pages 94 et suivantes) d'exclure la région parisienne du calcul de certains indices spatiaux, ou bien d'en mesurer l'effet.

L'INSEE publie également des indices de prix «spatiaux», comparant les prix dans les grandes agglomérations françaises.

En matière d'indices temporels, le choix de la période de base est plus délicat. Il faut éviter que la période choisie soit exceptionnellement «bonne» ou «mauvaise» vis-à-vis du phénomène étudié, afin de ne pas fausser l'évolution de l'indice. Pour réduire l'influence des variations saisonnières et accidentelles, il est d'usage de choisir une période de base assez «large» et non pas une date bien déterminée. On pourra choisir une *moyenne* entre plusieurs années entières pour un indice annuel, entre plusieurs mois pour un indice mensuel, etc.

Dans tous les cas, la période de base est de moins en moins valable, au fur et à mesure que l'on s'en éloigne (les structures et les comportements changent dans le temps). Il faut donc *«rajeunir»* la base de période en période, pour maintenir la validité de l'indice (un changement de base revient à un changement de pondération). Cette opération se fait le plus souvent lors d'un changement nécessaire du champ de l'indice, selon une périodicité inférieure à 10 ans pour la plupart des indices. La date de changement de base s'appelle *«date de raccordement»* ; le principe du raccordement est exposé plus loin (page 294).

La plupart des indices officiels nationaux (surtout en matière de prix à la consommation) utilisent comme base une date passée (indice rétrospectif de Laspeyres) et non pas la date actuelle (indice prospectif de Paasche) , c'est-à-dire que l'on fixe le *panier de la ménagère* dans la composition de la période de base. Les indices utilisés depuis 1971 par l'INSEE ne sont pas exactement des indices de Laspeyres, mais des *indices-chaîne de Laspeyres* à pondérations variables, permettant des comparaisons «proches» (voir pages 291 et 293), ce qui diminue les risques d'écarts dûs aux effets de qualité.

---

(1) A titre de test, on peut noter que l'indice (295 postes) mensuel moyen des prix à la consommation pour l'année 1986 (calculé base 100 en 1970) passe de 413,8 pour les ménages dont le chef de ménage est ouvrier qualifié, à 421,5 pour les ménages dont le chef de ménage a une profession indépendante (Bulletin de statistique, INSEE, mars 87).

(2) La simulation que l'INSEE a effectuée en 1993 sur la période 1980-1990, révèle que le nouvel indice *«tous ménages »* progresse moins vite que l'indice *«ménages urbains ouvriers ou employés»*, mais que l'écart n'est que de trois centièmes de point par an, en moyenne sur la période.

ENCADRÉ 3

Indices «chaîne» de Laspeyres et de Paasche

Nous avons bien compris (p. 272 et 273) que les indices *élémentaires* étaient **«enchaînables»**, ce qui nous permettait d'écrire, aux puissances de 10 près :

$$I_{t/0} = I_{1/0} \times I_{2/1} \times I_{3/2} \times \ldots \times I_{t/t-1}$$

Dans une *chaîne d'indices*, la comparaison se fait donc *de proche en proche* (**de maillon en maillon**) et présente l'avantage de «gommer» les distorsions dues à la non-homogénéité des comparaisons entre produits sur la moyenne période : les goûts des consommateurs, les pratiques commerciales ou technologiques ou d'innovation des vendeurs, les qualités différenciées des articles, se modifient, avec le temps, au point de rendre non significatif un indice comparant une situation à une situation éloignée «*déformée*» par ces distorsions. On dit que, contrairement aux indices rétrospectifs, *les indices-chaîne ne vieillissent pas.*

Dès lors, si l'on néglige le risque *pratique* que représenterait le glissement d'une erreur dans un maillon sur l'ensemble des maillons suivants, la tentation est bien grande de construire des *indices-chaîne*, surtout en matière d'indices synthétiques de prix à la consommation : Il suffit, par exemple, de construire un **indice-chaîne de Laspeyres (*CL*)**, comme étant le produit des indices successifs de Laspeyres *(L)*, ayant chacun pour base, l'année précédente.

Pour 2 maillons, et aux puissances de 10 près, on obtient :

$$CL_{2/0} = L_{1/0} \times L_{2/1}, \quad \textbf{avec :} \quad \frac{CL_{2/0}}{CL_{1/0}} = L_{2/1}, \quad \textbf{alors que} \quad \frac{L_{2/0}}{L_{1/0}} \neq L_{2/1}$$

Un indice-chaîne de Laspeyres n'est donc pas un indice de Laspeyres ; il est simplement un produit d'indices de Laspeyres et perd donc *en signification économique directe.* Pour les prix, il vient :

$$CL^P_{t/0} = L^P_{1/0} \times L^P_{2/1} \times L^P_{3/2} \times \ldots \times L^P_{t/t-1}$$

De la même manière, on peut construire des indices-chaîne de Paasche. Aux puissances de 10 près, on obtient, pour deux maillons :

$$CP_{2/0} = P_{1/0} \times P_{2/1}, \quad \textbf{avec :} \quad \frac{CP_{2/0}}{CP_{1/0}} = P_{2/1}, \quad \textbf{alors que} \quad \frac{P_{2/0}}{P_{1/0}} \neq P_{2/1}$$

Les indices-chaîne conviennent mieux aux comparaisons sur courtes périodes faites à des dates successives proches que les indices de Laspeyres ou de Paasche ; mais ils sont moins bien adaptés à toutes les comparaisons faites *depuis* la date de base sur une plus longue période.

Un indice de Laspeyres, calculé entre deux dates autres que la base tend le plus souvent à **sur-augmenter les hausses** des phénomènes, et à **ralentir les diminutions** ; dès lors, la plupart du temps[1], l'indice de Laspeyres est supérieur à l'indice-chaîne de Laspeyres que l'on aurait calculé sur la même période :

$$L_{t/t-i} > CL_{t/t-i}$$

L'indice de Paasche, tendant le plus souvent à **réduire les augmentations**, est généralement inférieur à sa chaîne ; il reste aussi inférieur à l'indice de Laspeyres correspondant ($P_{t/0} < L_{t/0}$).

$$P_{t/t-i} < CP_{t/t-i}$$

Nota : Il n'en demeure pas moins que *le chaînage des indices* est une application de la propriété de *circularité* ; or les indices de Laspeyres et de Paasche ne possèdent pas cette propriété ; cela nécessite quelques ajustements de construction. **Voir encadré suivant page 293.**

(1) Quand les hausses (ou les baisses) ne s'inversent pas sur des périodes proches.

SECTION 2 - DIFFICULTÉS D'UTILISATION DES INDICES SYNTHÉTIQUES

§ 1. INDICE DE MOYENNES OU MOYENNE DES INDICES ?

Reprenons la notation utilisée dans le chapitre précédent : Soit une grandeur complexe G : $\left\{g^1\ ;\ g^2\ ;\ \ldots\ g^i,\ \ldots,\ g^k\right\}$ dont toutes les grandeurs simples (g^i) qui la composent sont mesurées dans la même unité (par exemple en francs). Chaque indice élémentaire est de la forme :

$$I_{t/0}(g^i) = \frac{g_t^i}{g_0^i} \times 100$$

La méthode historiquement la plus ancienne consiste à construire l'indice synthétique $I_{t/0}(G)$ à partir du rapport des moyennes des grandeurs simples, c'est-à-dire en calculant **l'indice des moyennes** :

$$I_{t/0}(G) = 100 \cdot \frac{\frac{1}{n}\sum_{i=1}^{n} g_t^i}{\frac{1}{n}\sum_{i=1}^{n} g_0^i}$$

Le résultat est dépendant de l'unité de quantité choisie pour fixer le prix de chaque produit. Si l'on passe d'un prix au kilo à un prix à la tonne, par exemple, l'indice synthétique obtenu est modifié.

Il est donc préférable d'éliminer cet effet néfaste de pondération arbitraire, en calculant *d'abord* les indices élémentaires $I_{t/0}(g^i)$, ce qui revient à annuler l'influence de l'unité de mesure, et en effectuant *ensuite* la moyenne des indices :

La méthode la plus unanimement acceptée est, en effet, celle qui consiste à construire l'indice synthétique $I_{t/0}(G)$ à partir de *la moyenne des indices élémentaires.*

$$I_{t/0}(G) = 100 \cdot \frac{1}{n} \cdot \sum_{i=1}^{n} \frac{g_t^i}{g_0^i}$$

On obtient donc *une série de rapports* (et non plus une série de moyennes) *que l'on résume par une moyenne arithmétique.*

§ 2. QUELLE VALEUR CENTRALE UTILISER ?

Dans le paragraphe précédent, nous n'avons envisagé, pour résumer la série des indices élémentaires, qu'une seule valeur centrale : *la moyenne arithmétique simple.* On pourrait tout aussi bien envisager l'utilisation d'autres valeurs centrales telles que le *mode* ou la *médiane.* Cependant, leur faible adaptation aux calculs algébriques (6e condition de Yule) rend leur emploi malaisé.

La moyenne arithmétique simple est également très souvent écartée dans l'élaboration des indices synthétiques, dans la mesure où elle introduit une *sommation directe* entre des biens hétérogènes[1]. On lui préfère donc **la moyenne arithmétique pondérée,** comme c'est le cas dans les formules des indices de Laspeyres ou de Paasche, où les pondérations sont des valeurs globales «prix-quantités», comme on l'a vu dans le chapitre précédent.

En règle générale, en sciences économiques, on choisit un système de pondération tel que les prix soient pondérés par les quantités, lors de l'élaboration d'un indice des prix ; et l'inverse lors de l'élaboration d'un indice des quantités.

---

(1) Une augmentation de 10 % du prix du pain n'a pas le même impact sur le budget qu'une augmentation de 10 % du prix du caviar.

ENCADRÉ 4

Indices «chaîne» de Laspeyres à pondérations fixes ou variables

Les indices-chaîne *ne vieillissent pas,* comme nous l'avons vu page 291, et permettent d'effectuer des comparaisons *«proches»* plus homogènes que celles fournies par les indices synthétiques habituels, lorsque les caractéristiques des articles se modifient au cours du temps. *Ils sont fréquemment utilisés.* Cependant les indices synthétiques de type Laspeyres, Paasche, et *dans une moindre mesure,* Fisher, ne satisfont pas à la condition de **circularité**... Or le *chaînage* est une application directe de cette propriété : Cela nous amène à formuler **quelques précisions** sur l'utilisation de *l'indice-chaîne de Laspeyres* qui est le plus largement employé par les instituts de statistique, en France comme à l'étranger, notamment pour l'élaboration du fameux *indice des prix à la consommation.*

Tout le problème provient des *coefficients budgétaires* (voir page 281), ou plus exactement des **pondérations** (p_0q_0) que l'on fait intervenir dans le calcul du «Laspeyres des prix» (écrit sous forme de moyenne arithmétique) que l'on va ensuite intégrer dans la chaîne : $L^P_{t/0} = 100 \dfrac{\sum p_0q_0 \dfrac{p_t}{p_0}}{\sum p_0q_0}$

Selon que l'on calcule *«à pondérations fixes»* ou *«à pondérations variables»*, de maillon en maillon, les résultats peuvent différer de manière fort inquiétante, comme le montre l'exemple, *excessif quant aux variations de prix,* suivant :

	Produits alimentaires			*Produits durables*			*Produits non durables*			*Services*		
Dates	*Prix*	*Pond. fixe*	*Pond. variable*	*Prix*	*Pond. fixe*	*Pond. variable*	*Prix*	*Pond. fixe*	*Pond. variable*	*Prix*	*Pond. fixe*	*Pond. variable*
0	**100**	*0,25*	0,25	**100**	*0,25*	0,25	**100**	*0,25*	0,25	**100**	*0,25*	0,25
1	**200**	*0,25*	0,40	**50**	*0,25*	0,10	**200**	*0,25*	0,40	**50**	*0,25*	0,10
2	**100**	*0,25*	0,25	**100**	*0,25*	0,25	**100**	*0,25*	0,25	**100**	*0,25*	0,25

ⓐ **Si l'on garde fixes les pondérations de la base,** l'indice général des prix, ainsi calculé nous donne une lecture paradoxale de l'évolution :

$$L^P_{1/0} = 100 \cdot \frac{\left(0,25 \times \dfrac{200}{100}\right) + \left(0,25 \times \dfrac{50}{100}\right) + \left(0,25 \times \dfrac{200}{100}\right) + \left(0,25 \times \dfrac{50}{100}\right)}{0,25 + 0,25 + 0,25 + 0,25} = \mathbf{125}$$

$$L^P_{2/1} = 100 \cdot \frac{\left(0,25 \times \dfrac{100}{200}\right) + \left(0,25 \times \dfrac{100}{50}\right) + \left(0,25 \times \dfrac{100}{200}\right) + \left(0,25 \times \dfrac{100}{50}\right)}{0,25 + 0,25 + 0,25 + 0,25} = \mathbf{125}$$

On voit que l'indice-chaîne de Laspeyres : $\boldsymbol{CL^P_{2/0}}$ **= 125 x 125/100 = 156,25** enregistre ***une augmentation de prix de plus de 56 %, alors que les prix sont revenus à leurs niveaux de départ !*** Cette méthode n'est donc pas très recommandable, surtout si, comme ici, les variations de prix fluctuent beaucoup et en sens opposé (ce qui, dans la pratique économique n'est pas très courant).

ⓑ **Si l'on fait varier les pondérations de maillon en maillon**, la méthode devient valable... sous réserve, qu'à chaque changement de structure, l'on détermine *les «bonnes» pondérations;* ici, celles qui annulent l'effet de réciprocité non symétrique entre les hausses de prix et les baisses, au 2e maillon : (40 % et 10 % au lieu de 25 % et 25 %).

$$L^P_{2/1} = 100 \cdot \frac{\left(0,40 \times \dfrac{100}{200}\right) + \left(0,10 \times \dfrac{100}{50}\right) + \left(0,40 \times \dfrac{100}{200}\right) + \left(0,10 \times \dfrac{100}{50}\right)}{0,40 + 0,10 + 0,40 + 0,10} = \mathbf{80}$$

Ainsi, l'indice-chaîne de Laspeyres : $\boldsymbol{CL^P_{2/0} = 125 \times 80/100 = 100}$ traduit ***correctement*** la réalité observée.

ⓒ **On retiendra que** l'INSEE utilisait des pondérations *fixes* jusqu'en 1970, ce qui l'obligeait à reformuler l'indice assez fréquemment (tous les cinq à huit ans) et que, dès la mise en service, en 1971, de *l'indice des 295 postes* jusqu'à nos jours, l'INSEE adopte l'indice chaîne de Laspeyres *à pondérations variables.* Plus exactement : la pondération est fixe tout au long de l'année, mais se modifie d'année en année sur la base des enseignements tirés (annuellement) des *enquêtes de consommation* auprès des ménages et des résultats de la *comptabilité nationale.* Ces modifications de pondérations par groupes de postes ne sont jamais de très grande ampleur (moins d'une dizaine de points) contrairement à notre exemple excessif dans lequel les fortes variations de prix étaient simultanément de sens contraires.

Tous les types de moyennes pondérées (arithmétique, géométrique, quadratique, harmonique), peuvent être utilisés. On démontre que **seule la moyenne géométrique satisfait à la propriété de réversibilité** des indices synthétiques. Un tel indice, de type «Fisher», est cependant peu fréquemment utilisé, d'une part en raison des difficultés pratiques de son obtention, d'autre part parce qu'il ne peut satisfaire au principe d'agrégation (voir chapitre précédent) du fait qu'il n'est pas une moyenne arithmétique pondérée d'indices élémentaires.

En général, les méthodes de construction basées sur l'emploi des *moyennes arithmétiques pondérées* sont les plus utilisées : le calcul est aisé, la signification est claire et l'interprétation est commode : tel est le cas des indices de Laspeyres et de Paasche qui sont liés par inversion, comme nous l'avons vu dans le chapitre précédent.

Dans l'indice de Laspeyres les pondérations des grandeurs restent fixes : une fois déterminée la structure de consommation, le calcul pratique ne nécessite que les relevés des prix des produits pour l'obtention d'un indice des prix, ou ceux des quantités pour l'obtention d'un indice des quantités. Par contre, le calcul de l'indice de Paasche nécessite les relevés des deux variables (prix et quantités) à la fois : **l'indice de Paasche utilise des pondérations variables,** qui sont celles de la période courante. C'est pourquoi les organismes de statistique préfèrent employer le plus souvent des indices de type "Laspeyres" (en les modifiant néanmoins un peu : voir page 293).

Ces considérations d'ordre pratique se doublent de difficultés théoriques : les évolutions des structures de consommation ne dépendent pas seulement des **«élasticités-prix»**, mais encore des **«élasticités-revenu»** des consommateurs. Pour des biens à élasticité-prix faible, comme certains produits alimentaires, une augmentation de revenu pourra entraîner une diminution de consommation relative : dès lors aucun critère théorique ne permet de dire que la pondération par rapport à la période de base (type «Laspeyres») est meilleure ou moins bonne que celle par rapport à la période courante (de type «Paasche») ; tout dépend des comportements différenciels et de la manière dont évoluent les structures de consommation.

§ 3. DURÉE DE VIE D'UN INDICE ET PRINCIPE DE RACCORDEMENT

Comme nous l'avons souligné dans la précédente section («choix de la base») les indices synthétiques «vieillissent» : leur *durée de vie limitée* dépend de la plus ou moins rapide évolution des structures de l'économie (consommation, production, répartition...) et des modes de comportement des agents économiques.

Sur la longue période, les modes de calcul des indices changent et se pose alors le problème pratique suivant : *Comment suivre l'évolution d'un indice sur une période durant laquelle sa définition s'est partiellement modifiée ?* On est conduit à utiliser des **«raccords» d'indices** :

La méthode consiste à considérer le nouvel indice comme prolongeant exactement l'ancien, à partir de la date de raccordement. A cette date, les deux indices sont calculés simultanément. Appelons cette date « b » ; la valeur de l'ancien indice à la date de raccordement est $I_{b/0}$. On choisit dans la pratique une valeur moyenne annuelle de l'indice mensuel, pour gommer les fluctuations saisonnières.

A la date de raccordement « b », la valeur du nouvel indice est par hypothèse égale à 100.

On calcule un «**coefficient de raccordement**» à la date « b », égal à :

$$CR = \frac{I_{b/0}}{100} = \frac{\text{Valeur de l' ancien indice}}{\text{Valeur du nouvel indice}}$$

Toute valeur du nouvel indice raccordé peut donc être comparée aux valeurs de l'indice ancien : soit $I'_{t/b}$ la valeur du nouvel indice à une date quelconque « t » ; la base de cet indice est « b », date de raccordement. La valeur raccordée du nouvel indice à la date « t » peut s'exprimer, en base « 0 », de la façon suivante :

$$I^*_{t/0} = I'_{t/b} \cdot CR = I'_{t/b} \cdot I_{b/0} \cdot \frac{1}{100}$$

ENCADRÉ 5

Exemples de propositions de raccordements entre l'indice des 265 postes et l'indice des 296 postes de l'INSEE

* Le 25 février 1994, le service «*Études et diffusion*» de l'INSEE Provence-Alpes-Côte-d'Azur, diffusait une lettre expliquant que le nouvel indice *tous ménages* (265 postes) était entré en service, et proposait trois méthodes possibles de raccordement pour n'importe quel utilisateur.

* La lettre prenait l'exemple d'une prestation de **3 250 francs** en juillet 1992, à réévaluer en juillet 1993. L'ancien indice des prix, base 100 en 1980, fournissait la valeur **194,7** pour juillet 1992. L'INSEE proposait :

Méthode n° 1 : *Lire le bulletin mensuel de statistique d'août 1993 qui publie les deux valeurs :*

Indice (base 100 en 1990) pour juillet 1993 = **107,5**

Indice (base 100 en 1990) pour juillet 1992 = **105,5**

La comparaison des deux niveaux donne la variation annuelle :

$$\frac{107{,}5}{105{,}5} = 1{,}019, \quad (+\ 1{,}9\ \%)$$

Et donc la prestation réévaluée est de : 3 250 x 1,019 = **3 311,75 francs** en juillet 1993.

Méthode n° 2 : *Calculer la valeur qu'aurait pris, en juillet 1993, l'indice base 100 en 1980, s'il avait continué à être calculé :*

$$\frac{\text{Indice juillet 1992 (base 100 en 1980)}}{\text{Indice juillet 1992 (base 100 en 1990)}} = \frac{194{,}7}{105{,}5} = 1{,}845$$

Appliquer ce *coefficient de raccordement* à la valeur de l'ancien indice : 107,5 x 1,845 = 198,3

Le taux de réévaluation devient donc : $\frac{198{,}3}{194{,}7} = 1{,}018, \ (+\ 1{,}8\ \%)$

Et donc la prestation réévaluée est de : 3 250 x 1,018 = **3 308,5 francs** en juillet 1993.

Méthode n° 3 : *Utiliser un autre coefficient de raccordement calculé sur des moyennes de variations annuelles :*

$$\frac{\text{Moyenne annuelle 1990 (base 100 en 1980)}}{\text{Moyenne annuelle 1990 (base 100 en 1990)}} = \frac{183{,}6}{100} = 1{,}836$$

Appliquer ce *coefficient de raccordement* à la valeur de l'ancien indice : 107,5 x 1,836 = 197,4

Le taux de réévaluation devient donc : $\frac{197{,}4}{194{,}7} = 1{,}014, \ (\text{soit } +\ 1{,}4\ \%)$

Et donc la prestation réévaluée est de 3 250 x 1,014 = **3 295,5 francs** en juillet 1993.

* * *

* **On peut remarquer** que les trois méthodes proposées par l'INSEE aboutissent à trois résultats différents. Néanmoins, si l'on pousse les opérations à 7 chiffres après la virgule, les deux premières méthodes donnent le même résultat (+ 1,0189573) puisque la logique de calcul est la même. Seule l'utilisation de la moyenne (3e méthode) lisse l'effet saisonnier antérieur. Quoiqu'il en soit, les techniques de raccordement restent *des approximations* (voir page 296). Le raccordement qui consiste, en définitive, à réajuster des grandeurs différentes, est *un mal nécessaire* que seule la pratique justifie. *Il faut l'interpréter avec prudence.*

Ces comparaisons ne sont cependant que des approximations, puisque, d'une part, les indices n'ont ni le même champ, ni la même constitution et que, d'autre part, les indices synthétiques ne possèdent pas la propriété de circularité. En effet, deux indices de Laspeyres, raccordés à la date « *b* » ne donnent pas un indice de Laspeyres, mais un rapport égal à :

$$I^*_{t/0} = 100 \cdot \frac{\sum p_t q_b}{\sum p_b q_b} \cdot \frac{\sum p_b q_0}{\sum p_0 q_0} \text{ (pour un indice de prix).}$$

et donc :

$$I^*_{t/0} \neq L^p_{t/0}$$

La pratique impose néanmoins l'utilisation des raccordements, qu'il faut interpréter avec prudence, vu le caractère non rigoureux de l'opération, qui réajuste *des chaînons* de nature différente.

Afin de permettre l'évaluation des évolutions de grandeurs complexes, sur la longue période, l'INSEE publie systématiquement les coefficients de raccordement et les séries rétrospectives d'indices, à chaque changement de définition des indices synthétiques.

Vérifions nos connaissances ... sans l'aide du manuel

Q.C.M.

170 QUESTIONS A CHOIX MULTIPLES

Les questions qui suivent sont des questions d'examen. Elles ne sont (volontairement) pas regroupées par chapitre ; cependant leur progression suit la chronologie du manuel. Il est d'usage d'enlever des points par réponse fausse. Chaque question n'admet ***qu'une seule réponse exacte.***

Les réponses sont données page 318

1 /	On appelle population l'ensemble des unités observées Vrai ❑ Faux ❑
2 /	Les modalités sont les différentes rubriques associées à un caractère qualitatif Vrai ❑ Faux ❑
3 /	A chaque individu d'une population on peut associer une ou plusieurs modalités du caractère. Vrai ❑ Faux ❑
4 /	La fonction de répartition est la fonction F définie par : $F(x)$ = proportion d'individus dont la valeur du caractère est inférieure à x ❑ $F(x)$ = proportion d'individus dont la valeur du caractère est supérieure à x ❑ $F(x)$ = ensemble des modalités que peut prendre le caractère ❑ Autre réponse ❑
5 /	On a pu regrouper les individus d'une population par classes dont les centres sont les suivants : 52 , 60 , 68 , 76 , 84 , 92 Quelle est l'amplitude des classes ? 2 ❑ 4 ❑ 6 ❑ 8 ❑ 16 ❑

6 / Soit le tableau suivant à compléter :

Modalités	*Fréquences*
Manœuvres	?
Ouvriers	0,12
Ouvriers spécialisés	0,22
Agents de maîtrise	0,15
Employés	0,28
Cadres	0,13
Cadres supérieurs	?

Sachant qu'il y a autant de manœuvres que de cadres supérieurs, les fréquences qui manquent sont :

0,03 ❑ 0,04 ❑ 0,05 ❑ autre réponse ❑

7 / Les étudiants de formation continue sont répartis selon leur âge dans le tableau suivant :

Age	*Effectifs*
[20, 25 [	38
[25, 30 [	59
[30, 35 [	47
[35, 40 [	24
[40, 45 [	12
+ de 45	2

Ce tableau est valable pour les questions A, B, C.

A. Quelle limite doit-on donner à la dernière classe si l'on veut que toutes les classes aient la même amplitude ?

50 ❑ 55 ❑ Autre réponse ❑

B. Quel est le centre de la classe [30, 35 [?

30 ❑ 35 ❑ 37,5 ❑ Autre réponse ❑

C. Quelle est la proportion d'étudiants âgés de moins de 35 ans ?

53,3 % ❑ 79,12 % ❑ 92,31 % ❑ 25,82 % ❑

8 / Le diagramme cumulatif permet de visualiser l'évolution des effectifs cumulés (ou fréquences cumulées) liés aux valeurs du caractère.

Vrai ❑ Faux ❑

9 / Un diagramme figuratif ne représente que des fréquences relatives

Vrai ❑ Faux ❑

10 / Une pyramide des âges est un double histogramme

Vrai ❑ Faux ❑

11 / La courbe des fréquences cumulées croissantes est une fonction en escaliers dans le cas d'un caractère discret.

Vrai ❑ Faux ❑

12 / Un histogramme est un ensemble de rectangles contigüs, chaque rectangle associé à chaque classe, ayant une hauteur proportionnelle à l'effectif de cette classe

Vrai ❑ Faux ❑

13 / Le tableau suivant donne la répartition des ménages d'une population selon le nombre de véhicules automobiles possédés :

Nombre d'automobiles	0	1	2	3	4 et plus
Nombre de ménages	528	2463	906	156	12

La représentation graphique qui convient le mieux est :

un diagramme en bâtons ❑
un histogramme ❑

14 / Soit le tableau suivant :

Modalités	Effectifs
n° 1	30
n° 2	15
n° 3	25
n° 4	30

Dans un diagramme à secteurs (circulaire sur 360 °), la modalité n° 2 serait représentée par un secteur d'angle :

15 degrés ❑ 38 degrés ❑ 54 degrés ❑ 60 degrés ❑ autre réponse ❑

15 / Les caractères quantitatifs suivants peuvent-ils être considérés comme des variables statistiques continues ?

A. Le nombre d'accidents de la route survenus pendant le week-end de Pâques

oui ❑ non ❑

B. La teneur en carbone d'un alliage léger.

oui ❑ non ❑

16 / Le chiffre d'affaires d'une entreprise a augmenté de 5 % par an pendant 2 ans, 9 % par an pendant 5 ans, et 12 % par an pendant 3 ans.

Quelle est l'augmentation moyenne sur les 10 ans ?

7 % ❑ 9 % ❑ 10 % ❑ autre réponse ❑

17 / Etant donné une population de 50 millions qui a crû au taux de 20 % par an, quelle était cette population il y a 12 ans ?

38.486.689 ❑ 39.424.659 ❑ 41.555.318 ❑ 44.958.792 ❑ autre réponse ❑

18 / Une hausse de 80 % suivie d'une baisse de 50 % revient à :

une baisse de 10 % ❑ une baisse de 20 % ❑ une baisse de 30 % ❑
une hausse de 10 % ❑ une hausse de 30 % ❑ autre réponse ❑

19 / Une hausse de 60 % suivie d'une baisse de 40 % équivaut à :

une hausse de 20 % ❑ une baisse de 10 % ❑ une hausse de 10 % ❑
une baisse de 20 % ❑ une baisse de 4 % ❑ autre réponse ❑

20 / Un doublement en 5 ans correspond à un taux de croissance annuel moyen de 20 %

Vrai ❑ Faux ❑

21 / Un nénuphar double de taille tous les 3 ans.

A. Quel est son taux de croissance global sur la période ?
6 % ❑ 33 % ❑ 66 % ❑ 100 % ❑ Autre réponse ❑

B. Quel est son taux de croissance annuel moyen ?
18 % ❑ 26 % ❑ 33 % ❑ 67 % ❑ Autre réponse ❑

22 / Si l'on place 10 F à un taux d'intérêt de 3 % pendant deux ans, de 5 % pendant trois ans, de 6 % pendant quatre ans, on obtient au bout des neuf ans :

14,5 F ❑ 15,5 F ❑ 190 F ❑ Autre réponse ❑

23 / Une hausse de 10 % suivie d'une hausse de 20 % revient à une hausse de :

30 % ❑ 35 % ❑ 45 % ❑ Autre réponse ❑

24 / Dire que la variable Y diminue de 27 % signifie qu'elle est multipliée par 0,73.

Vrai ❑ Faux ❑

25 / Dire que la variable Y est multipliée par 6 signifie que Y augmente de

60 % ❑ 500 % ❑ 600 % ❑ 700 % ❑ Autre réponse ❑

26 / A quel taux de croissance annuel moyen correspond un doublement en 10 ans ?

7,2 % ❑ 11,3 % ❑ 33 % ❑ 66,67 % ❑ Autre réponse ❑

27 / On affirme que :

A. $\log 10^n = n$ Vrai ❑ Faux ❑
B. $a^x = e^{x \operatorname{Log} a}$ Vrai ❑ Faux ❑
C. $\operatorname{Log} a^x = a \operatorname{Log} x$ Vrai ❑ Faux ❑
D. $(a^m)^n = a^{m+n}$ Vrai ❑ Faux ❑

28 / La primitive de e^{ax} est égale à $\frac{1}{a} e^{ax} + K$, (avec, $a \neq 0$)

Vrai ❑ Faux ❑

29 / Déterminer la nature des caractères suivants :

A. Le sexe

qualitatif ❑ quantitatif ❑

B. La tension artérielle

qualitatif ❑ quantitatif ❑

C. Le département

qualitatif ❑ quantitatif ❑

30 / La lettre grecque suivante "ε", se prononce :

Thêta ❑ Sigma ❑ Omega ❑ Autre réponse ❑

31 / Les paramètres de position ou caractéristiques de valeur centrale sont des valeurs numériques qui "résument" une série statistique en caractérisant l'ordre de grandeur des observations.

Vrai ❑ Faux ❑

32 / La moyenne harmonique d'une série statistique strictement positive est égale à l'inverse de la moyenne arithmétique des inverses des valeurs.

Vrai ❑ Faux ❑

33 / Il existe 100 centiles qui partagent une série statistique.

Vrai ❑ Faux ❑

34 / On donne la série statistique suivante : 14, 16, 12, 9, 11, 18, 7, 8, 9, 16, 7, 9, 18. La médiane est égale à :

9 ❑ 11 ❑ 14 ❑ 16 ❑ 18 ❑ [9, 18 [❑ [11, 18 [❑ Autre réponse ❑

35 / La covariance, comme la variance, est toujours positive ou nulle

Vrai ❑ Faux ❑

36 / La moyenne géométrique simple d'une série statistique $\{x_i\}$, $i = 1, \dots, n$, est :

- la racine carrée du produit des valeurs observées ❑
- la racine cubique du produit des valeurs observées ❑
- la racine $n^{\text{ième}}$ du produit des valeurs observées ❑
- le produit des racines $n^{\text{ième}}$ des valeurs observées ❑
- le quotient des racines $n^{\text{ième}}$ des valeurs observées ❑
- autre réponse ❑

37 / La moyenne harmonique est égale à la moyenne arithmétique des inverses des valeurs observées

Vrai ❑ Faux ❑

38 / La moyenne quadratique d'une série statistique est égale au carré de la moyenne arithmétique des carrés des valeurs observées

Vrai ❑ Faux ❑

39 / Quand les classes d'une série statistique sont d'amplitudes inégales, il faut obligatoirement corriger les effectifs ou les fréquences pour calculer le premier quartile.

Vrai ❑ Faux ❑

40 /

$$\prod_{i=1}^{k} x_i^{f_i} = \sqrt[n]{\prod_{i=1}^{k} x_i^{n_i}}$$

Vrai ❑ Faux ❑

41 /

L'énoncé suivant est valable pour les questions A, B, C.
On considère 5 carrés, dont les côtés mesurent respectivement 5 cm, 6 cm, 9 cm, 10 cm et 12,5 cm.

A. Quelle est la surface moyenne de ces carrés ?
58,53 cm^2 ❑ 67,98 cm^2 ❑ 79,65 cm^2 ❑ 85,72 cm^2 ❑
89,93 cm^2 ❑ autre réponse ❑

B. Quel est le côté du carré moyen correspondant ?
5,72 cm ❑ 6,92 cm ❑ 7,65 cm ❑ 8,92 cm ❑ autre réponse ❑

C. Que représente ce côté par rapport aux côtés des 5 carrés considérés ?
la moyenne arithmétique des côtés ❑ la moyenne géométrique des côtés ❑
la moyenne harmonique des côtés ❑ la moyenne quadratique des côtés ❑
autre réponse ❑

42 /

Tout quantile d'ordre 0,5 est forcément égal à :
la moyenne arithmétique ❑ la médiane ❑
la moyenne harmonique ❑ Autre réponse ❑

43 /

La médiane partage l'histogramme en deux surfaces égales
Vrai ❑ Faux ❑

44 /

Soit la répartition suivante

x_i	*effectifs*	f_i	$F(x)$
[3,4 [	12	0,024	0,024
[4,6 [	30	0,061	0,085
[6,8 [	120	0,246	0,331
[8,9 [	210	0,431	0,762
[9,10 [	90	0,184	0,946
[10,12 [	25	0,051	≈ 1

A. Le premier quartile est égal à :
7,34 ❑ 8,39 ❑ 10,20 ❑ 210 ❑

B. La médiane est égale à :
330 ❑ 210 ❑ 8,39 ❑ 50 % ❑

45 /

Dans une entreprise, le salaire moyen est de 7000 F. Le salaire moyen des hommes est de 8000F ; celui des femmes de 6500 F. Il y a donc une proportion de femmes, dans cette entreprise, de :
33,33 % ❑ 66,67 % ❑ 92,86 % ❑

46 / $\sum_i n_i(x_i - a)^2$ est minimal lorsque "a" est égal à :

la moyenne harmonique ❑ la moyenne géométrique ❑
la moyenne arithmétique ❑ la médiane ❑ la variance ❑

47 / Déterminer la nature des paramètres suivants :

A. L'écart absolu moyen par rapport à la médiane
paramètre de position ❑
paramètre de dispersion ❑
autre réponse ❑
B. L'effectif total
paramètre de position ❑
paramètre de dispersion ❑
autre réponse ❑
C. Le 7e décile
paramètre de position ❑
paramètre de dispersion ❑
autre réponse ❑
D. La moyenne géométrique
paramètre de position ❑
paramètre de dispersion ❑
autre réponse ❑

48 / A. On peut rencontrer des séries statistiques possédant plusieurs modes
Vrai ❑ Faux ❑
B. On peut rencontrer des séries statistiques possédant plusieurs médianes
Vrai ❑ Faux ❑

49 / Pour calculer la médiane d'une série statistique continue, on est obligé de corriger les effectifs ou les fréquences, si les amplitudes de classes sont inégales.
Vrai ❑ Faux ❑

50 / Soit la série suivante :

x_i	1	2	3	4	5	6
n_i	20	30	15	10	5	2

A. La moyenne quadratique est égale à :
1,92 ❑ 2,78 ❑ 357 ❑
4,86 ❑ 5,04 ❑ 15 ❑

B. La moyenne géométrique est égale à :
1,87 ❑ 2,15 ❑ 3,57 ❑
6,25 ❑ autre réponse ❑

C. La moyenne harmonique est égale à :
6,25 ❑ 2,15 ❑ 1,92 ❑
1,87 ❑ autre réponse ❑

51 / Soit la série suivante :

x_i	n_i
[0,20[	8
[20,40[	26
[40,50[	20
[50,60[	22
[60,80[	18
[80, 100[	6

La classe modale est :

[20,40 [❑ [40,50 [❑ [50,60 [❑
[26,20 [❑ [26,22 [❑ [20,80 [❑

52 / $\sum_i f_i(x_i - \bar{x}) = 1$

Vrai ❑ Faux ❑

53 / Soit la moyenne pondérée d'ordre r :

$$\mathcal{M}_r = \left[\frac{1}{n} \sum_{i=1}^{k} n_i x_i^r\right]^{\frac{1}{r}} \qquad \text{avec } n = \sum_{i=1}^{k} n_i$$

Si $r = -1$, on obtient :

la moyenne arithmétique ❑ la moyenne quadratique ❑
la moyenne géométrique ❑ la moyenne harmonique ❑

54 / La moyenne quadratique est supérieure à la moyenne géométrique

Vrai ❑ Faux ❑

55 / La répartition des célibataires selon leur âge est fournie par le tableau suivant :

âge	[15,30 [	[30, 40 [	[40 - 50 [	[50, 60 [	[60, 70 [	[70, 80 [	[80, 90 [
effectifs	4500	450	400	230	200	?	20

A. Sachant que l'âge moyen est égal à 28,8 ans, peut-on estimer la valeur manquante à :

65 ❑ 97 ❑ 102 ❑
150 ❑ 165 ❑ autre réponse ❑

B. L'âge médian est égal à :

20,4 ❑ 22,6 ❑ 24,8 ❑
26,7 ❑ autre réponse ❑

56 / La moyenne géométrique des n premiers nombres entiers est :

$\sqrt{n!}$ ❑ $(n!)^n$ ❑ $\sqrt[n]{n!}$ ❑

$\frac{1}{2}(n+1)!$ ❑ $\sqrt[n]{(n!)^n}$ ❑ autre réponse ❑

57 / La moyenne arithmétique des n premiers nombres entiers est :

$\frac{n+1}{2}$ ❑ $\frac{n(n+1)}{2}$ ❑ $\frac{n(2n+1)}{6}$ ❑

$\frac{n}{2}$ ❑ $\frac{2n+1}{2}$ ❑ autre réponse ❑

58 / Un étudiant parcourt la distance de chez lui à la faculté, en voiture, à raison de 60 km/h à l'aller et 30 km/h au retour. Sa vitesse moyenne est donc de :

45 km/h ❑ 40 km/h ❑ Autre réponse ❑

59 / L'analyse "Shift and share" est une application de la moyenne arithmétique utilisée pour comparer plusieurs moyennes pondérées quand les coefficients de pondération sont très différents les uns des autres

Vrai ❑ Faux ❑

60 / Les moments centrés d'ordre pair renseignent sur la dispersion des observations autour de la moyenne.

Vrai ❑ Faux ❑

61 / Le moment simple d'ordre 1 est égal à :

la moyenne géométrique ❑ la moyenne arithmétique ❑

la variance ❑ zéro ❑ autre réponse ❑

62 / Le moment centré d'ordre 2 est égal à la variance

Vrai ❑ Faux ❑

63 / L'écart absolu moyen par rapport à la médiane pour une série continue est le plus petit des écarts absolus moyens.

Vrai ❑ Faux ❑

64 / Soit le coefficient d'aplatissement de Pearson $\beta_2 = \frac{\mu_4}{\sigma^4}$.

Pour une distribution, on trouve $\beta_2 > 3$. Quelle est la forme de la distribution ?

oblique à droite ❑ normale ❑ platicurtique ❑ leptocurtique ❑

étalée vers la droite ❑

65 / $\mu_2 = \Sigma f_i x_i^2 - \bar{x}$

Vrai ❑ Faux ❑

66 / Le coefficient de variation est égal à :

$\frac{\sigma}{\bar{x}}$ ❑ $\frac{\bar{x}}{\sigma}$ ❑ $\frac{\sigma^2}{\bar{x}}$ ❑ $\frac{\bar{x}^2}{\sigma}$ ❑

67 / Soit le coefficient d'asymétrie de Fisher $\gamma_1 = \frac{\mu_3}{\sigma^3}$

Pour une série statistique, on trouve que $\gamma_1 = -0{,}6$.
On peut dire que la distribution est :

oblique à droite ❑ oblique à gauche ❑ platicurtique ❑
normale ❑ autre réponse ❑ leptocurtique ❑

68 / Si une distribution est oblique à gauche, on a :

$\bar{x} < M_é < M_o$ ❑ $M_o > \bar{x} < M_é$ ❑
$M_o < \bar{x} < M_é$ ❑ autre réponse ❑

69 / Le carré de l'écart-type est égal à la moyenne des carrés moins le carré de la moyenne.

Vrai ❑ Faux ❑

70 / L'énoncé suivant est valable pour les questions A et B.

Une entreprise *E* possède 3 établissements *A, B, C*. Les effectifs n_i et les salaires moyens $\bar{S}$ pour les ouvriers 0, les employés *Em*, et les cadres *C*, sont donnés dans le tableau suivant :

	A		B		C		E	
	n_i	$\bar{S}$	n_i	$\bar{S}$	n_i	$\bar{S}$	n_i	$\bar{S}$
0	60	10	180	8	5	10	245	8,5306
Em	30	20	10	16	30	25	70	21,571
C	10	100	10	90	15	100	35	97,143
Total	100	22	200	12,5	50	46	350	20

A. La variance intra-établissements est égale à :
129,82 ❑ 478,28 ❑ 562,51 ❑

B. la variance inter-établissements est égale à :
129,8 ❑ 478,2 ❑ 504,7 ❑ autre réponse ❑

71 / On donne les valeurs suivantes :

Moments simples : $m_1 = 1{,}2$; $m_2 = 2{,}16$; $m_3 = 4{,}644$; $m_4 = 10{,}224$.

Moments centrés : $\mu_1 = 0$; $\mu_2 = 0{,}72$; $\mu_3 = 0{,}144$; $\mu_4 = 1{,}238$.

A. La moyenne arithmétique est égale à 2,16.
Vrai ❑ Faux ❑

B. La variance est égale à 0,72
Vrai ❑ Faux ❑

C. Le coefficient de variation est égal à :
0,3 ❑ 0,4 ❑ 0,5 ❑ 0,6 ❑
0,7 ❑ autre réponse ❑

D. Le coefficient d'asymétrie de Fisher (γ_1) est égal à :
0,15 ❑ 0,24 ❑ 37 ❑ 0,61 ❑

E. D'après la valeur de γ_1 la distribution est oblique à gauche.
Vrai ❑ Faux ❑

F. Le coefficient d'aplatissement de Pearson (β_2) est
— 0,49 ❑ 2,39 ❑ — 3,4 ❑ 0,05 ❑

G. D'après la valeur de β_2, la distribution est :
oblique à gauche ❑ oblique à droite ❑
platicurtique ❑ leptocurtique ❑

72 / Soit un diagramme "carré de Gini" faisant apparaître la concentration :

A. Plus la courbe de concentration s'éloigne de la première diagonale du carré, plus la concentration est:
faible ❑ forte ❑

B. Plus la concentration est forte, plus la valeur de l'indice de Gini est :
faible ❑ forte ❑

73 / Si pour une série continue, la médiale est égale à la médiane, l'indice de Gini est égal à :
0 ❑ 0,5 ❑ 1 ❑ autre réponse ❑

74 / Dans un diagramme de concentration on porte généralement en ordonnées les valeurs de *F(n . x)*, correspondant aux fréquences cumulées de la totalité du phénomène. Comment peut s'écrire *F(n . x)* ?

$F(n\,.\,x) = \sum \frac{n_i x_i}{n}$ ❑ $F(n\,.\,x) = \frac{\sum n_i x_i}{n\,.\,x}$ ❑ $F(n\,.\,x) = \sum \frac{n_i x_i}{\sum n_i x_i}$ ❑

$F(n\,.\,x) = \sum \frac{\sum n_i x_i}{n_i x_i}$ ❑ autre réponse ❑

75 /	Deux caractères X et Y sont indépendants si : $$n_{ij} = \frac{n_{i\bullet} \times n_{\bullet j}}{n_{\bullet\bullet}}$$ Vrai ❑ Faux ❑
76 /	Soient deux caractères X et Y. Le moment simple d'ordre α et β est égal à : $$m_{\alpha,\beta} = \frac{1}{n} \sum_i \sum_j n_{ij} x_i^{\beta} y_j^{\alpha}$$ Vrai ❑ Faux ❑
77 /	$$\sum_{i=1}^{p} \sum_{j=1}^{q} f_{ij} = \sum_{i=1}^{p} f_{i\bullet} = \sum_{j=1}^{q} f_{\bullet j} = 1$$ Vrai ❑ Faux ❑
78 /	$$f_{i\bullet} = \frac{n_{\bullet j}}{n_{\bullet\bullet}} = \sum_{i=1}^{p} f_{ij}$$ Vrai ❑ Faux ❑
79 /	$$f_{i\bullet} \times f_{j/i} = f_{\bullet j} \times f_{i/j} = f_{ij}$$ Vrai ❑ Faux ❑
80 /	Si X et Y sont indépendantes, Cov $(X, Y) = 0$. La réciproque est vraie : Oui ❑ Non ❑
81 /	A quoi est égale la valeur : Cov (X, X) ? zéro ❑ un ❑ $V(x)$ ❑ σ ❑ $V(x)^2$ ❑ autre réponse ❑
82 /	$$\sum_i \sum_j f_{i/j} = q$$ Vrai ❑ Faux ❑
83 /	$$\sum_i f_{i/j} \times \sum_j f_{j/i} = p \cdot q$$ Vrai ❑ Faux ❑

84 / La moyenne des variances conditionnelles est toujours égale à la variance des moyennes conditionnelles

Vrai ❑ Faux ❑

85 /

$$\bar{\bar{x}} = \frac{1}{n_{\bullet\bullet}} \sum_j \bar{x}_j n_{\bullet j}$$

Vrai ❑ Faux ❑

86 / La moyenne des variances conditionnelles est égale à la moyenne marginale augmentée de la variance des moyennes conditionnelles.

Vrai ❑ Faux ❑

87 / Dans le cas de la liaison totale, quelle est la particularité des moyennes conditionnelles ?

$\bar{x}_j = \bar{\bar{x}}$ et $\bar{y}_i = \bar{\bar{y}}$ ❑ $\bar{x}_j = x_i$ et $\bar{y}_i = y_j$ ❑ $\bar{x}_j = \bar{\bar{y}}$ et $\bar{y}_i = \bar{\bar{x}}$ ❑

88 / Il y a corrélation positive quand les variations des 2 variables *X* et *Y* se produisent dans le même sens.

Vrai ❑ Faux ❑

89 / La variance expliquée est égale à la moyenne des variances conditionnelles.

Vrai ❑ Faux ❑

90 / Le tableau de contingence suivant est valable pour les questions A, B, C, D, E.

x_i \ y_j	3	4	5	$n_{i\bullet}$	$n_{i\bullet} x_i$	$n_{i\bullet} \times x_i^2$	$\sum n_{ij} x_i y_j$
1	1	3	2	6	6	6	25
2	2	2	0	4	8	16	28
$n_{\bullet j}$	3	5	2	10	14	22	53
$n_{\bullet j} y_j$	9	20	10	39			
$n_{\bullet j} y_j^2$	27	80	50	157			
$\sum n_{ij} x_i y_j$	15	28	10	53			

A. La moyenne marginale de *x* est égale à :

1,4 ❑ 2 ❑ 3,9 ❑ 2,5 ❑ autre réponse ❑

B. La variance marginale de y est égale à :

0,49 ❑ 1,5 ❑ — 0,49 ❑ autre réponse ❑

C. La covariance est égale à :
1,3 ❑ —1,2 ❑ 0,3 ❑ 0,24 ❑ autre réponse ❑

D. La moyenne conditionnelle de X si $Y = y_2$ est égale à :
1,2 ❑ 2,8 ❑ 3 ❑ 5,2 ❑ autre réponse ❑

E. La variance conditionnelle de X si $Y = y_2$ est égale à :
0,24 ❑ 1,78 ❑ 2,56 ❑ 3 ❑ 7 ❑ autre réponse ❑

91 / Le tableau de contingence suivant est valable pour les questions A, B, C, D :

x_i \ y_j	2	4	6	$n_{i\bullet}$	$n_{i\bullet} x_i$	$n_{i\bullet} \times x_i^2$
2	0	1	1	2	4	8
4	2	3	0	5	20	80
6	1	1	1	3	18	108
$n_{\bullet j}$	3	5	2	10	42	196
$n_{\bullet j}\, y_j$	6	20	12	38		
$n_{\bullet j}\, y_j^2$	12	80	72	164		

A. La moyenne marginale de x est :
4,2 ❑ 3,8 ❑ 38 ❑ 0,42 ❑

B. La variance marginale de y est :
19,6 ❑ 16,4 ❑ 1,96 ❑ 12,6 ❑

C. La covariance est :
140,04 ❑ 14 ❑ —0,36 ❑ 0,24 ❑ —0,3052 ❑

D. La moyenne conditionnelle de X si $Y = y_2$ est :
3,2 ❑ 4 ❑

92 / Le rapport de corrélation est le rapport de la variance marginale sur la variance conditionnelle
Vrai ❑ Faux ❑

93 / Le carré du coefficient de corrélation est toujours supérieur à la valeur du rapport de corrélation
Vrai ❑ Faux ❑

94 / Soit η^2 le rapport de corrélation. Que signifie $\eta^2_{y,x} = 0$?
y est non corrélé à x ❑ x est non corrélé à y ❑
y est lié fonctionnellement à x ❑ autre réponse ❑

95 / On donne le tableau suivant :

x \ y	8	11	14	$n_{i\bullet}$
11				60
14				40
$n_{\bullet j}$	30	60	10	100

On donne les moyennes conditionnelles : $\bar{x}_1 = 12$; $\bar{x}_2 = 12$; $\bar{x}_3 = 14$; $\bar{y}_1 = 10$; $\bar{y}_2 = 11$

A. La moyenne marginale $\bar{\bar{x}}$ est égale à :
10 ❑ 11,1 ❑ 12,2 ❑ 13,3 ❑ autre réponse ❑

B. La moyenne marginale $\bar{\bar{y}}$ est égale à :
10,4 ❑ 11,5 ❑ 12,6 ❑ 13,7 ❑ autre réponse ❑

96 / Quand on ajuste par la méthode des moindres carrés, on obtient 2 droites de régression. L'équation de la droite D est :

$$y = \bar{\bar{y}} + \frac{\text{Cov}(X, Y)}{V(X)}(x - \bar{\bar{x}})$$ ❑

$$x = \bar{\bar{x}} + \frac{\text{Cov}(X, Y)}{V(Y)}(y - \bar{\bar{y}})$$ ❑

$$y = \bar{\bar{x}} + \frac{\text{Cov}(X, Y)}{V(Y)}(y - \bar{\bar{y}})$$ ❑

$$x = \bar{\bar{y}} + \frac{\text{Cov}(X, Y)}{V(X)}(x - \bar{\bar{x}})$$ ❑

97 / Si le carré du coefficient de corrélation linéaire est égal à 1, les deux droites de régression sont :
- confondues ❑
- parallèles entre elles ❑
- perpendiculaires entre elles ❑

98 / On a trouvé $r^2 = 1$ et $y = 2x + 5$ pour équation de la droite d'ajustement de Y en X. L'équation de la droite d'ajustement de X en Y peut s'écrire :
$x = 2y + 5$ ❑ $x = 0{,}5\,y - 0{,}1$ ❑
$x = 0{,}5\,y - 2{,}5$ ❑ autre réponse ❑

99 / Dans le cas de l'indépendance totale, le coefficient de corrélation linéaire est égal à :
0 ❑ 1 ❑ —1 ❑ autre réponse ❑

100 / On considère la série chronologique :

Années \ Trimestres	1er	2ème	3ème	4ème
1985	10	12	13	14
1986	11	15	16	13
1987	12	17	18	15
1988	13	17	19	16

A. Si on calcule les moyennes mobiles sur 4 trimestres, on obtient les valeurs suivantes :

Années \ Trimestres	1er	2ème	3ème	4ème
1985	—	—	12,38	12,88
1986	13,63	13,88	13,88	14,25
1987	14,75	15,25	15,63	15,75
1988	15,88	16,13	—	—

Vrai ❑ Faux ❑

B. Si le modèle est multiplicatif, le tableau des variations saisonnières est le suivant :

Années \ Trimestres	1er	2ème	3ème	4ème
1985	—	—	0,62	1,12
1986	- 2,63	1,12	2,12	- 1,25
1987	- 2,75	1,75	2,37	- 0,75
1988	- 2,88	0,87	—	—

Vrai ❑ Faux ❑

101 / Dans le cas d'un modèle additif, si on retranche les valeurs des coefficients saisonniers corrigés aux valeurs de la série brute, on obtient :

- la série corrigée des variations accidentelles ❑
- la série ajustée ❑
- la série désaisonnalisée (ou C.V.S.) ❑
- autre réponse ❑

102 / Le principe de conservation des aires implique que l'influence des variations saisonnières doit être neutre sur l'année :

Vrai ❑ Faux ❑

103 / Dans le cas d'un modèle multiplicatif, si on divise les valeurs des coefficients saisonniers corrigés par les valeurs de la série brute, on obtient :

- la série corrigée des variations accidentelles ❑
- la série désaisonnalisée, ou série corrigée des variations saisonnières ❑
- la série ajustée ❑ autre réponse ❑

104 / Pour déterminer le trend par la méthode des moindres carrés, on calcule :

A. La pente a par la formule :

$$a = \frac{\sum t_i y_i - n\bar{\bar{t}}\bar{\bar{y}}}{\sum t_i^2 - n\bar{\bar{t}}^2}$$ ❑

$$a = \frac{\sum t_i y_i - n\bar{\bar{t}}\bar{\bar{y}}}{\sum t_i - n\bar{\bar{t}}}$$ ❑

$$a = \frac{\sum t_i y_i - \bar{\bar{t}}\bar{\bar{y}}}{\sum t_i - n\bar{\bar{t}}}$$ ❑

autre réponse ❑

B. L'ordonnée à l'origine b par la formule :

$b = \bar{\bar{t}} - a\bar{\bar{y}}$ ❑ $b = \bar{\bar{y}} + a\bar{\bar{t}}$ ❑ $b = \bar{\bar{y}} - \frac{1}{a}\bar{\bar{t}}$ ❑

$b = \frac{1}{a}\bar{\bar{t}} - \frac{1}{a}\bar{\bar{y}}$ ❑ $b = \bar{\bar{y}} - a\bar{\bar{t}}$ ❑ autre réponse ❑

C. L'équation du trend f_t est alors :

$f_t = a\,y + b$ ❑ $f_t = b\,t + a$ ❑ $f_t = b - a$ ❑

$f_t = a\,t - b$ ❑ autre réponse ❑

105 / Dans le cas d'un modèle additif par mois, la série ajustée $\hat{y}_t$ s'écrit :

$$\hat{y}_t = \left[\frac{\text{Cov}(y, t)}{V(t)}\right] . t + \bar{\bar{y}} - \frac{\text{Cov}(y, t)}{V(t)} . \bar{\bar{t}} + \begin{pmatrix} S_1 \\ \vdots \\ S_{12} \end{pmatrix}$$ ❑

$$\hat{y}_t = \left[\frac{\text{Cov}(y, t)}{V(t)}\right] . t + \bar{\bar{y}} - \frac{\text{Cov}(y, t)}{V(y)} . \bar{\bar{t}} + \begin{pmatrix} S_1 \\ \vdots \\ S_{12} \end{pmatrix}$$ ❑

$$\hat{y}_t = \left[\frac{V(t)}{\text{Cov}(y, t)}\right] . t + \bar{\bar{y}} - \frac{\text{Cov}(y, t)}{V(y)} . \bar{\bar{t}} + \begin{pmatrix} S_1 \\ \vdots \\ S_{12} \end{pmatrix}$$ ❑

autre réponse ❑

106 / Soit y_t la série du chiffre d'affaires mensuel d'une entreprise de janvier 1984 à décembre 1988.
L'équation du trend est f_t = 3,76 t + 700.

Les coefficients saisonniers corrigés sont : S'_j ; $j = 1, \dots, 12$.

Janvier $S'_1 = -16$ Février $S'_2 = -51$ Mars $S'_3 = -80$ Avril $S'_4 = -81$

Mai $S'_5 = 11$ Juin $S_6 = 64$ Juillet $S'_7 = 0{,}09$ Août $S'_8 = -69$

Septembre $S'_9 = -60$ Octobre $S'_{10} = -1$ Novembre $S'_{11} = 62$ Décembre $S'_{12} = 222$

A. La série ajustée est :

$y_t^* = y_t + S'_j$ ❑ $\hat{y}_t = y_t - S'_j$ ❑ $y_t^* = f_t + S'_j$ ❑ $\hat{y}_t = y_t^* + S'_j$ ❑

$\hat{y}_t = f_t + S'_j$ ❑

B. On projette la tendance ajustée pour obtenir la valeur estimée future de juin 1990. Cette estimation est :

940,64 ❑ 1057,3 ❑ 764 ❑ 1038,48 ❑ 831,7 ❑
autre réponse ❑

107 / Soit ε_t les variations accidentelles.
Dans le cas du modèle additif :

$\varepsilon_t = y_t^* - f_t$ ❑ $\varepsilon_t = y_t^* - \hat{y}_t$ ❑ $\varepsilon_t = f_t - y_t^*$ ❑

$\varepsilon_t = \hat{y}_t - y_t$ ❑ autre réponse ❑

108 / Le coefficient de covariation linéaire est égal à :

$$C = \frac{\Sigma(x_t - \bar{\bar{x}})\,(y_t - \bar{\bar{y}})}{\Sigma(x_t - \bar{\bar{x}})^2\,(y_t - \bar{\bar{y}})^2}$$

Vrai ❑ Faux ❑

109 / Soit la série chronologique :

Années \ Trimestres	1er	2ème	3ème	4ème
1	20	18	20	22
2	24	22	24	26
3	28,8	26,8	28,8	30,8
4	34,6	32,6	34,6	36,6
5	41,5	39,5	41,5	43,5

A. La série suit un modèle de type :
additif ❑ multiplicatif ❑

B. La série ajustée $\hat{y}_t$ est égale dans ce cas à :

y_t^* ❑ $y_t^* - y_t$ ❑ $y_t + f_t$ ❑ y_t ❑

C. Les variations saisonnières ont une moyenne nulle sur l'année et se répètent à l'identique de trimestre en trimestre.
Vrai ❑ Faux ❑

---

110 / L'analyse de la covariation permet de repérer s'il existe un lien de dépendance entre deux phénomènes évoluant dans le temps
Vrai ❑ Faux ❑

---

111 / Dans le cas d'un modèle additif, on doit calculer les coefficients saisonniers corrigés, si la moyenne des coefficients saisonniers non corrigés est différente de 1
Vrai ❑ Faux ❑

---

112 / Si la série brute ne comporte que 14 valeurs, les moyennes échelonnées d'ordre 3 sont au nombre de :
2 ❑ 3 ❑ 4 ❑ 5 ❑ autre réponse ❑

---

113 / La tendance générale estimée par la MMC pour une série chronologique trimestrielle est : $f_t = 2t + 8$.
Il s'agit d'un modèle additif. Les coefficients saisonniers sont: $S_1 = -3$; $S_2 = 4$; $S_3 = 1$; $S_4 = -2$.
La valeur de la série ajustée pour $t = 15$ est :
42 ❑ 158 ❑ 39 ❑ 38 ❑ 36 ❑

---

114 / Dans le cas d'un modèle additif, $y_t - \hat{y}_t = y_t^* - f_t$
Vrai ❑ Faux ❑

---

115 / Un indice est réversible s'il satisfait à : $I_{t/o} \times I_{o/t} = 100$
Vrai ❑ Faux ❑

---

116 / Un indice élémentaire satisfait la circularité s'il vérifie $I_{r/s} \cdot I_{s/t} = \frac{1}{100} I_{s/t}$
Vrai ❑ Faux ❑

---

117 / L'indice des prix de Paasche est la moyenne arithmétique des indices élémentaires des prix pondérés par les coefficients budgétaires de la période de base.
Vrai ❑ Faux ❑

118 / On donne $I_{t/o} = 100 \cdot \dfrac{\Sigma p_t q_t}{\Sigma p_t q_t \cdot \dfrac{p_o}{p_t}}$. De quel indice s'agit-il ?

- L'indice de Paasche des prix ❑
- L'indice de Laspeyres des prix ❑
- L'indice de Paasche des quantités ❑
- L'indice de Laspeyres des quantités ❑
- Autre réponse ❑

119 / P est le prix, Q les quantités. On appelle valeurs globales, les produits $P \cdot Q$. L'indice de Laspeyres des valeurs globales est égal à l'indice de Paasche des valeurs globales.

Vrai ❑ Faux ❑

120 / L'indice des prix de Fisher est égal à : $F^p = \sqrt{L^p P^q}$

Vrai ❑ Faux ❑

121 / L'indice des quantités de Laspeyres peut s'écrire $L^q_{t/o} = 100 \cdot \dfrac{\Sigma p_o q_t}{\Sigma p_o q_t \dfrac{q_t}{q_o}}$

Vrai ❑ Faux ❑

122 / L'indice des prix de Paasche est la moyenne harmonique de la série des indices élémentaires pondérée par les valeurs globales de la date courante "t".

Vrai ❑ Faux ❑

123 / L'indice de Fisher est réversible et ne satisfait pas à la propriété d'agrégation

Vrai ❑ Faux ❑

124 / Soient 3 produits *A, B, C* dont on donne les prix et les quantités en 1982 et 1983 :

	1982		1983	
	P	*Q*	*P*	*Q*
A	10	40	15	35
B	5	110	7	120
C	2	8	5	12

L'indice de Laspeyres des prix sur l'ensemble des produits est :

137 ❑ 146 ❑ 153 ❑ 168 ❑

125 / L'indice des quantités de Laspeyres est la moyenne harmonique des indices élémentaires des quantités pondérée par les coefficients budgétaires de la période courante.

Vrai ❑ Faux ❑

126 / On connait deux valeurs de l'indice élémentaire des prix du produit Y :

$I_{1984/1980} = 1{,}24$ et $I_{1986/1980} = 1{,}488$

Quelle a été l'évolution du prix du produit entre 1984 et 1986 ?

une baisse de 16,67 % ❑ une hausse de 83,33 % ❑
une baisse de 20 % ❑ une hausse de 20 % ❑

127 / En matière de construction d'indices synthétiques, la méthode la plus unanimement acceptée revient à utiliser la moyenne des indices élémentaires plutôt que l'indice des moyennes des grandeurs simples.

Vrai ❑ Faux ❑

128 / Le coefficient de raccordement de 2 indices entre deux dates de base est égal à la valeur du nouvel indice divisée par la valeur de l'ancien indice.

Vrai ❑ Faux ❑

129 / Quand on inverse le rôle du temps (application de la circularité) dans l'indice de Laspeyres, on obtient un indice Paasche, et inversement.

Vrai ❑ Faux ❑

REPONSES AUX QUESTIONS DE Q.C.M.

Numéro de la question	*Réponse*
1	Vrai
2	Vrai
3	Faux
4	Première réponse
5	8
6	0,05
7 A	50
7 B	Autre réponse (32,5)
7 C	79,12 %
8	Vrai
9	Faux
10	Vrai
11	Vrai
12	Vrai
13	Diagramme en bâtons
14	54 degrés
15 A	Non
15 B	Oui
16	9 %
17	Autre réponse : 5607832,75
18	Baisse de 10 %
19	Baisse de 4 %
20	Faux ($\sqrt[5]{2} - 1 = 14{,}87\ \%$)
21 A	100 %
21 B	26 %
22	15,5 F
23	Autre réponse (32 %)
24	Vrai
25	500 %
26	7,2 %
27 A	Vrai
27 B	Vrai
27 C	Faux (Log $a^x = x$ Log a)
27 D	Faux (= $a^{m \cdot n}$)
28	Vrai
29 A	Qualitatif
29 B	Quantitatif
29 C	Qualitatif
30	Autre réponse (Epsilon)
31	Vrai
32	Vrai
33	Faux (99 centiles)
34	11
35	Faux
36	3e réponse
37	Faux (inverse de la moyenne)
38	Faux
39	Faux
40	Vrai
41 A	79,65 cm^2
41 B	8,92 cm
41 C	Moyenne quadratique
42	la médiane
43	Vrai
44 A	7,34
44 B	8,39
45	66,67 %
46	la moyenne arithmétique (Voir p. 95)
47 A	Dispersion
47 B	Autre réponse
47 C	Position
47 D	Position
48 A	Vrai (Distributions plurimodales)
48 B	Faux
49	Faux
50 A	2,78
50 B	2,15

50 C	1,87
51	[50,60 [
52	Faux
53	Moyenne harmonique
54	Vrai
55 A	102
55 B	24,8
56	$\sqrt[n]{n\,!}$
57	$\frac{n+1}{2}$
58	40 km /h
59	Vrai
60	Vrai
61	la moyenne arithmétique
62	Vrai
63	Vrai
64	leptocurtique
65	Faux $(\sum f_i x_i^2 — \bar{x}^2 = \sigma^2)$
66	Première réponse
67	Oblique à droite
68	Autre réponse $(M_o < Mè < \bar{x})$
69	Vrai
70 A	562,51
70 B	129,8
71 A	Faux $(\bar{x} = m_1 = 1{,}2)$
71 B	Vrai
71 C	0,7
71 D	0,24
71 E	Vrai
71 F	2,39
71 G	Platicurtique
72 A	forte
72 B	forte
73	zéro
74	Troisième réponse
75	Vrai
76	Faux $(x_i^{\alpha}\, y_j^{\beta})$.
77	Vrai
78	Faux
79	Vrai
80	Non
81	$V(x)$
82	Vrai
83	Faux (= 1)
84	Faux
85	Vrai
86	Faux

87	Deuxième réponse
88	Vrai
89	Faux
90 A	1,4
90 B	0,49
90 C	Autre réponse (— 0,16)
90 D	Autre réponse (1,4)
90 E	0,24
91 A	4,2
91 B	1,96
91 C	— 0,36
91 D	4
92	Faux
93	Faux
94	Première réponse
95 A	12,2
95 B	10,4
96	Première réponse
97	confondues
98	$x = 0{,}5\, y — 2{,}5$
99	zéro
100 A	Vrai
100 B	Faux
101	Série désaisonnalisée (CVS)
102	Vrai
103	Autre réponse (1/CVS)
104 A	Première réponse
104 B	$b = \bar{\bar{y}} — a\, \bar{\bar{t}}$
104 C	Autre réponse $(f_t = a\,t + b)$
105	Première réponse
106 A	$\hat{y}_t = f_t + S'_j$
106 B	1057,3
107	$\varepsilon_t = y_t^* — f_t$
108	Faux
109 A	Additif
109 B	y_t (série brute, avec $\varepsilon_t = 0$)
109 C	Vrai
110	Vrai
111	Faux
112	4
113	39
114	Vrai $(= \varepsilon_t)$
115	Faux $(= 10^4)$
116	Faux
117	Faux
118	Indice des prix de Paasche

119	Vrai
120	Faux ($=\sqrt{L^p P^p}$)
121	Faux
122	Vrai
123	Vrai (moyenne géométrique)
124	146

125	Faux
126	Hausse de 20 % ($I_{t/t'} = 120$).
127	Vrai
128	Faux
129	Vrai

PROBLEMES D'EXAMEN

1. PROBLEME SUR LES PREMIERE ET DEUXIEME PARTIES

A. Enoncé :

Une entreprise "P" est constituée de deux établissements "P_1" et "P_2". Le PDG de l'entreprise P, qui vous a accepté en stage d'essai, veut profiter de vos connaissances sérieuses en Statistique Descriptive, et vous soumet le tableau ci-dessous. Ce tableau donne la répartition des salaires (x_i, en 10^2 francs) en fonction des effectifs salariés (n_i) dans P_1 et dans P_2.

	P_1		P_2	
	x_{1i}	n_{1i}	x_{2i}	n_{2i}
Ouvriers	*[40, 50[*	60	*[30, 40[*	5
Employés	*[60, 70[*	95	*[50, 60[*	15
Cadres	*[80, 100[*	5	*[70, 80[*	30

Le PDG, au cours d'un rapide entretien, vous demande :

1. *De construire* l'histogramme *de la distribution des salaires de "P".*

2. *De calculer le* salaire médian *de P, et d'expliquer sa* signification.

3. *Très satisfait de votre travail, il vous demande si la distribution des salaires de P est* symétrique. *Que lui répondez-vous ?* Pourquoi ?

4. *Vous trouvant de plus en plus sympathique, il vous demande si l'établissement P_1 "paye mieux" que l'établissement P_2, ou l'inverse. Vous répondez calmement à sa question en lui* expliquant clairement *comment vous utilisez la méthode "shift and share"*, et *vous faites apparaître un effet de structure* que vous calculez.

5. *Profitant d'un long silence dans la conversation, vous décidez de lui avouer à quoi est égale* la concentration *des salaires de l'entreprise P, sans calculer le coefficient de Gini, et sans tracer la courbe de concentration, mais simplement* en comparant $\Delta M = Ml - Mé$ à l'intervalle de variation.

6. *Le PDG, étonné et ravi par la clarté de vos raisonnements vous demande soudainement de lui rappeler une intéressante propriété de l'écart-type (question de cours) qu'il a quelque peu oubliée, concernant les variances intra et interpopulations. Vous lui* démontrez *immédiatement que : "la variance de la population totale est égale à la moyenne des variances, augmentée de la variance des moyennes des différentes sous-populations". Vous* généralisez *à "N" sous-populations pour lui faire plaisir. (Il est ravi).*

7. *Voyant aussitôt les possibilités d'application de cette démonstration à sa propre entreprise, il vous demande de* calculer *les variances des salaires intra et inter-établissements, et de* commenter vos résultats. *Ce que vous faites aussitôt !...*

8. *Le PDG, en vous quittant, vous confie que son chiffre d'affaire double tous les 3 ans. Vous le félicitez vivement de cet exploit, mais vous lui annoncez que cette évolution correspond à un taux de croissance annuel moyen de ... % (Valeur que vous* calculez *instantanément, en décomposant les calculs). [Il vous remercie et vous invite au restaurant, où vous parlez d'autre chose].*

B. Corrigé

1. Pour construire l'histogramme, il faut d'abord dégager la distribution des salaires de P $\{x_i ; n_i\}$. Attention, les classes sont d'amplitudes inégales :

x_i	n_i	$f_i(\%)$	a_i	h_i
[30, 40[	5	2,38	10	2,38
[40, 50[	60	28,57	10	28,57
[50, 60[	15	7,14	10	7,14
[60, 70[	95	45,24	10	45,24
[70, 80[	30	14,29	10	14,29
[80, 100[	5	2,38	20	1,19
	210	100		

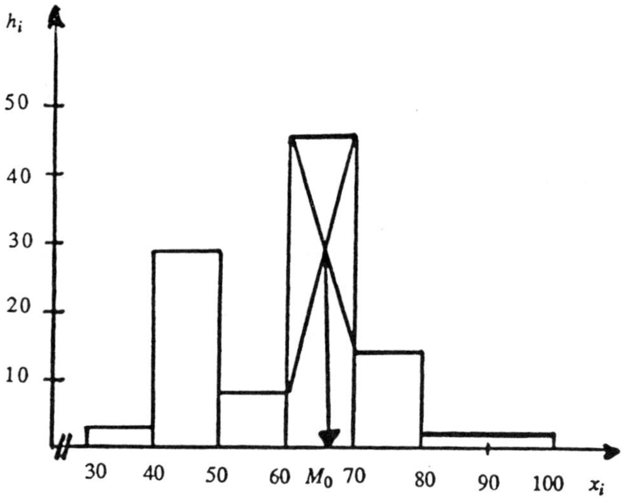

2. Calcul du salaire médian de P :

x_i	n_i	$f_i(\%)$	$F(x) = \sum_{h=1}^{i} f_h$
[30, 40[	5	2,38	2,38
[40, 50[	60	28,57	30,95
[50, 60[	15	7,14	38,09 → (0,5)
[60, 70[←	95 ←	45,24 ←	83,33 ← (0,5)
[70,80[	30	14,29	97,62
[80, 100[	5	2,38	100

La classe médiane est : [60, 70[

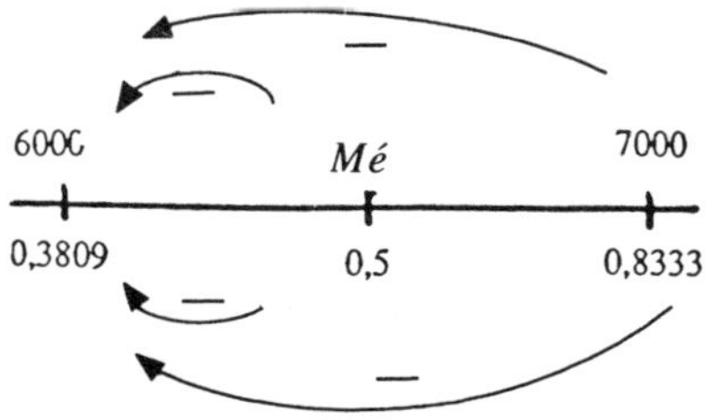

$$\frac{\text{Mé} - 6000}{0,5 - 0,3809} = \frac{1000}{0,8333 - 0,3809} = \frac{1000}{0,4524} = 2210,433$$

$$\text{Mé} - 6000 = 263,263$$

et donc : **Mé = 6263,3 F**

Signification : Il y a autant de salariés de l'entreprise P qui reçoivent moins de 6263,3 F, que de salariés qui reçoivent plus de 6263,3 F de salaire.

3. La distribution est-elle symétrique ? Calculons $\bar{x}$:

x_i	n_i	$n_i x_i$
35	5	175
45	60	2700
55	15	825
65	95	6175
75	30	2250
90	5	450
	210	12575

$$\Rightarrow \bar{x} = \frac{12575}{210} = 59{,}88 .$$

On a donc les relations suivantes :

$$\begin{cases} \bar{x} = 5988 \text{ F} \\ Mé = 6263{,}3 \text{ F} \\ M_0 \cong 6516 \text{ F} \end{cases}$$

et :

$$\boxed{\bar{x} < Mé < M_0}$$

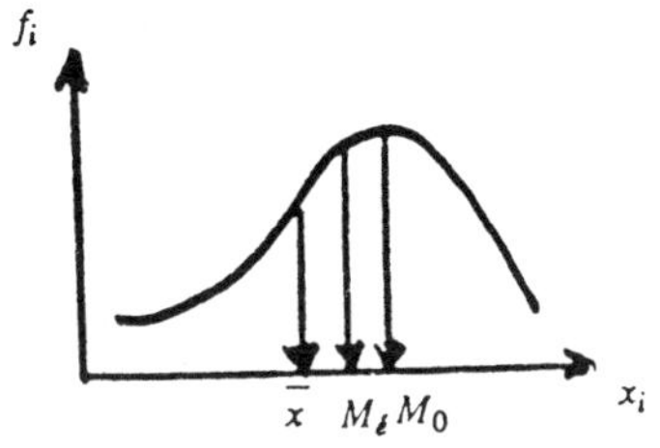

La distribution est donc oblique à droite (ou étalée vers la gauche).

4. L'établissement P_1 *"paye-t-il mieux"* que P_2 ?

Il faut regarder le tableau :

- **a.** Les ouvriers de P_1 sont mieux payés que ceux de P_2
  Les employés " " " " "
  Les cadres " " " " "
- **b.** Et pourtant, (paradoxalement), "en moyenne", P_2 paye mieux que P_1 ! En effet :

P_1		
x_i	n_{1i}	$n_{1i} x_i$
45	60	2700
65	95	6175
90	5	450
	160	9325

$$\Rightarrow \bar{x}_1 = \frac{1}{n_{1i}} \sum_i n_{1i} x_i = 58{,}28$$

$\bar{x}_1$ = 5828 F

P_2		
x_i	n_{2i}	$n_{2i} x_i$
35	5	175
55	15	825
75	30	2250
	50	3250

$$\Rightarrow \bar{x}_2 = \frac{1}{n_{2i}} \sum_i n_{2i} x_i = 65$$

$\bar{x}_2$ = 6500 F

— **Paradoxe ? Non ! Effet de structure :** En effet, P_1 emploie beaucoup de salariés dans les faibles catégories socio-professionnelles. P_2 emploie bien moins de salariés, et ceux-ci sont plutôt dans des catégories mieux payées. Donc, cet effet a tendance à surestimer le salaire moyen de P_2.

— **Calcul de l'effet de structure** : On constitue le tableau suivant :

Catégories	P_1		P_2		P	
	x_i	n_{1i}	x_i	n_{2i}	x_i	n_i
Ouvriers	45	60	35	5	44,23	65
Employés	65	95	55	15	63,64	110
Cadres	90	5	75	30	77,14	35
ENS	58,28 ($\bar{x}_1$)	160	65 ($\bar{x}_2$)	50	59,88 ($\bar{x}$)	210

— L'écart de salaire est donc de : 65 – 58,28 = 6,72 entre P_1 et P_2.
— Choisissons une méthode (parmi toutes les possibilités) d'application du shift and share :

Quel serait le salaire moyen (fictif) de P_2, s'il y avait autant d'ouvriers, d'employés et de cadres, dans P_2 que dans P (l'entreprise) ?

Catégories	n_i	x_i (observé)	$n_i x_i$
Ouvriers	65	35	2275
Employés	110	55	6050
Cadres	35	75	2625
ENS	210	65	10950

$$\Rightarrow x_i \text{ (fictif)} = \frac{10950}{210} = \boxed{52{,}14}$$

On obtient donc une différence, entre les salaires fictif et observé, de :

$$x_i \text{ (fictif)} - x_i \text{ (observé)}$$
$$52{,}14 - 65 = \boxed{-12{,}86}$$

Donc l'effet de structure joue à raison de : $\frac{-12{,}86}{52{,}14} = -24{,}7\ \%$ pour relever le salaire moyen, et **donc "P_1 paye mieux".**

Nota : On aurait pu dire : "L'écart des salaires moyens, de **6,72.10²** francs, s'explique donc par un effet de structure (il y a plus de salariés dans P_1 que dans P_2) de – **12,86.10²** francs, et par un effet résiduel de **19,58.10²** francs, (il y a plus de CSP élevés dans P_2 que dans P_1).

On aurait pu également arriver aux mêmes conclusions en choisissant comme "structure" non plus le nombre (de salariés) mais la ventilation des salaires.

5. Mesure de la concentration des salaires :

Il faut calculer le *salaire médial (Ml) de P :*

x_i	n_i	Masse salariale $n_i x_i$	$\frac{n_i x_i}{\sum n_i x_i}$	$\sum_1^i \frac{n_i x_i}{\sum n_i x_i}$
[30, 40[	5	175	0,0139	0,0139
[40, 50[	60	2700	0,2147	0,2286
[50, 60[	15	825	0,0656	0,2942
[60, 70[	95	6175	0,4911	0,7853
[70, 80[	30	2250	0,1789	0,9642
[80, 100[	5	450	0,0358	1
	210	12575	1	

La classe médiale est [6000 F, 7000 F[

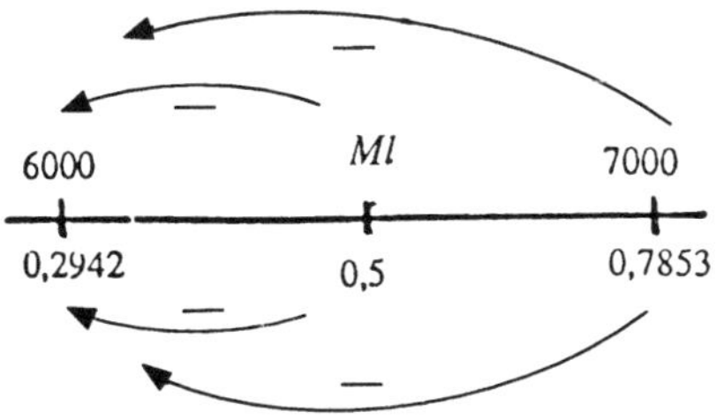

$$\frac{Ml - 6000}{0{,}5 - 0{,}2942} = \frac{1000}{0{,}7853 - 0{,}2942} = \frac{1000}{0{,}4911} = 2036{,}245$$

$Ml - 6000 = 419{,}06$

$Ml = 6419$ F (salaire Médial)

$\Delta M = Ml - Mé = 6419 - 6263{,}3 =$ **155,7**

On compare à l'intervalle de variation : $(100 - 30)\ 10^2 = 7000$ F

$\frac{155{,}7}{7000} =$ **0,022** $\Rightarrow$ **La concentration des salaires est faible ; elle est de l'ordre de 2,2 %**

6. Démonstration (Question de cours).

D'abord pour 2 populations P_1 et P_2
Ensuite, on généralise à N populations.

a) Exprimons la moyenne de P.

→ Voir page 129.

b) Exprimons les variances

→ Voir page 129.

c) $$V(x) = \frac{1}{n}\left[n_1 V(x_1) + n_2 V(x_2)\right] + \frac{1}{n}\left[n_1 (\bar{x}_1 - \bar{x})^2 + n_2 (\bar{x}_2 - \bar{x})^2\right]$$

Variance totale = Moy. des variances + Variance des moy.

Moy. des variances = $\overline{V(x_i)}$ = *Variance Intra*

Variance des moy. = $V(\bar{x}_i)$ = *Variance Inter*

Généralisation : $$V(x) = \frac{1}{n}\sum_{j=1}^{N} n_j V(x_j) + \frac{1}{n}\sum_{j=1}^{N} n_j (\bar{x}_j - \bar{x})^2$$

d) Cela permet donc de DECOMPOSER une variance, en calculant la part imputable aux dispersions internes et "entre" (inter) les établissements.

7. Application de cette démonstration

Catégories	P_1		P_2		P	
	x_i	n_{1i}	x_i	n_{2i}	x_i	n_i
Ouvriers	45	60	35	5	44,23	65
Employés	65	95	55	15	63,64	110
Cadres	90	5	75	30	77,14	35
ENS	58,28	160	65	50	59,88	210

* La variance globale des salaires (de P) est : (formule développée)

$$V(x) = \frac{1}{210}\left[(45^2 \times 60) + (65^2 \times 95) + (90^2 \times 5) + (35^2 \times 5) + (55^2 \times 15) + (75^2 \times 30)\right] - 59{,}88^2.$$

$V(x)$ = 3731,55 – 3585,61 = **145,9**

Nota : On aurait pu également calculer $V(x)$ à partir du tableau qui a permis de construire l'histogramme, évidemment !

* La variance interétablissement est : $V(\bar{x}_i)$ (c'est la variance des salaires moyens).

$$V(\bar{x}_i) = \frac{1}{n}\left[\sum n_i \bar{x}_i^2\right] - \bar{\bar{x}}^2 \quad \text{par la formule développée.}$$

$$V(\bar{x}_i) = \frac{1}{210}\left[(160 \times 58{,}28^2) + (50 \times 65^2)\right] - 59{,}88^2.$$

$$= 3593{,}8 - 3585{,}61 = \mathbf{8{,}19}$$

* La variance intraétablissement est $\overline{V(x_i)}$ (c'est la moyenne des variances)

⇒ Variance des salaires de $P_1 = V_1(x_i)$:

$$V_1(x_i) = \frac{1}{160}\left[(60 \times 45^2) + (95 \times 65^2) + (5 \times 90^2)\right] - 58{,}28^2$$

$$= 3521{,}1 - 3396{,}56 = \mathbf{124{,}5}$$

Variance des salaires de $P_2 = V_2(x_i)$

$$V_2(x_i) = \frac{1}{50}\left[(35^2 \times 5) + (55^2 \times 15) + (75^2 \times 30)\right] - 65^2$$

$$= 4405 - 4225 = \mathbf{180.}$$

Donc :

$$\overline{V(x_i)} = \frac{1}{210}\left[(160 \times 124{,}5) + (50 \times 180)\right] = \mathbf{137{,}7}$$

* **En définitive :**

$V(x)$	=	Variance Inter	+	Variance Intra
↓		↓		↓
145,9	=	8,19	+	137,7

et

$$\text{Variance inter} = \frac{8{,}19}{145{,}9} = \underline{\mathbf{5{,}6\ \%}}$$

$$\text{Variance intra} = \frac{137{,}7}{145{,}9} = \underline{\mathbf{94{,}4\ \%}}$$

* **Commentaire :**

La dispersion des salaires dans P, s'explique pour une grande part (94,4 %) par une forte dispersion des salaires interne aux établissements P_1 et P_2 et pour une très petite part (5,6 %) par la dispersion des salaires entre les établissements P_1 et P_2.

Donc la dispersion "intra" explique presque toute la variance. Il y a donc peu de différence "structurelle" dans les grilles de salaires (ou les comportements de rémunération du facteur travail; selon les CSP) entre P_1 et P_2.

8. Calcul du taux de croissance :

- Tous les 3 ans son CA est multiplié par 2 $\Rightarrow \frac{V_3}{V_1} - 1 = \frac{2V_1}{V_1} - 1 = 1 = 100\ \%$
- Donc son taux de croissance annuel moyen est de : $\sqrt[3]{2} - 1 = 1{,}26 - 1 = 0{,}26 \Rightarrow$ **26 %**

2. PROBLEME SUR LA TROISIEME PARTIE

A. Enonce :

Soit deux variables x et y dont on veut étudier la liaison. Les données sont celles du tableau de contingence ci-dessous.

x \ y	[1 ; 3[	[3 ; 5[	[5 ; 7[
[1 ; 3[	3	2	0
[3 ; 5[	0	0	5
[5 ; 7[	0	0	4
[7 ; 9[	0	0	2
[9 ; 11[	4	3	0

1. *En utilisant la MMC, calculez les équations des deux droites d'ajustement (D et D').*

2. *Démontrez que, dans le cas général, la pente de la droite D (d'ajustement de y en x) est moins forte que celle de la droite D' (d'ajustement de x en y).*

3. *Calculez le coefficient de corrélation linéaire et commentez les résultats.*

4. *Calculez les rapports de corrélation. Expliquez pourquoi, dans ce cas précis, on demande ce calcul. Commentez.*

Pour faciliter le calcul, on donne deux résultats intermédiaires :

$$\sum_j n_{\bullet j} (\bar{x}_j - \bar{\bar{x}})^2 = 8,63$$

et $$\sum_i n_{i\bullet} (\bar{y}_i - \bar{\bar{y}})^2 = 57,43$$

B. Corrigé

1. Le tableau développé selon la méthode de la page 179 est le suivant :

x \ y		[1 ; 3[	[3 ; 5[	[5 ; 7[				
		2	4	6	$n_{i\bullet}$	$n_{i\bullet}\, x_i$	$n_{i\bullet}\, x_i^2$	$\sum_j n_{ij}\, x_i y_j$
[1 ; 3[	2	3 (12)	2 (16)		5	10	20	28
[3 ; 5[	4			5 (120)	5	20	80	120
[5 ; 7[	6			4 (144)	4	24	144	144
[7 ; 9[	8			2 (96)	2	16	128	96
[9 ; 11[	10	4 (80)	3 (120)		7	70	700	200
$n_{\bullet j}$		7	5	11	23	140	1072	$\Sigma = 588$
$n_{\bullet j}\, y_j$		14	20	66	100			
$n_{\bullet j}\, y_j^2$		28	80	396	504			
$\sum_i n_{ij} x_i y_j$		92	136	360	$\Sigma = 588$			

Calcul de D et D' :

* 1re étape : **Moyennes marginales**

$$\bar{\bar{x}} = \frac{1}{n_{\bullet\bullet}} \sum_i n_{i\bullet}\, x_i = \frac{140}{23} = \mathbf{6{,}09} \quad \text{, et,} \quad \bar{\bar{y}} = \frac{1}{n_{\bullet\bullet}} \sum_j n_{\bullet j}\, y_j = \frac{100}{23} = \mathbf{4{,}35}$$

* 2e étape : **Variances marginales**

$$V(x) = \frac{1}{n_{\bullet\bullet}} \sum_i n_{i\bullet}\, x_i^2 - \bar{\bar{x}}^2 = \frac{1}{23} \times 1072 - (6{,}09)^2 \quad \text{, et ,} \quad V(y) = \frac{1}{23} \times 504 - (4{,}35)^2$$

$$V(x) = 46{,}61 - 37{,}1 = \mathbf{9{,}51} \qquad V(y) = 21{,}91 - 18{,}92 = \mathbf{2{,}99}$$

* 3e étape : **Covariance**

$$\text{Cov}(x, y) = \mu_{11} = \frac{1}{n_{\bullet\bullet}} \sum_i \sum_j n_{ij} x_i y_j - \bar{\bar{x}}\,\bar{\bar{y}} = \frac{1}{23} \times 588 - (26{,}49) = \mathbf{-0{,}92}$$

* 4e étape : **Droite *D* d'ajustement de *y* en *x*.**

$$a = \frac{\text{Cov}(x, y)}{V(x)} = \frac{-0{,}92}{9{,}51} = -0{,}097 , \qquad \text{et}, \; b = \bar{\bar{y}} - a\bar{\bar{x}} = 4{,}94$$

D a pour équation : $\boxed{D / \; y = -\mathbf{0{,}097}\, x + \mathbf{4{,}94}}$

* 5e étape : **Droite *D'* d'ajustement de *x* en *y* :**

$$a' = \frac{\text{Cov}(x, y)}{V(y)} = \frac{-0{,}92}{2{,}99} = -0{,}31 , \qquad \text{et}, \; b' = \bar{\bar{x}} - a'\bar{\bar{y}} = 7{,}44$$

D' a pour équation : $\boxed{D' / \; x = -\mathbf{0{,}31}\, y + \mathbf{7{,}44}}$

ou bien, pour tracer *D'* dans le même repère que *D* :

$$y = \frac{1}{a'}x - \frac{b'}{a'} = \frac{1}{(-0{,}31)}x - \frac{7{,}44}{(-0{,}31)} \Rightarrow \boxed{D' / \; y = -\mathbf{3{,}22}\, x + \mathbf{24}}$$

2. Démontrer, dans le cas général, que la pente de *D'* est supérieure à celle de *D*, revient à démontrer que, **dans le même répère,** on a :

$$\boxed{\frac{1}{a'} > a}$$

$$\begin{cases} D \text{ s'écrit : } y = \dfrac{\text{Cov}(x, y)}{V(x)} \, . \, x + b \\ D' \text{ s'écrit : } y = \dfrac{V(y)}{\text{Cov}(x, y)} \, . \, x - \dfrac{b'}{a'} \end{cases}$$

Dès lors, il faut démontrer que : $\dfrac{V(y)}{\text{Cov}(x, y)} > \dfrac{\text{Cov}(x, y)}{V(x)}$, ce qui n'est autre que **l'inégalité de Schwartz** (voir page 209).

$\boxed{[\text{Cov}(x, y)]^2 < V(y) \, . \, V(x)}$... c.q.f.d.

3. Calcul du coefficient de corrélation linéaire

$$r^2 = a'a = (-0{,}097)(-0{,}31) = 0{,}03 \qquad \text{et}, \qquad \sqrt{0{,}03} = \pm\, 0{,}17$$

La liaison est négative (signe de la covariance) et donc :

$$\boxed{r = -\,\mathbf{0{,}17}}$$

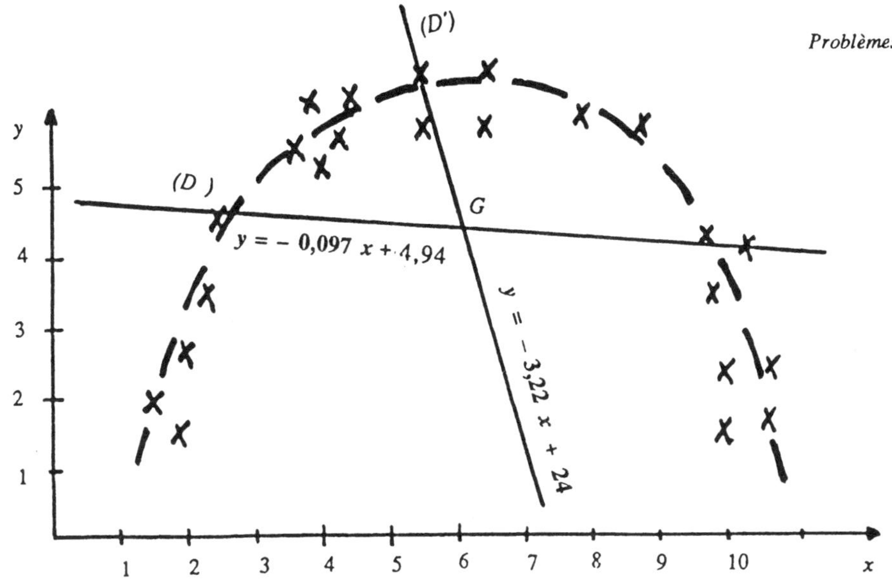

Il n'y a donc pas de liaison linéaire entre x et y. **Mais, il ne faut, pour autant, pas conclure à l'indépendance.** En effet, il peut y avoir une liaison non linéaire.

C'est le cas de l'exercice : on voit sur le graphe une **assez bonne liaison parabolique.**

Pour vérifier cette liaison non linéaire, il faut calculer les **rapports de corrélation,** objet de la question suivante :

4. On demande le calcul pour mettre en évidence la liaison non linéaire :

On sait que : $\eta^2_{x,y} = \dfrac{V(\bar{x}_j)}{V(x)} = \dfrac{\text{Var. expliquée}}{\text{Var. marginale}}$

et $\eta^2_{y,x} = \dfrac{V(\bar{y}_i)}{V(y)} = \dfrac{\text{Var. expliquée}}{\text{Var. marginale}}$

On donne le numérateur de η^2, mais ce n'est pas la variance expliquée : encore faut-il diviser par $n_{\bullet\bullet}$

Il vient donc :

$$\begin{cases} V(\bar{x}_j) = \dfrac{8{,}63}{23} = \mathbf{0{,}37} = \text{Variance expliquée de } x \\ V(\bar{y}_i) = \dfrac{57{,}43}{23} = \mathbf{2{,}5} = \text{Variance expliquée de } y \end{cases}$$

Dès lors on peut calculer :

ⓐ $\eta^2_{x,y} = \dfrac{0{,}37}{9{,}51} = \boxed{\mathbf{0{,}039}}$, et donc : **Absence de corrélation de x en y**

ⓑ $\eta^2_{y,x} = \dfrac{2{,}5}{2{,}99} = \boxed{\mathbf{0{,}84}}$, et donc : **Bonne corrélation non linéaire de y en x.**

3. PROBLEME SUR LA QUATRIEME PARTIE

A. Enoncé :

La production d'un bien y, entre 1980 et 1982 est donnée par le tableau ci-dessous. On admet que le phénomène suit un modèle multiplicatif :

	t_i	y_t
1980	1	47
	2	30
	3	39
	4	14
1981	5	62
	6	40
	7	50
	8	16
1982	9	69
	10	50
	11	62
	12	15

1. *Etablir le trend par la méthode des moyennes mobiles d'ordre 4.*

2. *Déterminer la série CVS (Corrigée des variations saisonnières), notée* y_t^* .

3. *Déterminer les variations accidentelles "*ε_t*". Doit-on dire au vu de ces derniers résultats qu'il y a "conservation des aires" au niveau des variations accidentelles ? Expliquez.*

B. Corrigé

Le tableau général apparaît ci-dessous :

	t_i	y_t	Σ Mobile d'ordre 4	Σ Mobile d'ordre 2	**Trend** Moyenne Mobile (÷ 8)	$S_t = \frac{y_t}{M_t}$	**CVS** $y_t^* = \frac{y_t}{s_j'}$	"ε_t" $\varepsilon_t = \frac{y_t^*}{M_t}$
80	1	47		—	—	—	—	—
			-					
	2	30		—	—	—	—	—
			130					
	3	39		275	34,38	1,134	33,9	0,986
			145					
	4	14		300	37,5	0,373	38,4	1,024
			155					
81	5	62		321	40,1	1,546	41,46	1,034
			166					
	6	40		334	41,75	0,958	40,48	0,970
			168					
	7	50		343	42,87	1,166	43,48	1,014
			175					
	8	16		360	45,00	0,356	43,89	0,975
			185					
82	9	69		382	47,75	1,445	46,14	0,966
			197					
	10	50		393	49,13	1,018	50,61	1,030
			196					
	11	62		—	—	—	—	—
			-					
	12	15		—	—	—	—	—
								$\Sigma \approx 8$

1. Le Trend est calculé en 5e colonne du tableau. On pourrait le tracer sur un repère point par point.

2. Calcul de la série CVS :

* 1re étape : Calcul des S_t (variations saisonnières) in tableau 6e colonne.
* 2e étape : Calcul des S_j (coefficients saisonniers) ; par la moyenne :

(j = 1, 2, 3 ou 4)

1er trimestre : $S_1 = \frac{1,546 + 1,445}{2} = \mathbf{1,4955}$

2e trimestre : $S_2 = \frac{0,958 + 1,018}{2} = \mathbf{0,988}$

3e trimestre : $S_3 = \frac{1,134 + 1,166}{2} = \mathbf{1,15}$

4e trimestre : $S_4 = \frac{0,373 + 0,356}{2} = \mathbf{0,3645}$

$\Sigma = \mathbf{3,998}$

Il est donc inutile de corriger, et l'on admet que : $S_j = S_j'$.

* 3e étape : Calcul de y_t^* :

$y_t^* = y_t / S_j'$, car on est en modèle multiplicatif.

Les résultats apparaissent en 7e colonne du tableau.
(On pourrait tracer point par point la série CVS, comme on l'a fait sur d'autres données en page 257).

3. Calcul des variations accidentelles

$\varepsilon_t = y_t^* / M_t$: les résultats apparaissent en dernière colonne du tableau.

La somme des ε_t est très proche de 8 ; la moyenne est donc très proche de 1 : il y a bien conservation des aires ; les données sont particulièrement bien ajustées au modèle théorique.

4. PROBLEME SUR LA CINQUIEME PARTIE

Nota : Un "problème type" est donné en exemple page 279.

A. Enoncé :

Le prix d'un bien A a augmenté de 50 % de l'année 1 par rapport à l'année 0, puis a diminué de 30 % de l'année 2 par rapport à l'année 1. L'indice de prix d'un bien B est de 120 à l'année 1, base 100 à l'année 0, et de 130 à l'année 2, base 100 à l'année 1.

La valeur globale (p . q), à l'année 0, est de 3/4 pour A et de 1/4 pour B. Les valeurs globales de A et de B, à l'année 1 et à l'année 2, sont égales chacune à 1/2.

1. *Calculez les indices élémentaires de prix des biens A et B à l'année 2, base 100 à l'année 0 (soit : $I_{2/0}(A)$ et $I_{2/0}(B)$).*

2. *Calculez les indices de prix de Laspeyres suivants :* $L^{P}_{1/0}(A, B)$ et $L^{P}_{2/0}(A, B)$.

3. *Calculez l'indice de Paasche suivant :* $P^{P}_{1/0}(A, B)$

B. Corrigé

1. On applique la propriété de circularité (changement de base) ; il vient :

$$I_{2/0}(A) = I_{2/1}(A) \times I_{1/0}(A) \times \frac{1}{100} = 70 \times 150 \times \frac{1}{100} = \mathbf{105}$$

$$I_{2/0}(B) = I_{2/1}(B) \times I_{1/0}(B) \times \frac{1}{100} = 130 \times 120 \times \frac{1}{100} = \mathbf{156}$$

2. La grandeur est *(A, B)* : Il faut donc raisonner en indices synthétiques et non plus élémentaires.

On sait que l'indice de Laspeyres peut s'écrire sous la forme de la moyenne arithmétique des indices élémentaires, pondérée par les valeurs globales de la date de base. Donc :

$$L^{P}_{t/0}(A, B) = 100 \frac{\sum p_0 q_0 \frac{p_t}{p_0}}{\sum p_0 q_0}$$

On peut écrire les valeurs globales :

$p^i q^i$	Bien "A"	Bien "B"
année 0	3/4	1/4
année 1	1/2	1/2
année 2	1/2	1/2

Il vient :

$$L^{P}_{1/0}(A\,,B\,) = 100\,\frac{\sum_i p_0\,q_0\,\frac{p_1}{p_0}}{\sum_i p_0\,q_0} = \frac{(3/4 \times 1{,}50) + (1/4 \times 1{,}20)}{(3/4 + 1/4)}\,.\,100 = \boxed{142{,}5}$$

$$L^{P}_{2/0}(A, B\,) = 100\,\frac{\sum_i p_0\,q_0\,\frac{p_2}{p_0}}{\sum_i p_0\,q_0} = \frac{(3/4 \times 1{,}05) + (1/4 \times 1{,}56)}{(3/4 + 1/4)}\,.\,100 = \boxed{117{,}8}$$

3. On sait que l'indice des prix de Paasche est la moyenne harmonique des indices élémentaires, pondérée par les valeurs globales de la date courante *(t)* : Il vient donc :

$$P^{P}_{t/0} = 100\,\frac{\Sigma\,p_t\,q_t}{\Sigma\,p_t\,q_t\,.\,\frac{p_0}{p_t}}$$

Donc :

$$P^{P}_{1/0}(A\,,B\,) = 100\,.\,\frac{\Sigma\,p_1\,q_1}{\Sigma\,p_1\,q_1\,\frac{p_0}{p_1}} = 100\,\frac{(1/2) + (1/2)}{(1/2 \times 1/1{,}5) + (1/2 \times 1/1{,}2)} = 100\,.\,\frac{1}{0{,}75} = \boxed{133{,}33}$$

LISTE DES ENCADRÉS SPÉCIFIQUES
– (Compléments – Démonstrations – Exercices) –

PREMIERE PARTIE – L'APPRÉHENSION STATISTIQUE

CHAPITRE 1 – PRÉSENTATION DES DONNÉES

CHAPITRE 2 – TABLEAUX ET GRAPHES DES DISTRIBUTIONS A UN CARACTERE

DEUXIEME PARTIE – LES CARACTÉRISTIQUES DES DISTRIBUTIONS A UN CARACTERE

CHAPITRE 1 – LES CARACTÉRISTIQUES DE TENDANCE CENTRALE

CHAPITRE 2 – LES CARACTÉRISTIQUES DE DISPERSION

CHAPITRE 3 LES CARACTÉRISTIQUES DE FORME ET DE CONCENTRATION

TROISIEME PARTIE
LES DISTRIBUTIONS A DEUX CARACTERES - RÉGRESSION, AJUSTEMENT ET CORRÉLATION

CHAPITRE 1 – PRÉSENTATION DES DONNÉES

CHAPITRE 2 – ETUDE DE LA LIAISON ENTRE DEUX VARIABLES : RÉGRESSION, AJUSTEMENT ET CORRÉLATION

QUATRIEME PARTIE – LES SÉRIES CHRONOLOGIQUES

CHAPITRE 1 – PRÉSENTATION ET ANALYSE THÉORIQUE DES SÉRIES CHRONOLOGIQUES

CHAPITRE 2 – LES MÉTHODES EMPIRIQUES DE DÉCOMPOSITION DES SÉRIES CHRONOLOGIQUES ET LA COVARIATION

CINQUIÈME PARTIE – LES INDICES

CHAPITRE 1 – DÉFINITION ET PROPRIÉTÉS DES INDICES

CHAPITRE 2 – DIFFICULTÉS DE CONSTRUCTION ET D'UTILISATION DES INDICES SYNTHÉTIQUES

TABLE DES MATIÈRES

INTRODUCTION

PREMIERE PARTIE : L'APPRÉHENSION STATISTIQUE

DEUXIEME PARTIE :
LES CARACTÉRISTIQUES DES DISTRIBUTIONS A UN CARACTERE

TROISIEME PARTIE
LES DISTRIBUTIONS A DEUX CARACTERES - RÉGRESSION, AJUSTEMENT ET CORRÉLATION

CINQUIEME PARTIE : LES INDICES

INDEX ALPHABÉTIQUE

Nota : les chiffres correspondent aux numéros de pages :

Composé par Economica, 49, rue Héricart, 75015 PARIS
Imprimé en France. - JOUVE, 18, rue Saint-Denis, 75001 PARIS
N° 297814F. - Dépôt légal : Août 2001